"十三五"国家重点出版物出版规划项目

卓越工程能力培养与工程教育专业认证系列规划教材

（电气工程及其自动化、自动化专业）

电力系统分析

第 2 版

主　　编　穆　钢

副主编　安　军

参　　编　刘洪波　周毅博　莫静山

　　　　　王玉鹏　陈　奇

机械工业出版社

全书共分 12 章，主要内容有：电力系统的基本概念；电力系统稳态分析各元件特性及建模、简单和复杂电力系统的潮流计算方法、有功功率平衡和频率调整、电压调整和无功补偿；电力系统短路故障概述、对称短路故障和不对称故障计算原理和方法；发电机及其他动态元件的建模、电力系统稳定性概述、电力系统静态稳定性和暂态稳定性分析。

在每章中都安排有与该章内容相关的工程引例和扩展阅读，并配有相应的习题和自行开发的计算平台，有助于初学者了解所学内容的工程背景及发展趋势，并初步具备利用仿真工具分析电力系统问题的能力。每章后都有在线测试题，读者可以扫描二维码进行在线自测。

书中的大量扩展阅读资料，有助于学生了解我国电力系统发展的成就和未来发展趋势，更好地树立强电报国的理想和信念。

本书可作为高等学校本科电气工程及其自动化专业的教学用书，也可作为高职高专相关专业教材，同时可供电力系统行业的工程技术人员参考。

图书在版编目（CIP）数据

电力系统分析/穆钢主编 . —2 版 . —北京：机械工业出版社，2023. 12
（2025.1 重印）

"十三五"国家重点出版物出版规划项目　卓越工程能力培养与工程教育专业认证系列规划教材 . 电气工程及其自动化、自动化专业

ISBN 978-7-111-74745-1

Ⅰ . ① 电 …　Ⅱ . ① 穆 …　Ⅲ . ① 电 力 系 统 - 系 统 分 析 - 教 材
Ⅳ . ①TM711

中国国家版本馆 CIP 数据核字（2024）第 001724 号

机械工业出版社（北京市百万庄大街 22 号　邮政编码 100037）
策划编辑：王雅新　责任编辑：王雅新　刘琴琴
责任校对：李小宝　封面设计：鞠　杨
责任印制：郜　敏
三河市国英印务有限公司印刷
2025 年 1 月第 2 版第 2 次印刷
184mm×260mm · 22.75 印张 · 560 千字
标准书号：ISBN 978-7-111-74745-1
定价：69.80 元

电话服务　　　　　　　　　　网络服务
客服电话：010-88361066　　机　工　官　网：www.cmpbook.com
　　　　　010-88379833　　机　工　官　博：weibo.com/cmp1952
　　　　　010-68326294　　金　书　网：www.golden-book.com
封底无防伪标均为盗版　　机工教育服务网：www.cmpedu.com

序

工程教育在我国高等教育中占有重要地位，高素质工程科技人才是支撑产业转型升级、实施国家重大发展战略的重要保障。当前，世界范围内新一轮科技革命和产业变革加速进行，以新技术、新业态、新产业、新模式为特点的新经济蓬勃发展，迫切需要培养、造就一大批多样化、创新型卓越工程科技人才。目前，我国高等工程教育规模世界第一。我国工科本科在校生约占我国本科在校生总数的1/3。近年来我国每年工科本科毕业生占世界总数的1/3以上。如何保证和提高高等工程教育质量，如何适应国家战略需求和企业需要，一直受到教育界、工程界和社会各方面的关注。多年以来，我国一直致力于提高高等教育的质量，组织并实施了多项重大工程，包括卓越工程师教育培养计划（以下简称卓越计划）、工程教育专业认证和新工科建设等。

卓越计划的主要任务是探索建立高校与行业企业联合培养人才的新机制，创新工程教育人才培养模式，建设高水平工程教育教师队伍，扩大工程教育的对外开放。计划实施以来，各相关部门建立了协同育人机制。卓越计划要求试点专业要大力改革课程体系和教学形式，依据卓越计划培养标准，遵循工程的集成与创新特征，以强化工程实践能力、工程设计能力与工程创新能力为核心，重构课程体系和教学内容，加强跨专业、跨学科的复合型人才培养，着力推动基于问题的学习、基于项目的学习、基于案例的学习等多种研究性学习方法，加强学生创新能力训练，"真刀真枪"做毕业设计。卓越计划实施以来，培养了一批获得行业认可、具备很好的国际视野和创新能力、适应经济社会发展需要的各类型高质量人才，教育培养模式改革创新取得突破，教师队伍建设初见成效，为卓越计划的后续实施和最终目标的达成奠定了坚实基础。各高校以卓越计划为突破口，逐渐形成各具特色的人才培养模式。

2016年6月2日，我国正式成为工程教育"华盛顿协议"第18个成员，标志着我国工程教育真正融入世界工程教育，人才培养质量开始与其他成员达到了实质等效，同时，也为以后我国参加国际工程师认证奠定了基础，为我国工程师走向世界创造了条件。专业认证把以学生为中心、以产出为导向和持续改进作为三大基本理念，与传统的内容驱动、重视投入的教育形成了鲜明对比，是一种教育范式的革新。通过专业认证，把先进的教育理念引入我国工程教育，有力地推动了我国工程教育专业教学改革，逐步引导我国高等工程教育实现从以教师为中心向以学生为中心转变、从以课程为导向向以产出为导向转变、从质量监控向持续改进转变。

在实施卓越计划和开展工程教育专业认证的过程中，许多高校的电气工程及其自动化、自动化专业结合自身的办学特色，引入先进的教育理念，在专业建设、人才培养模式、教学内容、教学方法、课程建设等方面积极开展教学改革，取得了较好的效果，建设了一大批优质课程。为了将这些优秀的教学改革经验和教学内容推广给广大高校，中国工程教育专业认证协会电子信息与电气工程类专业认证分委员会、教育部高等学校电气类专业教学指导委员会、教育部高等学校自动化类专业教学指导委员会、中国机械工业教育协会自动化学科教学委员会、中国机械工业教育协会电气工程及其自动化学科教学委员会联合组织规划了"卓越工程能力培养与工程教育专业认证系列规划教材（电气工程及其自动化、自动化专业）"。本套教材通过国家新闻出版广电总局的评审，入选了"十三五"国家重点图书。本套教材密切联系行业和市场需求，以学生工程能力培养为主线，以教育培养优秀工程师为目标，突出学生工程理念、工程思维和工程能力的培养。本套教材在广泛吸纳相关学校在"卓越工程师教育培养计划"实施和工程教育专业认证过程中的经验和成果的基础上，针对目前同类教材存在的内容滞后、与工程脱节等问题，紧密结合工程应用和行业企业需求，突出实际工程案例，强化学生工程能力的教育培养，积极进行教材内容、结构、体系和展现形式的改革。

经过全体教材编审委员会委员和编者的努力，本套教材陆续跟读者见面了。由于时间紧迫，各校相关专业教学改革推进的程度不同，本套教材还存在许多问题。希望各位老师对本套教材多提宝贵意见，以使教材内容不断完善提高。也希望通过本套教材在高校的推广使用，促进我国高等工程教育教学质量的提高，为实现高等教育的内涵式发展贡献一份力量。

卓越工程能力培养与工程教育专业认证系列规划教材
（电气工程及其自动化、自动化专业）
编审委员会

前　言

经过多年发展，我国电力系统已经成为世界上最大的互联电力系统，无论是总装机容量、发电量，还是最高电压等级、输电线路长度，以及可再生能源装机规模都居世界首位。

电力系统的规模增长和发电装机结构的显著变化，带动了电力系统相关技术的进步。电力系统形态的变化也带来了很多新问题和新需求。

编者所在的东北电力大学电气工程教学团队长期从事"电力系统分析"课程的教学，在教学改革和课程建设的长期实践中，总结凝练了"工程—理论—工程"的教学思路并经过长期实践，曾获国家级教学成果二等奖，课程也先后入选国家级精品课和精品资源共享课。

通过编写一部教材来反映教学改革的思路和实践，是我们萦绕已久的心愿。又唯恐才疏学浅，力所不逮，延宕数载而不决。2017年，在第六届全国高校电气工程系列课程教师研修班上，我们介绍了关于教学改革的思考和教材建设的想法，得到与会老师们的积极共鸣，机械工业出版社的编辑也大力推动，开启了编写本书的征程。

在本书编写过程中，我们力图体现"工程—理论—工程"的教学改革思路。注重从工程实践和工程场景中提出问题，注意讲清从工程问题提炼数学模型时采用的假设条件，注重分析产生问题的症结和解决问题的关键；对于解决问题的理论分析过程，注重讲清楚逻辑思路；对于理论分析的结果，再回到工程问题的场景中分析其价值和局限。

电力系统课程的主要教学内容已成体系，本书沿用了这一传统架构。

在继承的基础上，如何创新？在编写中怎样才能突出"工程—理论—工程"的理念？我们在编写本书时做了一点尝试。

1. 编撰引例。从第2章开始，每一章均编写了引例，从不同的角度引出本章待解的工程问题，初步交代问题的形貌，说明解决问题的意义和不解决问题的危害。在具体教学内容的处理上，物理概念的清晰交代和数学方法的运用并重，以解决问题的思路脉络引领公式推导，讲清推导意图，简化一些比较冗繁的推导过程。

2. 充实小结。为实现理论回归工程，努力剖析了每一个理论所解决问题的工程价值体现，并在各章结尾编写了小结。小结不拘泥于本章教学内容的简单概述，尽量结合教学内容对相关领域工程问题进行梳理总结，帮助学生举一反三，了解所学知识的工程应用价值和延展。

3. 增加扩展阅读。为了反映电力系统发展带来的一些新问题，以及因教学内容限制而未能介绍的工程问题，我们编写了数量不等的扩展阅读材料附在各章末尾。扩展阅读选题灵活，体例不限，帮助学生快速了解一个工程领域或一个工程问题的概貌，扩展学生视野，有兴趣者亦可循此深入探究。

4. 开发计算平台。为了帮助学生更好地了解复杂电力系统的运行特性，学会分析复杂电力系统的运行问题，开发了"电力系统分析"课程习题用扩展计算平台（EPSCPS）。

在一门专业基础课中如何做到课程思政，我们也通过多种形式进行了探索和尝试。在第

1章中，介绍了我国电力系统发展所取得的举世瞩目的成就——建成了各种主要技术参数均居世界首位的巨型电力系统。在第1章的扩展阅读中，引用周孝信院士的报告较全面地介绍了我国电力系统的未来发展战略目标任务和挑战，即构建清洁低碳、安全高效的新一代能源电力系统。在其他章节的数学内容和扩展阅读内容组织方面，着重介绍了我国电力系统的新技术方向，例如交直流混联电力系统、大电网短路电流超标问题、小电流接地系统矿障选线以及分布式电源故障特性等内容。通过这些内容帮助学生了解我国电力系统发展的成就和未来发展趋势，更好地树立强电报国的理想和信念。

本书在每章后增加了在线测试题，同学们可以扫描二维码进行在线自测。

本书由穆钢教授担任主编，安军教授任副主编，参加编写的老师有刘洪波、周毅博、莫静山、王玉鹏、陈奇。感谢东北电力大学电力系统课程组的陈厚合、孙亮、孙正龙、李娟、罗远翔、姜涛、杨德友、杨玉龙、李本新、杨浩和李玲老师在百忙之中抽时间审阅了初稿，并提出宝贵的修改意见。

大学之本，在于教学。教学之基，在于教材。对于像"电力系统分析"这样历史悠久的成熟课程，编写一部新教材是一件十分辛苦的工作。若试想在某些方面有新的尝试和探索，就更加艰难。掩卷之余，犹如学生交上考卷，等待老师的评判。对编者而言，判定本书是否合格的恰恰是使用本书的学生。真诚地希望我们的辛苦付出能稍稍降低学生学习这门课程的难度，真诚地期待我们教学改革的构思、教材编写的构想能如丝丝春雨般浸润到学生的心田。

诚然，囿于编者的学识和水平，书中不妥之处在所难免，恳请各位同道、各位同学不吝赐教！批评指正！

感谢东北电力大学电气工程学院、教务处对本书编写工作的大力支持和热忱帮助！

编　者

目　　录

第 1 章

电力系统的基本概念

1.1　电力系统概述

　　早在公元前 6 世纪，古希腊哲学家泰勒斯就发现了摩擦后的琥珀能够吸引碎草等轻小物体的现象，即摩擦生电现象，直至 18 世纪，电磁理论的研究才取得重大进展。1752 年，美国科学家富兰克林通过雷击实验验证了雷闪的放电本质，并在此基础上研制了避雷针，这可看成是电的第一个实际应用。1799 年，意大利物理学家伏打制造了第一个能产生持续电流的化学电池，为开发利用电能做出了重要贡献。

　　相比于其他的能源形式，电能具有清洁、高效、便于转换、易于控制等突出优点，因而电被广泛运用于人类生产生活的方方面面。2019 年，我国发电量达 7.325 万亿 kWh，约占全球发电量的 1/4；我国人均发电量约为 5232kWh，大约为全球人均发电量的 2 倍（2017 年全球人均发电量为 2674kWh）。

1.1.1　电力系统的形成和发展

1. 电力系统的定义

　　系统是指若干相互作用和相互依赖的事物组合而成的具有某种特定功能的整体。按照这一逻辑，电力系统就是由电能的生产设备（发电机）、输送设备（高压变压器与输电线路）、分配设备（低压变压器与配电线路）、使用设备（用电负荷）等组成，完成电能的生产、传输、分配、利用功能的整体系统。电力系统是围绕着发电、输电、配电、用电而形成的巨型人造系统（见图 1-1）。电力系统具有处理能量规模巨大，覆盖地域广阔，深度服务于全社会生产生活，多层级网络协调运行等特点，电力系统在现代社会中具有公用性、基础性、战略性地位。

2. 电力系统的发展历程

　　与人类社会以数千年计的漫长历史相比，人类利用电能的历史仅仅一百多年，我国大规模普及用电是在新中国成立以后。无数的科学家和工程师为探明电的原理、推动电的应用做出了持续不懈的努力。1831 年，法拉第发现了电磁感应定律。1865 年，麦克斯韦在法拉第等人关于电、磁现象基本规律研究工作的基础上，创立了麦克斯韦方程组，从理论上圆满揭示了磁场与电场之间的交互作用机理，为电能的大规模开发利用奠定了坚实的理论基础。从此，电气技术的发展进入了快车道，新理论、新产品、新技术竞相涌现，很快出现了原始的

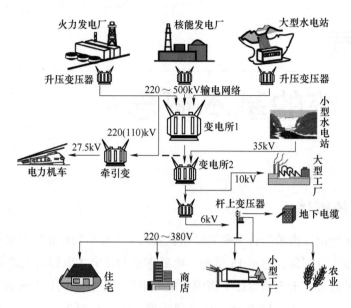

图 1-1 电力系统的发输配用基本过程

交流发电机、直流发电机和直流电动机，展示了热力机械之外的另一条动力路径。当时电的另一颠覆性应用是照明，开始替代昏暗而不可靠的煤气灯。1889 年巴黎世博会为了展示电的魅力而选择在晚上开幕，由弧光灯和反光镜组成的探照灯，发光强度达 60000cd，人从数公里外直视仍会感到十分耀眼。而最引人注目的是由爱迪生及其公司改良的白炽灯靓丽登场，照耀和装点了埃菲尔铁塔。由于当时发电机发出的电能仅用于电化学工业和弧光灯，而电动机所需的电能又来自蓄电池，所以早期的电力系统采用直流电。由于直流电压不易改变，原始的电力线路使用的是 100~400V 低压直流电。由于输电电压低，输送的距离不远，输送的功率也不大。

19 世纪末的 20 年是电力系统技术快速发展的年代。第一次高压输电出现于 1882 年。法国人 M. 德波列茨（Marcel Deprez）将位于米斯巴赫（Miesbach）煤矿的蒸汽机发出的电能输送到 57km 外的慕尼黑，并用以驱动水泵。当时他采用的电压为直流 1500~2000V，输送的功率约为 1.5kW。这个输电系统虽然规模很小，却可被认为是世界上第一个电力系统，因为它包含了电力系统的各个重要组成部分，即发电、输电、用电设备。

随着电能利用规模的不断扩大，直流电不易远距离传输的弊端日益显现。特斯拉为交流电的发展做出了基础性的贡献，威斯汀豪斯及其公司为交流电力系统的工程实现做了大量工作。在 1893 年芝加哥世博会照明方案的竞标中，特斯拉及威斯汀豪斯公司提出的交流电方案击败了以爱迪生和新组建的通用电气公司提出的直流电方案。1895 年尼亚加拉大瀑布水电站发电，并于 1896 年将电输送到 20 英里（mile，1mile = 1609m）之外的布法罗。至此，以威斯汀豪斯和特斯拉为代表的交流派完胜了以爱迪生为代表的直流派，第一轮交直流之争落下帷幕。

1891 年于法兰克福举行的国际电工技术展览会上，在德国人奥斯卡·冯·密勒（Oskar

von Miller）主持下展出的输电系统，奠定了近代输电技术的基础。这一系统起自劳芬镇，止于法兰克福，全长 178km。设在劳芬镇的水轮发电机组的功率为 230kVA，电压为 95V，转速为 150r/min。升压变压器将电压升高至 25kV，电功率经直径为 4mm 的铜线输送至法兰克福。在法兰克福，用两台降压变压器将电压降至 112V。其中一台变压器供电给白炽灯，另一台供给异步电动机，电动机又驱动一台功率为 75kW 的水泵。显然，这已是近代电力系统的雏形，它的建成标志着电力系统的发展取得了重大突破。

三相交流制带来电机性能的极大改进，改变交流电压的便利性使大规模远距离输电成为可能，这就是现代电力系统的基本架构。电能生产的规模化既有利于降低成本，也催生了电力系统的发展。进入 20 世纪，电力系统快速发展，在主要国家的工业化和现代化中发挥了不可替代的支撑作用，电力系统自身也成为工业化的标志性成果。

1.1.2 现代电力系统

与 100 多年前电力系统的雏形相比，现代电力系统不仅在输电电压、输送距离、输送功率等方面有了千百倍的增长，而且在电源构成、负荷成分等方面也有了很大变化。在这些系统中，有燃烧煤、石油、天然气等利用化石能源的火力发电厂，利用水能的水力发电厂，利用核能的原子能发电厂。近几十年来，为了应对大规模利用化石能源导致的全球气候变化，大力开发太阳能、风能、潮汐能、地下热能等可再生能源发电成为新的趋势，2019 年，我国风电、光伏发电装机容量都超过 2 亿 kW，双双位列世界第一。在负荷方面，不仅电动机、电灯已经广泛应用，各种新的用电装备和器具层出不穷。

现代电力系统的另一特点是其运行管理的高度自动化。如今，电力系统的各主要装备都配备数字化的测量、保护、控制装置，实现对装备状态的精准监视和快速保护。几乎所有层级的电力系统调度中心都配有称为能量管理系统（Energy Management System，EMS）的计算机系统，用于实时监测系统的各种运行状态、制定调度方案、提供紧急情况的辅助决策，成为电力系统安全稳定经济运行的重要支撑平台。

在电压等级、输电距离和输送功率方面，我国保持了世界领先的地位。我国发展了世界上投入商业运行电压最高的交流特高压输电技术，交流输电的最高电压等级已达到 1000kV，输送距离近 1000km，输送功率超过 5000MW。在远距离大容量输电需求的牵引下，随着电力电子技术的发展进步，超高压、特高压直流输电已成为大规模远距离输电的主力军，图 1-2 展示了一种简单的直流输电系统与交流系统的连接示意图。我国已经建成十几条超特高压直流输电线路。新疆昌吉至安徽宣城的世界首条 ±1100kV 直流输电线已经投运，该线路全长 3293km，输电容量达 1200 万 kW。

| 交流系统1 | 送端换流站 | 直流输电线 | 受端换流站 | 交流系统2 |

图 1-2　直流输电系统与交流系统的连接示意图

现代电力系统中各主要环节及相互间的联系如图1-3所示。其中，锅炉和反应堆分别将化学能和核能转化为热能，再通过汽轮机转化为机械能，水轮机则直接将水能转化为机械能。发电机将机械能转化为电能，而变压器和电力线路则变换、输送、分配电能，电动机、电热炉、电灯等负荷使用电能。在这些负荷设备中，电能又分别转化为力、热、光等其他能量形式，满足人们生产生活中各种不同的需求。

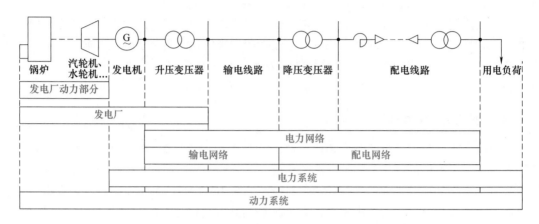

图1-3　现代电力系统中各主要环节及相互间的联系

传统上，将发电厂的动力部分（包括锅炉、反应堆、汽轮机、水轮机等）与电力系统合称为动力系统。电力系统中，由变压器、电力线路等变换、输送、分配电能设备所组成的部分常称为电力网络。根据网络电压等级的不同，又可将电力网络分为输电网络和配电网络，输电网络具有较高电压等级（如220kV、330kV、500kV、750kV、1000kV等），承担大规模远距离电能传输任务；而配电网络具有较低电压等级（110kV及以下），承担电能分配并送达终端用户的任务。

在电力系统中，将直接参与电能生产、输送、分配和使用的设备称为一次设备或主设备，由它们组成的系统称为一次系统（电能流通系统）；将对一次设备进行测量、保护、监视和控制的设备，称为二次设备，由二次设备组成的系统称为二次系统。

1.1.3　电力系统的基本参量和接线图

对一个电力系统的初步认识往往从了解其基本参量和接线图开始。描述一个电力系统的基本参量有总装机容量、年发电量、最大负荷、额定频率和电压等级，接线图则有地理接线图和电气接线图，分别简述如下：

1）总装机容量。电力系统的总装机容量是指该系统中实际安装的发电机组额定有功功率的总和，以千瓦（kW）、兆瓦（MW）、吉瓦（GW）计。例如，2019年全国发电装机容量达到2010.7GW（20.107亿kW，人均约1.435kW）。

2）年发电量。电力系统的年发电量是指该系统中所有发电机组全年实际发出电能的总和，以千瓦时（kWh）、兆瓦时（MWh）、吉瓦时（GWh）、太瓦时（TWh）计。例如，2019年全国发电量达到7325.3TWh（7.3253万亿kWh）。

3）最大负荷。最大负荷一般是指特定时段内负荷功率的最大值，可以有某系统的日最大负荷、月最大负荷或年最大负荷，以千瓦（kW）、兆瓦（MW）、吉瓦（GW）计。

4）额定频率。按国家标准规定，我国交流电力系统的额定频率为 50Hz。有些国家的电力系统以 60Hz 为额定频率。在日本，有两种频率的电力系统，经变频装置实现互联。

5）电压等级。电压等级是一种按标准规定的电压序列。电力系统中，为了大规模远距离输电，需要升压变压器和高电压等级的输电线路；到了负荷端，为了便于安全地分配和使用电能，又需要降压变压器和低压配电线路。制定电压等级标准，保持电压等级间必要的间距，有利于设备的规范制造，有利于减少变电层次，从而降低全系统的功率损耗。我国交流系统的电压等级为 1000kV、750kV、500kV、330kV、220kV、110kV、66kV、35kV、10kV、0.4kV。高压直流输电的电压等级有 ±1100kV、±800kV、±500kV 等。近年来，直流配电网的研究引起了广泛的关注，直流配电网的电压标准尚未统一规范。

6）地理接线图。电力系统的地理接线图主要显示该系统中发电厂、变电所的地理位置，电力线路的路径，以及它们相互间的连接关系。因此，由地理接线图可获得对该系统场站间地理关系的清晰了解。图 1-4 所示就是某市电力系统的地理接线图，但由于地理接线图上难以准确表示各主要元件间的具体联系，特别是难以反映场站内的主接线关系，还需通过电气接线图来做更精细的刻画。

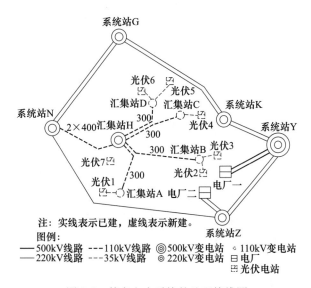

图 1-4　某市电力系统的地理接线图

7）电气接线图。电力系统的电气接线图主要显示该系统中发电机、变压器、母线、断路器、电力线路等主要电机、电器、线路之间的电气连接关系，图 1-5 就是一个 IEEE 39 节点标准算例的电气接线图。由电气接线图可获得对该系统设备间具体连接关系的更精细了解，便于对系统进行操作。但由于电气接线图图面的局限，各电力线路不能按地理位置等比例画出。因此，电力系统的电气接线图和地理接线图各有其长处。图 1-3 中，表示发电机、变压器、母线、电力线路相互连接的部分实际上也是一种简化的电气接线图。

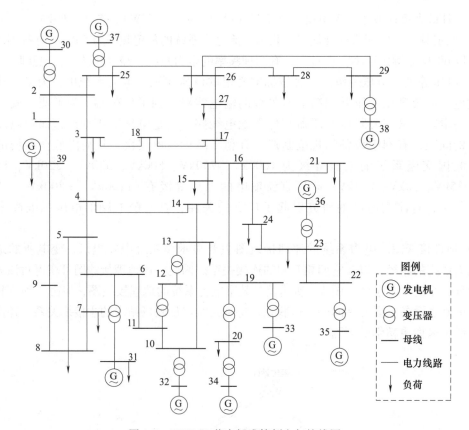

图 1-5　IEEE 39 节点标准算例电气接线图

1.2　电力系统运行应满足的基本要求

1.2.1　电能生产和供应的特点

电能具有商品的属性，包括生产、输/配送、消费环节。但不同于市场上广泛存在的实物型商品，电能还不便于大规模储存。因此，电能只能按需生产，产供销同时完成。电能的特殊性导致其生产和供应有如下特点：

（1）电能供给关系国计民生

由于电能可以方便地转换成几乎任何能量形式，在全社会生产生活中得到广泛应用。作为全社会最重要的能量供给系统，电力系统已深度渗透到各行各业，延伸到千家万户。社会生产生活对电能的依赖越甚，突然大面积停电造成的社会影响甚至危害就越大。确保持续可靠的供电不但是电力系统内部的技术考核指标要求，在一定意义上也关系到社会稳定乃至国家安全。

（2）电能生产、输送和消耗几乎同时完成

尽管近年来包括电化学储能在内的各种新型储能技术层出不穷，但除了抽水蓄能电站以外的储能规模尚小。电力系统运行还没从根本上摆脱必须产供销同时完成的桎梏。在传统电力系统中，绝大部分发电机都可以在一定范围内改变发电功率，而电力用户可以根据其生产生活的需要不受约束地从系统中取用电能。要使电能产供销同时完成，只能通过控制发电功率实时追踪负荷功率变化来实现。对于供给能量十分巨大的现代电力系统，要控制数百上千台发电机的发电功率精确地追踪体量巨大且时变的负荷功率，需要严密的调度控制体系和科学的电力系统运行理论做保障。

（3）电力系统的运行、控制、保护十分复杂

电力系统稳态运行时，面临着巨量的测量数据采集、传输和处理问题，需要求解成千上万个变量的数学规划问题。当电力系统运行中遇到故障扰动时，在系统中将出现复杂的暂态过程并对电能传输产生严重影响，暂态过程的典型时间尺度涉及波过程的微秒级、电磁暂态过程的毫秒级、机电暂态过程的秒级，乃至中长期动态过程的数十分钟级。电力系统中的主要元件在系统发生故障时应尽快从故障中隔离出来以免受损害，这就是各种继电保护的主要功能。掌握电力系统故障分析原理是设计继电保护动作参数的关键，而继电保护的动作又与电力系统的暂态过程有紧密关系。

（4）运行中要保证电能质量符合要求

作为商品的电能虽不像实物商品可以秤称斗量，但也有严格的质量规范。通常用三项指标来衡量交流电的电能质量：电压幅值、交变电压频率以及电压/电流波形。这三项指标都与电力系统的规划建设、运行管理、运行控制有密切关系。电能质量指标中任意一项或多项不符合要求，都有可能带来用电设备性能的劣化，包括输出转速波动、功率波动、损耗增大、发热等。轻者导致用电设备运行所驱动生产线的产品质量下降，严重时可能导致设备故障、损坏。

1.2.2　电力系统运行的基本要求

根据电能生产、输送、消费的特殊性，对电力系统的运行有如下三点基本要求。

1. 保证可靠持续供电

供电的意外中断特别是大面积停电不仅严重影响生产生活，也可能导致社会失序等严重后果。意外停电给国民经济和社会造成的直接或间接损失远远大于电力系统本身减少供电量的损失。因此，电力系统运行必须要满足可靠、持续供电的要求，万一发生局部故障，要尽量减少波及范围，特别要杜绝联锁性故障导致大面积停电的恶果发生。

电力系统中绝大部分元件（变压器、输电线、开关站）位于室外，电力线路穿越崇山峻岭，受雷击、大风、严重雨雪等外力破坏不可避免；设备经过长期运行也有可能产生缺陷甚至损坏；运行人员误操作也会导致故障发生。重要的是有恰当的措施应对事故的发生，并有效避免事故的蔓延。

某电力系统的统计资料表明，稳定性破坏事故的直接原因中，设备质量差引起的占32%，自然灾害引起的占 16.6%，继电保护误动作引起的占 13.2%，人员过失引起的占17%，运行管理水平低引起的占 21.2%。

经过数十年的实践，我国电力系统已经形成了一整套比较完整的应对事故的技术规范，有效地保障了我国电力系统的安全稳定运行，没有发生区域性的大面积停电事故。

虽然保证可靠供电是对电力系统运行的首要要求，但当电力系统受到严重事故冲击等情

况时，为了保障系统安全，需要切除部分负荷。为尽量减小切除负荷造成的连带损失，电力系统中依据重要性对负荷进行了分类，必须切除负荷时，先切除重要性较低的负荷。

按负荷对供电可靠性的不同要求及中断供电在对人身安全、经济损失上所造成的影响程度，将负荷分为三级：

1) 一级负荷。对这一级负荷中断供电，将造成人身伤害，或在经济上造成重大损失，或影响重要用电单位的正常工作。

在一级负荷中，当中断供电将造成人员伤亡或重大设备损坏或发生中毒、爆炸和火灾等情况的负荷，以及特别重要场所的不允许中断供电的负荷，应视为一级负荷中特别重要的负荷。

2) 二级负荷。对这一级负荷中断供电，将在经济上造成较大损失，或影响较重要用电单位的正常工作。

3) 三级负荷。三级负荷指所有不属于一、二级的负荷，如工厂的附属车间、小城镇等。

对一级负荷要保证不间断供电；对二级负荷，如有可能，也要保证不间断供电。

被紧急切除了负荷的用户虽然失去了电力供应，但只要主电力系统不崩溃，就可以在较短的时间里恢复对被切除负荷的供电。如果在系统危急情况下不果断切除部分负荷，可能导致电力系统崩溃的严重后果，恢复供电的过程非常复杂而很漫长，全社会面临着更大的损失。2003年8月14日，美国东北部和加拿大东部联合电网发生了大停电事故，损失负荷6180万kW，超过5000万人失去了电力供应，事故后用了29h才完全恢复系统运行。因此，遇到紧急情况，不仅可以"弃卒保帅"，甚至"弃车保帅"都应该毫不犹豫。

2. 保证系统运行的经济性

当今我国电力系统的发电主要来自于大机组，大的燃煤机组单机容量达到100万kW，最大的水电机组单机容量也达到100万kW。大机组可以提高能源利用效率。百万千瓦级超超临界火电机组的发电煤耗率比全国发电平均煤耗率低15%。

电力系统运行的经济性主要与各种类型发电机的发电成本有关，在安排电力系统运行方式时，应依据发电机的成本特性，以满足负荷需求且总发电成本最小为目标优化分配各发电机承担的发电功率。20世纪90年代以来，随着计算机技术的发展和电力系统优化技术的进步，最优化方法在电力系统中应用的领域不断拓宽，现在的最优潮流（OPF）技术已经超出了传统的经济调度的范畴，可以对电力系统运行状态进行更全面、更精细的调整和优化。

电能在变换、输送、分配时不可避免产生损耗。2019年全国的线路损失率为5.9%，虽然百分数不大，但折合成电能损失的绝对值就相当可观，为4321亿kWh，超过4个三峡电站的年发电量。因此，在电力系统运行中，应该通过优化运行方式尽可能降低网络中的电能损耗。

3. 保证良好的电能质量

电能质量包含电压质量、频率质量和波形质量三个方面。电压质量和频率质量一般都以偏移是否超过给定值来衡量，例如给定的允许电压偏移为额定值的±5%，给定的允许频率偏移为±0.2Hz等。波形质量则以波形畸变率来衡量。所谓波形畸变率（或正弦波形畸变率），是指谐波含量的方均根值与其基波方均根值的百分比。由于谐波主要来源于负荷侧，不同电压等级有不同的波形畸变率允许值。例如，以 380V、220V 供电时为 5%，以 10kV 供电时为4%，等等。

电力系统的频率波动源于发电功率与负荷功率的不平衡。频率偏移信号反映了发电与负荷的平衡状况。维持频率在额定值附近，就是在电力系统调度控制中尽可能使发电与负荷相匹配的过程。在调度环节，日前安排发电功率满足预测的负荷功率曲线，实现了总体趋势上的发电负荷匹配；在运行控制环节，通过频率信号的反馈控制，使实时运行的发电功率尽可能逼近实际波动的负荷功率，可以有效减小电力系统的频率偏差。

由于电力系统中各输电元件输送功率的存在，使得输电元件两端存在电压差，这就导致在某一运行方式下各节点电压呈现一定的空间分布。当负荷功率变化时，各支路输送功率变化，各节点电压的空间分布也发生变化。对于重载的电力系统，可能有部分节点电压低于允许值。反之，轻载运行的系统会有部分节点电压越上限的情况出现。节点电压质量可以通过调整无功功率的网络分布来实现。对于电压质量问题突出的电力系统，可以根据需要配备必要的固定/可调节无功电源来调节无功功率，保证不同运行方式下各节点电压在允许范围内。

随着电力电子技术的发展和普及，我国生产生活用电器具中，包含电力电子器件的越来越多，工业领域的变频调速电机，日常生活中的变频冰箱、变频洗衣机、计算机电源、手机充电器等。这些变流器在带来使用便利和效率提升的同时，在不同程度上给电力系统带来谐波污染。而电力电子装备本身又要求电源具有良好的波形质量。因此，当今用户和电力系统运行人员更加关注波形质量，并采取运行措施和管理办法努力改善波形质量。

另外，电力系统的运行需要满足节能与环保要求，如实行水火电联合经济运行，最大限度地节省燃煤和天然气等一次能源，将火力发电释放到大气中的二氧化硫、二氧化氮等有害气体控制在最低水平，大力发展风力发电、太阳能发电等可再生能源发电，实现可持续发展。

1.3 电力系统的接线方式

电力系统的接线方式对于保证安全、优质和经济地向用户供电具有非常重要的作用。这里的电力系统接线主要指电力网的接线，代表电源和负荷的连接关系。而实际的电源和负荷连接十分复杂，主要由负荷对供电可靠性和电能质量的需求决定，这里只做简单的介绍和分析。

电网的接线方式通常按供电可靠性分为无备用和有备用两类。下面分别介绍两类接线方式的特点。

1.3.1 几种典型接线方式的特点

1. 无备用接线方式

无备用接线的网络中，每一个负荷只能靠一条线路取得电能，单回路放射式、干线式和链式网络即属于此类（见图 1-6）。

这种方式的主要优点在于简单、经济、运行方便，主要缺点是供电可靠性较差，任一线

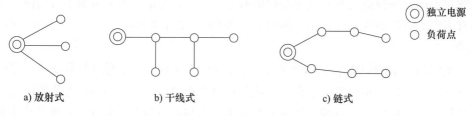

图 1-6　无备用接线方式

路发生故障或检修时，都会停止对终端部分用户的供电。在干线式和链式网络中，当线路较长时，线路末端的电压往往偏低。

2. 有备用接线方式

最简单的一类有备用接线方式，就是在上述无备用网络的每一段线路上都采用双回路。这类接线同样具有简单和运行方便的特点，而且供电可靠性和电压质量都有明显的提高，其缺点是设备费用增加很多。

由一个或几个电源点和一个或几个负荷点通过线路连接而成的环形网络，是一类最常见的有备用网络。一般来说，环形网络的供电可靠性会提升，也比较经济，缺点是运行调度比较复杂，在单电源环形网络中（见图 1-7d），当线路发生故障而开环运行时，正常部分线路可能过负荷，负荷点的电压也可能得不到保证。

除了上述环形网络外，两端供电网络也是有备用接线中的一种（见图 1-7e）。优点在于供电可靠性和电压质量高，缺点是不够经济。

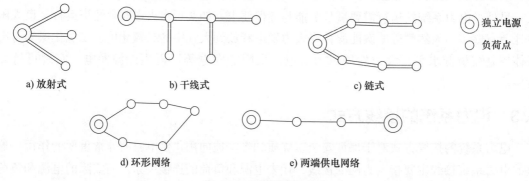

图 1-7　有备用接线方式

通常输电网络采用双回路或多回路，位于负荷中心地区的大型发电厂和枢纽变电所一般通过环形网络连接。而配电网络比较复杂，往往由各种不同接线方式的网络组成。在选择接线方式时，需要综合考虑用户对供电可靠性和电压质量的要求，运行要灵活方便，经济指标良好等，一般都要对多种可能的接线方案进行技术经济比较后才能确定。

1.3.2　电气设备的额定电压要求

电气设备都是按照指定的电压来进行设计制造的，这个指定的电压称为电气设备的额定电压。当电气设备在此电压下运行时，将具有最好的技术性能和经济效果。为保障生产的系列性和电力设备的协调互联使用，需要规范设备的额定电压。表 1-1 给出了我国的额定电压等级。可以看出，电力系统中发电、输电、用电设备的额定电压既有关联，又不完全一致。下面以图 1-8 为例，对图中用电设备、发电机、变压器的额定电压与线路额定电压之间的关系进行说明。

表 1-1　我国的额定电压等级　　　　　　　　　　　　　　　（单位：kV）

用电设备额定电压	交流发电机线电压	变压器线电压	
		一次绕组	二次绕组
3	3.15	3 及 3.15	3.15 及 3.3
6	6.3	6 及 6.3	6.3 及 6.6
10	10.5	10 及 10.5	10.5 及 11
	15.75	15.75	
35		35	38.5
(60)		(60)	(66)
110		110	121
(154)		(154)	(169)
220		220	242
330		330	345 及 363
500		500	525 及 550

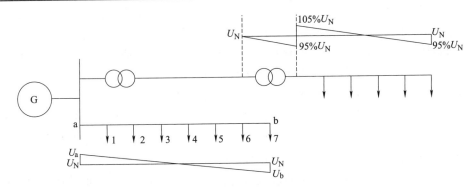

图 1-8　电力网络中的电压分布

经线路输送功率时，沿线路的电压分布往往是始端高于末端，所谓线路的额定电压 U_N 应该是线路的平均电压（线路始端电压和末端电压的平均）。各用电设备的额定电压则应与线路额定电压相等，使得用电设备可以获得最接近它们额定电压的工作电压。由于用电设备的容许电压偏移一般不超过 ±5%，而沿线路的电压降落一般不超过 10%，这就要求线路始端电压不高于额定值的 105%，末端电压不低于额定值的 95%。发电机往往接在线路始端，因此，发电机的额定电压为线路额定电压的 105%。

变压器一次侧接电源，相当于用电设备，二次侧向下级用电设备供电，相当于发电机。因此变压器一次侧额定电压应等于用电设备额定电压（直接和发电机相连的变压器一次侧额定电压应等于发电机额定电压）。为补偿额定负荷下变压器内部的电压降落（约为 5%），变压器二次侧额定电压应在比线路额定电压高 5% 的基础上再提高 5%，即 10%。只有漏抗很小的、二次侧直接与用电设备相连的变压器，其二次侧额定电压才可能比线路额定电压仅高5%。

1.4 电力系统分析课程的内容和相关研究工具

1.4.1 电力系统分析课程的定位和主要内容

电力系统分析课程是电气工程及其自动化专业的主要专业基础课，在教学计划中起着承前启后的作用。本课程的先修课程包括"电路""电机学""自动控制理论"等。本课程将为后续课程"发电厂电气部分""电力系统继电保护"以及课程设计、毕业设计奠定理论基础。

电力系统如此庞大，相关的理论和技术浩若烟海，在一门课程中不可能全面介绍。本课程主要介绍电力系统分析中主要的、具有基础性的概念、理论和方法。对于当今电力系统发展的一些新动态，在部分章后编写了一些辅助阅读材料加以简要介绍。

本课程由"电力系统稳态分析"和"电力系统暂态分析"两部分组成。

电力系统运行状况十分复杂。为了便于分析，需对电力系统的运行状态进行划分。电力系统运行粗略地可以划分为正常运行阶段和故障过程阶段，两个阶段的分析重点和方法有所不同。

在电力系统正常运行（非故障扰动）阶段，电力系统的运行状态几乎是连续变化的，在短时段内变化幅度较小，因此可以对某一时段取其平均状态来表示这一时段运行的一般特点。电力系统运行的稳态是指系统的变量保持不变的一种抽象的运行状态。

在电力系统的故障阶段，由于故障的冲击和网络的切换，造成运行变量的大幅度甚至不连续变化，不能采用平均化的方式表达系统运行特点。电力系统运行的暂态是指电力系统由于故障冲击和网络切换带来的运行状态大幅度变化的过程。

电力系统稳态分析包含四方面内容，即电力系统的基本知识、电力系统中各元件的特性和数学模型、电力系统正常运行状况的分析和计算、电力系统的运行调节和优化。

电力系统的暂态过程可分三类——波过程、电磁暂态过程、机电暂态过程。

波过程主要与运行操作或雷击时的过电压有关，涉及电流、电压波的传播，这类过程的典型时间尺度是微秒级。这类过程的分析方法主要在高电压技术课程中讨论。

电磁暂态过程主要与短路和自励磁有关，主要涉及同步电机定转子电磁场相互作用的次暂态过程，这类过程的持续时间比波过程稍长，典型时间尺度是毫秒级。

机电暂态过程主要与系统的稳定性、振荡、异步运行等有关，涉及功率、功率角（简称功角）、电机的转速等参量的变化过程，这类过程的持续时间更长，典型时间尺度是秒级。

电磁暂态和机电暂态过程分析的概念和方法在电力系统暂态分析部分介绍。

本书的各章内容及分类如图1-9所示。

1.4.2 电力系统研究工具简介

由于电力系统及其暂态过程的复杂，研究电力系统时，常需借助一定的工具。这些研究工具大致分两类——电力系统的数学模拟和电力系统的物理模拟。

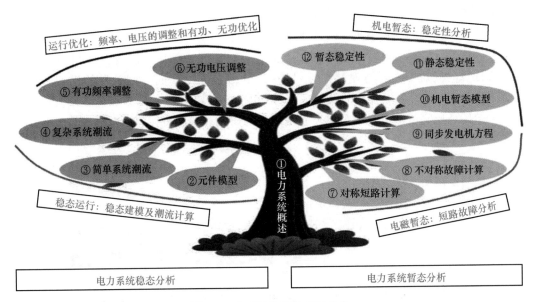

图 1-9　本书的各章内容及分类

历史上曾经出现过的电力系统数学模拟有直流计算台、交流计算台和模拟式电子计算机。直流计算台和交流计算台分别以电阻或电阻、电感、电容、变压器、移相装置模拟系统各元件，以直流电压或中频交流电压为电源，用以计算系统中的功率分布、短路电流和系统的稳定性。这些功能目前已完全由数字式电子计算机所取代。模拟式电子计算机以其运算放大器组成系统各元件的模型，用以分析系统的暂态过程。但由于这种计算机可供使用的元件数量有限，所能研究的系统规模不可能大，因此，这类数学模拟始终未能得到广泛应用，只是以运算放大器模拟系统元件的思想，至今仍在其他研究工具中有所反映。

目前，通用数字电子计算机已广泛用于电力系统的运行、设计和科学研究等各个方面。自 1956 年首次成功地在计算机上实现潮流计算以来，经过半个多世纪的发展，如今几乎所有主要的电力系统计算都离不开计算机。

目前，无论是潮流分布、故障分析、稳定性分析等常规计算或是暂态过程仿真、谐波分析、继电保护整定等专业性更强的计算，都已有相应的软件包可供选用。而这些计算对硬件条件的要求门槛也相对降低，几乎各种型号的微型计算机都可以进行此类计算。因此，本书附录 F 将介绍应用电力系统分析工具箱（PSAT）为代表的分析方法。

上述研究工具一般都属数学模拟。它们的共同点是必须先明确系统及其各元件的数学表示方式，方能运用它们进行计算分析。

除数学模拟外还有物理模拟。电力系统动态模拟就属于物理模拟，虽然它只是一种不完全的物理模拟。这种模拟可看作是一种具体而微的电力系统模拟。其中，发电机、变压器、电动机等都用相应的实物模拟。将它们按给定的接线方式组成模拟系统后，就可以对其开展稳态和暂态实验，通过模拟系统直接观测其中出现的各种物理现象。因此，不仅系统各元件的数学表示式不明确时可进行动态模拟试验，而且动态模拟的实验结果还可用以检验拟定的数学表示式是否正确。此外，在动态模拟上还可进行自动调节、控制装置的实物试验，这一功能也是单纯的数学模拟难以具备的。动态模拟的缺点也是待研究系统的规模不能过大，而且模拟装置的参数调整范围有一定的限制。

随着计算机技术的飞速发展，可用于电力系统计算的计算资源越来越强大，计算能力显著增强、计算速度越来越快，对于一些大型电力系统动态行为的仿真已经可以实现超实时（仿真计算时间短于实际物理过程）。一些为电力系统仿真而专门开发的半实物仿真平台（如 RT-LAB）也得到了长足的发展。一些新的数字-物理混合仿真系统被开发出来，有力支撑了如特高压直流输电等新型电力系统装备的研制和控制规律有效性的验证。

✿ 小　结

本章阐明了以下几个问题：
1）近代电力系统的定义、基本参量和接线图。
2）对电力系统运行的三点基本要求，即可靠、经济、优质。
3）各种接线方式的特点和各种电压等级的适用范围。
4）电力系统分析课程的定位和主要内容。

📖 扩展阅读 1.1　我国电力系统未来发展的展望

我国电力系统自 19 世纪 80 年代萌生以来，由小到大、由弱到强。新中国成立以来、特别是改革开放后，我国发电装机和电网建设飞速发展，我国电力系统现已发展成转换传输能量巨大、覆盖地域广阔、运行控制复杂的巨型人造能源系统，为保障我国经济社会发展和人民生活发挥了重要作用。

我国电力系统现已拥有世界第一的发电装机容量、世界第一的发电量、世界第一的输电线路长度、世界第一的变电容量。我国还拥有世界第一的风电、光伏装机容量，发展了世界领先的特高压输电技术。

应对全球气候变暖是全球面临的共同挑战。我国已经向国际社会做出庄严承诺，力争于 2030 年前实现碳排放达峰。在推动碳减排方面，能源电力行业任重道远。我国发电结构中，煤电占比偏高，火电机组装机容量占比超过 50%，发电量占比超过 60%，推高了电能生产过程总体的碳排放量。优化发电结构，提高可再生能源发电占比，降低煤电占比对实现碳排放尽早达峰可发挥重要作用。

周孝信院士提出了我国新一代能源电力系统的发展目标：以可再生能源逐步替代化石能源，实现可再生能源等清洁能源在一次能源生产和消费中占更大的份额，实现能源转型，建设清洁低碳、安全高效的新一代能源电力系统。

周院士根据国家能源发展战略目标，预测了 2050 年各类发电的装机容量和发电量如图 1-10 所示。

根据这个预测，到 2050 年，全国发电装机容量将超过 52 亿 kW，达到 2019 年装机容量的 2.5 倍；人均发电量约为 9000kWh，约为 2019 年的 1.7 倍。

到 2050 年，发电结构将发生显著变化。非水电可再生能源（风电、光伏、生物质）发电装机容量将达到 37.37 亿 kW，占比将超过 70%；全部非化石能源（风电、光伏、生物质、水电）发电装机达到 41.9 亿 kW，占比接近 80%。非水电可再生能源发电量将达到 6.39 万亿 kWh，占比超过 50%；全部非化石能源发电量将达到 8.1 万亿 kWh，占比达 67%。彼时，清洁电能将成为主角，能源转型的宏伟目标将基本实现。

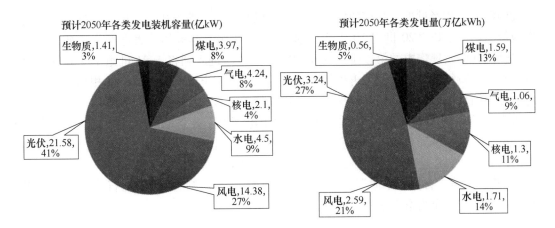

图 1-10　预计 2050 年各类发电的装机容量和发电量

　　能源转型的美好远景必将引发未来电力系统形态的深刻变革。周院士指出了新一代电力系统的主要特征，高比例可再生能源电力系统，高比例电力电子装备电力系统，多能互补的综合能源电力系统，运用人工智能和信息技术的智能电力系统。

　　高比例可再生能源电力系统是必然的发展趋势，可再生能源发电的间歇性、波动性和低能量密度特性，将带来电力系统运行特性的显著变化。传统电力系统以可控的发电追踪负荷来保持功率平衡。而未来电力系统将面临来自电源侧更大的不确定性，需要更多地从负荷侧挖掘调节潜能、开发大规模储能等新的调节资源，确保高比例可再生能源电力系统有充足的能力实现实时功率平衡。

　　传统的交流电力系统中只需要通过铁磁式变压器进行电压的变换，主力发电设备同步发电机具有较大的转子惯性，系统的动态行为更多表现为机电暂态过程。未来电力系统中，大量的风电、光伏等发电设备经电力电子变流器联网，承担远距离输电任务的超/特高压直流输电系统也是高比例电力电子装备的重要来源。电力电子装备通常对扰动比较敏感，受扰后主要经历快速的电磁暂态过程，高比例电力电子装备的电力系统有很多与传统电力系统不同的特性和运行问题需要研究解决。

　　传统的能源系统中，供电、供气、供热、供冷系统各自独立运行，不利于能源的梯次利用，制约了综合能效的提升。近年来发展起来的综合能源系统或能源互联网，就是在信息系统的支持下，实现多能源系统互联互通、互济互利的研究和实践，例如电热冷联供的楼宇综合能源系统、电热气协调的多能互补智能配电网、风光柴气协调的海岛独立微电网、大规模储热提高电网调节能力等，显著提升了综合能效，助力于可再生能源的开发利用，具有良好的发展前景。

　　电力系统本身就是一个十分复杂的大系统，维持其稳定运行，需要严密的调度组织和强有力的系统分析与控制技术。传统的电力系统分析主要是建立在人的经验和自下而上的建模分析方法，对复杂电力系统运行中出现的非线性现象、多因素耦合机理、复杂动态过程等问题的认知还有局限。近年来人工智能领域的研究和应用的突飞猛进，在弈棋、图像识别、语音识别与处理、智能驾驶、智能医疗等诸多领域取得了很多超越传统认知的突破。这些新进展也启示电力系统工程师和研究者，他们正努力将人工智能方法用于解决当今乃至未来电力系统复杂的规划、运行、控制、保护等方面的难题。

我国电力系统经过近140年的发展，经历了以小机组、低电压、小电网为特征，供电普及率极低的第一阶段（20世纪50年代以前），以大机组、超高压、大电网为特征，供电基本满足经济社会发展需求的第二阶段（至20世纪末），进入到将于21世纪中叶实现的第三阶段，其主要特征是以高比例可再生能源发电为主、骨干电源与分布式电源相结合、主干电网与局域配网、微网相结合，其保护控制和调度管理由自动化向智能化发展。

未来30年，建成高比例可再生能源、高比例电力电子装备的电力系统，既是重大发展机遇，也面临着一系列严峻的难题和挑战。电力系统形态的深刻变革，带来电力系统性能、特性的巨大变化，也会对电力系统的相关研究乃至教学内容产生重要影响。

"善建者不拔，善抱者不脱"，抓住机遇乘势而上，迎接挑战破浪前行。我国电力系统在能源革命大潮中定当奋勇争先，迎来光明的未来！

本扩展阅读主要参考了中国科学院院士周孝信《新一代电力系统与能源互联网》学术报告。

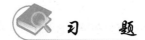

习 题

1-1 什么叫电力系统、电力网？电力系统为什么要采用高压输电？

1-2 我国电网的电压等级有哪些？为什么要规定额定电压？

1-3 电力线路、发电机、变压器和用电设备的额定电压是如何确定的？

第1章自测题

第2章
电力系统元件特性和数学模型

【引例】

电力系统传输能量巨大，覆盖地域辽阔，包含的元件众多，是十分复杂的人造巨型系统。

操作如此巨大的系统，又要时刻保持功率供需的平衡，可以想象难度是很大的。

老子曰："天下难事，必作于易；天下大事，必作于细"。复杂系统是由简单系统演化而成的，大系统是由小系统乃至元件组成的。欲了解复杂电力系统的运行特点、掌握其运行规律，必从了解元件特性和掌握简单系统的运行规律入手。

对于传统电力系统而言，其构成元件主要包括发电机、变压器、电力线路和负荷。

电力系统中的任何元件，均有其特定的物理结构和电气性能。根据交流电路和电机学的基本理论，可以建立数学模型来描述电气量之间的作用关系。

电气元件的数学模型不是绝对的。数学模型是在一定的简化条件下得到的，简化条件与所需要分析的问题密切相关。因此，同一个电气元件好比"大象"，它既可以有像"一堵墙"的模型，也可以有像"柱子""蒲扇"的模型等，这些都是大象这个客体某一方面属性的反映。

任何电气元件都没有终极模型，只有在一定假设下适用于分析特定问题的模型。

由元件构成系统，并非简单的堆砌，系统会呈现出元件所不具有的行为特征。系统的模型同样是依赖于所分析的问题及其相关条件的。

图 2-1 给出了一个简单的电力系统建立数学模型的示意图。

电力系统/元件数学模型中的变量，可以划分为结构变量（参数）和运行变量两类。结构变量（参数）是指在所分析问题场景中变化较小或基本不变的量，比如在恒频运行时元件的阻抗、导纳参数；电力系统的运行变量是指在运行过程中随时间频繁变化或波动的量，主要包括电压、电流、功率等变量。

尽管实际电力系统运行永远处于变化中，但是电力系统正常运行而未受到明显外扰时，在较短的时段内，电力系统的运行变量会持续地在某一个平均值附近变化，按照第 1 章对电力系统稳态的定义，这个平均值就可以被视为运行变量的稳态值。

本章即将讨论的元件及电力系统建模问题，基本上基于稳态运行的假设。

电力系统/元件的稳态数学模型是对电力系统/元件电气特性的最基本刻画，既是电力系统稳态分析的重要内容，也是整个电力系统分析课程的基础。

由于电力系统中各电气设备三相绕组的具体连接形式可能存在差别，为实现系统建模，

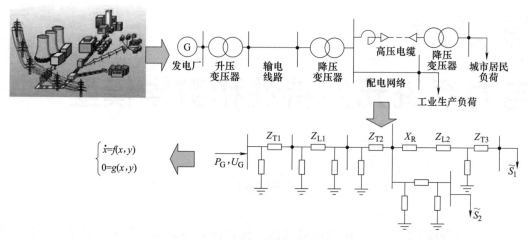

图 2-1 一个简单的电力系统建立数学模型的示意图

本章在进行元件建模时均以各元件三相星形联结作为前提；并认为稳态运行时电力系统特别是输电系统三相对称，建立其一相模型，包括建立架空输电线路和电力变压器的数学模型，分析发电机和负荷的稳态运行特性，最后根据元件的拓扑连接关系形成电力系统的等效电路和数学模型。

2.1 交流电路中的功率

由于电力系统的分析、运行和控制离不开对三相交流电路的分析和计算，特别是在电力系统稳态分析中，更关注的是能量在电网中的传输、分配情况，以及能量传输过程中对电网运行变量的影响。因此，需要对三相交流电路功率的相关概念做进一步的约定和讨论。

2.1.1 单相正弦交流电路的功率

任意选取三相对称电力系统中的一相，可以看作一个单相的正弦交流电路。假设一个无源的单端口网络（见图 2-2），在端口上施加幅值为 U_m、角频率为 ω 的正弦交流电压 $u(t)$，流入无源单端口网络的电流为 $i(t)$，如式（2-1）所示。

$$\begin{cases} u(t) = U_m\cos\omega t \\ i(t) = I_m\cos(\omega t - \varphi) \end{cases} \tag{2-1}$$

式中，I_m 为交流电流的幅值；φ 为功率因数角。$u(t)$ 的单位可以是伏（V）或千伏（kV），$i(t)$ 的单位可以是安（A）或千安（kA）。

那么，该端口的瞬时功率 $p(t)$ 可以由电压和电流相乘求得

$$\begin{aligned} p(t) &= u(t)i(t) \\ &= U_mI_m\cos\omega t(\cos\omega t\cos\varphi + \sin\omega t\sin\varphi) \\ &= \frac{1}{2}U_mI_m(1 + \cos2\omega t)\cos\varphi + \frac{1}{2}U_mI_m\sin2\omega t\sin\varphi \end{aligned} \tag{2-2}$$

由式（2-2）可知，如果电压和电流的变化频率为 50Hz，那么瞬时功率的变化频率则为

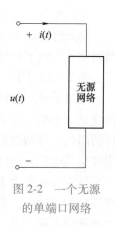

图 2-2 一个无源的单端口网络

100Hz。即功率与电流、电压的关系是非线性的。式（2-2）中的电压和电流采用了瞬时值的概念进行描述，而在电力系统分析中，我们习惯用电压和电流的有效值来刻画电力系统的运行特性。因此，我们需要得到当电力系统处于稳态，U_m 和 I_m 被认为是定值时，功率和电压之间的基本关系。

1. 单相交流电路的有功功率、无功功率

式（2-2）将瞬时功率分为两个部分，其中有功分量可以用 $p_R(t)$ 表示，同理，用 $p_X(t)$ 表示无功分量，此时，瞬时功率的有功分量为

$$p_R(t) = \frac{1}{2} U_m I_m (1 + \cos 2\omega t) \cos\varphi \tag{2-3}$$

其在一个周期消耗电能的平均值（在一个周期内的积分），即有功功率可以计算为

$$P = \frac{1}{T} \int_0^T p_R(t) \mathrm{d}t = \frac{1}{2T} U_m I_m \cos\varphi \int_0^T \mathrm{d}t = \frac{1}{2} U_m I_m \cos\varphi \tag{2-4}$$

由式（2-4）可知，有功功率的大小表明无源网络消耗电能的速率。

将电压电流的幅值采用有效值表达，即 $U = \dfrac{U_m}{\sqrt{2}}$，$I = \dfrac{I_m}{\sqrt{2}}$，那么有功功率 P 可以写作

$$P = UI\cos\varphi \tag{2-5}$$

有功功率的单位一般用瓦（W）、千瓦（kW）、兆瓦（MW）表示。

瞬时功率的无功分量 $p_X(t)$ 可以表示为

$$p_X(t) = \frac{1}{2} U_m I_m \sin 2\omega t \sin\varphi \tag{2-6}$$

由式（2-6）可知，瞬时功率的无功分量在一个周期消耗电能的平均值为零，即 $\dfrac{1}{T}\displaystyle\int_0^T p_X(t)\mathrm{d}t = 0$，因此，瞬时功率的无功分量在一个周期内吸收和发出的电能相等，如对于感性负荷，感性电流分量产生磁场能和电能相互转化（不转变为热能、机械能、化学能等其他能量），感性电流分量产生的功率在负荷和电源之间往返，没有被消耗，而对于容性负荷，容性电压分量建立交变电场，电场能和电能相互转化，这种能量交换的规模就是无功功率。

这样，电源与单口网络内储能元件之间电磁能量交换的能力可用瞬时功率无功分量的幅值表示。因此，可定义无功功率 Q 的表达式为

$$Q = \frac{1}{2} U_m I_m \sin\varphi \tag{2-7}$$

将电压、电流的幅值采用有效值表达，无功功率 Q 也可写作

$$Q = UI\sin\varphi \tag{2-8}$$

无功功率的单位用乏（var），千乏（kvar）、兆乏（Mvar）表示。根据国际电工委员会（IEC）推荐的约定，定义 $Q>0$ 时吸收感性无功，是无功负荷，$Q<0$ 时发出感性无功，是无功电源（图 2-2 中电压、电流的方向规定为正方向）。

至此，读者难免有疑问，电力系统的作用是实现能量的远距离传输，那么无功功率是无用的功率吗，所以其数值越小越好？无功功率不消耗能量，其大小多少甚至其有无是否不用考虑？难道无功功率真的不重要，可有可无？

事实上，电力系统中无功功率并非无用的功率，相反在电力系统中起着重要的作用。例如需要建立和维持旋转磁场，使转子转动，从而带动机械运动，电动机的转子磁场就是靠从电源取得无功功率建立的。变压器也需要无功功率，才能使变压器的一次绕组产生磁场，在二次绕组感应出电压。因此，没有无功功率，电动机就不会转动，电压器就不会变压。

2. 单相交流电路的复功率

在正常情况下，用电设备不但要从电源取得有功功率，还需要从电源取得无功功率。复功率是以相量法分析正弦电路时常涉及的一种功率表达形式，是基于电压和电流的相量表示，写作电压和电流相量共轭的乘积，复功率的实部是有功功率，虚部为无功功率，有功功率和无功功率的相位差为 90°。采用复功率进行计算的优点是可以由电压和电流相量经一次计算直接获得有功功率和无功功率，计算过程更加简洁。

复功率的模称为视在功率，视在功率表示单口网络所吸收平均功率的最大值，常用来表示一个电气设备的容量，用 S 表示。在正弦交流电路中，有功功率、无功功率和视在功率满足图 2-3 所示矢量三角形的关系：

$$S = \sqrt{P^2 + Q^2} \tag{2-9}$$

复功率、有功功率、无功功率、视在功率之间的关系如下：

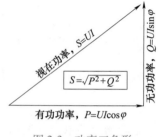

图 2-3　功率三角形

$$\tilde{S} = \dot{U}\dot{I}^* = UI\angle\varphi_u - \varphi_i \tag{2-10}$$
$$= UI\cos\varphi + jUI\sin\varphi = P + jQ = S\angle\varphi$$

式中，$\tilde{S}$ 为复功率；S 为视在功率；$\dot{U}$ 为电压相量；$\dot{I}^*$ 为电流相量的共轭值。

复功率和视在功率的单位用伏安（VA）、千伏安（kVA）、兆伏安（MVA）表示。在电力系统分析中，功率和电压电流之间有一定的对应关系，如果电压单位是伏（V），电流的单位是安（A），那么复功率和视在功率的单位一般用伏安（VA）表示，对应有功功率的单位用瓦（W）表示；如果电压单位是千伏（kV），电流的单位是千安（kA），那么复功率和视在功率的单位一般用兆伏安（MVA）表示，有功功率的单位用兆瓦（MW）表示。

在此说明，虽然无功功率不被消耗，但是无功功率和有功功率一样都在供电线路上产生电流。电源和输电线路存在阻抗且电源容量是有限的，无功功率对供电、用电也产生一定的不良影响：

1）视在功率一定时，增加无功功率就要降低变电设备的供电能力。

2）电网内无功功率的流动会造成线损增大和能耗增加。

3）无功功率造成功率因数降低和电压下降，导致电气设备容量得不到充分利用。

综上所述，无功功率有利也有弊，有功功率和无功功率就像跷跷板的两端，无功功率和有功功率在某些电气设备中是不可或缺的。无功功率也参与了电源的能量交换，降低了发电机和电网的供电效率，供电部门当然希望无功功率越小越好。可采用无功功率补偿技术来改善功率因数，由无功功率源提供负荷的无功电流，提高供电效率。

2.1.2　三相正弦交流电路的功率

由电机运行的基本原理可知，三相绕组中流过对称三相交流电流时，在空间上产生恒定的转矩，考虑电机运行的稳定性和节省材料方面，一般采用三相对称结构的电机，这类电机性能良好、运行可靠。因此，尽管也有学者提出 4 相或 6 相以及其他相数的电力系统发、输、配、用电形态，但自从交流输电大规模应用以来，三相运行的电力系统在世界范围内得到了全面的推广。

同时，三相对称（即三相电压/电流波形、幅值相同，相位相差 120°）是电力系统维持安全、优质运行的重要保证。为了实现电力系统三相对称运行，这就要求电力系统输送的三相功率相同，并且三相的运行参数尽可能一致。由于输电网三相不平衡程度很低，可以假设是一个三相平衡的输电系统。以三相对称为前提，下面将讨论三相电力系统有功功率、无功功率、复功率、视在功率的表达式。

1. 三相有功功率

三相电路的瞬时功率是三个单相电路瞬时功率之和，即

$$p_{3p}(t) = p_a(t) + p_b(t) + p_c(t) \tag{2-11}$$
$$= u_a(t)i_a(t) + u_b(t)i_b(t) + u_c(t)i_c(t)$$

将各相的瞬时功率用相电压和电流的有效值表示为

$$\begin{cases} p_a(t) = \sqrt{2}U_p\sin\omega t \times \sqrt{2}I_p\sin(\omega t - \varphi) = U_pI_p\big[\cos\varphi - \cos(2\omega t - \varphi)\big] \\ p_b(t) = \sqrt{2}U_p\sin(\omega t - 120°) \times \sqrt{2}I_p\sin(\omega t - \varphi - 120°) = U_pI_p\big[\cos\varphi - \cos(2\omega t - \varphi + 120°)\big] \\ p_c(t) = \sqrt{2}U_p\sin(\omega t + 120°) \times \sqrt{2}I_p\sin(\omega t - \varphi + 120°) = U_pI_p\big[\cos\varphi - \cos(2\omega t - \varphi - 120°)\big] \end{cases}$$
$$\tag{2-12}$$

式（2-11）和式（2-12）中，U_p、I_p 为单相电路的电压和电流有效值；$p_{3p}(t)$ 为三相电路瞬时功率。式（2-12）中，a、b、c 相瞬时功率的时变部分是三个大小相同，相位互差 120° 的相量，相量之和为 0。这样，三相电路的瞬时功率就可以写为

$$p_{3p}(t) = 3U_pI_p\cos\varphi = 3P_p \tag{2-13}$$

式（2-13）和图 2-4 均表明，三相电路瞬时功率之和为一个常数，不随时间 t 变化，其值是单相电路有功功率的 3 倍，表征三相电路在单位时间内消耗电能的速率，即三相电路的有功功率 P_{3p}。在三相电路的分析和计算中，通常采用线电压和线电流进行描述，因此，三

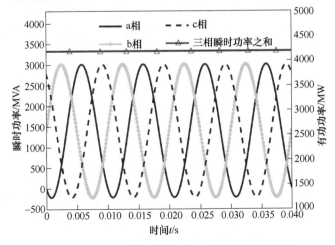

图 2-4　a、b、c 相瞬时功率与三相电路有功功率

相有功功率可以表示为 $P = \sqrt{3}\,U_\mathrm{L}I_\mathrm{L}\cos\varphi$，在本书后面的分析和计算中，如无特殊说明，功率默认指的就是三相功率，因此省略功率的下标。

2. 三相无功功率

与三相有功功率类似，三相无功功率可表示为

$$Q = 3U_\mathrm{p}I_\mathrm{p}\sin\varphi = \sqrt{3}\,U_\mathrm{L}I_\mathrm{L}\sin\varphi \tag{2-14}$$

3. 三相复功率

根据单相交流电路复功率的计算方法，推广到三相交流电路，复功率的表示方法见式（2-15）。

$$\tilde{S} = P + \mathrm{j}Q = \sqrt{3}\,U_\mathrm{L}I_\mathrm{L}\angle\varphi \tag{2-15}$$

2.1.3　电功率与电能量的关系

电功率表示电流在单位时间内做的功，是用来表示消耗电能快慢的物理量。电能是指在一段时间内用电做的功，因此，电能是功率在时间上的积分，即

$$W = \int_{t_1}^{t_2} p(t)\,\mathrm{d}t \tag{2-16}$$

电能的单位是千瓦时（kWh），对于电力用户来说，更熟悉的名称是"度"。由于电力系统蕴含输送的能量巨大，对于电力系统而言，电能还可以用兆瓦时（MWh）、吉瓦时（GWh）等进行描述。

至此，从单相电路开始，得到了三相电路的有功功率、无功功率和复功率的计算方法和所代表的意义，下面开始对电力系统各元件的稳态参数和模型进行讨论。

2.2　电力线路的参数和数学模型

从本节开始，将对构成电力网络的主要元件——电力线路和变压器，逐一给出其等效电路并确定模型的参数。模型是指对于某个实际问题或客观事物、规律进行抽象后的一种形式化表达方式。建模的关键，就是在特定的条件下，突出主要矛盾，忽略次要因素。因此，在不同的前提和假设条件下，对于同一个元件，可以得到反映不同方面运行特性的模型。另外，建立精确的模型固然能获得更接近物理客体的分析结果，但精确的模型建立不易，引入的参数和变量众多，会给理论分析和仿真计算带来负担，在建模的过程中要兼顾模型的精确性与方法的有效性，既可对系统进行适当精度的描述，又能对系统进行有效的分析与综合。

下面将简单介绍电力线路的分类及结构特点，再介绍如何根据元件的主要运行特性，建立简洁有效的等效电路模型。

2.2.1　电力线路分类和结构特点

电力线路是将变、配电所与各电能用户或用电设备连接起来，由电源端向负荷端输送和分配电能的导体回路。它是供电系统的重要组成部分，担负着输送和分配电能的任务。除室内线路外，电力线路是三相的，具有不同的电压等级。完成输电网电能传输任务的电力线路称为输电线路，其额定电压等级通常在 110kV 以上；组成配电网的电力线路称为配电线路，电压通常在 35kV 以下。下面主要对输电线路展开讨论。

输电线路按结构可分架空线路和电缆两大类别。架空输电线路和电缆具有不同的特点和

优缺点，有各自的适用场景。另外，输电线路按传送的电能类型还分为交流输电线路和直流输电线路，直流输电线路和交流线路的结构组成类似，但一般采用双极线路结构，直流架空线路具有结构简单、线路造价低、线路走廊窄、线路损耗小等优点，但是直流电缆对绝缘的要求更高。由于我国当前的输电网主要还是以交流系统实现互联，且直流输电线路的建模与交流输电线路不同，因此，后面展开的讨论主要以交流输电线路为研究对象。

下面分别对交流架空输电线路和交流电缆线路的结构和组成进行简述。

1. 架空输电线路的结构特点

架空线路主要指架空明线，架设在地面之上，是用绝缘子将输电导线固定在直立于地面的杆塔上以传输电能的输电线路。架空线路由导线、避雷线、杆塔、绝缘子和金具等构成，如图 2-5 所示。

导线是用来传导电流、输送电能的元件。输电线路一般都采用架空裸导线，架空线通常采用钢芯铝绞线，即内部采用强度和韧性较好的钢芯增加导线的机械强度，表面采用铝绞线进行载流。从导线的型号可以很

图 2-5 杆塔与架空线

方便地掌握导线的基本信息，如 LGJ 240/50，说明该导线为钢芯铝绞线，标称载流面积为 240mm^2，标称钢芯截面积为 50mm^2。

杆塔的作用是将导线举升至空中，保持导线与地面之间、相与相导线之间的安全距离，使电能沿着导线传输，而不至于形成其他的回路。由于杆塔通常由导电的金属制成，为避免导线由于杆塔的连接建立与大地之间的回路，需要保证导线与杆塔之间的绝缘且能形成对导体的有效支撑，这就是绝缘子的主要功能。

绝缘子按照使用的绝缘材料的不同，可分为瓷绝缘子（见图 2-6a）、玻璃绝缘子（见图 2-6b）和复合绝缘子（也称合成绝缘子，见图 2-6c）。瓷绝缘子绝缘件由电工陶瓷制成，早期的绝缘子大多是瓷材质的，在电网中使用也是最为普遍。玻璃绝缘子由玻璃制成，玻璃绝缘子因为零值自破、容易维护等特点而得到广泛应用。复合绝缘子的绝缘件由玻璃纤维树脂芯棒（或芯管）和有机材料的护套及伞裙组成，其特点是尺寸小、重量轻、抗拉强度高、抗污秒闪络性能优良，由于其具有诸多优点，在电力系统中的应用越来越广泛。

绝缘子串的爬电距离和绝缘子片的数量有关，通常情况下，如果想要获得更好的耐压性能，绝缘子串的长度就要更长，绝缘子片数就要更多。10kV 电压等级的绝缘子一般需要 1～2 片绝缘子片，35kV 电压等级需要约 3 片，110kV 电压等级需要约 7 片，220kV 需要 14～15 片，500kV 电压等级需要 23～25 片，750kV 电压等级需要 32 片。

避雷线一般架设在杆塔顶部，用于防止雷直击输电线路，避免雷击导线产生达几百万伏的过电压，导致绝缘子闪络，以至引起线路跳闸，甚至造成停电事故。避雷线会给载流导线提供需要的保护范围，使雷尽量落在避雷线上，并通过杆塔上的金属部分和埋设在地下的接地装置，使雷电流流入大地，起到遮护载流导体的作用。

随着电力系统电压等级的提高，输送功率越来越大，如果还是采用单根实心导线进行输电，那么从减少输电损耗的角度来考虑，就需要使用更大截面积的导线，这在工程中很难实

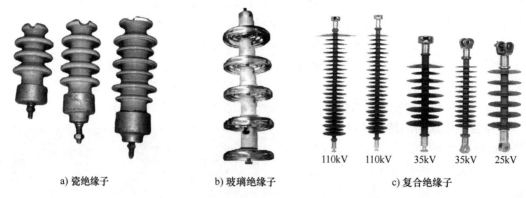

a) 瓷绝缘子　　　　　　　　b) 玻璃绝缘子　　　　　　　c) 复合绝缘子

110kV　110kV　35kV　35kV　25kV

图 2-6　各种不同类型绝缘子

现，且由于交流电的趋肤效应，提高了导线的重量，还浪费了大量有色金属。为保证相间绝缘，相间距离也需要增大，导致单位长度的电抗增加，不利于电力系统的稳定运行。另外，高压输电还面临输电线路周围电场分布不均匀而引起的电晕现象，增加电能损耗。为改善高压输电面临的以上问题，220kV 及以上输电线路的架设方式一般采用每相两根及以上的导线实现，称为"分裂导线"。分裂导线能输送较大的电能，相比采用单根导线，可以大大减少线路的电抗，同时减少由电晕现象带来的电能损耗。

架空线是组成输电系统的最主要方式，在同样的电压等级下，具有建设期一次性投资费用低、易于施工、建设周期短、传输容量大的优点，因此在电网中使用非常普遍。但是在发生外力破坏、刮碰时，架空线容易被损坏，导致电力系统故障，运行可靠性较低。

2. 电力电缆的结构和特点

电力电缆是绝缘防护与通流导线的复合体。电力电缆常用于城市地下电网、发电站引出线路、工矿企业内部供电及过江海水下输电线。电缆按电压等级可分为中低压电缆（35kV 及以下）、高压电缆（110kV 以上）、超高压电缆（275～800kV）以及特高压电缆（1000kV 及以上）。此外，电缆还分为单芯电缆和多芯电缆。多芯电缆就是电缆外包绝缘保护层中有多根相互绝缘导体的电缆。对于单芯电缆，当输送较大功率时，要求的截面积就比较大，此时如使用多芯电缆，可以有效减少趋肤效应的影响，大大提高电缆芯的利用率。

电缆通常是由几根或几组导线绞合而成的、每组导线之间相互绝缘，外面包有高度绝缘的覆盖层。整体由导电线芯、绝缘层、包护层等构成，如图 2-7 所示。

电缆线路有其优点，如不需在地面上架设杆塔，占用土地面积少；供电可靠，极少受外力破坏，适应各种恶劣气象条件等。因此，在大城市、发电厂和变电所内部或附近以及穿过江河、海峡时，往往采用电缆线路。但电缆线路的造价较架空线路高，电压越高，绝缘成本增幅越大。

以上介绍的主要指交流电缆，除了交流电缆外，还有直流电缆。直流电缆的绝缘在运行

图 2-7　电缆（截面）

中承受恒定电场的持续作用，更容易导致绝缘损坏，这是直流电缆制造与使用过程中面临的关键问题。

电缆一旦施工完成，维修十分困难，电缆对运行的条件要求比较苛刻（散热性能较差），电缆接头是电缆最容易发生故障的薄弱环节，电缆接头处理不当不仅可能引起发热，严重时还会导致电缆故障并造成停电损失。

由于电缆由工厂按标准规格制造，可根据厂家提供的数据或者通过实测求得其参数，因此本章对电缆的参数不做讨论。架空线路的参数同架设条件等外界因素有密切关系，架空线路的参数和等效模型是本节重点介绍的内容。

2.2.2 架空交流输电线路的参数

输电线路的模型参数是输电线路运行时物理关系的表征，根据架空输电线路在输送功率过程中的物理现象，可以认为架空输电线路的参数主要有 4 个：反映线路通过电流时产生热效应的电阻、反映载流导体周围磁场效应的电抗、反映线路施加电压时绝缘介质中产生泄漏电流及导线附近空气游离而产生电晕效应的电导、反映带电导线周围电场效应的电纳。输电线路的这些参数通常可以认为是沿全长均匀分布的，每单位长度的参数为电阻 r_1、电抗 x_1、电导 g_1、电纳 b_1。由于热效应和磁场效应与导线上通过交变电流有关，因此电阻和电抗参数在输电线路模型中属于等效模型中的串联参数；电晕效应和电场效应与导线上施加的电压有关，因此电导和电纳参数属于等效模型中的并联参数。

1. 单根导体的三相架空输电线路参数

（1）电阻

为了在模型中模拟导体在输送功率过程中的热效应，用电阻参数在模型中表示导体。对于常见的有色金属导线（包括铝线、钢芯铝线和铜线等），它们每相单位长度的电阻可按下式计算：

$$r_1 = \frac{\rho}{S} \tag{2-17}$$

式中，r_1 为导线单位长度的电阻（Ω/km）；ρ 为导线材料的电阻率（$\Omega \cdot \mathrm{mm}^2/\mathrm{km}$）；$S$ 为导线载流部分的截面积（mm^2）。

在电力系统计算中，常用导线材料的电阻率如下：铝为 $31.5\Omega \cdot \mathrm{mm}^2/\mathrm{km}$，铜为 $18.8\Omega \cdot \mathrm{mm}^2/\mathrm{km}$。它们略大于这些材料的直流电阻率。这是因为需要计及趋肤效应，而且计算时采用的额定截面积又多半略大于实际截面积。

由于标称截面积只是铝导线的截面积，故可认为钢芯铝线的电阻与同样额定截面积的铝线相同。实际应用中，导线的电阻通常可从产品目录或手册中查得。另外，有相关研究提出了电阻温度修正公式为

$$r_t = r_{20}[1 + \alpha(t - 20)] \tag{2-18}$$

式中，r_t、r_{20} 分别为 $t(\mathrm{℃})$、$20℃$ 时的电阻（Ω/km）；α 为电阻的温度系数，对于铝，$\alpha = 0.0036$，对于铜，$\alpha = 0.00382$。

由温度修正后的电阻率公式可以得知，通常情况下，正在运行的架空线路，假设达到长期允许工作温度上限为 $70℃$，与退出运行时 $20℃$ 的电阻相比，增大了 18%，可以看出，温度对电阻的影响是不显著的，在很多计算中，可以不考虑温度对电阻参数的影响。

（2）电抗

输电线路的每相等效电抗与导体的电感和系统频率有关，即

$$x = 2\pi f_N L \tag{2-19}$$

根据单位长度导体的自感和互感的计算公式，以及我国电力系统的额定频率为 50Hz，单相的单位长度导体的平均电抗（Ω/km）可按下式计算：

$$x_1 = 0.1445 \lg \frac{D_m}{r} + 0.0157 \tag{2-20}$$

式中，r 为导线半径（mm）；D_m 为三相导线间的互几何均距（mm），$D_m = \sqrt[3]{D_{AB} D_{BC} D_{CA}}$，特别地，对于水平等距排列的三相导线，有 $D_m = 1.26D$，D 为相邻两相导体之间的距离，也称相间距离。由式（2-20）可知，相间距离和单位长度导体的电抗成正相关关系，因此，更高电压等级的线路，通常拥有更大的电抗。

（3）电导

线路的电导取决于沿绝缘子串的泄漏和电晕，因而与导线的材料无关。沿绝缘子串的泄漏通常很小，而电晕则是强电场作用下导线周围空气的电离现象。

导线周围空气之所以会电离，是由于导线表面的电场强度超过了某一临界值，以致空气中原有的离子具备了足够的动能，撞击其他不带电分子，使后者也离子化，最后形成空气的部分导电。

在工程上，可以对电晕起始电压或临界电压 U_{cr} 进行简单估算：

$$U_{cr} = E_{cr} r \lg \frac{D_m}{r} = 49.3 m_1 m_2 \delta r \lg \frac{D_m}{r} \tag{2-21}$$

式中，U_{cr} 为相电压的有效值（kV）；m_1 为导线的粗糙系数；m_2 为气象系数；δ 为空气的相对密度。

从式（2-21）可以看出，线路结构方面能影响 U_{cr} 的两个因素是相间距离 D（$D_m = 1.26D$）和导线半径 r。增加相间距离会增大杆塔尺寸，从而大大增加线路的造价，所以，增大导线半径是防止和减小电晕损耗的有效方法。在设计时，对 220kV 以下的线路通常按避免电晕损耗的条件选择导线半径；对 220kV 及以上线路，为了减少电晕损耗，常常采用分裂导线来增大每相的等效半径。因此，在一般的电力系统计算中可以忽略电晕损耗，即可设 $g = 0$。

而当实际运行电压过高或气象条件变坏时，运行电压将超过临界电压而产生电晕。运行电压超过临界电压越多，电晕损耗也越大。如果三相线路每公里的电晕损耗为 ΔP_g，则每相等效电导为

$$g_1 = \frac{\Delta P_g}{U^2} \times 10^{-3} \tag{2-22}$$

式中，g_1 为导线单位长度的电导（S/km）；ΔP_g 为三相线路每公里的电晕损耗（kW/km）；U 为线路线电压（kV）。

（4）电纳

三相架空线路的电纳与单位导线周围的电场有关，在 $\omega = 2\pi f_N$（rad/s）条件下，并取 $f_N = 50$Hz，就可得最常用的电纳计算公式为

$$b_1 = \frac{7.58}{\lg \dfrac{D_m}{r}} \times 10^{-6} \qquad (2\text{-}23)$$

式中，b_1 为导线单位长度的电纳（S/km）。

显然，由于电纳与几何均距、导线半径之间也有对数关系，相间距离越大，单位长度的电纳就越小。

以上都是每相采用单根导体进行输电的电力线路参数计算方法，根据前面的基本介绍可知，高压输电线路为减少线路电抗和抑制电晕放电，一般采取分裂导线的架设形式。分裂导线可以加大导体的等效半径，降低导线的电抗，均匀导线周围的电场分布，具体做法是将每相导线分成若干根，相互之间保持一定距离。例如，分成 2~4 根，每根相距 0.2~0.5m（见图 2-8）。这样，虽然导线中间是空的，但分裂导线的等效半径就是分裂导线组成的几何圆半径，可以在提高输送容量的同时，降低高压输电时的电晕放电，且在金属用量相同的前提下，大大减少线路的电抗。通过理论分析，可以对分裂导线降低电抗、提高输电能力的作用进行估算，如某长度为 50km 的 110kV 输电线路，如采用水平布置的型号为 LGJ 400/35 的单根导线，相间距离 3.5m，计算截面积为 452mm²，单位长度的电抗为 0.378Ω/km，最大输电能力为 42MW；如替换为型号为 LGJ 185/30 的 2 分裂导线，计算截面积为 2×211mm²，单位长度的电抗为 0.276Ω/km，最大输电能力可达 60MW。也就是说，在同一电压等级下，采用单根导线与 2 分裂导线，输电线路单位长度的电抗降低了约 27%，最大输电能力提高了 45.2%。

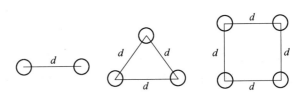

图 2-8　一相分裂导线的布置

在工程上，分裂导线主要应用于 220kV 及以上电压的线路。一般 220kV 输电线路采用 2 分裂，500kV 输电线路采用 4 分裂，西北电网 750kV 输电线路多为 6 分裂，1000kV 输电线路可以采用 8 分裂。下面，对于分裂导线的电抗和电纳参数计算问题展开简单介绍。

2. 分裂导线的电抗和电纳参数

（1）分裂导线三相架空线路的电抗

可以证明，每相具有 n 根的分裂导线线路电抗仍可按式（2-20）计算，但式中的第二项应除以 n，第一项中导线的半径应以等效半径 r_{eq} 替代，其值为

$$r_{eq} = \sqrt[n]{r(D_{12}D_{13}\cdots D_{1n})} = \sqrt[n]{rD_{1m}^{(n-1)}} \qquad (2\text{-}24)$$

式中，r 为每根导体的半径；D_{12}，D_{13}，$\cdots$，D_{1n} 为某根导体与其余 $n-1$ 根导体间的距离；D_{1m} 为各根导体之间的几何均距。

因此，分裂导线线路的电抗为

$$x_1 = 0.1445\lg \frac{D_m}{r_{eq}} + \frac{0.0157}{n} \qquad (2\text{-}25)$$

图 2-9 示出了 500kV 线路采用分裂导线时，对应于不同分裂根数 n、几何均距 D_m 的单位长度电抗。由图 2-9 可见，分裂的根数越多，电抗下降也越多，但分裂根数超过 4 根时，电抗的下降已逐渐减缓。几何均距 D_m 的增大同样可减小电抗，但过大的几何均距又将不利于防止发生电晕。

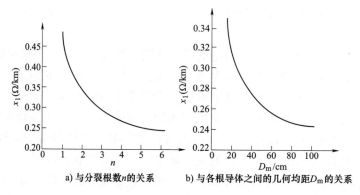

a) 与分裂根数 n 的关系　　b) 与各根导体之间的几何均距 D_m 的关系

图 2-9　分裂导线的电抗

（2）分裂导线的电纳

分裂导线的采用也改变了导线周围的电场分布，等效地增大了导线半径，从而增大了每相导线的电纳。可以证明，采用分裂导线的线路仍可按式（2-23）计算其电纳，只是这时导线的半径应以按式（2-24）确定的等效半径 r_{eq} 替代，即

$$b_1 = \frac{7.58}{\lg \dfrac{D_m}{r_{eq}}} \times 10^{-6} \tag{2-26}$$

由式（2-25）和式（2-26）可知，采用分裂导线，由于用等效半径 r_{eq} 代替单根导体的半径 r，在显著降低了电抗的同时，提高了线路的电纳，因此，特高压电网往往存在无功功率过剩问题，一般要求在高压变电站装设电抗器进行补偿。

2.2.3　电力线路的数学模型

以上介绍了单位长度电力线路参数之间的连接关系及其计算方法。严格来说，对于某一长度的电力线路，可以将每个单位长度的参数串联起来，构成该线路的等效电路模型，即电力线路的分布参数等效电路模型。

1. 分布参数输电线路等效模型

图 2-10 所示为分布参数输电线路的等效电路图。这是单相等效电路，之所以可用单相等效电路代表三相，是由于本部分讨论假设的是三相对称运行方式。图 2-10 中，z_1、y_1

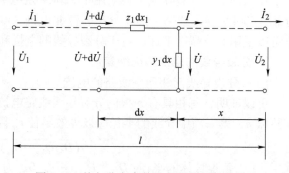

图 2-10　均匀分布参数输电线路的等效电路

分别表示单位长度线路的阻抗和导纳，即 $z_1 = r_1 + jx_1$，$y_1 = g_1 + jb_1$；$\dot{U}$、$\dot{I}$ 分别表示距线路末端长度为 x 处的电压、电流；$\dot{U} + d\dot{U}$、$\dot{I} + d\dot{I}$ 分别表示距线路末端长度为 $x + dx$ 处的电压、电

流；dx 为长度的微元。

由图可见，长度为 dx 的线路，串联阻抗中的电压降落为 $\dot{I}z_1 dx$，并联导纳中分流的电流

为 $\dot{U}y_1 dx$，从而可列出 $\dfrac{d\dot{U}}{dx} = z_1\dot{I} + z_1 d\dot{I}$，忽略 $z_1 d\dot{I}$ 项，得

$$\begin{cases} \dfrac{d\dot{U}}{dx} = z_1\dot{I} \\[2mm] \dfrac{d\dot{I}}{dx} = y_1\dot{U} \end{cases} \tag{2-27}$$

上述方程可以解出

$$\begin{cases} \dot{U} = \dfrac{\dot{U}_2 + Z_c\dot{I}_2}{2}e^{\gamma x} + \dfrac{\dot{U}_2 - Z_c\dot{I}_2}{2}e^{-\gamma x} \\[4mm] \dot{I} = \dfrac{\dfrac{\dot{U}_2}{Z_c} + \dot{I}_2}{2}e^{\gamma x} - \dfrac{\dfrac{\dot{U}_2}{Z_c} - \dot{I}_2}{2}e^{-\gamma x} \end{cases} \tag{2-28}$$

其中

$$\begin{cases} \gamma = \sqrt{z_1 y_1} = \sqrt{(g_1 + j\omega C_1)(r_1 + j\omega L_1)} = \alpha + j\beta \\[2mm] Z_c = \sqrt{z_1/y_1} = \sqrt{(r_1 + j\omega L_1)/(g_1 + j\omega C_1)} \end{cases} \tag{2-29}$$

式中，Z_c 为线路的特性阻抗；γ 为线路的传播常数；α 为衰减常数；β 为相移常数。

考虑到双曲函数有如下定义：

$$\sinh\gamma x = \frac{e^{\gamma x} - e^{-\gamma x}}{2}; \quad \cosh\gamma x = \frac{e^{\gamma x} + e^{-\gamma x}}{2} \tag{2-30}$$

式（2-28）又可改写为

$$\begin{bmatrix} \dot{U} \\ \dot{I} \end{bmatrix} = \begin{bmatrix} \cosh\gamma x & Z_c\sinh\gamma x \\[2mm] \dfrac{\sinh\gamma x}{Z_c} & \cosh\gamma x \end{bmatrix} \begin{bmatrix} \dot{U}_2 \\ \dot{I}_2 \end{bmatrix} \tag{2-31}$$

由式（2-31），就可以在已知末端电压、电流时，计算沿线任意点的电压、电流。如果要计算输电线路始端的电压、电流，只需要将 $x = l$ 代入式（2-31），即可得

$$\begin{bmatrix} \dot{U}_1 \\ \dot{I}_1 \end{bmatrix} = \begin{bmatrix} \cosh\gamma l & Z_c\sinh\gamma l \\[2mm] \dfrac{\sinh\gamma l}{Z_c} & \cosh\gamma l \end{bmatrix} \begin{bmatrix} \dot{U}_2 \\ \dot{I}_2 \end{bmatrix} \tag{2-32}$$

电力系统分析计算中关心的是电力线路两端的电压、电流、功率，因此可利用电力线路两端的电压、电流，构建其等效的二端口模型，如图 2-11 所示，其中

$$\begin{cases} Z' = Z_c\sinh\gamma l \\[2mm] Y' = \dfrac{1}{Z_c}\dfrac{2(\cosh\gamma l - 1)}{\sinh\gamma l} \end{cases} \tag{2-33}$$

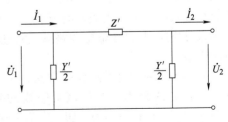

图 2-11 基于分布参数表达的输电线路无源二端口等效电路

采用该等效模型可以在计及电力线路参数分布特性的同时，简化等效参数计算。

如果需要描述高压输电线路中间关键位置的过电压现象，输电线路的等效电路可以采用少量上述的 Π 形等效电路级联。

2. 集总参数输电线路等效模型

由电路理论可知，当电路尺寸远小于其工作电磁波长时（$l < \lambda/20$），可以忽略电路分布参数特征，采用集总参数模型来描述该电路。在工频 50Hz 下，电力线路上的电磁波长为 $\lambda = 6000$km。因此当电力线路长度小于 300km 时，可采用集总参数等效电路来描述，从而简化电力线路的建模和参数计算，且其计算误差满足工程要求。

所谓集总参数电路，就是将每单位长度的参数，电阻 $r_1(\Omega)$、电抗 $x_1(\Omega)$、电导 $g_1(\text{S})$、电纳 $b_1(\text{S})$，利用电路的串并联关系进行合并，以 $R(\Omega)$、$X(\Omega)$、$G(\text{S})$、$B(\text{S})$ 分别表示全线路每相的总电阻、电抗、电导、电纳。显然，线路长度为 $l(\text{km})$ 时

$$\begin{cases} R = r_1 l; \quad X = x_1 l \\ G = g_1 l; \quad B = b_1 l \end{cases} \tag{2-34}$$

通常，由于线路导线截面积的选择，如前所述，以晴朗天气不发生电晕为前提，而沿绝缘子的泄漏又很小，可设 $G = 0$。

正如前文所述，如果要分析输电线路对地电纳所提供的充电功率对线路电压的影响，尤其是在分析超/特高压交流输电线路的运行行为时，不能忽略对地电纳（或电容）的影响。这种输电线路的等效电路可以有两种——Π 形等效电路和 T 形等效电路，如图 2-12a、b 所示。

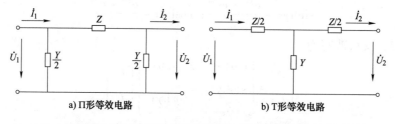

a) Π形等效电路　　　　　　　　　　b) T形等效电路

图 2-12　计及充电功率的输电线路等效电路

在 Π 形等效电路中，除串联的线路总阻抗 $Z = R + \text{j}X$ 外，还将线路的总导纳 $Y = \text{j}B$ 分为两半，分别并联在线路的始末端。在 T 形等效电路中，线路的总导纳集中在中间，而线路的总阻抗则分为两半，分别串联在它的两侧。因此，这两种电路都是近似的等效电路，而且，相互间并不等效，即它们不能用 △-Y 变换公式相互变换。其中，Π 形等效电路由于计算简单，不会在等效电路中引入额外的节点，因此比较常用。需要注意的是，单个 Π 形等效电路不能用来分析超/特高压输电线路沿线的过电压情况，此时需要使用多个 Π 形等效电路级联的电路模型。

采用不同的输电线路建模方法，可以得到粗略或精确的参数计算结果。以一个 330kV 的架空输电线路为例，如该架空线的参数为 $r_0 = 0.0579\Omega/\text{km}$，$x_0 = 0.316\Omega/\text{km}$，$b_0 = 3.55 \times 10^{-6}\text{S/km}$，$g_0 = 0$。如长度为 100km、200km、300km、400km 和 500km，则采用集总参数的近似计算以及采用分布参数的精确计算的 Π 形等效电路参数分别见表 2-1。

表 2-1 输电线路参数的近似值和精确值

距离/km	计算类型	阻抗/Ω	导纳/S
100	近似值	5.7900+j31.6000	j3.5500×10^{-4}
	精确值	5.7684+j31.5429	(0.0006+j3.5533)×10^{-4}
200	近似值	11.5800+j63.2000	j7.1000×10^{-4}
	精确值	11.4074+j62.7142	(0.0049+j7.1267)×10^{-4}
300	近似值	17.3700+j94.8000	j10.6500×10^{-4}
	精确值	16.7898+j93.2656	(0.0167+j10.7405)×10^{-4}
400	近似值	23.1600+j126.4000	j14.2000×10^{-4}
	精确值	21.7927+j122.7761	(0.0403+j14.4161)×10^{-4}
500	近似值	28.9500+j158.0000	j17.7500×10^{-4}
	精确值	26.2995+j150.9553	(0.0804+j18.1764)×10^{-4}

由表 2-1 可知，近似计算的误差随线路长度而增大，且即使线路的电导为零，等效电路的精确参数中仍有一个数值很小的电导，实际计算时可以忽略。

当线路电压不高时，线路电纳 B 的影响一般不大，可以对集总参数电路的输电线路模型做进一步的简化，只用一串联的总阻抗 $Z = R+jX$ 进行表示，如图 2-13 所示。

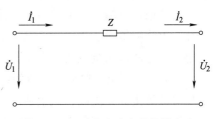

图 2-13 不计充电功率的等效电路

2.2.4 输电线路的自然功率

分布参数电路的特性阻抗和传播系数是表示线路输电特性的两个重要参量，它们常被用来估计超高压线路的运行特性。而由于超高压线路的电阻往往远小于电抗，电导则可略去不计，可以近似认为此时线路上没有有功损耗，是"无损耗"线路，式（2-29）的特性阻抗（Ω）和传播系数将分别具有如下形式：

$$Z_c = \sqrt{L_1/C_1} \; ; \; \gamma = j\beta = j\omega\sqrt{L_1 C_1} \tag{2-35}$$

不难发现，这时的特性阻抗将是一个纯电阻，称为波阻抗；而这时的传播系数则仅有虚部 β。

与波阻抗密切相关的另一概念是自然功率，也称波阻抗负荷（Surge Impedance Loading，SIL），它是指负荷阻抗为波阻抗时，由入射波输送到线路末端的功率将完全被负荷吸收，此时负荷所消耗的功率。

如负荷端电压为线路额定电压，则相应的自然功率为

$$S_n = P_n = U_N^2/Z_c \tag{2-36}$$

由于这时的 Z_c 为纯电阻，相应的自然功率显然为纯有功功率。

由式（2-32）可得

$$\begin{bmatrix} \dot{U}_1 \\ \dot{I}_1 \end{bmatrix} = \begin{bmatrix} \cos\beta l & jZ_c\sin\beta l \\ j\dfrac{\sin\beta l}{Z_c} & \cos\beta l \end{bmatrix} \begin{bmatrix} \dot{U}_2 \\ \dot{I}_2 \end{bmatrix} \tag{2-37}$$

计及 $\dot{U}_2 = Z_c\dot{I}_2$，又可得

$$\begin{cases} \dot{U}_1 = (\cos\beta l + \text{j}\sin\beta l)\,\dot{U}_2 = \dot{U}_2\text{e}^{\text{j}\beta l} \\ \dot{I}_1 = (\cos\beta l + \text{j}\sin\beta l)\,\dot{I}_2 = \dot{I}_2\text{e}^{\text{j}\beta l} \end{cases} \tag{2-38}$$

由式（2-37）和式（2-38）可见，当输送功率为自然功率时，沿线各点电压和电流有效值分别相等，而且同一点的电压和电流都是同相位的。从线路末端开始，各点电压的相位将前移 β（rad/km）。线路本身每单位长度所消耗和产生的无功功率正好平衡，即线路中各点的无功功率都等于零。

在粗略估计超高压线路的运行特性时，可参考上列结论。例如，长度超过 300km 的 500kV 线路，输送的功率常约等于自然功率 1000MW，因而线路末端电压往往接近始端；相似地，输送功率大于自然功率时，线路末端电压将低于始端，需考虑适当装设无功补偿以提高线路末端的电压；反之，小于自然功率时，线路末端电压将高于始端，可采用并联电抗等措施以抑制沿线电压的升高。综上所述，线路在输送自然功率时，经济性最好、最合理。只有采取了其他提高输送能力的措施，输送容量才能超过自然功率。所以自然功率可以用来作为表征输电线路输送能力的一个基准参量。

电力线路的波阻抗变动幅度不大，自然功率随线路额定电压的提高而以接近二次方的关系增大。表 2-2 列出了典型电压等级线路的自然功率及相关参数。可以看到，自然功率随额定电压等级的提高而提高，这也从另一个方面表明，高电压等级的输电网络，其输送功率的能力有很大提高，这也是电力系统以高压进行远距离输送的根本原因之一。另外，随着电压等级的提高，线路充电功率显著增长。

表 2-2　不同电压等级线路的波阻抗、自然功率与充电功率

额定电压/kV	230	500	765	1100
Z_c/Ω	380	250	257	230
自然功率/MW	140	1000	2280	5260
充电功率/（MVA/km）	0.18	1.30	2.92	6.71

2.3　电力变压器的参数和等效电路

变压器是电力系统中重要的电气设备之一，要建立电力系统的数学模型，需要给出变压器的等效电路形式并确定其结构参数。

2.3.1　电力变压器的等效电路

变压器是一种静止的电气设备，它利用电磁感应原理，将一种电压等级的交流电能转换为同频率下的另一电压等级的交流电，实现电能在不同电压等级电网之间的传输。变压器主要由铁心和绕组构成，此外还有变压器油、油箱、绝缘套管等其他结构部件。图 2-14 展示了一种双绕组变压器的外观组成，为适应不同使用目的和工作条件，电力变压器的种类很多，各种类型的变压器结构和性能也不尽相同。按相数分，有单相变压器和三相变压器；按绕组数目分，有双绕组变压器、三绕组变压器和自耦变压器。

1. 理想变压器模型和运行特性

在电路课程中，通常将变压器看作一台理想变压器，所谓理想变压器是一个根据铁心变压器的电气特性抽象出来的一种理想电路元件，可以概括为无磁损、无铜损、无铁损的变压器。理想变压器模型如图 2-15 所示，其基本特性包括：

1）一次和二次电压之比等于一次绕组和二次绕组的匝数比。

2）流入一次绕组的功率和流出二次绕组的功率相等。

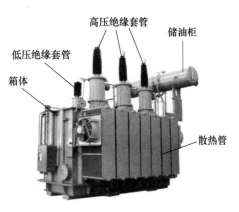

图 2-14　电力变压器的外观

3）当一个电压比为 $k:1$ 的理想变压器二次侧接一个阻抗负载 Z 时，归算到一次侧的输入阻抗为 $k^2 Z$。

2. 电力变压器稳态模型

对于一个实际的变压器，当变压器带有负载时，变压器绕组上会有电流通过，一次绕组和二次绕组会发热，可以用电阻参数 R_T 表征铜绕组运行时的热效应；此时，变压器的绕组上还会有不经主磁路闭合的磁通，即漏磁通，可以用漏电抗 X_T 表示；当变压器上施加交变电压时，由于变压器起导磁作用的铁心被反复磁化，磁化的极性随着电动势的方向变化而不断改

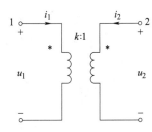

图 2-15　理想变压器模型

变，在铁心上会产生磁滞和涡流现象，表现为变压器导磁支路铁心在运行时也会发热，可以用电阻参数 R_m 表示这种现象。最后，就是表示变压器主磁通的励磁电抗 X_m。通过以上分析，可以绘制双绕组变压器的等效电路如图 2-16a 所示。

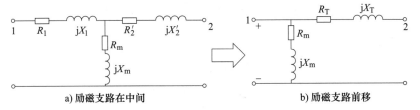

a) 励磁支路在中间　　　　　　　　　　　　b) 励磁支路前移

图 2-16　双绕组变压器等效电路

由于变压器的励磁电抗远大于绕组的阻抗，所以励磁支路上流过的电流不大，因此，对电力系统的双绕组变压器的近似等效电路，常将励磁支路前移，可以简化计算，且整个电路的电压电流关系变化很小。在这个等效电路中，已将变压器二次绕组的电阻和漏抗折算到一次侧并和一次绕组的电阻和漏抗合并，用等效阻抗 $R_T + jX_T$ 来表示（见图 2-16b）。在电路的计算和分析中，往往习惯将并联的对地支路采用导纳表示。因此，励磁支路的等效阻抗 $R_T + jX_T$ 还可以用 $G_T - jB_T$ 来表示（见图 2-17a），电纳前的负号表示励磁支路依然呈感性。

同理，对于三绕组变压器，采用励磁支路前移的星形等效电路，如图 2-17b 所示，图中的所有参数值都是折算到一次侧的值。自耦变压器的等效电路与普通变压器的相同。

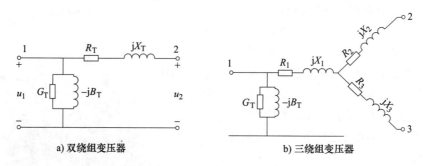

a) 双绕组变压器   b) 三绕组变压器

图 2-17 变压器的等效电路

2.3.2 双绕组变压器的参数计算

变压器的参数一般是指其等效电路中的电阻 R_T、电抗 X_T、电导 G_T 和电纳 B_T，另外，变压器的电压比 k_t 也是变压器的重要参数之一。

变压器的前 4 个参数可以借助出厂铭牌上代表电气特性的 4 个数据计算得到。这 4 个数据是短路损耗 P_k、阻抗电压百分数 $U_k\%$、空载损耗 P_0 和空载电流百分数 $I_0\%$。前两个数据由变压器生产厂家做短路试验得到，可以用来计算参数 R_T 和 X_T；后两个数据由厂家做空载试验得到，可以用来计算参数 G_T 和 B_T。

1. 由变压器的空载试验和短路试验数据计算双绕组变压器等效电路参数

在做短路试验时，变压器二次侧短路，在一次侧施加额定电流。此时，变压器短路损耗 P_k 近似等于额定电流流过变压器时高低压绕组中的总铜耗，而铜耗与等效电路电阻参数 R_T 之间有如下关系：

$$P_k = P_{Cu} = 3I_N^2 R_T = 3\left(\frac{S_N}{\sqrt{3}\,U_N}\right)^2 R_T = \frac{S_N^2}{U_N^2}R_T \tag{2-39}$$

式（2-39）中，电压的单位是 V，变压器容量的单位是 VA，短路损耗的单位为 W，将电压、容量、损耗用 kV、MVA 和 kW 表示，表达形式如下：

$$R_T = \frac{P_k U_N^2}{1000 S_N^2} \tag{2-40}$$

式中，R_T 为变压器高低压绕组的总电阻（Ω）；P_k 为变压器的短路损耗（kW）；S_N 为变压器的额定容量（MVA）；U_N 为变压器的额定线电压（kV）。

2. 双绕组变压器电抗参数计算

由于大容量变压器的阻抗中以电抗为主，可在求取电抗参数时近似的忽略电阻，变压器的阻抗电压百分数 $U_k\%$ 与变压器的电抗有如下关系：

$$U_k\% \approx \frac{\sqrt{3}\,I_N X_T}{U_N} \times 100 \tag{2-41}$$

从而双绕组变压器的电抗参数可以表示为

$$X_T \approx \frac{U_k\%}{100} \cdot \frac{U_N^2}{S_N} \tag{2-42}$$

式中，X_T 为变压器高低压绕组的总电抗（Ω）；$U_k\%$ 为变压器的阻抗电压百分数；U_N 为变压器的额定线电压（kV）；S_N 为变压器的额定容量（MVA）。

3. 电导参数计算

在做空载试验时，变压器二次侧开路，在一次侧施加额定电压。此时可以认为双绕组变压器等效电路中的阻抗支路上没有电流流过，变压器的损耗都由励磁支路引起。因此，变压器的铁耗 P_{Fe} 近似与变压器的空载损耗 P_0 相等，铁耗对应了等效电路中电导参数引起的有功损耗。

$$G_T = \frac{P_0}{1000 U_N^2} \qquad (2\text{-}43)$$

式中，G_T 为变压器的电导（S）；P_0 为变压器的空载损耗（kW）；U_N 为变压器的额定线电压（kV）。

4. 电纳参数计算

变压器空载电流中流经电纳的部分 I_b 占很大比例，从而，它和空载电流 I_0 在数值上接近相等，可以用 I_0 代替 I_b 求取变压器的电纳。由于

$$I_0\% = \frac{I_0}{I_N} \times 100 \qquad (2\text{-}44)$$

将 $I_0 = \frac{U_N}{\sqrt{3}} B_T$ 和 $I_N = \frac{S_N}{\sqrt{3}\, U_N}$ 代入，可得

$$B_T = \frac{I_0\%}{100} \cdot \frac{S_N}{U_N^2} \qquad (2\text{-}45)$$

式中，B_T 为变压器的电纳（S）；$I_0\%$ 为变压器的空载电流百分数；S_N 为变压器的额定容量（MVA）；U_N 为变压器额定线电压（kV）。

以上给出了双绕组变压器 4 个参数的计算方法，应注意的是，这些参数都是在假设变压器是 Yy 联结的前提下得到的。U_N 由将变压器参数折算到某侧的额定线电压决定。

5. 变压器电压比 k_t

在三相电力系统计算中，变压器的电压比 k_t 通常是指两侧绕组空载线电压的比值。对于 Yy 联结和 Dd 联结的变压器，$k_t = U_{1N}/U_{2N} = N_1/N_2$，即电压比与一、二次绕组匝数比相等；对于 Yd 联结的变压器，$k_t = U_{1N}/U_{2N} = \sqrt{3}\, N_1/N_2$。

根据电力系统运行调节的要求，变压器不一定工作在主接头（抽头）上。图 2-18a、b 分别展示了某台升压变压器和降压变压器的分接头额定电压，该升压变压器的电压比为 $10.5/[242\,(1\pm2\times2.5\%)]$，降压变压器的电压比为 $220(1\pm2\times2.5\%)/11$。因此，变压器运行中的实际电压比，应是两侧绕组实际接头的空载线电压之比。

2.3.3 三绕组变压器参数计算

计算三绕组变压器各绕组阻抗的方法虽与计算双绕组变压器时没有本质区别，但由于三绕组变压器各绕组的容量比有不同组合，而各绕组在铁心上的排列又有不同方式，计算时需注意。

1. 三绕组变压器电阻参数计算

三绕组变压器按 3 个绕组容量比的不同有 3 种不同类型。第 Ⅰ 种为 100/100/100，即 3 个绕组的容量都等于变压器额定容量；第 Ⅱ 种为 100/100/50，即第三绕组的容量仅为变压

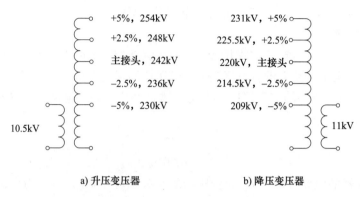

+5%, 254kV　　　　231kV, +5%

+2.5%, 248kV　　　225.5kV, +2.5%

主接头, 242kV　　　220kV, 主接头

−2.5%, 236kV　　　214.5kV, −2.5%

−5%, 230kV　　　　209kV, −5%

10.5kV　　　　　　　　　　　　11kV

a) 升压变压器　　　　　　b) 降压变压器

图 2-18　线电压表示的接头额定电压

器额定容量的 50%；第Ⅲ种为 100/50/100，即第二绕组的容量仅为变压器额定容量的 50%。

目前已在系统中使用的三绕组变压器，从制造厂收集到的往往是它的 3 个绕组两两做短路试验时测得的负载损耗。如该变压器属第Ⅰ种类型，可由提供的短路损耗 $P_{k(1-2)}$、$P_{k(2-3)}$、$P_{k(3-1)}$ 直接按下式求取各绕组的短路损耗：

$$\begin{cases} P_{k1} = \dfrac{1}{2}\left(P_{k(1-2)} + P_{k(3-1)} - P_{k(2-3)}\right) \\[2mm] P_{k2} = \dfrac{1}{2}\left(P_{k(1-2)} + P_{k(2-3)} - P_{k(3-1)}\right) \\[2mm] P_{k3} = \dfrac{1}{2}\left(P_{k(2-3)} + P_{k(3-1)} - P_{k(1-2)}\right) \end{cases} \tag{2-46}$$

然后按与双绕组变压器相似的公式计算各绕组电阻：

$$\begin{cases} R_{T1} = \dfrac{P_{k1} U_N^2}{1000 S_N^2} \\[3mm] R_{T2} = \dfrac{P_{k2} U_N^2}{1000 S_N^2} \\[3mm] R_{T3} = \dfrac{P_{k3} U_N^2}{1000 S_N^2} \end{cases} \tag{2-47}$$

如该变压器属第Ⅱ、第Ⅲ种类型，则制造厂提供的短路损耗数据是一对绕组中容量较小的一方达到它本身的额定电流，即 $I_N/2$ 时的值。这时，应首先将各绕组间的短路损耗数据归算为额定电流下的值，再运用上列公式求取各绕组的短路损耗和电阻。例如，对 100/50/100 类型变压器，制造厂提供的短路损耗 $P'_{k(1-2)}$、$P'_{k(2-3)}$ 都是第二绕组中流过它本身的额定电流，即变压器额定电流时测得数据的一半。因此，应首先将它们归算到对应于变压器的额定电流：

$$\begin{cases} P_{k(1-2)} = P'_{k(1-2)}\left(\dfrac{I_N}{I_N/2}\right)^2 = 4P'_{k(1-2)} \\[3mm] P_{k(2-3)} = P'_{k(2-3)}\left(\dfrac{I_N}{I_N/2}\right)^2 = 4P'_{k(2-3)} \end{cases} \tag{2-48}$$

然后再按式（2-46）、式（2-47）计算。

有时，制造厂对三绕组变压器只给出一个短路损耗——最大短路损耗 $P_{k.max}$。所谓最大短路损耗，指两个 100% 容量绕组中流过额定电流，另一个 100% 或 50% 容量绕组空载时的损耗。由 $P_{k \cdot max}$ 可求得两个 100% 容量绕组的电阻。然后根据"按同一电流密度选择各绕组导线截面积"的变压器设计原则，可得额定容量为 S_N 和 $0.5S_N$ 的绕组电阻为

$$\begin{cases} R_{T(100\%)} = \dfrac{P_{k \cdot max} U_N^2}{2000 S_N^2} \\ R_{T(50\%)} = 2R_{T(100\%)} \end{cases} \tag{2-49}$$

2. 三绕组变压器电抗参数计算

三绕组变压器按其 3 个绕组排列方式的不同有两种不同结构——升压结构和降压结构。升压结构变压器的中压绕组最靠近铁心，低压绕组居中，高压绕组在最外层。降压结构变压器的低压绕组最靠近铁心，中压绕组居中，高压绕组仍在最外层。

绕组排列方式不同，绕组间漏抗不同，从而阻抗电压百分数也就不同。如设高压、中压、低压绕组分别为一、二、三次绕组，则因升压结构变压器的高、中压绕组相隔最远，二者间漏抗最大，从而阻抗电压百分数 $U_{k(1-2)}\%$ 最大，而 $U_{k(2-3)}\%$、$U_{k(3-1)}\%$ 就较小。降压结构变压器高、低压绕组相隔最远，$U_{k(3-1)}\%$ 最大，而 $U_{k(1-2)}\%$、$U_{k(2-3)}\%$ 则较小。

排列方式虽有不同，但求取两种结构变压器电抗的方法并无不同，即由各绕组两两之间的阻抗电压百分数 $U_{k(1-2)}\%$、$U_{k(2-3)}\%$、$U_{k(3-1)}\%$ 求出各绕组的阻抗电压百分数：

$$\begin{cases} U_{k1}\% = \dfrac{1}{2}(U_{k(1-2)}\% + U_{k(3-1)}\% - U_{k(2-3)}\%) \\ U_{k2}\% = \dfrac{1}{2}(U_{k(1-2)}\% + U_{k(2-3)}\% - U_{k(3-1)}\%) \\ U_{k3}\% = \dfrac{1}{2}(U_{k(2-3)}\% + U_{k(3-1)}\% - U_{k(1-2)}\%) \end{cases} \tag{2-50}$$

再按与双绕组变压器相似的计算公式求各绕组的电抗：

$$\begin{cases} X_{T1} = \dfrac{U_{k1}\% U_N^2}{100 S_N} \\ X_{T2} = \dfrac{U_{k2}\% U_N^2}{100 S_N} \\ X_{T3} = \dfrac{U_{k3}\% U_N^2}{100 S_N} \end{cases} \tag{2-51}$$

应该指出，求电抗和求电阻时不同，制造厂提供的阻抗电压百分数总是归算到各绕组中通过变压器额定电流时的数值。因此，计算电抗时，一般无须对阻抗电压百分数再进行归算。

求取三绕组变压器导纳和电压比的方法和双绕组变压器相同。

2.3.4 变压器 Π 形等效电路

凡涉及多电压级网络的计算，都必须将网络中所有参数和变量归算至同一电压等级。这是因为以 Π 形或 T 形等效电路作为变压器模型时，这些等效电路模型并不能体现变压器实际具有的电压变换功能。以下将介绍另一种可等效地体现变压器电压变换功能的模型，它也是运用计算机进行电力系统分析时采用的变压器模型，虽然运用这种模型时并不排斥归算。

既然这种模型可体现电压变换，在多电压级网络计算中采用这种变压器模型后，就可不必进行参数和变量的归算，这正是这种变压器模型的主要特点之一。下面就介绍这种变压器模型。

首先，以一个未进行电压级归算的简单网络为例。设图 2-19a、b 中变压器的导纳或励磁支路和线路的导纳支路都略去；设变压器两侧线路的阻抗都未经归算，即分别为高、低压侧或Ⅰ、Ⅱ侧线路的实际阻抗，变压器本身的阻抗则归在低压侧；设变压器的电压比为 k，其值为高、低压绕组电压之比。

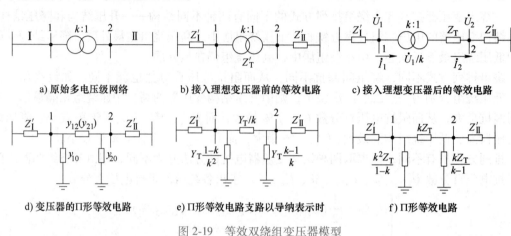

a) 原始多电压级网络 b) 接入理想变压器前的等效电路 c) 接入理想变压器后的等效电路

d) 变压器的Π形等效电路 e) Π形等效电路支路以导纳表示时 f) Π形等效电路

图 2-19 等效双绕组变压器模型

显然，在这些假设条件下，如在变压器阻抗 Z_T 的左侧串联一电压比为 $k:1$ 的理想变压器如图 2-19c 所示，其效果就如同将变压器及其低压侧线路的阻抗都归算至高压侧，或将高压侧线路的阻抗归算至低压侧，从而实际上获得将所有参数和变量都归算在同一侧的等效网络。只要变压器的电压比取的是实际电压比，这一等效网络无疑是严格的。

由图 2-19c 可见，流入理想变压器的功率为 $\tilde{S}_1 = \dot{U}_1 \dot{I}_1^*$，流出理想变压器的功率为 $\tilde{S}_2 = \dot{U}_1 \dot{I}_2^* / k$。流入、流出理想变压器的功率应相等，可得

$$\dot{U}_1 \dot{I}_1^* = \dot{U}_1 \dot{I}_2^* / k \tag{2-52}$$

从而有

$$\dot{I}_1 = \dot{I}_2 / k \tag{2-53}$$

此外，由图 2-19c 可直接列出

$$\dot{U}_1 / k = \dot{U}_2 + \dot{I}_2 Z_T \tag{2-54}$$

联立解式（2-53）和式（2-54）可得

$$\begin{cases} \dot{I}_1 = \dfrac{\dot{U}_1}{Z_T k^2} - \dfrac{\dot{U}_2}{Z_T k} \\[3mm] \dot{I}_2 = \dfrac{\dot{U}_1}{Z_T k} - \dfrac{\dot{U}_2}{Z_T} \end{cases} \tag{2-55}$$

设母线 1、2 之间的电路可以用Π形等效电路表示，如图 2-19d 所示，则对这一等效电路可列出

$$\begin{cases} \dot{I}_1 = (y_{10} + y_{12})\, \dot{U}_1 - y_{12}\dot{U}_2 \\ \dot{I}_2 = y_{21}\dot{U}_1 - (y_{20} + y_{21})\, \dot{U}_2 \end{cases} \tag{2-56}$$

对照式（2-55）、式（2-56），可得

$$\begin{cases} y_{12} = y_{21} = \dfrac{1}{Z_{\mathrm{T}}k} \\ y_{10} = \dfrac{1-k}{Z_{\mathrm{T}}k^2}; \quad y_{20} = \dfrac{k-1}{Z_{\mathrm{T}}k} \end{cases} \tag{2-57}$$

$y_{12} = y_{21}$ 的成立体现了无源电路的互易特性，图 2-19d 可以成立。然后令 $Y_{\mathrm{T}} = 1/Z_{\mathrm{T}}$，就可得到以导纳支路表示的变压器模型如图 2-19e 所示以及以阻抗支路表示的变压器模型如图 2-19f 所示。

附带指出，可以证明，当变压器不仅有改变电压大小而且有移相功能时，其电压比 k 将为复数。这时，仍可列出式（2-56），也可列出类似式（2-57）所示的 y_{10}、y_{20}、y_{12}、y_{21}，但其中的 y_{12} 与 y_{21} 不相等，无源电路的互易特性不复存在，不能用 Π 形等效电路表示这种变压器模型，虽然这样并不影响运用这种模型进行计算。

观察图 2-19 可以发现，这种变压器等效电路的参数与电压比 k 有关，表明这种模型的确体现了变压器改变电压大小的功能。但也可见，这种 Π 形等效电路中的三个支路并无物理意义可言，不同于变压器的 Γ 形等效电路中，接地支路代表励磁导纳而串联阻抗支路代表绕组电阻和漏抗。这是这种变压器模型的另一特点。正由于这一特点，它可称为等效变压器模型，也可称变压器的 Π 形等效电路模型。

2.4　发电机组的稳态运行特性

在"电机学"课程中，我们已经详细给出了同步发电机运行过程的基本方程、建立了相应的等效电路，并给出了同步发电机运行过程中的基本约束。下面我们简要回顾发电机的稳态运行特性，并依此讨论对于一个稳态运行的电力系统，并网运行的同步发电机对电力网络运行变量的影响。

隐极式发电机组的安全运行极限如图 2-20 所示，其安全运行会受到定子绕组温升、励磁绕组温升、原动机功率和静态稳定极限等约束的限制。这一系列约束确定的区域即为发电机的安全运行区域。根据同步电机理论，忽略定子侧电阻，隐极式发电机的有功出力和无功出力满足

$$\begin{cases} P_{\mathrm{G}} = \dfrac{E_{\mathrm{q}}U}{X_{\mathrm{d}}}\sin\delta \\ Q_{\mathrm{G}} = \dfrac{E_{\mathrm{q}}U}{X_{\mathrm{d}}}\cos\delta - \dfrac{U^2}{X_{\mathrm{d}}} \end{cases} \tag{2-58}$$

式中，P_{G} 和 Q_{G} 分别为发电机的有功出力和无功出力；E_{q} 为发电机空载电动势；X_{d} 为同步电抗；δ 为发电机功角；U 为机端电压。

发电机运行在安全区域内需要满足如下条件：

（1）发电机有功出力满足原动机出力约束，以及锅炉和汽轮机的最小技术负荷约束

这一约束可以在图 2-20 中以 CD 和 AE 两条线段表示。

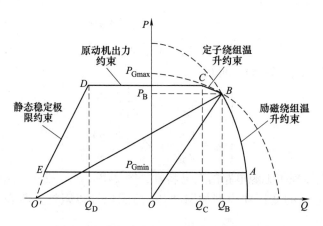

图 2-20　隐极式发电机组的安全运行极限

$$P_{\text{Gmin}} \leqslant P_{\text{G}} \leqslant P_{\text{Gmax}} \tag{2-59}$$

式中，P_{Gmax} 和 P_{Gmin} 分别为原动机的最大功率和最小技术负荷。

（2）电枢电流限制

为防止发电机定子绕组过热运行，对电枢电流的大小需要进行约束。当发电机在额定电压下运行时，这一约束条件就体现为其运行点不得越过以原点为圆心，OB 为半径的圆弧。

$$Q_{\text{G}} \leqslant \sqrt{(U_{\text{G}} I_{\text{amax}})^2 - P_{\text{G}}^2} \tag{2-60}$$

式中，I_{amax} 为最大电枢电流，常由发电机厂商给出。

（3）励磁绕组温升约束

实际运行中，为防止发电机励磁绕组过热，需要对励磁电流的大小采取限制。通常励磁电流最大值稍大于长期可接受励磁电流值。

在稳态情况下，不计磁路饱和的影响，若励磁电流受限，空载电动势将维持一个恒定值：

$$E_{\text{q}} = E_{\text{q}}^{\text{lim}} = \omega_0 L_{\text{ad}} I_{\text{fd}}^{\text{lim}} \tag{2-61}$$

式中，$E_{\text{q}}^{\text{lim}}$ 为正常运行情况下空载电动势上限；$I_{\text{fd}}^{\text{lim}}$ 为励磁电流上限；ω_0 为同步角速度；L_{ad} 为励磁绕组与直轴互感。因此，发电机的无功出力满足

$$Q_{\text{G}} \leqslant \frac{E_{\text{q}}^{\text{lim}} U}{X_{\text{d}}} \cos\delta - \frac{U^2}{X_{\text{d}}} \tag{2-62}$$

也就是其运行点不得越过以 O' 为圆心，$O'B$ 为半径的圆弧。

（4）其他约束

其他约束出现在发电机以超前功率因数运行的场合。它们有定子端部温升、并列运行稳定性等约束。

归纳以上分析可见，隐极式发电机组的运行极限就体现在图 2-20 中曲线段所包围的面积。发电机发出的有功、无功功率的运行点位于这一面积内时，发电机组可保证安全运行。由此可见，发电机只有在额定电压、电流、功率因数下运行时，视在功率才能达到额定值，其容量才能得到最充分的利用，发电机发出的有功功率小于额定值时，它所发出的无功功率允许略大于额定条件下的额定无功功率。

因此，发电机组的稳态运行在无功功率未越限之前，可以用有功功率 P 和端电压 U 的大小表示，此时，发电机可以通过调节装置调节无功出力以维持机端电压保持在某一个数值恒定。当发电机将自身的无功功率调节到接近限值，那么发电机将无法进一步调节无功功率以维持电压恒定，此时发电机的稳态模型就需要用有功功率 P 和无功功率 Q 来表示，往往此时，$Q_G = Q_{Gmax}$ 或 $Q_G = Q_{Gmin}$。同步发电机的容量曲线如图 2-21 所示。

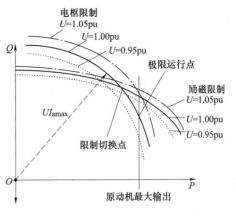

图 2-21 同步发电机的容量曲线

2.5 负荷的静态特性和等效模型

根据用电类型，负荷可以分为工业负荷、城市民用负荷、商业负荷、农业负荷及其他负荷。对于城市民用负荷来说，负荷就包含了居民在生活中使用的各种用电设备（如电冰箱、洗衣机、电灯、空调器等）。从电力系统运行分析的角度看，负荷是指某节点所接的所有用电设备取用的有功功率和无功功率，用 $P(t)$、$Q(t)$ 表示。

节点负荷包含了众多的用电设备，这些设备随时可能投入运行（用电状态），也随时可能切除。因此，某节点所包含的实际用电设备数量是时变的。一般而言，虽然每个用电设备都有额定功率，但大多数负荷并不是恒定地消耗额定功率，比如电梯载人时消耗功率大，空载时消耗功率小。

节点负荷有功功率的变化用负荷曲线 $P(t)$ 来描述，由于人们生产生活具有规律性，负荷的变化也呈现一定的规律性，即负荷的峰谷特性。

在电力系统潮流计算中，不需要分析具体到某个用电设备的特性，而更关心的是区域集合负荷的功率，对整个输电网或配电网潮流分布带来哪些影响，那么就可以将该变压器的高压或低压端口看作一个潮流分析的节点，此时该变压器供电的所有用电设备所消耗功率的总和就是该节点的用电负荷。

因此，对于某一电压等级的输电网潮流计算而言，可以将电网中的降压或升压变压器的高压母线看作一个节点，所有通过变压器流入其他电压等级电力网络的功率，等效地看作该节点的负荷。这也是我们在电力系统潮流计算和分析中，可以只针对某一电压等级电网作为分析和研究对象的关键所在。

2.5.1 负荷的静态特性

电力系统运行中，各节点的电压可能会偏离额定值，系统的频率也会有小的偏差，电压和频率的偏差会导致用电设备工况的改变，比如频率的偏差导致电动机转速变化，会使电动机拖动的机械负荷转矩变化，从而使电动机实际取用的功率改变。负荷从电力系统实际取用的功率（包括有功功率和无功功率）与供电电压和系统频率有关，对这种关系的描述称为负荷的特性。

按照影响因素进行划分，负荷消耗的功率随负荷节点端电压变化的规律，称为负荷的电压特性；负荷消耗的功率随电力系统频率变化的规律，称为负荷的频率特性。负荷的功率与负荷端电压/频率之间的静态关系，称为负荷的静态特性。

将上述各种特征相组合，就确定了某一种特定的负荷特性，例如有功负荷静态频率特性、无功负荷静态电压特性等。

1. 负荷的静态电压特性

具有静态电压特性的负荷，其消耗的功率可以用超越函数或多项式表示，如

$$P = P_N \left(\frac{U}{U_N} \right)^p ; \quad Q = Q_N \left(\frac{U}{U_N} \right)^q \tag{2-63}$$

对于混杂了多种特性的综合负荷，其实际从电力系统取用的功率也可表示为

$$\begin{cases} P = P_N \left[a_{up} + b_{up} \left(\frac{U}{U_N} \right) + c_{up} \left(\frac{U}{U_N} \right)^2 + \cdots \right] \\ Q = Q_N \left[a_{uq} + b_{uq} \left(\frac{U}{U_N} \right) + c_{uq} \left(\frac{U}{U_N} \right)^2 + \cdots \right] \end{cases} \tag{2-64}$$

式中，P_N，Q_N 为在额定电压 U_N 下的有功功率、无功功率；P，Q 为负荷实际取用的有功功率、无功功率；p、q、a_{up}、a_{uq}、b_{up}、b_{uq}、c_{up}、c_{uq} 为待定系数，数值可通过拟合相应的特性曲线而得。

2. 负荷的静态频率特性

具有静态频率特性的负荷，其实际消耗的功率可以用频率的多项式表示，即

$$\begin{cases} P = P_N \left[a_{fp} + b_{fp} \left(\frac{f}{f_N} \right) + c_{fp} \left(\frac{f}{f_N} \right)^2 + \cdots \right] \\ Q = Q_N \left[a_{fq} + b_{fq} \left(\frac{f}{f_N} \right) + c_{fq} \left(\frac{f}{f_N} \right)^2 + \cdots \right] \end{cases} \tag{2-65}$$

式中，f 为当前电力系统的频率；f_N 为电力系统的额定频率。其他量的含义与式（2-64）相同。

需要说明的是，电力系统的负荷的主要成分是异步（感应）电动机、同步电动机、电热电炉、整流设备、照明设备等。在不同负荷点，这些用电设备所占的比例不同，用电情况不同，因而负荷特性也不同。另外，如果假设电力系统处于额定频率（50Hz），电压偏离额定电压 U_N 很小，可以忽略负荷的静态特性，那么此时负荷就用其给定的标称功率表示。

2.5.2 电力系统计算中的负荷等效模型

在电力系统的分析计算中，根据分析的问题不同，负荷的建模表示方法一般有以下 3 种。

1）用恒定阻抗（或恒定功率、恒定电流）模拟负荷。这是最粗略的模拟方法，因而只适合某些近似计算。但因为这种方法比较简单，所以应用较为广泛。

2）用负荷的静态特性模拟负荷。这种方法比用恒定阻抗（或恒定功率、恒定电流）模拟负荷要精确一些。它实质上是恒定阻抗、恒定电流、恒定功率 3 种简单形态按一定比例的组合。一般在潮流计算和电力系统动态过程分析中可以采用这种模拟方法。

3）考虑感应电动机机械暂态过程的典型综合负荷动态特性的负荷模型。因为感应电动机是电力系统负荷的主要成分，因此在暂态稳定计算中，往往采用这种负荷模型考虑感应电

动机在暂态过程中其转差率变化对稳态等效电路阻抗值的影响。

2.6 电力网络的数学模型

2.6.1 电力网络等效电路

电力网络是电力系统中除发电设备和用电设备以外的部分。电力网络包括变电、输电、配电 3 个环节。它把分布在广阔地域内的发电厂和用电户连成一体，把集中生产的电能送到地理空间分布的各个负荷。电力网络主要由电力线路、变压器和它们的拓扑连接构成。前面已经分别建立了电力线路和变压器的稳态模型，只要按照它们的拓扑连接关系将各部分元件连接起来，就获得了简单电力网络的数学模型（见图 2-22）。

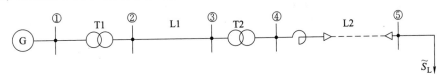

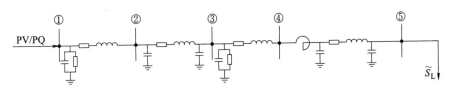

图 2-22　由电力系统基本元件模型组成简单电力系统等效电路

但是，由于大功率、远距离输送电能以及配用电的需要，大规模电力系统往往由多个电压等级构成，不同的电压等级之间通过变压器实现连接，电力系统元件的参数有名值与变压器绕组的额定电压有关。也就是说，对于同一个元件，其参数归算到高压侧和低压侧的值不同，如果需要将不同电压等级的等效电路级联起来，需要将不同电压级下的参数（阻抗、导纳）或变量（电压、电流）归算至同一电压级——基本级。对于多电压级电力系统，这种归算往往十分烦琐，针对大规模电力系统的计算和分析十分不便。

因此，在电力系统计算中，除可采用有单位的阻抗（Ω）、导纳（S）、电压（V）、电流（A）、功率（W）等进行运算外，还广泛采用没有单位的阻抗、导纳、电压、电流、功率等的相对值进行运算。前者称为有名制，后者称标幺制。标幺制是相对单位制的一种，可以在大多数场合取代有名制，标幺制具有计算结果清晰、便于迅速判断计算结果的正确性、无须进行参数的复杂归算、可大量简化计算等优点。关于标幺值的计算方法，下面将具体展开讨论。

2.6.2 标幺制

1. 标幺值的基本概念

在标幺制中，阻抗、导纳、电压、电流、功率等物理量都以相对于基准值的标幺值来表示。

标幺值、有名值和基准值之间具有如下关系：

$$标幺值(相对值) = \frac{有名值(有单位的物理量)}{基准值(与有名值同单位的物理量)} \tag{2-66}$$

由标幺值的定义可以看出，首先标幺值是个没有量纲的数值；对于同一个有名值，基准值选取不同，得到的标幺值也不相同，即标幺值具有相对性。如某发电机的端电压用有名值表示为 $U_G = 10.5\text{kV}$，选取电压的基准值 $U_B = 10\text{kV}$，那么标幺值 $U_{G*} = 10.5\text{kV}/10\text{kV} = 1.05$；若选基准值 $U_B = 1\text{kV}$，则标幺值 $U_{G*} = 10.5$。由此可见，某个物理量的标幺值依存于基准值才有意义。

根据标幺值的定义，常见的电力系统参量均可由标幺值表示。对于电压、电流、功率和阻抗等物理量，分别选定它们的基准值为 U_B、I_B、S_B、Z_B 后，相应的标幺值表示如下：

$$\begin{cases} U_* = \dfrac{U}{U_B} \\[2mm] I_* = \dfrac{I}{I_B} \\[2mm] \tilde{S}_* = \dfrac{\tilde{S}}{S_B} = \dfrac{P + jQ}{S_B} = P_* + jQ_* \\[2mm] Z_* = \dfrac{Z}{Z_B} = \dfrac{R + jX}{Z_B} = R_* + jX_* \end{cases} \tag{2-67}$$

2. 基准值的选取和标幺值的计算

除了要求基准值与有名值具有相同的量纲外，原则上基准值的选择可以是任意的。但是，采用标幺值的目的是简化计算和便于对计算结果进行分析评价。因此，选择基准值时，应尽量使多种物理量的基准值之间符合物理规律。在这样的标幺制下，便于掌握各标幺值隐含的物理内涵。

下面以简单的单相电路为例，讲述基准值的选取和标幺值的计算方法。

（1）单相电路的标幺值

在单相电路中，电压 U_P、电流 I、功率 S_P 和阻抗 Z 这4个物理量存在以下关系：

$$U_P = ZI, \quad S_P = U_P I \tag{2-68}$$

如果选择这4个物理量的基准值使它们满足

$$\begin{cases} U_{P.B} = Z_B I_B \\ S_{P.B} = U_{P.B} I_B \end{cases} \tag{2-69}$$

则在如此建立的标幺制中，各物理量的标幺值之间仍具有与式（2-68）相同形式的关系，即

$$\begin{cases} U_{P*} = Z_* I_* \\ S_{P*} = U_{P*} I_* \end{cases} \tag{2-70}$$

式（2-70）说明，只要基准值的选择满足式（2-69），则在标幺制中，电路各物理量标幺值之间就保持着与有名制完全相同的相互关系，因而有名制中的有关公式就可以直接应用到标幺制中。

式（2-69）中的4个基准值满足2个方程的约束，可以任选2个基准值，由方程导出另外2个基准值。在电力系统计算中，通常先指定容量基准值 $S_{P.B}$、电压基准值 $U_{P.B}$，而电流基准值 I_B 和阻抗基准值 Z_B 就可由式（2-69）求得。

（2）三相电路的标幺值

在电力系统分析中，主要涉及对称三相电路的计算。计算时，习惯上多采用线电压 U、线电流（等于相电流）I、三相功率 S 和单相等效阻抗 Z。各物理量之间存在下列关系：

$$\begin{cases} U = \sqrt{3}\,ZI = \sqrt{3}\,U_P \\ S = \sqrt{3}\,UI = 3S_P \end{cases} \tag{2-71}$$

同单相电路一样，应使各量基准值之间保持与有名值相同的关系，即

$$\begin{cases} U_B = \sqrt{3}\,Z_B I_B = \sqrt{3}\,U_{P.B} \\ S_B = \sqrt{3}\,U_B I_B = 3S_{P.B} \end{cases} \tag{2-72}$$

这样，在标幺制中便有

$$\begin{cases} U_* = Z_* I_* = U_{P*} \\ S_* = U_* I_* = S_{P*} \end{cases} \tag{2-73}$$

由此可见，在标幺制中，三相电路的计算公式与单相电路的计算公式完全相同，线电压和相电压的标幺值相等，三相功率和单相功率的标幺值相等。这样就简化了公式，给计算带来了方便。在选择基准值时，习惯上也先选定 U_B 和 S_B，由此得

$$Z_B = \frac{U_B}{\sqrt{3}\,I_B} = \frac{U_B^2}{S_B} \tag{2-74}$$

$$I_B = \frac{S_B}{\sqrt{3}\,U_B} \tag{2-75}$$

这样，电流和阻抗的标幺值为

$$\begin{cases} I_* = \dfrac{I}{I_B} = \dfrac{\sqrt{3}\,U_B I}{S_B} \\ Z_* = \dfrac{R + jX}{Z_B} = R_* + jX_* = R\dfrac{S_B}{U_B^2} + jX\dfrac{S_B}{U_B^2} \end{cases} \tag{2-76}$$

采用标幺值进行计算，所得结果最后还要换算成有名值，其换算公式为

$$\begin{cases} U = U_* U_B \\ I = I_* I_B = I_* \dfrac{S_B}{\sqrt{3}\,U_B} \\ \tilde{S} = \tilde{S}_* S_B \\ Z = (R_* + jX_*)\dfrac{U_B^2}{S_B} \end{cases} \tag{2-77}$$

由以上分析可知，采用标幺制具有很多优点，能在一定程度上简化计算工作。只要选择合适的基准值，许多物理量的标幺值就处在一定的范围内，如以自身额定电压作为基准值，在正常运行过程中，发电机端电压或变电站母线电压的标幺值就在 1.0 附近波动。另外，有些用有名值表示时数值不等的量，在标幺制中其数值可以相等。例如，在对称三相系统中，线电压和相电压的标幺值相等；当电压等于基准值时，电流的标幺值和功率的标幺值相等，

这种对公式的简化将给计算和分析带来很多便利。标幺制的缺点主要是缺少量纲，物理意义不如有名值明确。

下面以多电压等级电力系统讲述元件参数标幺值的计算方法，在标幺制下实现参数的归算并将电力系统建模为一个仅含有阻抗和导纳的稳态分析模型。

2.6.3 不同电压等级电网中各元件参数标幺值的计算

由于计算标幺值的基本方法是将有名值除以相对应的基准值，因此在多电压等级电力系统中，标幺值的选取有两个基本思路。一个是将不同电压等级下的有名值向选取的某一电压基本级折算，用折算后的有名值除以基本级下的基准值；另外一种计算方法是先将统一基准值归算到每一电压等级，然后用名值除以各自的基准值。这两种方法由于均需要将有名值参数按照变压器电压比进行逐级折算，因此，被称为逐级归算法。需要说明的是，使用逐级归算法，不论是采用第一种还是第二种方式计算得到的标幺值，结果应该是一致的。

以上两种方法在面对复杂的电磁环网时，会出现参数无法准确归算的问题，这需要在不同电压等级下，选择各自的基准值，再用不同电压等级下的有名值，除以各自的基准值，就得到了一个可能含有非标准电压比的电力系统等效电路。这种方法被称为各选电压法。

下面将具体介绍逐级归算法和各选电压法。

1. 逐级归算法

以一个含两个电压等级的简单电力网络为例（见图 2-23），假设高压侧的阻抗参数是 Z_{I}，低压侧参数为 Z_{II}，变压器的电压比为 $k:1$。

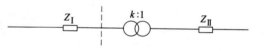

图 2-23 含两个电压等级的简单电力系统

首先采用第一种方法，将有名值按照变压器的电压比逐级归算至基本级，再除以基本级下的基准值。如以Ⅰ侧为基准级，首先选择基准级的功率 S_{IB} 和电压 U_{IB}，对应的阻抗基准值为 $Z_{\mathrm{IB}} = \dfrac{U_{\mathrm{IB}}^2}{S_{\mathrm{IB}}}$，低压侧阻抗归算至高压侧为 $Z'_{\mathrm{II}} = Z_{\mathrm{II}}k^2$，根据标幺值的基本计算方法，高压侧阻抗 Z_{I} 的标幺值为 $Z_{\mathrm{I}*} = \dfrac{Z_{\mathrm{I}}}{Z_{\mathrm{IB}}} = Z_{\mathrm{I}}\dfrac{S_{\mathrm{IB}}}{U_{\mathrm{IB}}^2}$，低压侧阻抗的

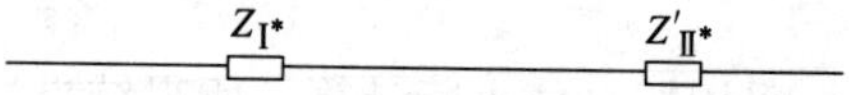

图 2-24 采用逐级归算法的
标幺值等效电路

标幺值为 $Z'_{\mathrm{II}*} = Z'_{\mathrm{II}}\dfrac{S_{\mathrm{IB}}}{U_{\mathrm{IB}}^2} = k^2 Z_{\mathrm{II}}\dfrac{S_{\mathrm{IB}}}{U_{\mathrm{IB}}^2}$。因此，标幺值

参数表示的等效电路如图 2-24 所示。

如果采用第二种方法，先将统一基准值归算到每一电压等级，然后用有名值除以各自的基准值。以Ⅰ侧为基准级，那么首先选择基准级的功率 S_{IB} 和电压 U_{IB}，那么Ⅱ侧的功率基准值依然为 S_{IB}，电压基准值为 U_{IB}/k，那么Ⅱ侧的阻抗基准值为 $Z_{\mathrm{IIB}} = \dfrac{U_{\mathrm{IB}}^2}{k^2 S_{\mathrm{IB}}}$，高压侧阻抗 Z_{I} 的标幺值依然为 $Z_{\mathrm{I}*} = \dfrac{Z_{\mathrm{I}}}{Z_{\mathrm{IB}}} = Z_{\mathrm{I}}\dfrac{S_{\mathrm{IB}}}{U_{\mathrm{IB}}^2}$，低压侧阻抗的标幺值为 $Z'_{\mathrm{II}*} = Z_{\mathrm{II}}/Z_{\mathrm{IIB}} = k^2 Z_{\mathrm{II}}\dfrac{S_{\mathrm{IB}}}{U_{\mathrm{IB}}^2}$，

举个简单例子，图 2-25 中，如需将 10kV 侧的参数和变量归算至 500kV 侧，则变压器 T1、T2、T3 的电压比 k_1、k_2、k_3 应分别取 35/11、110/38.5、500/121。此时选定基本级为 500kV 侧，设基准功率为 1000MVA，与基本级对应的基准电压为 500kV，设图 2-25 中 10kV 线路未经归算的阻抗为 $Z' = 0.62\Omega$，归算至 500kV 基本级后的有名值为

$$Z = Z' (k_1 k_2 k_3)^2 = 0.62\Omega \times \left(\frac{35}{11} \times \frac{110}{38.5} \times \frac{500}{121} \right)^2 = 874.93\Omega$$

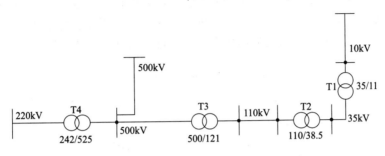

图 2-25　一个多电压级的简单电力系统

按第一种方法求其标幺值时，先求出与 500kV 基本级对应的阻抗基准值

$$Z_B = \frac{U_B^2}{S_B} = \frac{500^2}{1000}\Omega = 250\Omega$$

然后将归算至 500kV 基本级的 Z 除以 Z_B，可得

$$Z_* = \frac{Z}{Z_B} = \frac{874.93}{250} = 3.50$$

按第二种方法求其标幺值时，先将基准电压由 500kV 基本级归算至线路所在的 10kV 级

$$U_B' = \frac{U_B}{k_1 k_2 k_3} = 500\text{kV} \times \left(\frac{11}{35} \times \frac{38.5}{110} \times \frac{121}{500} \right) = 13.31\text{kV}$$

再求归算至 10kV 级的阻抗基准值

$$Z_B' = \frac{U_B'^2}{S_B} = \frac{13.31^2}{1000}\Omega = 0.1772\Omega$$

最后将未经归算的 Z' 除以这个 Z_B'，也可得

$$Z_* = \frac{Z'}{Z_B'} = \frac{0.62}{0.1772} = 3.50$$

这个例子讲述了逐级归算方法求取标幺值等效电路的基本过程，由本例可知，无论是采用逐级归算法中的第一种还是第二种方法，最终得到的元件参数标幺值是完全相等的。

逐级归算法虽然在一定程度上解决了多电压等级电路标幺值参数的求取问题，但是在实际应用中，由于电力系统各元件连接复杂，电压等级也不止两个，如图 2-26 所示，如果选取 Ⅰ 段为基准级，在计算线路 L2 的标幺值参数时，需要将 L2 的阻抗有名值乘以 $k_1^2 k_2^2$，归算至基准级，再进行标幺值的计算。即跨越了几个电压等级，就需要进行几次有名值参数的归算，十分不方便。

另外，在多电压级环形网络中，逐级归算法也面临电压比选择问题，无法实现精确归算。例如，将图 2-27 中 110kV 侧参数和变量归算至 220kV 侧时，可分别采用 T1 或 T2 的变

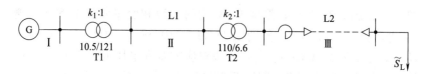

图 2-26 含三个电压等级的电力系统接线图

化，但结果显然不同。于是，究竟应采用哪种电压比无法确定。尽管可以使用后面讲到的标幺值近似计算方法（采用各电压级平均额定电压之比代替变压器实际电压比）解决此问题，但却损失了计算精度。此时，可采用各选电压法进行标幺值参数的精确计算。

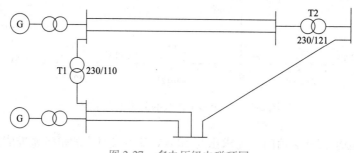

图 2-27 多电压级电磁环网

2. 各选电压法

各选电压法就是在不同的电压等级下选择相同的功率基准值 S_B，同时可以任意选择各电压级下的电压基准值，然后用有名值除以各自的基准值。这样就避免了逐级归算法在多电压级电磁环网标幺值精确计算中面临的电压比选择难题。但是，采用各选电压法获得的标幺值等效电路可能会包含电压比标幺值 $k_* \neq 1$ 的变压器。可以通过选择合适的电压基准值，尽量避免这种情况的发生。需要说明的是，从习惯上讲，一般选择的电压基准值也不会偏离额定电压太多，那么电压比的标幺值 k_* 也将在 1.0 附近。

下面还以图 2-23 的简单电力系统等效电路为例，讲述如何利用各选电压法进行参数的标幺值计算，得到对应的标幺值等效电路。首先在 I 侧和 II 侧分别选择电压基准值 U_{IB} 和

U_{IIB}。这样，变压器的电压比也有了基准值 $k_B = U_{IB}/U_{IIB}$，I 侧的阻抗基准值 $Z_{IB} = \dfrac{U_{IB}^2}{S_B}$，II

侧的阻抗基准值为 $Z_{IIB} = \dfrac{U_{IIB}^2}{S_B}$，因此，I 侧阻抗的标幺值 $Z_{I*} = \dfrac{Z_I}{Z_{IB}} = Z_I \dfrac{S_{IB}}{U_{IB}^2}$，II 侧阻抗的

标幺值 $Z_{II*} = \dfrac{Z_{II}}{Z_{IIB}} = Z_I \dfrac{S_B}{U_{IB}^2}$，电压比的标幺值 $k_* = \dfrac{k}{k_B} = \dfrac{U_{IN}}{U_{IIN}} \cdot \dfrac{U_{IIB}}{U_{IB}}$。此时，图 2-24 的标幺值

等效电路形式如图 2-28 所示。如果选择的 I 和 II 侧电压基准值与变压器两个绕组的额定电压相等，此时变压器的电压比标幺值 $k_* = 1$，标幺值等效电路就不存在理想变压器；如果 $k_* \neq$ 1，则称此时的变压器电压比标幺值 k_* 为非标准电压比，非标准电压比的概念是与标准电压比相对的，所谓标准电压比，在采用有名制时，是指归算参数时所取的电压比；在采用标幺

图 2-28 多电压级标幺值等效电路

制时，则指折算参数时所取各基准电压之比。在电力系统的标幺值电路的分析和计算中，往往利用变压器的 Π 形等效电路，将非标准电压比消去，以简化多电压级电力系统的分析复杂度。

2.6.4 基准值改变时标幺值的换算

电力系统中各种电气设备如发电机、变压器、电抗器的阻抗参数均是以其本身额定值为基准值的标幺值或百分值给出的，而在进行电力系统计算时，必须取统一的基准值，因此要求将原来的以本身额定值为基准值的阻抗标幺值换算到统一的基准值。

若电抗 X 对应不同的基准值的标幺值分别为

$$\begin{cases} X_{(B)*} = X\dfrac{S_B}{U_B^2} \\ X_{(N)*} = X\dfrac{S_N}{U_N^2} \end{cases} \tag{2-78}$$

式中，下标 B 表示统一基准值及其对应的标幺值；下标 N 表示设备额定值以及对应的标幺值。由式（2-78）可得 $X_{(B)*}$ 与 $X_{(N)*}$ 间的转换关系为

$$X_{(B)*} = X_{(N)*}\left(\frac{U_N}{U_B}\right)^2\left(\frac{S_B}{S_N}\right) = X_{(N)*}\left(\frac{U_N}{U_B}\right)\left(\frac{I_B}{I_N}\right) \tag{2-79}$$

电机的铭牌参数一般给出其额定电压、额定功率以及以额定值为基准值的电抗标幺值，可用式（2-79）计算其对应统一基准值的电抗标幺值。

变压器铭牌参数一般给出其额定电压、额定功率以及阻抗电压百分数等。其阻抗电压百分数和电抗标幺值的关系为

$$U_k\% = \frac{\sqrt{3}I_N X_T}{U_N}\times100 = \frac{S_N X_T}{U_N^2}\times100 = X_{T(N)*}\times100 \tag{2-80}$$

式中，X_T 为变压器电抗的有名值。故变压器转换为统一基准值的电抗标幺值为

$$X_{B(N)*} = \frac{U_k\%}{100}\left(\frac{U_N}{U_B}\right)^2\left(\frac{S_B}{S_N}\right) \tag{2-81}$$

电抗器在系统中用来限制短路电流而不是用于变换能量，故对于电抗器一般给出的是 U_N、I_N 和电抗百分数 $X_R\%$ 等参数。电抗百分数 $X_R\%$ 与标幺值间的关系为

$$X_R\% = \frac{\sqrt{3}I_N X_R}{U_N}\times100 = X_{R(N)*}\times100 \tag{2-82}$$

换算为统一基准值的标幺值为

$$X_{R(B)*} = \frac{X_R\%}{100}\left(\frac{U_N}{U_B}\right)\left(\frac{I_B}{I_N}\right) \tag{2-83}$$

2.6.5 标幺值的简化计算方法

电力系统中有许多不同电压等级的线路由升压变压器或降压变压器相耦合。采用精确计算方法计算标幺值，固然可以获得精度高的计算结果。但如果采用逐级归算法，不可避免地需要根据变压器的实际电压比将有名值或基准值进行多级的归算；如采用各选电压法，则可

能产生标幺值不等于 1 的电压比，使得后续对电力系统的分析和计算，需额外处理变压器的电压比问题。

为了简化计算，特别是在进行电力系统短路电流计算时，可采用近似计算法计算各元件参数。即可不按实际电压比，而假定变压器的电压比为各电压等级额定电压的平均值之比。下面将具体展开讨论。

仍以图 2-26 所示的输电系统为例。第 Ⅱ 段 110kV 电网，其升压变压器的二次侧额定电压为 121kV，降压变压器一次侧额定电压为 110kV，所以其平均额定电压为 $\frac{121+110}{2}$kV。第 Ⅰ 段 10kV 和第 Ⅲ 段 6kV 电网的平均额定电压分别为 10.5kV 和 6.3kV。表 2-3 列出对应我国电网额定电压的平均额定电压值。

表 2-3 我国电网平均额定电压值 （单位：kV）

电网额定电压	3	6	10	35	110	220	330	500
平均额定电压	3.15	6.3	10.5	37	115	230	345	525

根据上述假定，在图 2-26 所示系统中即认为变压器 T1 的电压比为 10.5kV/115kV，变压器 T2 的电压比为 115kV/6.3kV。这样一来，如果选取第 Ⅰ 段电压基准值 $U_{B1} = 10.5$kV，则 $U_{B2} = 115$kV，$U_{B3} = 6.3$kV，即各段的电压基准值就是各自的平均额定电压值，则发电机、变压器的电抗标幺值就不需按电压归算了。近似计算法解决了多电压级环网的标幺值参数求取问题，且无须处理非标准电压比，简化了标幺值的求取过程。

下面通过一个例子，讨论标幺值的简化计算方法和精确计算方法的差异。

【例 2-1】 计算图 2-29 输电系统等效电路的标幺值参数。

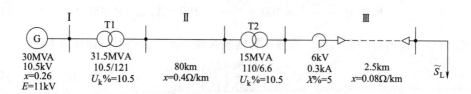

图 2-29 例 2-1 系统接线图

解 （1）精确计算方法 选取 Ⅱ 段为基本段，并取 $U_{B2} = 121$kV、$S_B = 100$MVA，其他两段的电压基准值分别为

$$U_{B1} = k_1 U_{B2} = \frac{10.5}{121} \times 121\text{kV} = 10.5\text{kV}$$

$$U_{B3} = \frac{U_{B2}}{k_2} = 121\text{kV} \times \frac{1}{\frac{110}{6.6}} = 7.26\text{kV}$$

$$I_{B3} = \frac{S_B}{\sqrt{3}\,U_{B3}} = \frac{100}{\sqrt{3} \times 7.26}\text{kA} = 7.95\text{kA}$$

各元件的电抗标幺值分别求得如下：

发电机 $\qquad X_{1*} = 0.26 \times \dfrac{100}{30} = 0.87$

变压器 T1 $\qquad X_{2*} = 0.105 \times \dfrac{100}{31.5} = 0.33$

输电线路 $\qquad X_{3*} = 0.4 \times 80 \times \dfrac{100}{121^2} = 0.22$

变压器 T2 $\qquad X_{4*} = 0.105 \times \dfrac{110^2}{15} \times \dfrac{100}{121^2} = 0.58$

电抗器 $\qquad X_{5*} = 0.05 \times \dfrac{6}{0.3} \times \dfrac{7.95}{7.26} = 1.095$

电缆线路 $\qquad X_{6*} = 0.08 \times 2.5 \times \dfrac{100}{7.26^2} = 0.38$

电源电动势标幺值为 $\qquad E_* = \dfrac{11}{10.5} = 1.05$

（2）简化计算方法　　仍取 $S_B = 100\text{MVA}$，各段电压的基准值选取为平均额定电压，即 $U_{B1} = 10.5\text{kV}$，$U_{B2} = 115\text{kV}$，$U_{B3} = 6.3\text{kV}$，$I_{B3} = \dfrac{100}{\sqrt{3} \times 6.3}\text{kA} = 9.2\text{kA}$。且此时变压器 T1 的电压比为 10.5/115，变压器 T2 的电压比为 115/6.3，各元件电抗标幺值求得如下：

发电机 $\qquad X_{1*} = 0.26 \times \dfrac{100}{30} = 0.87$

变压器 T1 $\qquad X_{2*} = 0.105 \times \dfrac{100}{31.5} = 0.33$

输电线路 $\qquad X_{3*} = 0.4 \times 80 \times \dfrac{100}{115^2} = 0.24$

变压器 T2 $\qquad X_{4*} = 0.105 \times \dfrac{100}{15} = 0.7$

电抗器 $\qquad X_{5*} = 0.05 \times \dfrac{6}{0.3} \times \dfrac{9.2}{6.3} = 1.46$

电缆线路 $\qquad X_{6*} = 0.08 \times 2.5 \times \dfrac{100}{6.3^2} = 0.5$

电源电动势标幺值不变。

通过例 2-1 可知，采用简化计算与精确计算得到的元件参数差异不大。在近似计算中，变压器、发电机的电抗只需按容量归算，大大简化了计算复杂度。因此在工程上，尤其是在故障计算等场合，可以使用简化计算方法。

✿ 小　结

本章建立了稳态分析中常用的电力系统主要元件数学模型。根据电力系统主要元件的连接关系，得到了用于稳态分析的电力系统等效电路模型。

用于电压转换的变压器和传输电能的输电线路，本质上都是电能传输元件，稳态分析时分别用Γ形等效电路和Π形等效电路表示。变压器的电路参数可经由空载试验和短路试验数据推算。输电线路的电路参数可用单位长度参数乘以线路长度获得。

输电线路的电抗对电力系统运行有重要影响。采用分裂导线是降低远距离输电线路电抗的有效措施之一，但同时增大了线路的对地电容，从而增大了线路的充电功率，带来对运行中电压调整和无功平衡的挑战。

同步发电机是电力系统中的重要元件，既输出有功功率、无功功率，又起到支撑电压的作用。发电机各运行变量（P、Q、U）的极限值构成了封闭的运行可行域，运行时应防止运行点超越可行域而危及发电机安全。

电力系统稳态分析中的负荷是对某变电站以下所有负荷群体行为的描述，用负荷有功功率、无功功率来表示。稳态运行时负荷功率随节点电压幅值、频率偏差而变化的特性称之为负荷的电压/频率静态特性。

已知输电网所有元件可以按连接关系获得输电网络的等效电路。用有名值计算不同电压等级网络时，对变压器两侧的量需反复进行电压、电流归算。采用标幺制统一归算元件参数，不仅可以实现参数的归一化，还使得不同电压等级元件等效电路可以直接连接，不仅简化了计算过程，也提供了以功率流为基础的对网络运行分析的新认知视角。

不同的基准值选取对应于不同的标幺制。以额定电压为基准的标幺制具有概念清晰的优点。对于实际变压器电压比不等于额定电压比的情况，可以通过在变压器等效电路上串接一个非标准电压比变压器来处理。另外，还有一种基于平均额定电压的标幺制，可以忽略具体变压器电压比的影响，常用于短路电流计算中。

扩展阅读2.1 输电网扩展规划简介

电力系统由电源、电网、负荷3个主要部分组成。电源发出的电能通过各级电网输送，分配到大大小小的用电负荷。

输电网主要承担输电功能，通常指500kV及以上或220kV及以上电压等级的电网。

为了满足经济社会发展带来的未来负荷增长需求，需要规划建设新的发电厂，从而需要在发电厂建设新的升压变电站，在主要负荷增长点建设降压变电站，并规划以何种方式将这些变电站接入既有输电网。研究确定未来某规划目标年扩充输电网的最优方案以有效连接新增电源点、负荷点的工作称为输电网扩展规划。

"罗马不是一天建成的"。现有的庞大输电网是通过不断滚动实施的扩展规划逐步建成的。良好的输电网架构是确保电力系统安全稳定运行的重要基础。

输电网扩展规划通常以规划目标年电源规划结果和合理的降压变电站站址为条件，结合既有电网结构，遴选满足运行要求且最经济的输电网扩充方案。

输电网扩展规划的一般流程如下：

1）依据规划目标年负荷、电源的空间布局及输电需求，确定所有可能的输电线，这称为待选线集合。

2）进行电力、电量平衡以明确电能的主导流向。

3）以待选线集合为基础，根据预估的输电功率和距离，形成较多可能的输电网扩充预选方案（路径、电压等级、连接关系）。

4）对所有预选方案进行初步技术经济分析，从中筛选出少量的初步规划方案。

5）细化各初步规划方案的技术性能分析（极端运行方式潮流计算、短路电流，$N-1$ 安全校验与可靠性分析），细化经济指标核算。

6）全面分析各初步规划方案技术经济性的长处和不足，形成规划分析报告，进入规划审批程序，确定最终扩展规划方案。

按照输电网扩展规划方案建设的输电网，输电线路的长度、电压等级、参数与最大输送功率间有良好的匹配关系，能确保在最苛刻运行条件下线路的电压降落在合理范围内，也能保证在所有预想的运行方式下系统运行的稳定性。

当然，对未来的预计可能会有偏差。因此，输电网的扩展规划也需要根据形势的变化及时滚动调整。

 习　题

第 2 章自测题

2-1　架空线路采用分裂导线有什么好处？电力线路一般以什么样的等效电路来表示？

2-2　有一条 330kV 单回输电线路，采用 LGJ-2×300 分裂导线，每根导线的直径为 24.2mm，分裂间距为 400mm，相间距离为 8m，线路长 180km，水平排列，试画出该线路的等效电路图。

2-3　有一台双绕组变压器，额定电压为 110/10.5kV，额定容量为 25MVA，欲通过试验确定参数，受试验条件限制，在变压器一次侧加短路试验电流 100A，测得负载损耗为 93kW，阻抗电压为 8.8kV（线电压）；在二次侧加电压 8kV（线电压）进行空载试验，测得空载损耗为 23.5kW，空载电流为 9.42A。求该变压器折算到变压器一次侧的参数 R、X、G、B。

2-4　三相双绕组升压变压器的型号为 SFPSL-40500/110，额定容量为 40500kVA，额定电压为 121/10.5kV，经短路实验和空载实验测得数据 $P_k = 234.4kW$，$U_k\% = 11$，$P_0 = 93.6kW$，$I_0\% = 2.3$，求该变压器的参数，并画出其等效电路。

2-5　简单电力系统接线如图 2-30 所示。试画出该系统的等效电路（不计电阻、导纳）。

（1）所有参数归算到 110kV 侧。

（2）所有参数归算到 10kV 侧。

（3）选取 $S_B = 100MVA$，$U_B = U_{av}$ 时以标幺值表示的等效电路。

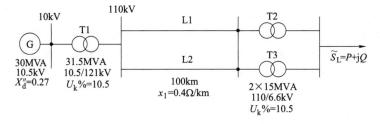

图 2-30　习题 2-5 图

第 3 章

简单电力系统的潮流计算与分析

【引例】

浩瀚汪洋，潮流涌动。海洋潮流既为气流推动而产生，潮流引起的冷/暖洋流又是气流的诱发因素。

电力系统中的电力网络覆盖广袤的地理区域，承担巨大的功率传输分配任务。电力网络中功率的汇集、输送、分配，恰似在电网中流动的潮流。

接入电力系统的用电器具难以计数，电力系统的负荷通常是指某变压器/节点接入的所有用电器具的功率总和。受人们生产生活规律的支配，电力系统各节点负荷是随时间变化的。

电力系统运行的目标就是安全、可靠、经济地满足用户的用电需求。电力系统运行需保持发电功率与负荷功率（包括网损）的实时平衡，且应保证各节点电压在合格范围。

与海洋潮流类似，电力系统中的功率传输与电压间有密切的关系。

考虑如图 3-1 所示的单电源经线路接阻抗负荷的正弦交流电路。

当电路末端空载和分别接入不同个数的阻抗负荷 Z_{load} 时，根据电路知识可解得负荷节点电压和线路末端输送至负荷的有功功率，见表 3-1。

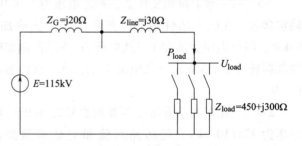

图 3-1 单电源经线路接阻抗负荷的正弦交流电路

表 3-1 接入不同数量负荷对电压和吸收功率的影响

负荷数量	开路	接入 1 个 Z_{load}	接入 2 个 Z_{load}	接入 3 个 Z_{load}
线路末端有功功率 P_{load}/MW	0	18.3	32.8	44.0
线路末端电压 U_{load}/kV	115	109.1	103.3	97.7
单个负荷吸收功率/MW/（%）	—	18.3/100	16.4/89.6	14.7/80.3

从输电网的角度看，负荷的增加会引起输电线路功率变化和负荷节点电压的波动，表明输送功率与电压间有紧密的联系。从负荷的角度看，负荷节点电压的变化使得单个阻抗负荷吸收的有功功率由 18.3MW（接入 1 个 Z_{load}）下降到 14.7MW（接入 3 个 Z_{load}），说明恒定阻抗负荷消耗的有功功率亦与供电电压密切相关。

对于任一运行方式（功率、电压组合），想要知道节点电压是否合格，输电元件传输功率是否超过安全限值，就需要进行潮流计算。

所谓电力系统或电力网络的潮流计算，是指在已知的电力网络中，给定发电机、负荷功率和部分节点电压的幅值，求解全部节点电压相量和支路功率的计算。其本质是分析电力网络中的电压与功率间的相互影响。

将 Power Flow（Load Flow）译为"潮流"，包含了功率电压耦合的含义，是与海洋潮流很好的类比。如果仅称之为"功率流/负荷流"，就显得单薄了。

若经过潮流计算，发现该运行方式有节点电压或输送功率越限，应对运行方式进行调整，使之符合运行约束。通过潮流计算还可获知全网的功率损耗。

潮流计算是分析电力系统运行问题的最基本计算，在电力系统规划、运行、控制各领域，电力系统安全稳定分析、电力系统运行优化、电力系统保护等各方面都有广泛的应用。

本章将在简单电力系统下推导潮流计算的计算方法，分析电网中电压与功率相互影响的基本关系，重点在于形成关于潮流计算和潮流分析的基本概念。

3.1 稳态运行时输电元件的功率、电压关系

电力系统的输电元件主要包括电力线路和电力变压器，通过研究输电元件稳态运行的功率、电压关系，可以获得电力网络在输送功率过程中的电压/功率分布规律，作为电力网络潮流计算与分析的基础。下面将具体展开对稳态运行时电力线路和变压器的功率、电压关系分析。

3.1.1 稳态运行时电力线路的功率、电压关系

首先使用本书第 2 章建立的输电线路 Π 形等效电路模型，电路中的基本电压、电流关系如图 3-2 所示。如果已知其始端电压 $\dot{U}_1$ 和电流 $\dot{I}_1$，可以容易地依据电路基本原理求得始端对地支路上的电流 $\Delta \dot{I}_1 = \dot{U}_1 \cdot \dfrac{Y}{2}$，阻抗支路流过的电流 $\dot{I}_1' = \dot{I}_1 - \Delta \dot{I}_1 = \dot{I}_2'$，末端对地支路流过的电流 $\Delta \dot{I}_2 = \dot{U}_2 \cdot \dfrac{Y}{2}$，其

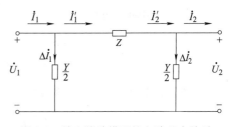

图 3-2　输电线路模型的电路基本关系

中，末端电压 $\dot{U}_2 = \dot{U}_1 - \dot{I}_1' Z$；输电线路末端的电流 $\dot{I}_2 = \dot{I}_2' - \Delta \dot{I}_2$。这样，就获得了输电线路始末端电压、电流的基本关系。

但一方面，对于电力系统的潮流分析，给定的变量往往是电压和功率。另一方面，对输电线路这类电力元件，在输送电能时会产生功率损耗。同时，输电线路末端的电压也可能与始端电压有所偏移。因此，需要了解输电线路上产生的功率损耗与其输送功率、电压之间的关系；还需了解输电线路始末端电压损耗、相位差与其输送功率之间的关系。

将相关计算方法和分析结论推广到一个大规模电力系统，也就掌握了负荷发生变化时，各节点电压、各支路功率以及支路上电压降落、功率损耗的求解和分析方法，这将帮助我们进一步加深对电力系统潮流及其演变影响因素的认识。

1. 电力线路上的功率分布

图 3-3 中，已知线路末端电压为 $\dot{U}_2$，末端带有负荷，负荷消耗的功率为 $\tilde{S}_2 = P_2 + jQ_2$，且

的是计算输电线路Π形等效电路中首节点的电压和电路始端需要提供的功率。

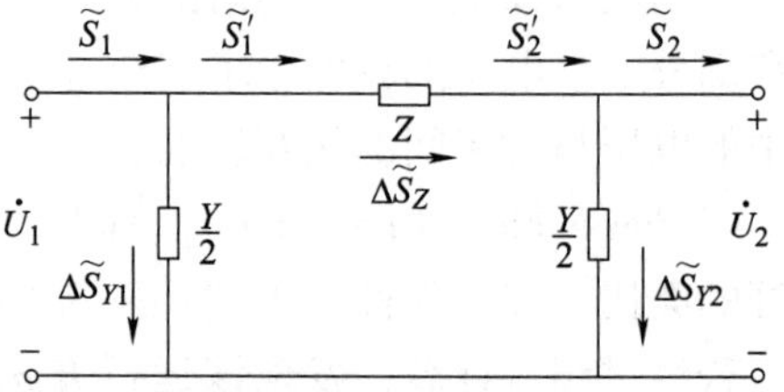

图 3-3　输电线路Π形等效电路的电压和功率

首先计算末端导纳支路上的功率损耗 $\Delta\tilde{S}_{Y2}$ 为

$$\Delta\tilde{S}_{Y2}=\left(\frac{Y}{2}\dot{U}_2\right)^*\dot{U}_2=\frac{Y^*}{2}\dot{U}_2^*\dot{U}_2=\frac{1}{2}(G-\mathrm{j}B)U_2^2$$
$$=\frac{1}{2}GU_2^2-\frac{1}{2}\mathrm{j}BU_2^2=\Delta P_{Y2}-\mathrm{j}\Delta Q_{Y2}\tag{3-1}$$

流经阻抗支路的功率为负荷功率和末端导纳支路功率损耗之和，由此可得，阻抗支路末端的功率 $\tilde{S}_2'$ 为

$$\begin{aligned}\tilde{S}_2'&=\tilde{S}_2+\Delta\tilde{S}_{Y2}=(P_2+\mathrm{j}Q_2)+(\Delta P_{Y2}-\mathrm{j}\Delta Q_{Y2})\\&=(P_2+\Delta P_{Y2})+\mathrm{j}(Q_2-\Delta Q_{Y2})=P_2'+\mathrm{j}Q_2'\end{aligned}\tag{3-2}$$

下面计算阻抗支路上的功率损耗 $\Delta\tilde{S}_Z$ 为

$$\begin{aligned}\Delta\tilde{S}_Z&=\left(\frac{S_2'}{U_2}\right)^2Z=\frac{P_2'^2+Q_2'^2}{U_2^2}(R+\mathrm{j}X)\\&=\frac{P_2'^2+Q_2'^2}{U_2^2}R+\mathrm{j}\frac{P_2'^2+Q_2'^2}{U_2^2}X=\Delta P_Z+\mathrm{j}\Delta Q_Z\end{aligned}\tag{3-3}$$

阻抗支路始端的功率 $\tilde{S}_1'$ 为

$$\begin{aligned}\tilde{S}_1'&=\tilde{S}_2'+\Delta\tilde{S}_Z=(P_2'+\mathrm{j}Q_2')+(\Delta P_Z+\mathrm{j}\Delta Q_Z)\\&=(P_2'+\Delta P_Z)+\mathrm{j}(Q_2'+\Delta Q_Z)=P_1'+\mathrm{j}Q_1'\end{aligned}\tag{3-4}$$

根据导纳支路上功率的计算方法，得到始端导纳支路的功率 $\Delta\tilde{S}_{Y1}$ 为

$$\begin{aligned}\Delta\tilde{S}_{Y1}&=\left(\frac{Y}{2}\dot{U}_1\right)^*\dot{U}_1=\frac{Y^*}{2}\dot{U}_1^*\dot{U}_1=\frac{1}{2}(G-\mathrm{j}B)U_1^2\\&=\frac{1}{2}GU_1^2-\frac{1}{2}\mathrm{j}BU_1^2=\Delta P_{Y1}-\mathrm{j}\Delta Q_{Y1}\end{aligned}\tag{3-5}$$

将始端导纳支路的功率损耗计入其中，就得到了输电线路始端功率 $\tilde{S}_1$ 为

$$\begin{aligned}\tilde{S}_1&=\tilde{S}_1'+\Delta\tilde{S}_{Y1}=(P_1'+\mathrm{j}Q_1')+(\Delta P_{Y1}-\mathrm{j}\Delta Q_{Y1})\\&=(P_1'+\Delta P_{Y1})+\mathrm{j}(Q_1'-\Delta Q_{Y1})=P_1+\mathrm{j}Q_1\end{aligned}\tag{3-6}$$

这就是电力线路功率计算的全部内容，由计算过程可知，在输电线路所带负荷已知的前提下，只要将等效电路各部分的损耗并入其中，就可以得到始端需要提供的功率。

2. 电力线路上的电压降落

在计算过程中，始端导纳支路功率 $\Delta\tilde{S}_{Y1}$ 以及始端功率 $\tilde{S}_1$ 都必须在求得始端电压 $\dot{U}_1$ 后方能求取。求取始端电压 $\dot{U}_1$ 的方法如下。

取 $\dot{U}_2$ 为参考，如图 3-4 所示，则由

$$\dot{U}_1 = \dot{U}_2 + \left(\frac{\tilde{S}_2'}{\dot{U}_2} \right)^* Z \qquad (3\text{-}7)$$

可得

$$\dot{U}_1 = U_2 + \frac{P_2' - jQ_2'}{U_2}(R + jX) = \left(U_2 + \frac{P_2'R + Q_2'X}{U_2} \right) + j\left(\frac{P_2'X - Q_2'R}{U_2} \right) \qquad (3\text{-}8)$$

再假设

$$\Delta U = \frac{P_2'R + Q_2'X}{U_2}; \ \delta U = \frac{P_2'X - Q_2'R}{U_2} \qquad (3\text{-}9)$$

式中，ΔU 为电压降落的纵分量；δU 为电压降落的横

分量。

式（3-9）可以改写为

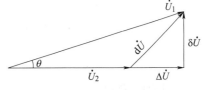

图 3-4　电力线路的电压相量图

$$\dot{U}_1 = (U_2 + \Delta U) + j\delta U \qquad (3\text{-}10)$$

则又可得始端电压的幅值

$$U_1 = \sqrt{(U_2 + \Delta U)^2 + (\delta U)^2} \qquad (3\text{-}11)$$

而图 3-4 中始末端电压的相位差则为

$$\theta = \arctan \frac{\delta U}{U_2 + \Delta U} \qquad (3\text{-}12)$$

式（3-11）是精确的计算结果。由于一般情况下，$U_2 + \Delta U \gg \delta U$，如需进行简化计算，还可略去电压降落的横分量，即略去 δU，得

$$U_1 \approx U_2 + \Delta U \qquad (3\text{-}13)$$

纵观式（3-1）~式（3-13）可见，所有计算都已避免了复数乘除。

式（3-1）~式（3-13）既可用于标幺制，也可用于有名制。用有名制计算时，每相阻抗、导纳的单位分别为 Ω、S；功率和电压的单位可为以 MVA、MW、Mvar 表示的三相功率和以 kV 表示的线电压；也可为以 MVA、MW、Mvar 表示的单相功率和以 kV 表示的相电压。

附带指出，采用标幺制时，相位差 θ 应以弧度（rad）表示，因为以弧度表示的角度实际上已是标幺值。

相似于以上推导，还可获得从始端电压 $\dot{U}_1$、始端功率 $\tilde{S}_1$ 求取末端电压 $\dot{U}_2$、末端功率 $\tilde{S}_2$ 的计算公式。其中，计算功率的部分与式（3-1）、式（3-3）、式（3-5）并无原则区别，计算电压的部分则应改写为

$$\dot{U}_2 = (U_1 - \Delta U') - j\delta U' \qquad (3\text{-}14)$$

$$\Delta U' = \frac{P_1'R + Q_1'X}{U_1}; \ \delta U' = \frac{P_1'X - Q_1'R}{U_1} \qquad (3\text{-}15)$$

$$U_2 = \sqrt{(U_1 - \Delta U')^2 + (-\delta U')^2} \qquad (3\text{-}16)$$

$$\theta = \arctan \frac{-\delta U'}{U_1 - \Delta U'} \qquad (3\text{-}17)$$

且需注意，由于推导式（3-8）~式（3-12）时是取 $\dot{U}_2$ 为参考，而推导式（3-14）~

式（3-17）时则取 $\dot{U}_1$ 与实轴重合，按式（3-9）求得的 ΔU、δU 与按式（3-15）求得的 $\Delta U'$、$\delta U'$ 不同，但两种情况下电压降落的模以及相位差的绝对值一样。这两种电压计算的异同示于图3-5。

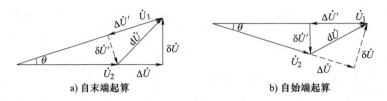

a) 自末端起算　　　　　　　　b) 自始端起算

图 3-5　计算电压的两种方法

3. 潮流的 *PQ* 解耦特性

由于电压降落横分量很小，即

$$\delta U \ll U_2 + \Delta U \tag{3-18}$$

线路始端电压可以近似为

$$U_1 \approx U_2 + \Delta U \tag{3-19}$$

且对于高压输电线路，满足 $R \ll X$，可假设电阻 $R = 0$，则电压降落纵分量可以近似为

$$\Delta U \approx \frac{Q_2' X}{U_2} \tag{3-20}$$

可见，输电线路两端的电压幅值差与其传输的无功功率强相关，沿着无功功率流向，电压幅值降低。若无功功率为负，说明无功功率由末端流向始端，此时，末端电压将高于始端电压。

电压降落的横分量可以近似为 $\delta U = \dfrac{P_2' X}{U_2}$。由于线路两端的电压相位差 θ 与 δU 强相关，因此，输电线路两端电压相位差与其传输的有功功率强相关，沿着有功功率流向，相位降低。

4. 输电线路上的有功功率损耗

若忽略电晕损耗，输电线路总有功损耗为

$$\Delta P_z = \frac{P_2'^2 + Q_2'^2}{U_2^2} R \tag{3-21}$$

由式（3-21）可以看出，影响线路有功功率损耗（以下简称有功损耗）的因素有：

1）线路的电压。电压越高，有功损耗越低。因此提高电压甚至抬高电压等级可有效减小网络有功损耗。

2）线路传输的无功功率。无功功率在线路中的传输将产生有功损耗，因此，从减小有功损耗的角度来看，电网中无功功率传输应尽量减小。

3）线路电阻。这是由导线的电阻率决定的，若超导材料的性能和经济性能够得到进一步提升，应用于电能传输，将进一步减小网络有功损耗。

4）线路传输的有功功率，这是由负荷需求决定的，通常认为负荷需求是刚性的，不能改变。

5. 输电线路上的无功功率损耗

$$\Delta Q = \Delta Q_Z - \Delta Q_{Y1} - \Delta Q_{Y2} \tag{3-22}$$

可见，输电线路的无功功率损耗（以下简称无功损耗）由两部分组成：等效电路的串联电抗部分消耗的无功功率和对地电纳产生的无功功率。因此，输电线路从外特性上看，既可能发出无功功率，也可能吸收无功功率，具体取决于输电线路的负荷情况和电压等级，如果高压输电线路负荷轻，则此时输电线路可能对外发出无功功率，可以看作是无功电源。

对于超高压/特高压输电线路，由于各相导线间距大，常采用分裂导线，并且线路较长等原因，线路的对地电容远高于中低压线路，从而发出很大的无功功率。这类线路在空载或轻载运行时面临着线路末端或者中间过电压的风险，在设备配置方面要加装电抗器吸收过剩的无功功率，在运行时，也要采取谨慎的运行预案防止过电压的发生。

6. 几个基本术语

求得线路两端电压后，就可计算某些标志电压质量的指标，如电压降落、电压损耗、电压偏移、电压调整等。

所谓输电线路的电压降落或线路阻抗中的电压降落是指线路始末两端电压的相量差（$\dot{U}_1-\dot{U}_2$）或 $d\dot{U}$。因此电压降落也是相量，它有两个分量 $\Delta\dot{U}$ 和 $\delta\dot{U}$。

所谓电压损耗是指线路始末两端电压的数值差（U_1-U_2）。电压损耗仅有数值，而由式（3-13）或图 3-5 可见，电压损耗近似等于电压降落的纵分量。电压损耗常以百分值表示，即

$$电压损耗\ \% = \frac{U_1-U_2}{U_N}\times100\% \tag{3-23}$$

式中，U_N 为线路额定电压。

所谓电压偏移是指线路始端或末端电压与线路额定电压的数值差（U_1-U_N）或（U_2-U_N）。电压偏移也仅有数值。电压偏移也常以百分值表示，即

$$始端电压偏移\ \% = \frac{U_1-U_N}{U_N}\times100\% \tag{3-24}$$

$$末端电压偏移\ \% = \frac{U_2-U_N}{U_N}\times100\% \tag{3-25}$$

所谓电压调整是指线路末端空载与负荷时电压的数值差（$U_{20}-U_2$）。电压调整也仅有数值。不计线路对地导纳时，$U_{20}=U_1$，电压调整也就等于电压损耗，即 $U_{20}-U_2=U_1-U_2$。电压调整也常以百分值表示，即

$$电压调整\ \% = \frac{U_{20}-U_2}{U_{20}}\times100\% \tag{3-26}$$

式中，U_{20} 为线路末端空载时电压。

求得线路两端功率，就可计算某些标志经济性能的指标，如输电效率。所谓输电效率是指线路末端输出有功功率 P_2 与线路始端输入有功功率 P_1 的比值，常以百分值表示，即

$$输电效率\ \% = \frac{P_2}{P_1}\times100\% \tag{3-27}$$

因为线路始端有功功率 P_1 总大于末端有功功率 P_2，所以输电效率总小于 100%。

虽然 P_1 总大于 P_2，但线路始端输入的无功功率 Q_1 却未必大于末端输出的无功功率 Q_2。因线路对地电纳吸取容性无功功率，即发出感性无功功率，线路轻载时，电纳中发出的感性

无功功率可能大于电抗中消耗的感性无功功率，以致从端点条件看，线路末端输出的无功功率 Q_2 可能大于线路始端输入的无功功率 Q_1。

电力线路的运行状况随时间而变化，线路上的功率损耗也随时间而变化。在分析线路或系统运行的经济性时，还需要计算某一时间段内输电线路或某电网的电能损耗，电能损耗就是有功损耗在时间上的积分。对于时变的功率，可以用很小的一段时间内损耗功率和时间的乘积表示，即

$$
\begin{aligned}
\Delta W_Z &= \Delta W_{Z1} + \Delta W_{Z2} + \Delta W_{Z3} + \cdots + \Delta W_{Zn} \\
&= I_1^2 R t_1 + I_2^2 R t_2 + I_3^2 R t_3 + \cdots + I_n^2 R t_n \\
&= \sum_{k=1}^{k=n} I_k^2 R t_k = \sum_{k=1}^{k=n} \left(\frac{P_k^2 + Q_k^2}{U_k^2} \right) R t_k
\end{aligned}
\tag{3-28}
$$

式中，ΔW_Z 为全年电能损耗；ΔW_{Zk} 为每个时间段内电能损耗；I_k 为每个时间段内线路电流；P_k、Q_k、U_k 分别为每个时间段内线路某一端有功功率、无功功率和电压。

求得电能损耗后，就可计算另一个标志电力系统运行经济性能的指标——线损率或网损率。所谓线损率或网损率，指线路上损耗的电能与线路始端输入电能的比值。不计对地电导或不计电晕损耗时，它就指线路电阻中损耗的电能 ΔW_Z 与线路始端输入电能 W_1 的比值。线损率也常以百分值表示，即

$$
线损率 \% = \frac{\Delta W_Z}{W_1} \times 100\% = \frac{\Delta W_Z}{W_2 + \Delta W_Z} \times 100\%
\tag{3-29}
$$

式中，W_2 为线路末端输出电能。

3.1.2 分析电力线路运行状态的功率圆图

已知线路的功率计算和电压计算公式并作出相应的相量图后，就可利用它们分析电力线路的运行状况。

首先分析线路的空载运行状况。空载时，线路末端电纳中的功率 ΔQ_{Y2} 属容性。末端电压给定时，其值也为定值 $\Delta Q_{Y2} = \frac{1}{2} B U_2^2$，与之对应的电流 $I_{Y2} = \frac{1}{2} B U_2$。它们在线路上流动时引起的电压降落

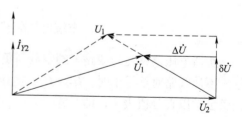

图 3-6 空载运行时的电压相量图

纵、横分量分别为 $\Delta U = -\frac{U_2 B X}{2}$，$\delta U = \frac{U_2 B R}{2}$。而这时的电压相量图则如图 3-6 所示。由图可见，这时的末端电压将高于始端电压。

设电压损耗近似等于电压降落的纵分量，则

$$
电压损耗 \% = \frac{U_1 - U_2}{U_N} \times 100\% \approx -\frac{BX}{2} \times 100\% = -\frac{b_1 x_1}{2} l^2 \times 100\%
\tag{3-30}
$$

即电压损耗与线路长度的二次方成正比。线路长度超过某一定值时，如不采取特殊的防止电压过高的措施，则当始端电压为额定值 U_N 时，末端电压就将超过允许值 $(1.05 \sim 1.1) U_N$。以 500kV 线路为例，设 $b_1 = 4 \times 10^{-6} \text{S/km}$，$x_1 = 0.28 \Omega/\text{km}$，则线路长度超过 420km 时，空载

时的末端电压将高于 $1.1U_N$。

空载时末端电压高于始端的现象在使用电缆时尤为突出，这是因为电缆的电抗常小于架空线，而电纳却比架空线大得多。

然后分析线路的有载运行状况。如线路末端电纳中的功率已并入负荷无功功率或可以略去，则将图 3-6 推广一步，就可得末端仅有无功功率负荷 Q_2 时的电压相量图如图 3-7a 所示。图中

$$\Delta U = \frac{Q_2 X}{U_2}; \quad \delta U = \frac{Q_2 R}{U_2} \tag{3-31}$$

从而可见，当 Q_2 变动时，ΔU 和 δU 也按比例变动，但它们的相对大小却保持不变，即 $\delta U / \Delta U = R/X =$ 定值。于是随 Q_2 的变动，始端电压相量 $\dot{U}_1$ 的端点将沿图中直线 QQ' 移动。QQ' 与末端电压相量 $\dot{U}_2$ 之间的夹角 α 则取决于线路电阻与电抗的比值。由图 3-7a 还可见，负荷为纯感性无功功率时，始端电压总高于末端；但它的相位却总滞后于末端，即 θ 总为负值。

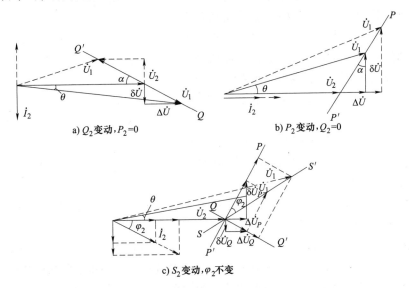

a) Q_2 变动, $P_2=0$　　　b) P_2 变动, $Q_2=0$

c) S_2 变动, φ_2 不变

图 3-7　有载运行时的电压相量图

将图 3-7a 中的直线 QQ' 逆时针转动 $90°$，就是图 3-7b 中的直线 PP'。图中

$$\Delta U = \frac{P_2 R}{U_2}; \quad \delta U = \frac{P_2 X}{U_2} \tag{3-32}$$

而直线 PP' 则是 P_2 变动时始端电压相量 $\dot{U}_1$ 端点的运动轨迹。由图 3-7b 可见，负荷为纯有功功率时，始端电压总高于并超前于末端电压。而且，P_2 越大，超前越多，即 θ 越大。

将图 3-7a、b 合并，就可得图 3-7c。图 3-7c 是末端既有有功功率也有无功功率负荷时的电压相量图。图中

$$\begin{cases} \Delta U_P = \dfrac{P_2 R}{U_2}; \quad \delta U_P = \dfrac{P_2 X}{U_2} \\[2mm] \Delta U_Q = \dfrac{Q_2 X}{U_2}; \quad \delta U_Q = \dfrac{Q_2 R}{U_2} \end{cases} \tag{3-33}$$

因而，图中的直线 SS' 是负荷视在功率 S_2 变动但功率因数角 φ_2 不变时，始端电压相量 $\dot{U}_1$ 端点的运动轨迹。由图 3-7c 可见，这时的电压降落是负荷为纯有功功率和纯无功功率时电压降落的相量和。负荷具有滞后功率因数或 $Q_2 > 0$ 时，只要功率因数角 $\varphi_2 < 90° - \alpha$ 或 $Q_2/P_2 < X/R$，始端电压仍将高于并超前于末端，但这时的相位差 θ 则比 $Q_2 = 0$ 时小。$Q_2/P_2 < X/R$ 的条件则通常总能满足。

然后令图 3-7c 中的 $\dot{U}_2$ 逆时针转动角 α，使 PP'、QQ' 线分别与纵、横轴重合，就可得图 3-8。鉴于图中电压降落 $d\dot{U}$ 的长度与末端视在功率 S_2 成正比，图中的 P_2、Q_2 坐标也就以相同的比例尺分别表示末端有功功率、无功功率的大小。由于该图主要用以分析电力线路末端的运行特性，常称为电力线路的末端功率圆图，而不再被视为电压相量图。

考虑到图 3-8 中的 P_2 轴就是图 3-7 中的直线 PP'，可见图 3-8 中的虚线 P_2P_2' 应该是负荷有功功率 P_2 为定值、无功功率 Q_2 变动时，始端电压端点的运动轨迹。相似地，虚线 Q_2Q_2' 应该是负荷无功功率 Q_2 为定值、有功功率 P_2 变动时，始端电压端点的运动轨迹；虚线 $\varphi_2\varphi_2'$ 和圆弧 S_2 应该分别是负荷功率因数角 φ_2 为定值、视在功率 S_2 变动时以及视在功率 S_2 为定值、功率因数角 φ_2 变动时，始端电压端点的运动轨迹。图 3-8 中，以 O' 为圆心、以 U_1 为半径的圆弧 U 则就是末端功率圆，圆上各点的坐标分别对应于始、末端电压为定值时，末端的有功功率、无功功率。

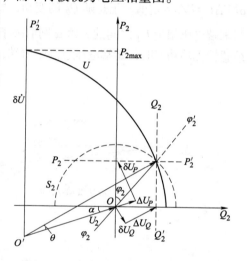

图 3-8　电力线路的功率圆图（末端）

由图 3-8 可见，在始、末端电压都受到限制时，随着末端有功功率负荷的增加，负荷的功率因数也必须由滞后逐步转为超前。而且，对应于一定的两端电压，有一最大可能的值 $P_{2\max}$。$P_{2\max}$ 常称为线路极限功率，是一个仅取决于线路两端电压和线路本身阻抗的极限。但线路实际上不可能运行于这一极限，因为在抵达这一极限前，导线可能已过热。

3.1.3　稳态运行时变压器的功率、电压关系

图 3-9 是一个双绕组变压器 Γ 形等效电路，电路中的参数是已统一归算为高压侧或低压侧的阻抗、导纳，从电路形式上看，变压器等效模型与输电线路类似，也包含串联支路和对地的并联支路，只是变压器 Γ 形等效电路中并联支路只有一条。因此，分析电力变压器在输送功率时的功率损耗和电压降落的基本算式与输电线路功率、电压关系分析中采用的算式完全一致。

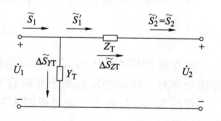

图 3-9　变压器等效电路中的电压和功率

1. 变压器中的电压降落、功率损耗

套用线路的功率和电压计算公式，可以计算变压器的功率和电压。

类似于式（3-3），可列出变压器阻抗支路中损耗的功率 $\Delta\tilde{S}_{ZT}$ 为

$$\Delta\tilde{S}_{ZT} = \left(\frac{S_2'}{U_2}\right)^2 Z_T = \frac{P_2'^2 + Q_2'^2}{U_2^2}(R_T + jX_T)$$

$$= \frac{P_2'^2 + Q_2'^2}{U_2^2}R_T + j\frac{P_2'^2 + Q_2'^2}{U_2^2}X_T = \Delta P_{ZT} + j\Delta Q_{ZT} \tag{3-34}$$

类似于式（3-5），可列出变压器励磁支路功率 $\Delta\tilde{S}_{YT}$ 为

$$\Delta\tilde{S}_{YT} = (Y_T\dot{U}_1)^*\dot{U}_1 = Y_T^*\dot{U}_1^*\dot{U}_1 = (G_T + jB_T)U_1^2 \tag{3-35}$$

$$= G_TU_1^2 + jB_TU_1^2 = \Delta P_{YT} + j\Delta Q_{YT}$$

如不必求取变压器内部的电压降落，可不制定变压器的等效电路而直接由制造厂提供的试验数据（P_k、$U_k\%$、P_0、$I_0\%$、U_N、S_N）计算其功率损耗，通过对变压器中功率损耗的分析，对变压器的运行性能有一个基本的估算。为此，将变压器的阻抗、导纳参数〔式（2-40）、式（2-42）、式（2-43）、式（2-45）〕代入式（3-34）、式（3-35），并整理。

变压器阻抗支路上的有功损耗和无功损耗为

$$\begin{cases} \Delta P_{ZT} = \dfrac{P_k U_N^2 S_2'^2}{1000U_2^2 S_N^2} \\[3mm] \Delta Q_{ZT} = \dfrac{U_k\% U_N^2 S_2'^2}{100U_2^2 S_N} \end{cases} \tag{3-36}$$

由式（3-36）可得，变压器阻抗支路上的有功损耗、无功损耗与变压器所带的负荷有关，所带的负荷越大，则功率损耗增大，如假设变压器在正常运行时，其实际电压与额定电压相差不大，当变压器满载时，有

$$\begin{cases} \Delta P_{ZT} \approx \dfrac{P_k}{1000} \\[3mm] \Delta Q_{ZT} \approx \dfrac{U_k\%}{100}S_N \end{cases} \tag{3-37}$$

式（3-37）说明，当变压器满载运行时，其串联支路产生的有功损耗等于短路损耗，变压器串联支路产生的无功损耗占变压器容量的 $U_k\%/100$，如 $U_k\% = 10.5$，那么该变压器串联支路产生的无功损耗就为额定容量的 10.5%。这部分损耗因为受变压器负荷程度影响，又称可变损耗。

变压器励磁支路的有功损耗和无功损耗为

$$\begin{cases} \Delta P_{YT} = \dfrac{P_0 U_1^2}{1000U_N^2} \\[3mm] \Delta Q_{YT} = \dfrac{I_0\% S_N U_1^2}{100U_N^2} \end{cases} \tag{3-38}$$

在额定电压下，并联支路上的功率损耗为

$$\begin{cases} \Delta P_{YT} \approx \dfrac{P_0}{1000} \\[3mm] \Delta Q_{YT} \approx \dfrac{I_0\%}{100}S_N \end{cases} \tag{3-39}$$

由式（3-39）可得，变压器并联支路上产生的有功损耗等于铁损。励磁电抗上产生的无功损耗等于额定容量的 $I_0\%/100$。由于这部分损耗与负荷的大小关系不大，又可称为不变损耗。如 $I_0\%=1$，那么该变压器并联支路产生的无功损耗就为额定容量的 1%。

综上所述，对于一台满载的变压器，如 $U_k\%=10.5$，$I_0\%=1$，则变压器上的无功损耗达到额定容量的 11.5%，因此，变压器是电力系统中很大的无功消耗设备。

2. 非标准电压比变压器的功率、电压关系

对于非标准电压比变压器（见图 3-10a），可以采用变压器的 Π 形等效模型将其转化为只包含一个串联阻抗支路、两个并联导纳支路的等效电路，与输电线路的等效电路相似。用于计算输电线路功率、电压关系的基本算式都可以应用于变压器的 Π 形等效模型（见图 3-10b）。除了参数变化以外，功率电压关系与输电线路相比无区别。

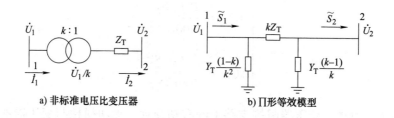

a) 非标准电压比变压器　　　　　　　b) Π形等效模型

图 3-10　非标准电压比变压器的功率、电压关系

3.2　潮流计算中的功率等效和简化

由以上分析可知，当确定了变电所低压侧负荷后，可粗略计算出变电所降压变压器的有功损耗和无功损耗，将其与负荷功率 P_2、Q_2 相加，可直接计算出变电所变压器高压侧母线上的等效负荷功率 P_1、Q_1；同理，也可从发电厂电源侧的发出的功率 P_1、Q_1 大致计算出升压变压器的功率损耗，二者相减可得出升压变压器高压侧母线的等效电源功率 P_2、Q_2。

在运用计算机计算并将发电厂负荷侧母线看作一个节点时，等效电源功率又称该节点的注入功率，即电源向网络注入的功率，而与之相对应的电流则称注入电流。注入功率或注入电流总以流入网络为正。因此，等效负荷功率就是负荷从网络吸取的功率，可看作具有负值的变电所（电源侧母线）节点注入功率。

手算时，往往还将变电所或发电厂母线上所连线路对地电纳中无功功率的一半也并入等效负荷或等效电源功率，并分别称之为运算负荷或运算功率。负荷功率、等效负荷功率、运算负荷以及电源功率、等效电源功率、运算功率之间的关系如图 3-11 所示。

等效电源功率、等效负荷功率、运算功率和运算负荷固然存在误差，但是却简化了手算潮流的计算代价，提高了手算潮流的效率。

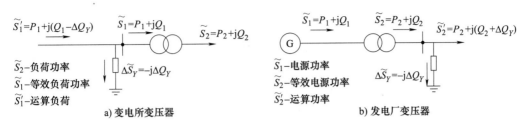

图 3-11   几种负荷功率、电源功率之间的关系

3.3   简单电力网络的潮流计算与分析

简单电力网络包括辐射网和单一环网,辐射网属于无备用接线的一种,一般是由一个电源点通过辐射状网络向若干个负荷节点供电,电网的基本形状呈树枝状,又称为开式网络。辐射网接线形式简单、建设成本低,但是可靠性低。因此,在对供电可靠性要求不高的场景(如农村电网),可以考虑采用这种接线形式。

在某些城市中,由于负荷比较密集,为了提高供电可靠性和避免环流,配电网是闭环建设、开环运行的。图 3-12 呈现了一个 IEEE 33 节点标准配电网拓扑结构,图中虚线部分表示运行过程中断开的联络开关,该系统有 4 条馈线,每条馈线都将电源(图中编号 1,由降压变电所的高压或低压母线等效)提供的电能依次输送给所承担的负荷。当配电网发生故障时,可以通过开合这些开关,完成配电网的拓扑重构,尽可能多地恢复对负荷的供电。

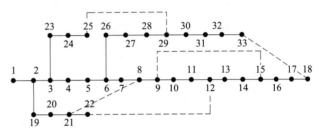

图 3-12   IEEE 33 节点标准配电系统拓扑图

输电网是将发电厂、变电所或变电所之间连接起来的送电网络,主要承担输送电能的任务。为提高供电可靠性并方便潮流大规模转移,通常建设为多端供电的复杂环网。下面将分别讨论辐射网和环网的潮流计算与分析方法。

3.3.1   辐射网的潮流计算

最简单的辐射网如图 3-13a 所示,它是一个只包含升、降压变压器和一段单回路电力线路的电力系统。系统的等效电路如图 3-13b 所示。作图 3-13b 时,将变压器 T1 的励磁支路移至负荷侧以简化分析。图 3-13b 可简化为图 3-13c,在简化的同时,将各阻抗、导纳重新编号。

对图 3-13c 所示等效电路,原则上可运用节点电压法、回路电流法等列出方程组联立求解。例如,可列出两个独立的节点电流平衡关系式或三个独立的回路电压平衡关系式,而各节点或各回路的电流或电压已知时,它们都是线性方程组,可直接求得解析解。但实践中,计算电力系统潮流分布时,已知的既不是电流也不是电压,而是功率,即各节点注入功率。如以 $\tilde{S}/\dot{U}^*$ 或 $\tilde{S}/\dot{I}^*$ 取代这些方程组中的电流 $\dot{I}$ 或电压 $\dot{U}$,它们就变成非线性方程组,一般不能直接求解,只能迭代求近似解。运用计算机计算时,这种迭代求解并不困难,而且也正是这样计算的。但手算时,因反复迭解复数方程组计算工作量很大,不宜采用这种方法。

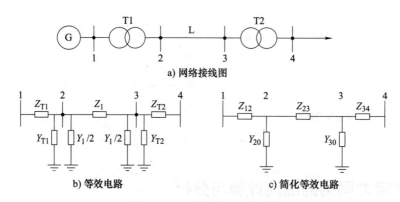

图 3-13 一个简单的辐射网

考虑到图 3-13a 所示网络接线很简单，可利用前面导出的计算线路、变压器中电压降落、功率损耗的公式，直接按图 3-13c 所示等效电路，计算其潮流分布。这时，在已知母线 4 上的负荷功率 $\tilde{S}_4$ 并对各母线电压没有严格要求时，可先假设一个略低于额定电压值的母线 4 电压 $\dot{U}_4$，连同已知的 $\tilde{S}_4$，运用式（3-8）~式（3-12）以及式（3-34）、式（3-35），计算变压器 T2 中的电压降落和功率损耗。在求得母线 3 电压 $\dot{U}_3$ 和该母线上的负荷功率 $\tilde{S}_3$ 后，又可运用式（3-1）~式（3-12），计算线路对地导纳支路功率和阻抗支路的电压降落、功率损耗，从而求得母线 2 电压 $\dot{U}_2$ 和该母线上的负荷功率 $\tilde{S}_2$。最后，按求得的 $\dot{U}_2$、$\tilde{S}_2$，再次运用式（3-8）~式（3-12）以及式（3-34）、式（3-35），计算变压器 T1 中的电压降落和功率损耗并求取母线 1 的电压 $\dot{U}_1$ 和该母线上的负荷功率 $\tilde{S}_1$。

由上述分析可知，这种逐段推算都是将所有参数和变量归算至同一电压等级后进行的。因此，在求得各母线电压后，还应按相应的电压比将它们归算至原电压级。进行这种归算后，还应检查一次这些电压是否过多地偏离额定值。一般电压偏移不允许大于 10%。如出现这种情况，应重新假设 $\dot{U}_4$，重复上述全部计算过程。

有时不仅给定末端负荷功率 $\tilde{S}_4$，还给定了始端电压 $\dot{U}_1$。显然，这时的潮流计算必须反复推算才能获得同时满足两个限制条件的结果。推算的步骤大致是：先运用假设的末端电压 $\dot{U}_4^{(0)}$ 和给定的末端功率 $\tilde{S}_4$ 由末端向始端逐段推算，求得始端电压 $\dot{U}_1^{(1)}$ 和功率 $\tilde{S}_1^{(1)}$；再运用给定的始端电压 $\dot{U}_1$ 和求得的始端功率 $\tilde{S}_1^{(1)}$ 由始端向末端逐段推算，求得末端电压 $\dot{U}_4^{(1)}$ 和功率 $\tilde{S}_4^{(1)}$；然后，再运用求得的末端电压 $\dot{U}_4^{(1)}$ 和给定的末端功率 $\tilde{S}_4$ 再一次由末端向始端逐段推算，求得始端电压 $\dot{U}_1^{(2)}$ 和功率 $\tilde{S}_1^{(2)}$；依此类推，如图 3-14 所示。不难见到，这种反复推算、逐步逼近，其实已属于迭代解算的范畴。虽然在实践中，经过一次往返就可获得足够精确的结果。

这种计算步骤适用于任意辐射网。但网络中变电所较多时，往往先用额定电压按 3.1.3 节中介绍的方法求出等效负荷功率或运算负荷，然后再计算线路各支路的电压降落和功率损耗。而对既给定末端负荷又给定始端电压的情况，通常还进一步采用如下的简化计算步骤，即开始由末端向始端推算时，设全网电压都为额定电压，仅计算各元件中的功率损耗而不计

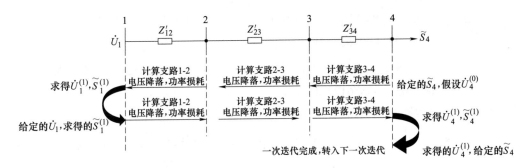

图 3-14　给定始端电压、末端功率的潮流解算过程

算电压降落；待求得始端功率后，再运用给定的始端电压和求得的始端功率由始端向末端逐段推算电压降落，但这时不再重新计算功率损耗。

【例 3-1】　网络接线如图 3-15 所示，电力线路长 120km，额定电压为 220kV，末端连一容量为 120MVA，电压比为 220/38.5的降压变压器。变压器低压侧负

图 3-15　例 3-1 网络接线图

荷为（60+j30）MVA，正常运行时要求电压达 35kV。试求电源处母线上应有的电压和功率。

输电线路参数：单位长度阻抗、导纳为 $r_1 = 0.2\Omega/\mathrm{km}$，$x_1 = 0.45\Omega/\mathrm{km}$，$g_1 = 0$，$b_1 = 2.76 \times 10^{-6}\mathrm{S/km}$。

变压器铭牌信息：$P_\mathrm{k} = 450\mathrm{kW}$，$U_\mathrm{k}\% = 10.5$，$P_0 = 150\mathrm{kW}$，$I_0\% = 0.8$。

解　元件参数的计算不再展开介绍，可绘出等效电路如图 3-16 所示。

（1）将变压器低压侧电压折算至高压侧：

$U_3 = 35\mathrm{kV} \times 220/38.5 = 200\mathrm{kV}$

（2）计算变压器阻抗支路功率损耗：

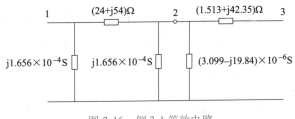

图 3-16　例 3-1 等效电路

$$\Delta\tilde{S}_{ZT} = \frac{P_3^2 + Q_3^2}{U_3^2}(R_T + jX_T) = \frac{60^2 + 30^2}{200^2} \times (1.513 + j42.35)\mathrm{MVA} = (0.17 + j4.76)\mathrm{MVA}$$

（3）计算变压器的电压降落并求解变压器的高压侧电压：

$$\Delta U_T = \frac{P_3 R_T + Q_3 X_T}{U_3} = \frac{60 \times 1.513 + 30 \times 42.35}{200}\mathrm{kV} = 6.81\mathrm{kV}$$

$$\delta U_T = \frac{P_3 X_T - Q_3 R_T}{U_3} = \frac{60 \times 42.35 - 30 \times 1.513}{200}\mathrm{kV} = 12.478\mathrm{kV}$$

$$U_2 = \sqrt{(U_3 + \Delta U_T)^2 + \delta U_T^2} = \sqrt{(200 + 6.81)^2 + 12.478^2}\mathrm{kV} = 207.186\mathrm{kV}$$

$$\theta_2 = \arctan\frac{\delta U_T}{U_3 + \Delta U_T} = 3.45°$$

（4）计算变压器导纳支路功率：

$$\Delta \tilde{S}_{YT} = (G_{YT} + jB_{YT})U_2^2 = (3.099 \times 10^{-6} + j1.984 \times 10^{-5}) \times 207.186^2 \text{MVA}$$
$$= (0.133 + j0.852) \text{MVA}$$

$$\tilde{S}_2 = \tilde{S}_3 + \Delta \tilde{S}_{ZT} + \Delta \tilde{S}_{YT} = (60 + j30 + 0.17 + j4.76 + 0.133 + j0.852) \text{MVA}$$
$$= (60.303 + j35.612) \text{MVA}$$

（5）计算输电线路对地支路功率：

$$\Delta Q_{Y2} = -\frac{1}{2}BU_2^2 = -\frac{1}{2} \times 3.312 \times 10^{-4} \times 207.19^2 \text{Mvar} = -7.109 \text{Mvar}$$

$$\tilde{S}_2' = \tilde{S}_2 + \Delta \tilde{S}_{Y1} = [60.303 + j(35.612 - 7.109)] \text{MVA} = (60.303 + j28.503) \text{MVA}$$

（6）计算输电线路的阻抗支路功率损耗：

$$\Delta \tilde{S}_{Z1} = \frac{P_2'^2 + Q_2'^2}{U_2^2}(R_1 + jX_1) = \frac{60.303^2 + 28.503^2}{207.19^2} \times (24 + j54) \text{MVA} = (2.487 + j5.597) \text{MVA}$$

（7）计算输电线路的电压降落并计算始端电压：

$$\Delta U_1 = \frac{P_2'R_1 + Q_2'X_1}{U_2} = \frac{60.303 \times 24 + 28.503 \times 54}{207.19} \text{kV} = 14.414 \text{kV}$$

$$\delta U_1 = \frac{P_2'X_1 - Q_2'R_1}{U_2} = \frac{60.303 \times 54 - 28.503 \times 24}{207.19} \text{kV} = 12.415 \text{kV}$$

$$U_1 = \sqrt{(U_2 + \Delta U_1)^2 + \delta U_1^2} = \sqrt{(207.19 + 14.414)^2 + 12.415^2} \text{kV} = 221.95 \text{kV}$$

$$\theta_1 = \arctan \frac{\delta U_1}{U_2 + \Delta U_1} = 3.21°$$

如忽略电压降落横分量，$U_1 = U_2 + \Delta U_1 = (207.19 + 14.414) \text{kV} = 221.604 \text{kV}$

（8）计算输电线路对地支路功率并计算始端功率：

$$\Delta Q_{Y1} = -\frac{1}{2}BU_1^2 = -\frac{1}{2} \times 3.312 \times 10^{-4} \times 221.95^2 \text{Mvar} = -8.158 \text{Mvar}$$

$$\tilde{S}_1 = \tilde{S}_2' + \Delta \tilde{S}_{Z1} + j\Delta Q_{Y1} = [(60.303 + j28.503) + (2.487 + j5.597) - j8.158] \text{MVA}$$
$$= (62.790 + j25.942) \text{MVA}$$

以上就是辐射网手算潮流的主要步骤，归纳总结为，只要按照给定的功率和电压，从某一节点开始，逐步向前或向后推得功率损耗和电压降落，就可以实现辐射网的潮流求解。应用潮流求解的过程和结果，可验证前述潮流分析过程中的部分基本结论：

1）如只要求计算电压的数值，可以忽略电压降落的横分量 δU，且不会产生很大误差。在例3-1中，忽略电压降落横分量带来的误差仅为 $(221.95 - 221.604) \text{kV} = 0.346 \text{kV}$，占比 0.16%。

2）变压器中电压降落的纵分量 ΔU_T 主要取决于变压器电抗。在例3-1中，$P_3R_T/U_3 = (60 \times 1.513/200) \text{kV} = 0.4539 \text{kV}$，而 $Q_3X_T/U_3 = 6.35 \text{kV}$，后者远远大于前者。

3）变压器中无功损耗远大于有功损耗。如例3-1中，$\Delta Q_{ZT} + \Delta Q_{YT} = (4.76 + 0.85) \text{Mvar} = 5.61 \text{Mvar}$，而 $\Delta P_{ZT} + \Delta P_{YT} = (0.17 + 0.13) \text{MW} = 0.3 \text{MW}$，即无功损耗是有功损耗18倍以上。由此可见，变压器在运行时会消耗大量无功功率。

4）线路负荷较轻时，线路的充电功率将大于阻抗支路上的无功消耗，此时输电线路表现为一个感性无功功率的电源。如例 3-1 中，$\Delta Q_{Y1} + \Delta Q_{Y2} = (-8.158 - 7.109)$Mvar $=$ -15.267Mvar，而 $\Delta Q_{Z1} = 5.597$Mvar。

以上运算都是精确计算，尽管只计算了包含两个电力元件的潮流，计算过程依然较为烦琐，可以尝试采用运算负荷的概念，快速地估算电源处的电压和功率。

【例 3-2】 算例系统同例 3-1，采用潮流计算中的功率等效和简化方法，估算系统始端的功率和电压。

解 变压器阻抗支路的无功损耗为（此时负荷的视在功率为 67MVA）

$$\Delta Q_{ZT} \approx \frac{U_k\%}{100} \frac{S_3^2}{S_N} = 3.93\text{Mvar}$$

变压器对地支路的无功损耗为

$$\Delta Q_{YT} \approx \frac{I_0\%}{100} S_N = 0.96\text{Mvar}$$

由于变压器上产生的有功损耗很小，因此可忽略不计。此时，认为输电线路末端电压为额定电压，估算输电线路对地电纳的一半所发出的无功功率为 $\Delta Q_{Y1} \approx$ $-0.5BU_N^2 = -8$Mvar。这样，节点 2 的运算负荷为 $\tilde{S}_{Ys} = \tilde{S}_3 + \Delta Q_{ZT} + \Delta Q_{YT} +$ $\Delta Q_{Y1} = (60+\text{j}26.89)$MVA，且只考虑变压器电压降落中电抗的作用，$Q_3 X_T/$ $U_3 = 6.35$kV。那么，节点 2 的电压 U_2 $\approx (200+6.35)$kV $= 206.35$kV，例 3-1 中的待求解的等效电路将简化为如图 3-17 所示。

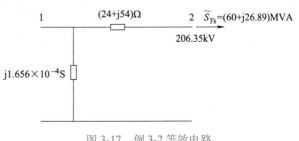

图 3-17 例 3-2 等效电路

输电线路串联支路上的电压降落纵分量为

$$\Delta U_{Z1} = \frac{P_{Ys} R_1 + Q_{Ys} X_1}{U_2} = \frac{60 \times 24 + 26.89 \times 54}{206.35}\text{kV} = 14\text{kV}$$

输电线路始端电压为

$$U_1 \approx U_2 + \Delta U_{Z1} = (206.35 + 14)\text{kV} = 220.35\text{kV}$$

输电线路阻抗上的功率损耗为

$$\Delta \tilde{S}_{Z1} = \frac{P_{Ys}^2 + Q_{Ys}^2}{U_2^2}(R_1 + \text{j}X_1) = \frac{60^2 + 26.89^2}{206.35^2} \times (24 + \text{j}54)\text{MVA} = (2.4 + \text{j}5.5)\text{MVA}$$

输电线路始端功率为

$$\tilde{S}_1 = \tilde{S}_{Ys} + \Delta \tilde{S}_{Z1} - \Delta Q_{Y1} \approx (60 + \text{j}26.89 + 2.4 + \text{j}5.5 - \text{j}8)\text{MVA} = (62.4 + \text{j}24.39)\text{MVA}$$

通过例 3-2 可以看出，采用估算方法与精确计算方法相比，始端电压幅值相差 221.95kV$-$220.35kV $= 1.6$kV，始端功率相差 $\Delta \tilde{S} = (62.790 + \text{j}25.942 - 62.4 - \text{j}24.39)$MVA $= (0.39 - \text{j}1.552)$MVA，无功功率偏差略大于有功功率偏差。估算结果与精确计算结果相比偏差不大，但却大大简化了计算过程。一方面我们可以通过简单的估算，增强对电网潮流分布规律和主要影响因素的认识；另一方面，在工程实际中也可以进行适当的简化和近似，可以在只损失少量精度的前提下，快速获得运算结果。

3.3.2 简单环网的潮流计算

环网不能像开式网一样从始端或末端开始逐步求解，如果可以将环网在某处解环，那么环网就可以转为开式网，就可以利用 3.3.1 节介绍的开式网的潮流计算方法进行潮流计算。

环网在某点解环后，将分解为两个节点，原来该节点的总负荷可按潮流的分布规律在两个节点中分配。因此，为了将环网在某点处解开，需先求解环网功率的初始分布。

在此说明，环网的功率分点是功率方向的转折点。有功功率都由线路流向该节点，则称该节点为有功功率分点。若无功功率由两侧向其流动，该节点则为无功功率分点。在功率分点处解环，将使得解环后的负荷功率实际方向为从该节点流出，更加符合传统上对电力系统负荷的认知习惯。系统的有功功率分点和无功功率分点有可能不在同一处。在此情况下，一般选择在无功分点处解环。

1. 环网初始功率分布计算

最简单的环网如图 3-18a 所示。它只有一个单一的环。此单一环网的等效电路如图 3-18b 所示。作图 3-18b 时，将发电厂变压器的励磁支路移至高压侧。

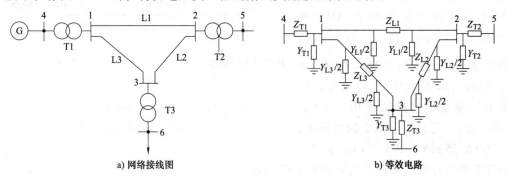

a) 网络接线图   b) 等效电路

图 3-18　最简单的环网

由图 3-18b 可见，这种最简单单一环网的简化等效电路已相当复杂，需将其进一步简化。所谓进一步简化，即在全网电压都为额定电压的假设下，计算各变电所的运算负荷和发电厂的运算功率，并将它们接在相应的节点。这时，等效电路中就不再包含各该变压器的阻抗支路和母线上并联的导纳支路，如图 3-19 所示。在以下所有关于环网和两端供电网络手算方法的讨论中，设电路都已经过这种简化。

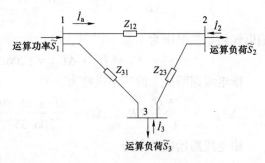

图 3-19　简化后的等效电路

对图 3-19 所示等效电路，原则上也可运用节点电压法、回路电流法等求解。但问题仍在于已知的往往是节点功率而不是电流，由节点功率求取节点电流时，需已知节点电压，而节点电压本身待求。因而，仍无法避免迭代求解复数方程式。好在对单一环网，待解的只有一个回路方程式，回路电流法仍不失为可取的方法。

$$0 = Z_{12}\dot{I}_a + Z_{23}(\dot{I}_a + \dot{I}_2) + Z_{31}(\dot{I}_a + \dot{I}_2 + \dot{I}_3) \tag{3-40}$$

式中，$\dot{I}_{\mathrm{a}}$ 为流经阻抗 Z_{12} 的电流；$\dot{I}_2$、$\dot{I}_3$ 为节点 2、3 的注入电流。

在求取环网的初始功率分布时做如下假设：

1）全网的电压都是额定电压。

2）各支路上没有功率损耗。

这样，即认为电流 $\dot{I}$ 正比于复功率的共轭值 $\tilde{S}^*$，或 $\dot{I} = \tilde{S}^*/U_{\mathrm{N}}$。再设图 3-19 中节点 2、3 的运算负荷 $\tilde{S}_2$、$\tilde{S}_3$ 已知，则由式（3-40），并计及运算负荷的符号与注入功率和注入电流的符号相反，可得

$$Z_{12}\tilde{S}_{\mathrm{a}}^* + Z_{23}(\tilde{S}_{\mathrm{a}}^* - \tilde{S}_2^*) + Z_{31}(\tilde{S}_{\mathrm{a}}^* - \tilde{S}_2^* - \tilde{S}_3^*) = 0 \qquad (3\text{-}41)$$

式中，$\tilde{S}_{\mathrm{a}}$ 为与 $\dot{I}_{\mathrm{a}}$ 相对应的、流经阻抗 Z_{12} 的功率。

由式（3-41）可解得

$$\tilde{S}_{\mathrm{a}} = \frac{(Z_{23}^* + Z_{31}^*)\tilde{S}_2 + Z_{31}^*\tilde{S}_3}{Z_{31}^* + Z_{23}^* + Z_{12}^*} \qquad (3\text{-}42)$$

相似地，流经阻抗 Z_{31} 的功率 $\tilde{S}_{\mathrm{b}}$ 为

$$\tilde{S}_{\mathrm{b}} = \frac{(Z_{23}^* + Z_{12}^*)\tilde{S}_3 + Z_{12}^*\tilde{S}_2}{Z_{31}^* + Z_{23}^* + Z_{12}^*} \qquad (3\text{-}43)$$

对式（3-42）和式（3-43）可做如下理解。将节点 1 一分为二，可得一等效两端供电网络的等效电路如图 3-20 所示。其两端电压大小相等、相位相同。令图中节点 2、3 与节点 1 之间的总阻抗分别为 Z_2'、Z_3'，与节点 $1'$ 之间的总阻抗分别为 Z_2、Z_3；环网的总阻抗为 Z_Σ，则它们可分别改写为

$$\begin{cases} \tilde{S}_{\mathrm{a}} = \dfrac{\tilde{S}_2 Z_2^* + \tilde{S}_3 Z_3^*}{Z_\Sigma^*} = \dfrac{\Sigma \tilde{S}_m Z_m^*}{Z_\Sigma^*}(m = 2,3) \\[3mm] \tilde{S}_{\mathrm{b}} = \dfrac{\tilde{S}_2 Z_2'^* + \tilde{S}_3 Z_3'^*}{Z_\Sigma^*} = \dfrac{\Sigma \tilde{S}_m Z_m'^*}{Z_\Sigma^*}(m = 2,3) \end{cases} \qquad (3\text{-}44)$$

式（3-44）与力学中梁的反作用力的计算公式很相似，网络中的负荷相当于梁的集中载荷，电源供应的功率则相当于梁的支点的反作用力，因而，很便于记忆。

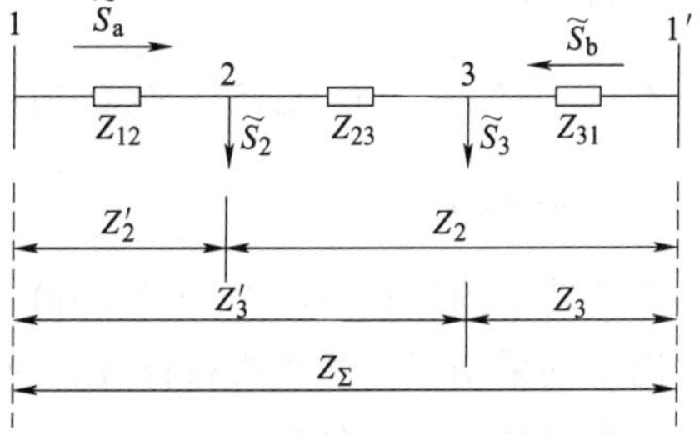

求得 $\tilde{S}_{\mathrm{a}}$ 或 $\tilde{S}_{\mathrm{b}}$ 后，即可求取环网各线段中流通的功率。

如网络中所有线段单位长度的参数完全相等，式（3-44）可改写为

图 3-20　等效两端供电网络的等效电路

$$\begin{cases} \tilde{S}_{\mathrm{a}} = \dfrac{\Sigma \tilde{S}_m l_m}{l_\Sigma} \\[3mm] \tilde{S}_{\mathrm{b}} = \dfrac{\Sigma \tilde{S}_m l_m'}{l_\Sigma} \end{cases} \qquad (3\text{-}45)$$

从而有

$$\begin{cases} P_a = \dfrac{\Sigma P_m l_m}{l_\Sigma} ; P_b = \dfrac{\Sigma P_m l'_m}{l_\Sigma} \\ \\ Q_a = \dfrac{\Sigma Q_m l_m}{l_\Sigma} ; Q_b = \dfrac{\Sigma Q_m l'_m}{l_\Sigma} \end{cases} \tag{3-46}$$

式中，l_m、l'_m、l_Σ 分别为与 Z_m、Z'_m、Z_Σ 相对应的线路长度。显然，式（3-46）更接近于力学中的力矩平衡计算公式。

计算得到 $\tilde{S}_a$ 后，就可以根据功率平衡关系，计算支路 2—3 流过的功率为 $\tilde{S}_a-\tilde{S}_2$，支路 3—1 流过的功率为 $\tilde{S}_a-\tilde{S}_2-\tilde{S}_3$。

以上，就实现了求取环网功率初步分布的全部过程。根据环网各支路功率的初步分布，在环网中某一点处将环解开，就将环网转化为辐射网。接下来就可以利用已掌握的辐射网潮流计算方法，逐步推得各支路的功率损耗和电压降落，完成环网的潮流计算。

2. 环网的功率损耗和电压降落

在求得环网中功率分布后，还必须计算网络中各线段的电压降落和功率损耗，方能获得潮流分布计算的最终结果。下面以一个简单算例说明环网的解环和潮流计算过程。

【例 3-3】 如图 3-21 所示，已知闭式网输电线路单位长度的阻抗均为 $z_1 = (0.13+j0.4)$ Ω/km，各条线路的长度 $l_1 = 20$km，$l_2 = 15$km，$l_3 = 30$km；

负荷参数：$\tilde{S}_B = (20 + j10)$ MVA，$\tilde{S}_C = (60 + j30)$ MVA；

电源参数：$\dot{U}_A = 110$kV。

试求闭式网的潮流分布。

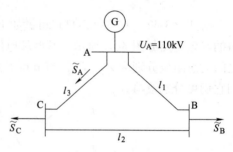

图 3-21 例 3-3 网络接线图

解 采用标幺制计算，取 $S_B = 100$MVA，$U_B = 110$kV。

线路参数的标幺值：

$Z_{11*} = z_1 l_1 \dfrac{S_B}{U_B^2} = 0.0215 + j0.0661$；$Z_{12*} = z_1 l_2 \dfrac{S_B}{U_B^2} = 0.0161 + j0.0496$；$Z_{13*} = z_1 l_3 \dfrac{S_B}{U_B^2} = 0.0322 + j0.0992$。

负荷功率的标幺值：$\tilde{S}_{B*} = 0.2+j0.1$；$\tilde{S}_{C*} = 0.6+j0.3$。

由于均采用标幺参数进行计算，故下面标幺值符号省略。

计算功率的初步分布：

$$\tilde{S}_A = \frac{l_1 \tilde{S}_B + (l_1 + l_2) \tilde{S}_C}{l_1 + l_2 + l_3} = 0.3846 + j0.1923$$

$$\tilde{S}_{CB} = \tilde{S}_A - \tilde{S}_C = -0.2154 - j0.1077$$

$$\tilde{S}_{BA} = \tilde{S}_{CB} - \tilde{S}_B = -0.4154 - j0.2077$$

节点 C 是有功功率和无功功率分点，将网络从 C 点打开变成两个辐射网，如图 3-22

所示。

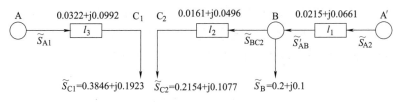

图 3-22　例 3-3 环网打开图

根据潮流的初始分布计算结果，可将节点 C 的负荷分为两个部分。

$$\tilde{S}_{C1} = 0.3846 + j0.1923 ; \qquad \tilde{S}_{C2} = 0.2154 + j0.1077$$

此时，将环网打开为开式网，且给定了网络的始端电压和末端功率，因此将采用迭代的方式求解。设节点电压均为额定电压，向前推功率损耗：

$$\Delta\tilde{S}_{l3} = (0.3846^2 + 0.1923^2)(0.0322 + j0.0992) = 0.006 + j0.0183$$

$$\tilde{S}_{A1} = \tilde{S}_{C1} + \Delta\tilde{S}_{l3} = 0.3846 + j0.1923 + 0.006 + j0.0183 = 0.3906 + j0.2106$$

利用始端电压和求得的始端功率，回推电压降落：

$$\Delta U_{l3} = \frac{P_{A1}R_{l3} + Q_{A1}X_{l3}}{U_A} = \frac{0.3906 \times 0.0322 + 0.2106 \times 0.0992}{1.0} = 0.0335$$

$$\delta U_{l3} = \frac{P_{A1}X_{l3} - Q_{A1}R_{l3}}{U_A} = \frac{0.3906 \times 0.0992 - 0.2106 \times 0.0322}{1.0} = 0.032$$

$$U_{C1} = \sqrt{(1 - 0.0335)^2 + 0.032^2} = 0.967 ; \theta_{C1} = \arctan\left(\frac{-0.032}{1 - 0.0355}\right) = -1.8963°$$

求功率损耗：

$$\Delta\tilde{S}_{l2} = \frac{(P_{C2}^2 + Q_{C2}^2)}{U_{C2}^2}Z_{12*} = 0.00093 + j0.0029 ; S'_{AB} = \tilde{S}_{C2} + \Delta\tilde{S}_{l2} + \tilde{S}_B = 0.4163 + j0.2106$$

$$\Delta\tilde{S}_{l1} = 0.0047 + j0.0144 ; \tilde{S}_{A2} = \tilde{S}'_{AB} + \Delta\tilde{S}_{l1} = 0.421 + j0.225$$

求电压降落：

$$\Delta U_{l1} = 0.421 \times 0.0215 + 0.225 \times 0.0661 = 0.024$$

$$\delta U_{l1} = 0.421 \times 0.0661 - 0.225 \times 0.0215 = 0.023$$

$$U_B = \sqrt{(1 - \Delta U_{l1})^2 + (\delta U_{l1})^2} = 0.9763$$

$$\theta_B = \arctan\left(\frac{-0.02223}{1 - 0.02546}\right) = -1.35°$$

$$\Delta U_{l2} = \frac{(0.421 - 0.2) \times 0.0161 + (0.22 - 0.1) \times 0.0496}{0.9763} = 0.00974$$

$$\delta U_{l2} = \frac{(0.421 - 0.2) \times 0.0496 - (0.22 - 0.1) \times 0.0161}{0.9763} = 0.0031$$

$$U_{C2} = \sqrt{(0.9763 - 0.0097)^2 + 0.0031^2} = 0.9666$$

$$\theta_{C2} = \theta_B + \arctan\left(\frac{-0.0013}{0.9763 - 0.0097}\right) = -1.53°$$

$$\tilde{U}_{C} = (\tilde{U}_{C1} + \tilde{U}_{C2})/2 = 0.967\angle -1.71°$$

以上计算只进行了一次功率和电压的迭代，求得了各节点电压和相位的近似结果。事实上，如果我们掌握了第 4 章的潮流计算机算法，可以很容易得到该简单系统潮流的精确结果。在这里，直接展示该系统潮流的精确解，用于与环网潮流初始分布计算结果进行对比（见表 3-2）。

表 3-2　潮流的初始分布和机算部分结果比较

电力系统运行变量	近似计算	精确计算
B 节点电压	$0.9763\angle -1.35°$	$0.9762\angle -1.35°$
C 节点电压	$0.976\angle -1.71°$	$0.967\angle -1.89°$
支路 A→B 始端功率	$0.421+j0.225$	$0.4217+j0.2268$
支路 B→C 始端功率	$0.2163+j0.1106$	$0.2167+j0.1116$
支路 A→C 始端功率	$0.3906+j0.2106$	$0.3906+j0.211$
节点 A 注入功率	$0.8116+j0.4356$	$0.8123+j0.4378$

通过表 3-2 可以得出，环网潮流的初始分布接近精确计算的结果，因此，在计算机计算潮流还没有普及前，通常都采用首先计算潮流初始分布，再将环网打开为辐射网进行计算的方法。

需要说明的是，实际电力系统的环网中一般不止包含一个电源，由于不同电源之间电压水平不同，在环网中还会产生环流，降低电网的运行品质，危害电网的运行安全。因此，需要对多端供电的环网潮流分布进行讨论，下面就以一个两端供电网络为分析对象，讨论潮流的分布与本小节给出的环网潮流初始分布的异同。

3.3.3　两端供电网的潮流初始分布计算

如图 3-23a 所示一个两端供电系统，节点 1 和节点 4 各接有一个电源，两电源的电压大小不等、相位不同。这样，该网络中的功率分布，除了受节点 2、3 的负荷以及各支路阻抗的影响外，还有由电源电压不同导致的附加功率 $\tilde{S}_{c}$。这种供电网也可等效于回路电压不为零的单一环网，如图 3-23b 所示。

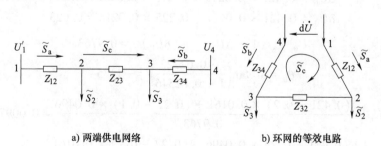

a) 两端供电网络　　　　　　b) 环网的等效电路

图 3-23　两端供电网络与环网的等效电路

图 3-23b 中，令节点 1、4 的电压相差 $\dot{U}_{1}-\dot{U}_{4}=\mathrm{d}\dot{U}$，可得如下的回路方程式：

$$\mathrm{d}\dot{U} = Z_{12}\dot{I}_{a} + Z_{23}(\dot{I}_{a} + \dot{I}_{2}) + Z_{34}(\dot{I}_{a} + \dot{I}_{2} + \dot{I}_{3}) \tag{3-47}$$

计及 $\dot{I} = \left(\dfrac{\tilde{S}}{U_N}\right)^*$，式（3-47）可改写为等式两侧取共轭，

$$U_N d\dot{U}^* = Z_{12}^* \tilde{S}_a + Z_{23}^*(\tilde{S}_a - \tilde{S}_2) + Z_{34}^*(\tilde{S}_a - \tilde{S}_2 - \tilde{S}_3) \tag{3-48}$$

式中的负荷功率已改变符号。由式（3-48）可解得流经阻抗 Z_{12} 的功率 $\tilde{S}_a$ 为

$$\tilde{S}_a = \frac{(Z_{23}^* + Z_{34}^*)\tilde{S}_2 + Z_{34}^*\tilde{S}_3}{Z_{12}^* + Z_{23}^* + Z_{34}^*} + \frac{U_N d\dot{U}^*}{Z_{12}^* + Z_{23}^* + Z_{34}^*} \tag{3-49}$$

相似地，流经阻抗 Z_{34} 的功率 $\tilde{S}_b$ 为

$$\tilde{S}_b = \frac{(Z_{32}^* + Z_{21}^*)\tilde{S}_3 + Z_{21}^*\tilde{S}_2}{Z_{34}^* + Z_{32}^* + Z_{21}^*} - \frac{U_N d\dot{U}^*}{Z_{34}^* + Z_{32}^* + Z_{21}^*} \tag{3-50}$$

由式（3-49）、式（3-50）可见，两端电压不相等的两端供电网络中，各线段中流通的功率可看作是两个功率分量的叠加。一个是两端电压相等时的功率，即图 3-23b 中设 $d\dot{U}=0$ 时的功率；另一个是取决于两端电压的差值 $d\dot{U}$ 和环网总阻抗 $Z_\Sigma = Z_{12}+Z_{23}+Z_{34}$ 的功率，称为循环功率，以 $\tilde{S}_c$ 表示：

$$\tilde{S}_c = \frac{U_N d\dot{U}^*}{Z_\Sigma^*} \tag{3-51}$$

于是

$$\begin{cases} \tilde{S}_a = \dfrac{\Sigma \tilde{S}_m Z_m^*}{Z_\Sigma^*} + \tilde{S}_c \\[3mm] \tilde{S}_b = \dfrac{\Sigma \tilde{S}_m Z_m^*}{Z_\Sigma^*} - \tilde{S}_c \end{cases} \tag{3-52}$$

注意，循环功率的正向与 $d\dot{U}$ 的取向有关。取 $d\dot{U} = \dot{U}_1 - \dot{U}_4$，则循环功率由节点 1 流向节点 4 时为正；反之，取 $d\dot{U} = \dot{U}_4 - \dot{U}_1$，则循环功率由节点 4 流向节点 1 时为正。

式（3-52）还可用以计算环网中变压器电压比不匹配时的循环功率。为此，先观察图 3-24 所示环网。设图中变压器 T1、T2 的电压比分别为 242/10.5、231/10.5，则在网络空载，且开环运行时，开口两侧有电压差；闭环运行时，网络中有功率循环。例如，将图中断路器 1 断开时，其左侧电压为 10.5kV×242/10.5 = 242kV，右侧电压为 10.5kV × 231/10.5 =

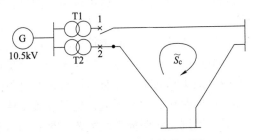

图 3-24　由变压器连接的环网

231kV；从而，将该断路器闭合时，将有顺时针方向的循环功率流动。显然，这个循环功率的大小就取决于断路器两侧的电压差和环网的总阻抗，其表达式仍为式（3-51）。所不同的是，此处式中的 $d\dot{U}$ 为环网开环时开口两侧的电压差，并非两个电源电压的差值。如果近似取两个变压器的电压比相等（都为两侧线路额定电压的比值），则环网中将无循环功率

产生。

循环功率产生的根本原因是网络的始末端（或开口两侧）存在电压降落 $d\dot{U}=\Delta\dot{U}+j\delta\dot{U}$，可能由网络两端电源供电导致，另外不满足并联条件的变压器并联运行也是循环功率产生的原因之一。

在高压输电网中，满足 $R\ll X$，那么循环功率 $\tilde{S}_c=\dfrac{\Delta UU_N-j\delta UU_N}{-jX_\Sigma}\approx j\dfrac{\Delta UU_N}{X_\Sigma}$，因此，循环功率主要是无功功率。循环功率的存在会给电力系统带来诸多不利影响，包括电网的有功损耗增加，恶化某些节点电压，使得部分变压器容量不能得到充分利用等缺点。因此，实际运行的电力系统应尽量避免循环功率的产生。

3.4　电力网络潮流的调整控制

前述分析计算表明：辐射网中的潮流主要是由末端功率（负荷）主导决定的，在确保负荷电能供给的条件下，有功潮流几乎没有调整的空间；环网中，如不采取附加控制措施，由单电源供电的简单环网的潮流按阻抗分布；两端供电网络的潮流虽可借调整两端电源的功率或电压适当控制，但仅依靠电源进行潮流的调整控制，面临着调节范围和调节方式的限制。但另一方面，为了实现电力系统的安全、优质、经济运行，有时需要对网络中的潮流进行控制。本节将简要讨论潮流调整控制的必要性，进而介绍常用的潮流调整控制手段。

3.4.1　潮流调控的必要性

大规模输电网的拓扑连接一般都组成环网，即通过复杂的电力网络，将发电和负荷连接在了一起，这就意味着对于某个用电负荷来讲，其可行的输电路径由不止一条支路组成。

由式（3-44）可见，电力系统中潮流的自然分布是由支路阻抗决定的，这就导致当电力系统的负荷增长或空间分布方式发生改变时，电网中某些元件或支路（如区间联络线）率先面临过负荷的风险，而电力系统的运行安全是由电网中最薄弱的部分所决定，这样在一些输电断面（多条线路组成的同向输电通道）上出现一条线路可能过负荷而其余线路仍有输电能力而难以发挥的问题。在此情景下，如果通过潮流控制将可能过负荷线路的功率转移到输电能力充裕的线路上，就可以最大限度挖掘整个断面/通道的输电能力，更好发挥系统的效能。

另外，通过对潮流的调控，除了可以改善或消除电网中部分元件的过负荷，还可以调整和控制节点的电压，使电网的电压分布满足运行安全性和负荷用电的需求。对于环网，有功功率损耗最小时的功率分布是按线路的电阻分布而不是阻抗分布。同时，还可以通过潮流调控抑制可能存在的功率环流，也可以减少传输功率损耗。

对电网潮流的调控手段主要有纵向调节和横向调节两大类，下面将具体展开讨论。

3.4.2　借附加串联加压器控制潮流

在电力电子技术获得长足发展之前，控制潮流的手段相当贫乏。

调整控制潮流的手段主要有三种，即串联电容、串联电抗、附加串联加压器。

串联电容的作用是以其容抗抵偿线路的感抗，将其串联在环网中阻抗相对过大的线段上，可起转移其他重载线段上流通功率的作用。另外，在高压输电系统中为提高稳定性，在中压配电系统中为改善电压质量也可应用。限制串联电容应用的主要原因是控制潮流而改变串联电容的容抗需投切电容器组，而频繁地投切相应的开关电器必然伴随着机械磨损，既有事故风险，也将带来繁重的运行检修负担。

串联电抗的作用与串联电容相反，主要用于限制电流。理论上，串联电抗能改善重载线路的过负荷。但由于其对电压质量和系统运行稳定性有不良影响，串联电抗在潮流调控中鲜有应用。工程实践中，有时在电缆供电线路的始端安装串联电抗器，用于限制短路电流，防止短路电流超过断路器的遮断能力。

附加串联加压器的作用在于产生一环流或者强制循环功率，使强制循环功率与自然分布功率的叠加达到理想值。

具体而言，就是串联加压器将取自并联变压器的附加电动势 $\dot{E}_c$ 串联接入线路。由于并联电源变压器连接方式的不同，串联加压器所串入的电动势可以有纵向、横向之分，如图 3-25 所示。如再考虑到并联电源变压器和串联加压器实际都有三相，可以想见，改变这两个三相变压器或变压器组的接线，还可获得斜向 30°、60° 调节的效果。至于附加电动势大小的调节，在于调节电源变压器二次侧的分接头。显然，这种调节如过于频繁，也会带来运行安全的风险。

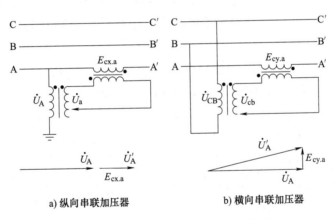

a) 纵向串联加压器　　　　b) 横向串联加压器

图 3-25　串联加压器的连接方式和作用

附加串联加压器参与电力系统潮流调节的原理可解释如下。

设强制循环功率为 $\tilde{S}_{fc}$，则应用

$$\tilde{S}_{fc} = \tilde{S}_{a \cdot 0} - \tilde{S}_a \tag{3-53}$$

为产生这一强制循环功率，应在环网中串入一附加电动势 $\dot{E}_c$，其值为

$$\dot{E}_c = S_{fc}^* Z_\Sigma / U_N = (S_{a \cdot 0}^* - S_a^*) Z_\Sigma / U_N = E_{cx} + jE_{cy} \tag{3-54}$$

式中，Z_Σ 为环网各线段阻抗之和；E_{cx} 为纵向附加电动势，其相位与线路相电压一致；E_{cy} 为横向附加电动势，其相位与线路相电压差 90°；附加电动势 E_{cx}、E_{cy} 都可由附加串联加压器产生。

由式（3-54）可列出

$$\tilde{S}_{\text{fc}} = P_{\text{fc}} + jQ_{\text{fc}} = E_{\text{c}}^* U_{\text{N}} / Z_{\Sigma}^* = \frac{E_{\text{cx}} - jE_{\text{cy}}}{R_{\Sigma} - jX_{\Sigma}} U_{\text{N}}$$
$$= \frac{(E_{\text{cx}}R_{\Sigma} + E_{\text{cy}}X_{\Sigma})U_{\text{N}}}{R_{\Sigma}^2 + X_{\Sigma}^2} + j\frac{(E_{\text{cx}}X_{\Sigma} - E_{\text{cy}}R_{\Sigma})U_{\text{N}}}{R_{\Sigma}^2 + X_{\Sigma}^2} \tag{3-55}$$

而由于高压电力网络中线路电阻往往远小于电抗，甚至仅为电抗的 5%～10%，如式（3-55）中置 $R_{\Sigma}=0$，可得

$$\tilde{S}_{\text{fc}} = P_{\text{fc}} + jQ_{\text{fc}} \approx \frac{E_{\text{cy}}U_{\text{N}}}{X_{\Sigma}} + j\frac{E_{\text{cx}}U_{\text{N}}}{X_{\Sigma}} \tag{3-56}$$

由式（3-56）可见，纵、横向串联电动势分别与强制循环功率的无功、有功分量成正比。换言之，纵向串联电动势主要产生强制循环功率的无功部分，而横向串联电动势主要产生强制循环功率的有功部分。改变电压的大小，所能改变的主要是网络中无功功率的分布；改变它们的相位，所能改变的主要是网络中有功功率的分布。

这是一个十分重要的概念。正是基于这一概念，才可能出现 4.3 节中将介绍的，也是当前潮流计算时广泛采用的 PQ 分解法。也是基于这一概念，本书第 5、6 章将有功功率和无功功率的调整分别与频率和电压的调整相结合。

设图 3-26a 中线段 2—3 所通过的功率由于某种原因必须限制为 125MW，则借简单的运算可得图 3-26b～d。由图可见，这三种手段都可得同样效果。而其中附加串联加压器所产生的附加电动势为

$$\dot{E}_{\text{c}} = (160 - 125)\,\text{MW} \cdot j50\Omega / 220\text{kV} = -j8\text{kV}$$

就相当于将该加压器右侧电压的相位移动 $\theta = \arcsin(-8/220) = -2.08°$。

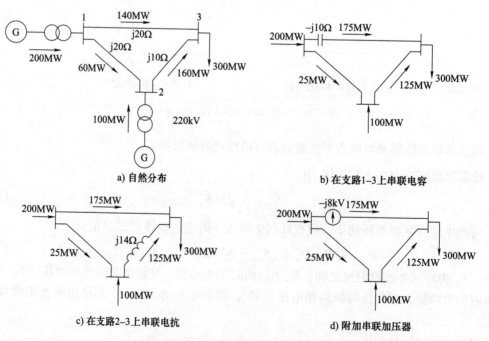

图 3-26　几种控制潮流的手段

3.4.3 借柔性交流输电装置控制潮流

同发电、配用电相比，由于输电网缺少快速控制手段，输电可控性能很差，功率分布中的自由潮流不能得到有效控制，在功率输送过程中常造成"功率绕送"和"功率倒流"（在主输送方向中存在着逆向输送）。某些大规模互联系统的联络线功率振荡可达到（60~70）万 kW，造成大量电能损耗或被迫降低电网的输送能力。另外，交流输电线路需要经常投切，以改变电网结构或断开故障，但目前只能依靠机械型断路器。而这种断路器速度慢、维修量大，是导致暂态稳定问题严重的关键因素。同时，由于负荷的增长和能源与环境之间的矛盾日益突出，获得能多送电力的新建输电线的走廊更加困难，使已有输电线的负担日益加重。

综上所述，传统的提高电网输送能力的设备是按照固定的、机械投切的或分接头转换的方式进行设计，在静态或缓慢变化的状态下来控制系统潮流。这些传统设备对电力系统的动态过程控制能力不足，系统的动态稳定问题依靠保留较大的稳定裕度加以解决，这就导致了输电系统的能力仍然没有被充分利用。如果用大功率晶闸管元件代替传统元件上的机械式高压开关，从而使电力系统中影响潮流分布的三个主要电气参数（电压、线路阻抗及功角）可按照系统的需要迅速调整，就可以实现在不改变网络结构的情况下，使电网的功率输送能力以及潮流和电压的可控性大为提高，使上述传统的电力系统元件在处理系统动态问题的能力上有一个大的飞跃。

美国电力科学研究院（EPRI）的 N. G. Hingorani 博士于 1986 年首次提出了柔性交流输电系统（Flexible AC Transmission Systems，FACTS）的概念，即应用大功率、高性能的电力电子元件制成可控的有功或无功电源以及电网的一次设备等，以实现对输电系统的电压、阻抗、相位、功率、潮流等的灵活控制。IEEE 的 FACTS 工作组在 1997 年冬季会议上将FACTS 定义为：装有电力电子型或其他静止型控制器以加强可控性和增大电力传输能力的交流输电系统。

FACTS 技术从广义上说，主要包括静止无功补偿器（SVC）、静止无功发生器（SVG）、统一潮流控制器（UPFC）、可控串联电容补偿器（TCSC）、晶闸管控制的移相器（TCPS）等。除了实现潮流控制和电压控制以外，还为电力系统提供了一种较为灵活的抑制低频振荡的方式。下面，选取部分装置进行简单介绍。

(1) 可控串联电容补偿（TCSC）

用于潮流控制的可控串联电容如图 3-27 所示，其中 C_F 为串补电容的固定部分，$C_1 \sim C_n$ 为可变部分，可按运行要求提供合适的串联补偿电容。由图可见，在晶闸管支路中串有电感。通过晶闸管触发延迟角控制，可使串补程度连续地变化。晶闸管

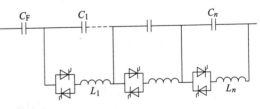

图 3-27　晶闸管控制的串联补偿的基本结构

由两个反向并联部分组成，保证正弦量在正、负两个半波均能导通。

(2) 晶闸管控制的移相器（TCPS）

移相器的主要功能是通过改变输入端和输出端之间的相位来调整输电线路上的潮流大小甚至潮流方向，这种调节是通过改变移相器分接头的位置来实现的。当输出端电压滞后于输

入端电压时，称移相器位于滞后分接头位置；反之，当输出端电压超前于输入端电压时，称移相器位于超前分接头位置。

同机械分接头移相器一样，晶闸管控制的移相器也是在线路上产生一个与线路电压相垂直的注入电压，从而使始末端电压产生相移。该注入电压的大小可通过触发延迟角的控制连

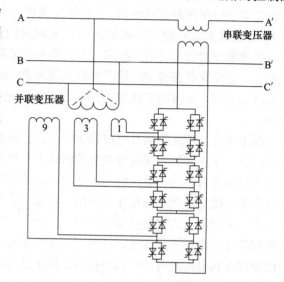

续变化，但其代价是向系统注入谐波。为消除谐波，可采用不连续的分级控制。图 3-28 中只画出一相接线，为实现分级控制，并联变压器二次侧每相采用 3 个匝数不同、匝数比为 1∶3∶9 的绕组，每个绕组连接于一组 4 个晶闸管开关，每个晶闸管开关由反向并联的两个晶闸管组成，通过控制各晶闸管开关的通断状态，可使每个绕组所对应的晶闸管开关组工作于 3 种不同状态，即：①输出端（上、下端之间）电压为零；②输出该绕组的全电压；③输出与该绕组电压反向的全电压。

这样，每相采用 12 个晶闸管开关，可得到 27 种不同的总输出电压值，基本上可满足各种调节要求。

图 3-28　一种晶闸管控制的移相器的基本结构

（3）统一潮流控制器（UPFC）

前述几种 FACTS 装置，如 TCSC、TCPS、SVC 等，其功能是单一的。统一潮流控制器（UPFC）的基本思想是用一种统一的晶闸管控制装置，仅通过控制规律的变化，就能分别或同时实现并联补偿、串联补偿、移相等几种不同的作用。

图 3-29 为一种 UPFC 的结构示意图，图中变换器的每一个桥臂包括一个可关断的晶闸管和一个反向并联的二极管。换流器 1 通过耦合变压器 T1 并联于交流系统中，它通过直流电容向换流器 2 提供所需的有功功率，并产生或吸收无功功率来维持节点 i 的电压，无功交换功率的大小和方向取决于系统交流电压与换流器交流端电压的幅值差。换流器 2 通过串联变压器向线路 i—j 注入附加电动势来控制线路的有功功率和无功功率。

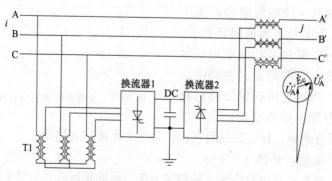

图 3-29　统一潮流控制器

最后还需指出，FACTS 设备不仅主要用于控制潮流，还可以全面提高输电系统的安全、稳定、经济运行性能，包括减少控制区域内的备用发电容量、限制故障设备的影响，避免造成联锁反应和事故的扩大，避免阻尼导致设备故障和影响输电能力的功率振荡。

小 结

本章推导了简单电力系统的功率方程，该方程刻画了电压分布与功率传输之间的关系；讨论了在不同的给定条件下，如何根据功率方程中已知的部分变量，求解其余的运行变量的过程，即简单电力系统潮流计算的方法。

以 Π 形等效电路为基础导出的输送功率与电压降落的关系，既适用于分析输电线路的运行，也适用于分析电压比等于额定电压比的变压器的运行。

对于电压比不等于额定电压比的变压器，或需在运行中改变电压比的有载调压变压器，应单独考虑非标准电压比对电压的影响。

负荷节点的电压通常随负荷功率变化而改变。因此，负荷节点的已知条件一般应为有功功率和无功功率，负荷节点电压作为待求量；发电机节点或有较强无功功率支撑的枢纽节点具备在一定范围内维持电压幅值恒定的能力，可以将这类节点的电压幅值作为计算已知量，其他量作为待求量。

在辐射网的潮流计算中，最符合物理特性的计算条件是已知末端功率和始端电压，需要迭代计算求解。若仅从数学计算的角度，也可以有已知同端功率电压去推算另一端功率电压的计算，这种条件下仅需开式（非迭代）计算。

环网或双端供电网络的潮流计算问题可以通过估算初步功率分布而转化为辐射网的潮流计算问题。

若通过潮流计算发现有节点电压不合格的情况，就需要采取调压措施。为改善电压质量而进行的运行方式调整，除极特殊情况外，不应影响对负荷有功功率的供给。而无功功率电源具有易得性，可以在电压偏低的重载节点配置无功补偿设备，就地提供负荷所需无功功率，从而有助于减少输电元件上的电压降落，达到改善电压质量的目的，并降低传输环节的有功功率损耗。电压调整与优化的问题在第 6 章还会进一步深入讨论。

扩展阅读3.1 分布式电源接入对主动配电网潮流的影响

随着智能电网的建设，分布式电源、储能装置、电动汽车的接入量逐步增加，这些因素一方面推高了配电网运行的不对称性，另一方面，配电网也逐渐由传统的单一电源供电向多电源供电转变，这也导致了配电网的潮流方向由相对固定变得复杂多变。这些变化增加了配电网运行控制的复杂性的同时，对配电网运行状态的精确掌握也提出了更高的要求。

分布式电源的接入使配电网结构更加复杂，从辐射状的单电源网络结构变成和用户联系密切的多电源供电系统，潮流方向也不再单向地从根节点流向末端各负荷节点，系统中可能会出现双向潮流，线路中功率的传输和系统中各节点电压也将发生明显的变化，根据光伏发电系统、风力发电系统、燃料电池、微型燃气轮机等典型的分布式电源的工作原理、运行方式以及各自并网运行的特点，配电网的电压和损耗均呈现出新的特点。

1）电压方面：分布式电源接入配电网后，由于馈线上的传输功率减少以及分布式电源输出的无功功率，可能造成用户侧电压过高问题，由于电压升高程度与分布式电源的接入位置及无功控制策略、发电量的相对大小有关，多因素耦合的复杂性给电压调节带来困难。

2）损耗方面：分布式电源的接入会改变线路潮流的大小与方向，可能减小也可能增大系统损耗，这取决于分布式电源的接入点、网络的拓扑结构、负荷量的相对大小等因素。

传统配电网中某一点发生短路等故障时，很有可能造成系统中很长一部分线路无法正常供电，甚至造成整条配电线路崩溃无法供电，供电可靠性较低。分布式电源的接入使得配电网中存在多个电源，从这个角度提高了配电网的供电可靠性。但由于传统的配电网继电保护装置不具有方向性，当接入分布式电源后，配电网成为一个闭环的多电源系统，并且分布式电源的接入也提高了配电网的故障电流水平，传统继电保护装置的配置和整定面临新的挑战。

扩展阅读3.2 电磁环网的运行问题

电磁环网是由不同电压等级输电元件组成，通过两端变压器磁回路的连接而形成的环网。

实际上，电磁环网是电网发展过程中的产物。当电网规模只有110kV运行时，为了提高输送功率，建设220kV线路。在220kV还没形成坚强网络之前，与110kV网络形成电磁环网。随着电网的发展，省网间开始联网，500kV网络逐步建设起来。在这个时期中，500kV输电线成了省网之间的重要联络线，加强了网间联系，担负起了大量的输电任务。但是，在500kV网络未形成系统的主网架之前，不能完全替代220kV网络来联系整个系统。因此，在这个阶段，500kV与220kV网络是相互依存的，缺了哪个也不行。在这种情况下，500kV与220kV组成的电磁环网就产生了。

上述过程表明，由于电力系统发展和传输负荷增大，在同一地区出现了新的高一级电压等级的输电线路。在新的高压输电线路投运初期，电网在结构上还需要不断完善和强化。为了获得更大的输电能力，且合理利用已有的输电资源，满足用户对最大用电的要求等，电力系统大多出现一个或多个电磁环网运行。图3-30展示

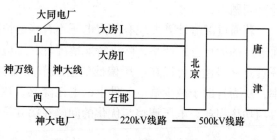

图3-30 一个典型实际系统电磁环网

了1985年华北电网500kV大房Ⅱ线和500kV神大线投入，形成了220/500kV神大—神万线电磁环网、220/500kV大房Ⅰ—大房Ⅱ电磁环网和电磁大环网。

在实际运行中，对于供电电压高一级的线路，在供电高峰期为充分利用其输电能力，输送功率往往接近其运行极限。用高低压电磁环网供电而又带重负荷时，当高一级电压线路断开后，所有原来带的全部负荷将通过低一级电压线路（虽然可能不止一回）平稳的长期送出。这就要求如采用电磁环网运行，就必须保证在任何事故后情况下，通过低一级导线的电流低于其热稳定电流，否则就难免出现线路过负荷问题，危害电网运行安全。

另外，如两个系统之间通过高低压电磁环网连接，一旦高压线路因故障断开，系统间的联络阻抗将突然显著增大，因而极易超过该联络线的暂态稳定极限，引起两侧系统间的振荡，造成事故扩大。

在我国电力系统中，发生过多起由电磁环网运行导致的稳定破坏事故。据不完全统计，

1970~1980 年中发生了与此有关的稳定破坏事故 40 次，1981~1990 年发生了 15 次。因此众多科研和运行人员普遍认为，应打开高低压电磁环网运行，之后各地区陆续开断了这些电压等级的电磁环网。

从经济运行方面考虑，在许多情况下断开环网有可能获得明显的经济运行效益。在某些环网中，因为开环运行不存在环流问题，输电损失会比合环运行时要小（合环有环流时，见图 3-31），从而可提高输电效率。

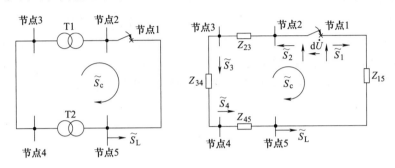

图 3-31　电磁环网中的合环电流

综上所述，从系统的安全和经济方面考虑，不宜采用电磁环网运行方式的原因如下：

1）在环网中如果发生故障，不少情况下切除故障元件后，将引起功率转移，使非故障元件功率越限而导致稳定破坏。

2）合环时，潮流在环网内自然分布，控制困难，存在循环功率 $\tilde{S}_c$，使有功损耗增加，且往往导致环网中的元件通过功率有的满负荷甚至过负荷，有的闲置。

3）合环运行，因综合阻抗往往较小，短路容量比较大，不利于系统的安全运行。

4）环网的继电保护和稳定措施配置比非环网要复杂得多，配合的难度较大。保护和安全自动装置的复杂化和不配合，一般是事故产生或扩大的原因。

但是，在电力系统的实际运行中，并非一切电磁环网运行方式对系统稳定运行都是不利的，相反，在有些情况下，也许在一段时间内在充分利用资源、提高输电可靠性、降低输电损失等方面，电磁环网运行比开环运行更利大于弊，因此，要结合实际情况具体分析。

习　　题

3-1　分析高压输电线路空载运行时末端电压会高于始端电压的原因。

3-2　某 220kV 均一两端供电网如图 3-32 所示，不计电阻和等效导纳，单位长度的线路电抗为 0.4Ω，当两个供电点电压相同时，

（1）试求初步功率分布。

（2）如果节点 3、4 之间串联一个电容，该电容等效容抗的值小于线路电抗的 1/2，不用计算结果，只分析说明各线路传输功率大小有何变化。

（3）如果提高节点 1 的电源电压，使其高于节点 4 电压 6kV，无须计算，试分析此时支路 1—2 上流过的功率将增大还是减小，变化的主要是有功功率还是无功功率。

3-3　如图 3-33 所示电力系统，已知 Z_{12}、Z_{23}、Z_{31} 均为（1+j3）Ω，$U_A = 37$kV，若不计

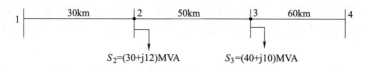

图 3-32 习题 3-2 图

线路上电压降落的横分量，求功率分布及最低点电压。

3-4 如图 3-34 所示，有一条 110kV 输电线路，由 A 向 B 输送功率。试求：

（1）当受端 B 的电压保持在 110kV 时，送端 A 的电压应该是多少？并绘出相量图。

（2）如果输电线路多输送 5MW 有功功率，则 A 点电压如何变化？

（3）如果输电线路多输送 5Mvar 无功功率，则 A 点电压如何变化？

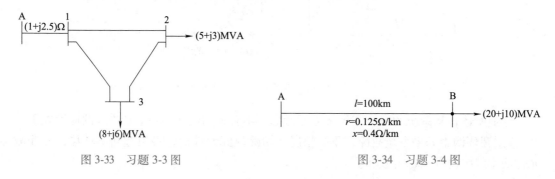

图 3-33 习题 3-3 图   图 3-34 习题 3-4 图

第 3 章自测题

第 **4** 章

复杂电力系统的潮流计算方法

【引例】

第 3 章介绍了简单电力系统的潮流计算方法。事实上，现代电力系统规模庞大，我国主要超高压同步电网规模达数千节点，面对这样复杂的电力网络，手算方法难以胜任计算潮流任务。

图 4-1 是某地 10 节点电力系统的潮流分布。网络规模远远小于真实的市/省级电网，也足见其结构的复杂性。

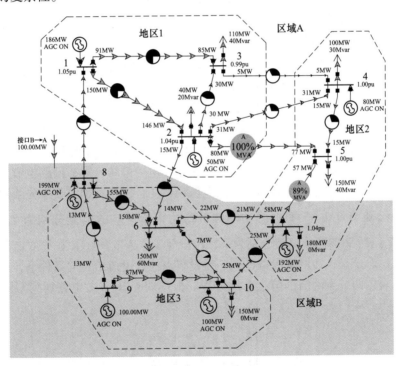

图 4-1　某地 10 节点电力系统

复杂电力系统的潮流计算，必须依赖于电子计算机。

20 世纪 50 年代，在电子计算机发展的初期，就有研究者提出用计算机求解潮流问题的算法，早期的算法基于简单的高斯-赛德尔迭代，与手算潮流的迭代计算方法相似。1967 年，W. F. Tinney 和 C. E. Hart 发表了《牛顿潮流解法》的论文；1974 年，B. Stott 和 O. Alsac

发表了关于"快速解耦潮流"内容的论文。这两种方法毫无争议地奠定了计算机潮流计算的基石。

复杂电力系统潮流计算的关键步骤有：①建立复杂电力网络的基本模型；②推导功率电压关系表达式；③在电压、功率变量中确定足够的给定变量使方程满足定解条件；④寻求高效可靠的非线性代数方程组求解算法。

本章将主要围绕如何解决上面4个问题开展推导和分析。

4.1 一般电力网络功率方程

根据电路的基本原理，对于任何一个电力网络，节点电压能唯一地确定网络的运行状态，知道了节点电压，就可以算出节点注入功率、支路功率和电流。也可以说，在求出所有的电压幅值 U 和相位 θ 之后，各个支路上传输的功率就可以计算，全系统的网络损耗就可以计算出来。

因此，如果能建立电力网络给定的节点注入功率与待求的电压相量（幅值和相位）之间关系的方程，选取合适的求解方法，得到各节点的电压相量，那么就可以获得电力网络的全部潮流信息。下面以一个两节点电力系统算例，讲述如何通过已掌握的电路分析方法，逐步建立起给定条件（节点注入功率）与待求变量（电压相量）之间的关系模型。

1. 简单电力网络的节点注入电流、电压关系

设一个仅有两节点的简单电力系统如图 4-2a 所示，给定了节点 1、2 的等效电源功率，分别用 $\tilde{S}_{G1}$、$\tilde{S}_{G2}$ 表示；同时给出了节点 1、2 的等效负荷功率，分别用 $\tilde{S}_{L1}$、$\tilde{S}_{L2}$ 表示，网络参数已知，求该节点 1、2 的电压以及各支路的电流。

首先建立该两节点系统的等效电路模型，如图 4-2b 所示。一般来说，对电路的求解需要列写相应的电网络方程。电网络方程是将网络的有关参数和变量及其相互关系归纳起来组成的，反映网络性能的数学方程式组。常见的电网络方程包括节点电压方程、回路电流方程、割集电压方程等。其中，割集电压方程不常用于电力系统计算，回路电流方程往往用于电力系统的故障分析；节点电压方程以节点电压相量为待求量，但需要事先给定各节点注入的电流。假设已知节点 1、2 的电源功率和负荷功率所对应的电流分别为 $\dot{I}_{G1}$、$\dot{I}_{G2}$、$\dot{I}_{L1}$、$\dot{I}_{L2}$，那么，节点 1、2 的注入电流分别为 $\dot{I}_1 = \dot{I}_{G1} - \dot{I}_{L1}$、$\dot{I}_2 = \dot{I}_{G2} - \dot{I}_{L2}$，在等效电路图中，用独立的电流源表示。于是，在网络参数已知、假设节点注入电流给定的条件下，可以利用电路基本关系，列写该两节点网络的节点电压方程。根据图 4-2b 等效电路所列写的节点电压方程如下：

$$\begin{cases} \dot{I}_1 = Y_{11}\dot{U}_1 + Y_{12}\dot{U}_2 \\ \dot{I}_2 = Y_{22}\dot{U}_2 + Y_{21}\dot{U}_1 \end{cases} \tag{4-1}$$

此时，节点 1、2 的电压 $\dot{U}_1$、$\dot{U}_2$ 是待求量，可以通过式（4-1）描述的线性代数方程组求解得到

$$\begin{bmatrix} \dot{U}_1 \\ \dot{U}_2 \end{bmatrix} = \begin{bmatrix} Y_{11} & Y_{12} \\ Y_{21} & Y_{22} \end{bmatrix}^{-1} \begin{bmatrix} \dot{I}_1 \\ \dot{I}_2 \end{bmatrix} \tag{4-2}$$

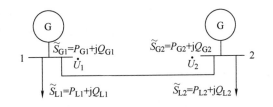

a) 两节点电力系统

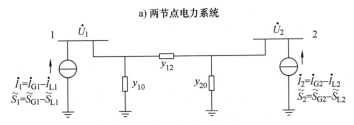

b) 以注入电流和注入功率表示的等效网络

图 4-2　简单系统及其等效网络

式中，$Y_{11}=y_{12}+y_{10}$，$Y_{12}=Y_{21}=-y_{12}$，$Y_{22}=y_{12}+y_{20}$。

以上求解过程虽然简单，但是建立在节点注入电流已知的前提下。电力系统分析和电路原理中所关注（或能够已知）的变量不同，在电路原理中，一般已知电源或负荷的电流，但在电力系统分析中，一般是已知负荷或电源的功率。根据第 2 章功率的基本概念可知，功率和电压之间是非线性关系，这将对功率方程的建立和求解带来一定困难。

2. 简单电力网络的节点注入功率、电压关系

仍以图 4-2a 中的两节点系统为例，现在通过建立描述节点注入功率和各节点电压的关系的功率方程，得到简单电力网络的节点注入功率与电压的基本关系。

此时，节点 1、2 的注入功率分别为 $\tilde{S}_1=\tilde{S}_{G1}-\tilde{S}_{L1}$、$\tilde{S}_2=\tilde{S}_{G2}-\tilde{S}_{L2}$。

根据复功率的定义，可将电流用功率进行表示 $\dot{I}_1=\dfrac{\tilde{S}_1^*}{\dot{U}_1^*}$，$\dot{I}_2=\dfrac{\tilde{S}_2^*}{\dot{U}_2^*}$，将电流的表达式代入

式（4-1）可得

$$\tilde{S}_1=\dot{U}_1Y_{11}^*\dot{U}_1^*+\dot{U}_1Y_{12}^*\dot{U}_2^*\ ;\quad \tilde{S}_2=\dot{U}_2Y_{22}^*\dot{U}_2^*+\dot{U}_2Y_{21}^*\dot{U}_1^* \tag{4-3}$$

令

$$Y_{11}=Y_{22}=y_{10}+y_{12}=y_{20}+y_{21}=G_s+jB_s$$

$$Y_{12}=Y_{21}=-y_{12}=G_m+jB_m$$

$$\dot{U}_1=U_1\angle\theta_1\ ;\dot{U}_2=U_2\angle\theta_2$$

并将它们代入式（4-3）展开，将有功功率、无功功率分别列写，可得

$$\begin{cases}P_1=P_{G1}-P_{L1}=G_sU_1^2+U_1U_2[G_m\cos(\theta_1-\theta_2)+B_m\sin(\theta_1-\theta_2)]\\P_2=P_{G2}-P_{L2}=G_sU_2^2+U_1U_2[G_m\cos(\theta_2-\theta_1)+B_m\sin(\theta_2-\theta_1)]\\Q_1=Q_{G1}-Q_{L1}=-B_sU_1^2-U_1U_2[B_m\cos(\theta_1-\theta_2)-G_m\sin(\theta_1-\theta_2)]\\Q_2=Q_{G2}-Q_{L2}=-B_sU_2^2-U_1U_2[B_m\cos(\theta_2-\theta_1)-G_m\sin(\theta_2-\theta_1)]\end{cases} \tag{4-4}$$

式（4-4）就是图 4-2a 所示简单系统的功率方程。显然，它们是各节点电压相量的非线性方程。并且，在功率方程中，节点电压的相位是以差值（$\theta_1-\theta_2$）的形式出现的，即决定

注入功率大小的是相对相位 $\theta_{12}=\theta_1-\theta_2$，而不是绝对相位 θ_1 或 θ_2，这种情况在第 3 章中已经出现过，只是通常在简单网络的潮流分析中假设变压器或输电线路某一端的相位为 0，作为相对相位的参考值。

该简单系统的有功损耗、无功损耗分别为

$$\begin{cases} \Delta P = P_{G1} + P_{G2} - P_{L1} - P_{L2} = G_s(U_1^2 + U_2^2) + 2U_1U_2G_m\cos(\theta_1 - \theta_2) \\ \Delta Q = Q_{G1} + Q_{G2} - Q_{L1} - Q_{L2} = -B_s(U_1^2 + U_2^2) - 2B_mU_1U_2\cos(\theta_1 - \theta_2) \end{cases} \tag{4-5}$$

可以看出，网络的有功损耗、无功损耗也都是节点电压和相位的非线性函数。

本节利用电路分析的基础知识，建立了简单电力网络（两个节点）的功率方程，对于更复杂电力网络的潮流计算，待求解的变量更多，方程的数量也会大量增加。高维方程组往往采用相量和矩阵形式描述，以使计算和求解过程更具有一般性，并且需要对变量和节点类型进行分类，以使功率方程组满足有解的基本条件，因此本节中的功率方程需做进一步的扩展和深入探讨。下面首先介绍节点电压方程的矩阵表示，为大规模电力网络的潮流计算提供基础。

4.1.1　节点电压方程

在电路课程中，已导出了基于导纳矩阵的节点电压方程的一般形式为

$$\boldsymbol{I}_B = \boldsymbol{Y}_B\boldsymbol{U}_B \tag{4-6}$$

因此，对于有 n 个独立节点的网络，可以列写 n 个节点电压方程，式（4-6）可以展开为

$$\begin{bmatrix} \dot{I}_1 \\ \dot{I}_2 \\ \dot{I}_3 \\ \vdots \\ \dot{I}_n \end{bmatrix} = \begin{bmatrix} Y_{11} & Y_{12} & Y_{13} & \cdots & Y_{1n} \\ Y_{21} & Y_{22} & Y_{23} & \cdots & Y_{2n} \\ Y_{31} & Y_{32} & Y_{33} & \cdots & Y_{3n} \\ \vdots & \vdots & \vdots & & \vdots \\ Y_{n1} & Y_{n2} & Y_{n3} & \cdots & Y_{nn} \end{bmatrix} \begin{bmatrix} \dot{U}_1 \\ \dot{U}_2 \\ \dot{U}_3 \\ \vdots \\ \dot{U}_n \end{bmatrix} \tag{4-7}$$

这些方程式中，$\boldsymbol{I}_B$ 是节点注入电流的列向量。在电力系统计算中，节点注入电流可理解为各节点电源电流与负荷电流之差，即节点的净注入电流，并规定电源流向网络的注入电流为正。因此，若某节点仅有负荷，其注入电流就为负值。既无发电又无负荷的节点称为联络节点，注入电流为零，如图 4-3a 所示节点 3。$\boldsymbol{U}_B$ 是节点电压的列向量。因通常以大地作为参考节点，网络中有接地支路时，节点电压通常就指该节点的对地电压。本书中一般都以大地作为参考节点，并规定其编号为零。$\boldsymbol{Y}_B$ 是一个 $n\times n$ 阶节点导纳矩阵，其阶数 n 就等于网络中除参考节点外的节点数。例如，图 4-3a 中，$n=3$。

节点导纳矩阵的对角元 $Y_{ii}(i=1,2,\cdots,n)$ 称为节点 i 的自导纳。由式（4-7）可见，自导纳 Y_{ii} 的物理意义是当在节点 i 施加单位电压且其他节点全部接地时，节点 i 注入网络的电流，可以表示为

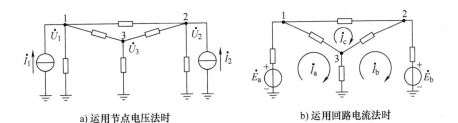

a) 运用节点电压法时　　　　　　b) 运用回路电流法时

图 4-3　电力系统等效网络

$$Y_{ii} = (\dot{I}_i / \dot{U}_i)\big|_{\dot{U}_j = 0,\, j \neq i} \tag{4-8}$$

以图 4-4 所示网络为例，取 $i = 2$，在节点 2 接电压源 $\dot{U}_2$，节点 1、3 的电压源短接，按如上定义，可得 $Y_{22} = (\dot{I}_2 / \dot{U}_2)\big|_{\dot{U}_1 = \dot{U}_3 = 0}$

从而有 $Y_{22} = y_{20} + y_{12} + y_{23}$。由此又可见，节点 i 的自导纳 Y_{ii} 数值上就等于与该节点直接连接的所有支路导纳的总和。

节点导纳矩阵的非对角元 $Y_{ij}(i = 1, 2, \cdots,$ $n; j = 1, 2, \cdots, n; i \neq j)$ 称为节点 i 与节点 j 之间的互导纳。而由式（4-7）可见，互导纳 Y_{ij} 数值上就等于在节点 j 施加单位电压，其他节点全部接地时，经节点 i 注入网络的电流。因此，它也可定义为

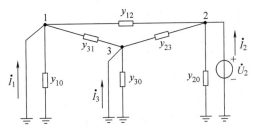

图 4-4　节点导纳矩阵中自导纳和互导纳的物理解释

$$Y_{ij} = (\dot{I}_i / \dot{U}_j)\big|_{\dot{U}_k = 0,\, k \neq j} \tag{4-9}$$

仍以图 4-4 所示网络为例，仍取 $i = 2$，在节点 2 接电压源 $\dot{U}_2$，节点 1、3 的电压源短接，按如上定义，可得

$$\begin{cases} Y_{12} = (\dot{I}_1 / \dot{U}_2)\big|_{\dot{U}_1 = \dot{U}_3 = 0} \\ Y_{32} = (\dot{I}_3 / \dot{U}_2)\big|_{\dot{U}_1 = \dot{U}_3 = 0} \end{cases} \tag{4-10}$$

从而有 $Y_{12} = -y_{12}$，$Y_{32} = -y_{32}$。由此又可见，节点 i、j 之间的互导纳 Y_{ij} 数值上就等于连接节点 j、i 支路导纳的负值。对于由互易元件组成的网络，Y_{ji} 恒等于 Y_{ij}。电力网络通常满足这一条件，若节点 j、i 之间没有直接联系，且不计支路之间的互感时，则节点 i、j 之间的互导纳元素 $Y_{ji} = Y_{ij} = 0$。

上面介绍了节点导纳矩阵中自导纳和互导纳元素的物理意义。按照以上原则，则无论电力网络如何复杂，都可以根据给定的输电线路参数和接线拓扑直接求出导纳矩阵，下面总结一下节点导纳矩阵的特点：

1）n 节点网络的节点导纳矩阵是 $n \times n$ 方阵，其阶数 n 是网络中除参考节点以外的节点数。

2）当 n 较大时，节点导纳矩阵是稀疏矩阵。由于电力网络中各节点直接连接的输电元件个数（节点出线度 m）有限且基本不随网络规模变化。因此，导纳矩阵每行非零非对角元占比为 m/n，当电网规模增长（n 增大）时，矩阵每行非对角元中大部分是零元素。n 越

大，导纳矩阵中非零元素占比越小，节点导纳矩阵的稀疏度越高。

3）节点导纳矩阵一般是对称矩阵（当不含移相器时），这是网络元件的互易性质决定的。考虑矩阵的对称性将给计算带来便利。

4）将式（4-6）等号两侧都前乘 $\boldsymbol{Y}_\mathrm{B}^{-1}$，可得 $\boldsymbol{Y}_\mathrm{B}^{-1}\boldsymbol{I}_\mathrm{B} = \boldsymbol{U}_\mathrm{B}$，如令 $\boldsymbol{Y}_\mathrm{B}^{-1} = \boldsymbol{Z}_\mathrm{B}$，即

$$\boldsymbol{Z}_\mathrm{B}\boldsymbol{I}_\mathrm{B} = \boldsymbol{U}_\mathrm{B} \tag{4-11}$$

式（4-11）中，$\boldsymbol{Z}_\mathrm{B}$ 称为节点阻抗矩阵，显然，节点阻抗矩阵是一个 $n \times n$ 阶对称矩阵，且 $\boldsymbol{Y}_\mathrm{B}$，$\boldsymbol{Z}_\mathrm{B}$ 矩阵皆可逆。

4.1.2　网络结构变化时节点导纳矩阵的修改

在电力系统计算中，往往要计算不同接线方式下的运行状况，例如，某电力线路或变压器投入前后以及某些元件参数变更前后的运行状况。如果每次都重新形成节点导纳矩阵，那么对于一个 1000 节点的电力网络，导纳矩阵中的元素就有 100 万个；如果由于导纳阵的稀疏性，非零元素仅占总量的 1%，那也需要重新计算 1 万个导纳值，浪费了大量计算能力。但是仅改变一个支路的参数或它的投入、退出状态只影响该支路两端节点的自导纳和它们之间的互导纳，只需在原有的导纳矩阵基础上做局部的修改，就可以得到新运行状况下的节点导纳矩阵，大大减少了不必要的重复运算。以下根据常见的拓扑变化情况，简单介绍导纳阵元素的修改方法：

1）如果电网新投运了发电厂或变电站，对应着电网拓扑从原有网络引出一支路，同时增加一节点，如图 4-5a 所示。

设 i 为原有网络中节点，j 为新增加节点，新增加支路导纳为 y_{ij}，则因新增一节点，节点导纳矩阵将增加一阶。

新增的对角元 Y_{jj}，由于在节点 j 只有一条支路 y_{ij}，j 节点的自导纳 $Y_{jj} = y_{ij}$；新增的非对角元 $Y_{ij} = Y_{ji}$；数值上 $Y_{ij} = Y_{ji} = -y_{ij}$；原有矩阵中的对角元 Y_{ii} 将增加 $\Delta Y_{ii} = y_{ij}$。

2）如果电网的某条支路，在原来单回线的基础上，改为双回运行，或原本两个变电所不直接相连，现通过建设一回输电线路连接。相当于在原有网络的节点 i、j 之间增加一支路，如图 4-5b 所示。这时由于仅增加支路不增加节点，节点导纳矩阵阶数不变，但与节点 i、j 有关元素应做如下修改：

$$\Delta Y_{ii} = y_{ij}; \Delta Y_{jj} = y_{ij}; \Delta Y_{ij} = \Delta Y_{ji} = -y_{ij} \tag{4-12}$$

3）如果电网发生了故障，某条线路退出运行，相当于在原有网络的节点 i、j 之间切除一支路，如图 4-5c 所示。切除一导纳为 y_{ij} 的支路相当于增加一导纳为 $-y_{ij}$ 的支路，从而与节点 i、j 有关元素应做如下修改：

$$\Delta Y_{ii} = -y_{ij}; \Delta Y_{jj} = -y_{ij}; \Delta Y_{ij} = \Delta Y_{ji} = y_{ij} \tag{4-13}$$

4）如果线路上新装设了限流电抗器或串联电容，则原有网络节点 i、j 之间的导纳由 y_{ij} 改变为 y'_{ij}，如图 4-5d 所示。

这种情况相当于切除一导纳为 y_{ij} 的支路并增加一导纳为 y'_{ij} 的支路，从而与节点 i、j 有关元素应做如下修改：

$$\Delta Y_{ii} = y'_{ij} - y_{ij}; \Delta Y_{jj} = y'_{ij} - y_{ij}; \Delta Y_{ij} = \Delta Y_{ji} = -(y'_{ij} - y_{ij}) = y_{ij} - y'_{ij} \tag{4-14}$$

5）如果调节了电网中某变压器的电压比，则原有网络节点 i、j 之间变压器的电压比由 k_* 改变为 k'_*。节点 i、j 之间变压器的 Π 形等效电路参数发生改变，该变压器电压比的改变

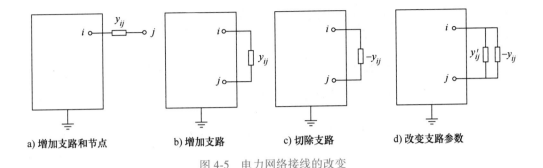

a) 增加支路和节点   b) 增加支路   c) 切除支路   d) 改变支路参数

图 4-5   电力网络接线的改变

将导致与节点 i、j 有关元素做如下修改:

$$\Delta Y_{ii} = \left(\frac{1}{k_*'^2} - \frac{1}{k_*^2} \right) Y_{\mathrm{T}} \,; \Delta Y_{jj} = 0 \,; \Delta Y_{ij} = \Delta Y_{ji} = -\left(\frac{1}{k_*'} - \frac{1}{k_*} \right) Y_{\mathrm{T}} \tag{4-15}$$

不难发现,这些计算公式其实也就是切除一电压比为 k_* 的变压器并增加一电压比为 k_*' 的变压器的计算公式。

4.1.3   电力网络的功率方程和节点类型划分

依据生成的节点导纳矩阵 $\boldsymbol{Y}_{\mathrm{B}}$,就可以很方便地列写节点电压方程 $\boldsymbol{I}_{\mathrm{B}} = \boldsymbol{Y}_{\mathrm{B}} \boldsymbol{U}_{\mathrm{B}}$,获得电力网络电压和电流之间的关系。但是,在工程实践中,通常已知的既不是节点电压 $\boldsymbol{U}_{\mathrm{B}}$,也不是节点注入电流 $\boldsymbol{I}_{\mathrm{B}}$,而是各节点的功率 $\tilde{S}_i$。因此,需要建立功率和电压之间关系的基本方程。

1. 功率方程

在节点电压方程中,将节点注入电流用给定的节点注入功率表示为

$$\left(\frac{\boldsymbol{S}}{\boldsymbol{U}} \right)_{\mathrm{B}}^{*} = \boldsymbol{Y}_{\mathrm{B}} \boldsymbol{U}_{\mathrm{B}} \tag{4-16}$$

如果一个电网共有 n 个节点,那么给定第 i 个节点的注入功率和电网中 n 个节点的电压满足如下关系式:

$$\left(\frac{\tilde{S}_i^{\mathrm{sp}}}{\dot{U}_i} \right)^{*} = \sum_{j=1}^{j=n} Y_{ij} \dot{U}_j \tag{4-17}$$

由式 (4-17) 得

$$\tilde{S}_i^{\mathrm{sp}} = \dot{U}_i \sum_{j=1}^{j=n} Y_{ij}^{*} \dot{U}_j^{*} = P_i^{\mathrm{sp}} + \mathrm{j} Q_i^{\mathrm{sp}} \tag{4-18}$$

式中, $\tilde{S}_i^{\mathrm{sp}}$ 为节点净注入功率,即输电线路流入节点功率和流出节点功率之差

$$\tilde{S}_i^{\mathrm{sp}} = \tilde{S}_{\mathrm{G}i}^{\mathrm{sp}} - \tilde{S}_{\mathrm{L}i}^{\mathrm{sp}} \tag{4-19}$$

如将电压相量用极坐标表示,则 $\dot{U}_i = U_i \angle \theta_i$,节点导纳矩阵中的元素可以表示为 $Y_{ij} = G_{ij} + \mathrm{j} B_{ij}$,为了方便,将节点 i、j 之间的相位差记为 θ_{ij},即 $\theta_{ij} = \theta_i - \theta_j$。

这样,极坐标系下的电力网络功率方程可以展开为

$$\tilde{S}_i^{\mathrm{sp}} = \dot{U}_i \sum_{j=1}^{j=n} Y_{ij}^{\ *}\dot{U}_j^* = U_i\angle\theta_i \sum_{j=1}^{j=n}(G_{ij}-\mathrm{j}B_{ij})U_j\angle-\theta_j \tag{4-20}$$

$$= \sum_{j=1}^{j=n} U_iU_j(\cos\theta_{ij}+\mathrm{j}\sin\theta_{ij})(G_{ij}-\mathrm{j}B_{ij}) = P_i^{\mathrm{sp}}+\mathrm{j}Q_i^{\mathrm{sp}}$$

分别列写有功功率和无功功率的方程，则有

$$\begin{cases} P_i^{\mathrm{sp}} = \sum_{j=1}^{j=n} U_iU_j(G_{ij}\cos\theta_{ij}+B_{ij}\sin\theta_{ij}) \\ Q_i^{\mathrm{sp}} = \sum_{j=1}^{j=n} U_iU_j(G_{ij}\sin\theta_{ij}-B_{ij}\cos\theta_{ij}) \end{cases} \tag{4-21}$$

式（4-21）就是极坐标系下的功率方程，如将导纳和电压均分解为实部加虚部的形式，$Y_{ij}=G_{ij}+\mathrm{j}B_{ij}$、$\dot{U}_i=e_i+\mathrm{j}f_i$，代入式（4-18），可得

$$(e_i+\mathrm{j}f_i)\sum_{j=1}^{j=n}(G_{ij}-\mathrm{j}B_{ij})(e_j-\mathrm{j}f_j) = P_i^{\mathrm{sp}}+\mathrm{j}Q_i^{\mathrm{sp}} \tag{4-22}$$

将式（4-22）实数部分和虚数部分分列，可得直角坐标表示的功率方程为

$$\begin{cases} P_i^{\mathrm{sp}} = \sum_{j=1}^{j=n}[e_i(G_{ij}e_j-B_{ij}f_j)+f_i(G_{ij}f_j+B_{ij}e_j)] \\ Q_i^{\mathrm{sp}} = \sum_{j=1}^{j=n}[f_i(G_{ij}e_j-B_{ij}f_j)-e_i(G_{ij}f_j+B_{ij}e_j)] \end{cases} \tag{4-23}$$

在此说明，在直角坐标系中，节点电压的幅值与节点电压的实部和虚部满足如下等式约束

$$e_i^2+f_i^2 = (U_i^{\mathrm{sp}})^2 \tag{4-24}$$

式中，e_i 和 f_i 分别为节点电压的实部和虚部。

极坐标系下和直角坐标系下的功率方程虽然表现形式不同，但方程的内涵是一致的，均反映了怎样一组节点电压相量才能产生指定的节点有功功率和无功功率。因此，两组方程均可以作为复杂电力网络潮流计算所需要求解的潮流方程组。

2. 潮流方程的定解条件

下面以极坐标系下的功率方程为例。

由式（4-21）可见，在功率方程组中，除网络的结构参数需要事先获知外，每个节点共有 4 个运行变量，它们是：节点 i 净注入的有功功率 P_i、无功功率 Q_i，节点电压的幅值 U_i、相位 θ_i。

因此，一个具有 n 个节点的复杂系统，节点运行变量数为 $4n$ 个。此时，每个节点都可列写如式（4-21）的两个功率方程，方程的个数是 $2n$ 个，要满足方程的定解条件，需要在每个节点指定 2 个变量。这样，对于节点 i 的 4 个变量 P_i、Q_i、U_i 和 θ_i 中，需要给定其中的 2 个，通过 $2n$ 个方程求取其余 $2n$ 个变量。如何根据电力系统的运行特点来指定运行变量将在下面节点类型划分中讨论。

现在，原则上已可从 $2n$ 个方程式中解出 $2n$ 个未知变量。但实际上，这个解还应满足如下的一些约束条件，这些约束条件是保证系统正常运行所不可少的。其中，发电机发出的有功功率和无功功率需要满足安全运行约束：

$$P_{Gimin} \leqslant P_{Gi} \leqslant P_{Gimax}$$
$$Q_{Gimin} \leqslant Q_{Gi} \leqslant Q_{Gimax} \tag{4-25}$$

P_{Gimin}、P_{Gimax}、Q_{Gimin}、Q_{Gimax} 的确定通常需参照发电机的运行极限。而负荷消耗的有功功率 P_L 和无功功率 Q_L 通常由用户决定而难以由电网约束。因此，各个节点的净注入功率 P_i、Q_i 也要在一个合理的区间内。

对变量 U_i 的约束条件则是

$$U_{imin} \leqslant U_i \leqslant U_{imax} \tag{4-26}$$

这个约束条件表示，系统中各节点电压的偏移不得超出一定的范围，以确保良好的电压质量。

对某些变量 θ_i，还需要满足如下约束条件：

$$|\theta_i - \theta_j| < |\theta_i - \theta_j|_{max} \tag{4-27}$$

这个约束条件主要是保证系统运行的稳定性所要求的。

3. 潮流计算中节点类型的划分

数学上，在每个节点的 4 个运行变量中适当指定 2 个才能满足求解条件。但在工程上，指定变量要与电力系统中各节点的运行特性相协调。电力系统中的节点主要有两类，即发电机节点和负荷节点。发电机通常按调度的安排发出有功功率；发电机配有励磁调节系统，在发出的无功功率不超过限值时，发电机能维持节点电压的恒定；发电机发出的无功功率则是由发电机电压和系统无功平衡共同决定。潮流计算中的负荷节点通常是对某一变电站下一群各式各样负荷总体行为的抽象表达，该节点从系统获取一定数量的有功功率和无功功率，一般负荷节点不配置自动电压调节设备，其节点电压是由节点功率的大小以及全系统的无功平衡共同决定的。

根据系统中各类节点的运行特点，在潮流计算中，常将节点分为 PQ 节点、PV 节点和平衡节点三类。

1）PQ 节点：主要对应于负荷节点，该类节点的指定量是节点注入的有功功率 P_i^{sp} 和无功功率 Q_i^{sp}，待求量则是节点电压的幅值 U_i 和相位 θ_i，这类指定节点的有功功率和无功功率的节点被叫作 PQ 节点。

2）PV 节点：主要对应于发电机节点，该类节点的指定量是发电机发出的有功功率 P_i^{sp} 和节点电压幅值 U_i，待求量是节点电压相位 θ_i 和发电机发出的无功功率 Q_i。

3）平衡节点：平衡节点是在发电机节点中选定的唯一指定电压幅值和相位的节点，电压幅值可以取为符合运行要求的任何值，电压相位规定为 0。在一个电力系统中，至少需设置一个平衡节点。设置平衡节点有两点考虑，其一是为所有 $n-1$ 个节点的电压相位给出参考点；其二是解决全系统功率平衡问题。在潮流计算前，全系统的有功损耗是未知的。因此，在已知全系统各节点负荷后，并不能精确地指定所有发电机功率使全系统功率达到完全平衡。有了平衡节点，无论是总发电与总负荷的偏差还是网损的偏差都会由平衡节点吞吐，确保潮流计算结果中功率（包括无功功率）是精确平衡的。因此，平衡节点又叫作松弛节点。

事实上，平衡节点只是为潮流计算而定义，实际电力系统中并不存在物理上的平衡节点。那么在对一个实际电力系统进行潮流计算时，如何选择平衡节点呢？通常选择较大容量的发电机节点或与主电网交界节点作为平衡节点，因为这类节点有较大的吞吐能力，即有较大的平衡能力。平衡节点的电压 U_s 一般可在标幺值 1.0 左右取值，平衡节点电压可以影响该节点附近区域的电压水平及全系统的无功功率平衡。

节点类型的划分也不是绝对的，在某些条件下，同一节点的类型可能发生转化。如对于配置了自动电压调节设备的负荷节点，就应设置为 PV 节点；对于无功功率越限的发电机节点，就应该转换为 PQ 节点。此外，根据电力系统运行特点和调节要求，也衍生出了一些新的节点类型。

根据节点类型的分类方法，潮流计算中的各节点均可划分为以上三种类型中的一种。如果发电机和负荷连接在同一节点上，则此时该节点净注入的有功功率 P_i^{sp} 就是给定的。同时，发电机可以通过调整发出的无功功率控制该节点的电压 U_i^{sp}，那么按照节点类型的分类方法，该节点还是一个 PV 节点。对于一个中间联络节点（既没有发电机也没有负荷），可以认为该节点是一个节点注入功率 P_i^{sp}、Q_i^{sp} 均等于 0 的 PQ 节点。

应当指出，如将上面的节点分类方法衡量第 3 章中涉及的各种节点，可见在那些面向手算的计算方法中，节点只分两类，即 PQ 节点和平衡节点。前者包含所有负荷节点和发出给定功率的电源节点，后者则是起平衡作用的电源节点。手算时之所以不设 PV 节点，是由于设置这类节点后，就不免要以试探法求解，而就手算而言，这将不负重荷。

通过以上分析可知，电路计算中常用的电网络方程（如节点电压方程、回路电流方程等），描述的是电路中电压和电流之间的基本关系。因此，对于线性电路来说，电流和电压是线性的关系，采用线性方程组的求解方法就可以实现电路的求解。而电力系统潮流计算需要解决的是功率和电压之间的关系。功率和电压是非线性的关系，因此，潮流方程是一个非线性的方程组，需要采用迭代法求解。

4.2 牛顿法潮流计算

潮流方程是一组非线性代数方程组，非线性代数方程组求解是一个基本而又重要的问题，由于潮流方程不存在求根公式，因此求精确根非常困难，甚至不可能，人们通常利用数值解法寻找方程的近似根。数值解法一般都需要采用迭代的形式，逐次逼近方程的根，其中牛顿法、区间分析方法和同伦方法是几种典型的数值解法。尽管区间分析方法和同伦方法无须依赖迭代初值 $x^{(0)}$，具有较好的收敛性。但是从收敛过程清晰、易于理解的角度，下面重点介绍一般迭代法的代表——牛顿法。

4.2.1 求解非线性代数方程的牛顿-拉夫逊法

1. 牛顿-拉夫逊法解单变量非线性方程

牛顿法（Newton's method）又称为牛顿-拉夫逊法（Newton-Raphson method），它是牛顿在 17 世纪提出的一种在实数域和复数域上近似求解方程的方法，是解非线性方程式的有效方法之一。其基本原理是把非线性方程的求解变成反复对相应的线性修正方程的求解过程，属于迭代求解方法的一种。下面以单变量的简单非线性方程为例，讲述牛顿-拉夫逊法的基本原理。

设有单变量非线性方程

$$f(x) = 0 \tag{4-28}$$

求解此方程时，先设解的近似值为 $x^{(0)}$，若 $f(x^{(0)}) = 0$，则 $x^{(0)}$ 为方程的根。若 $f(x^{(0)}) \neq 0$，设其与真解的误差为 $\Delta x^{(0)}$，则将满足式（4-28），即

$$f(x^{(0)} + \Delta x^{(0)}) = 0 \tag{4-29}$$

将式（4-29）左边的函数在 $x^{(0)}$ 附近展成泰勒级数，于是便得

$$f(x^{(0)} + \Delta x^{(0)}) = f(x^{(0)}) + f'(x^{(0)})\Delta x^{(0)} +$$

$$f''(x^{(0)})\frac{(\Delta x^{(0)})^2}{2!} + \cdots + f^{(n)}(x^{(0)})\frac{(\Delta x^{(0)})^n}{n!} + R_n(x) = 0 \tag{4-30}$$

式中，$f'(x^{(0)})$，$\cdots$，$f^{(n)}(x^{(0)})$ 分别为函数 $f(x)$ 在 $x^{(0)}$ 处的一阶导数，$\cdots$，n 阶导数；$R_n(x)$ 为拉格朗日余项。

如果差值 $\Delta x^{(0)}$ 很小，式（4-30）右端的二次及以上阶次的各项均可略去。于是，式（4-30）可简化为

$$f(x^{(0)} + \Delta x^{(0)}) = f(x^{(0)}) + f'(x^{(0)})\Delta x^{(0)} = 0 \tag{4-31}$$

这是关于修正量 $\Delta x^{(0)}$ 的线性方程，亦称为修正方程式。解此方程式可得修正量

$$\Delta x^{(0)} = -\frac{f(x^{(0)})}{f'(x^{(0)})} \tag{4-32}$$

用所求得的 $\Delta x^{(0)}$ 去修正近似解，便得

$$x^{(1)} = x^{(0)} + \Delta x^{(0)} = x^{(0)} - \frac{f(x^{(0)})}{f'(x^{(0)})} \tag{4-33}$$

由于式（4-31）是略去了高次项的简化式，因此所解出的修正量 $\Delta x^{(0)}$ 也只是近似值。只要 $f(x^{(1)})$ 不充分接近于 0，说明修正后的近似解 $x^{(1)}$ 仍有误差。但是，这样的迭代计算可以反复进行下去，迭代计算的通式是

$$x^{(k+1)} = x^{(k)} - \frac{f(x^{(k)})}{f'(x^{(k)})} \tag{4-34}$$

迭代过程的收敛判据为

$$|f(x^{(k)})| < \varepsilon_1 \tag{4-35}$$

或

$$|\Delta x^{(k)}| < \varepsilon_2 \tag{4-36}$$

式中，ε_1，ε_2 是预先给定的小正数。

这种解法的几何意义可以从图 4-6 中得到证明。函数 $y = f(x)$ 为图中的曲线，$f(x) = 0$ 的解相当于曲线与 x 轴的交点。如果第 k 次迭代中得到 $x^{(k)}$，则过 $[x^{(k)}, y^{(k)} = f(x^{(k)})]$ 点作一切线，此切线同 x 轴的交点便确定了下一个近似解 $x^{(k+1)}$。由此可见，牛顿-拉夫逊法实质上就是切线法，是一种多次线性化的迭代方法。

2. 利用牛顿-拉夫逊法解非线性代数方程组

牛顿法不仅用于求解单变量方程，也是求解多变量非线性方程组的有效方法。

设有 n 个联立的非线性代数方程组

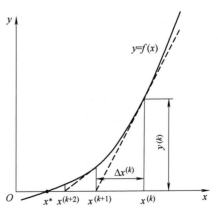

图 4-6　牛顿-拉夫逊法迭代求解一元
方程根的几何解释

$$\begin{cases} f_1(x_1, x_2, \cdots, x_n) = y_1 \\ f_2(x_1, x_2, \cdots, x_n) = y_2 \\ \qquad\qquad \vdots \\ f_n(x_1, x_2, \cdots, x_n) = y_n \end{cases} \tag{4-37}$$

给定解的初值 $x_1^{(0)}$，$x_2^{(0)}$，$\cdots$，$x_n^{(0)}$ 作为初始的近似解。设近似解与精确解分别相差 Δx_1，Δx_2，$\cdots$，Δx_n，则如下的关系式应成立

$$\begin{cases} f_1(x_1^{(0)} + \Delta x_1, x_2^{(0)} + \Delta x_2, \cdots, x_n^{(0)} + \Delta x_n) = y_1 \\ f_2(x_1^{(0)} + \Delta x_1, x_2^{(0)} + \Delta x_2, \cdots, x_n^{(0)} + \Delta x_n) = y_2 \\ \qquad\qquad\qquad\qquad\qquad \vdots \\ f_n(x_1^{(0)} + \Delta x_1, x_2^{(0)} + \Delta x_2, \cdots, x_n^{(0)} + \Delta x_n) = y_n \end{cases} \tag{4-38}$$

式（4-38）中任何一式都可以进行泰勒展开。以第一式为例，有

$$f_1(x_1^{(0)} + \Delta x_1, x_2^{(0)} + \Delta x_2, \cdots, x_n^{(0)} + \Delta x_n)$$

$$= f_1(x_1^{(0)}, x_2^{(0)}, \cdots, x_n^{(0)}) + \left.\frac{\partial f_1}{\partial x_1}\right|_0 \Delta x_1 + \left.\frac{\partial f_1}{\partial x_2}\right|_0 \Delta x_2 + \cdots + \left.\frac{\partial f_1}{\partial x_n}\right|_0 \Delta x_n + R_n(x) = y_1 \tag{4-39}$$

式中，$\left.\dfrac{\partial f_1}{\partial x_1}\right|_0, \left.\dfrac{\partial f_1}{\partial x_2}\right|_0, \cdots, \left.\dfrac{\partial f_1}{\partial x_n}\right|_0$ 分别表示以 $x_1^{(0)}$，$x_2^{(0)}$，$\cdots$，$x_n^{(0)}$ 代入这些偏导数表示式时的计算所得，$R_n(x)$ 则是一包含 Δx_1，Δx_2，$\cdots$，Δx_n 的高次方与 f_1 的高阶偏导数乘积的函数。如近似解 $x_i^{(0)}$ 与精确解相差不大，则 Δx_i 的高次方可略去，从而 $R_n(x)$ 也可略去。

由此可得

$$\begin{cases} f_1(x_1^{(0)}, x_2^{(0)}, \cdots, x_n^{(0)}) + \left.\dfrac{\partial f_1}{\partial x_1}\right|_0 \Delta x_1 + \left.\dfrac{\partial f_1}{\partial x_2}\right|_0 \Delta x_2 + \cdots + \left.\dfrac{\partial f_1}{\partial x_n}\right|_0 \Delta x_n = y_1 \\ f_2(x_1^{(0)}, x_2^{(0)}, \cdots, x_n^{(0)}) + \left.\dfrac{\partial f_2}{\partial x_1}\right|_0 \Delta x_1 + \left.\dfrac{\partial f_2}{\partial x_2}\right|_0 \Delta x_2 + \cdots + \left.\dfrac{\partial f_2}{\partial x_n}\right|_0 \Delta x_n = y_2 \\ \qquad\qquad\qquad\qquad\qquad\qquad \vdots \\ f_n(x_1^{(0)}, x_2^{(0)}, \cdots, x_n^{(0)}) + \left.\dfrac{\partial f_n}{\partial x_1}\right|_0 \Delta x_1 + \left.\dfrac{\partial f_n}{\partial x_2}\right|_0 \Delta x_2 + \cdots + \left.\dfrac{\partial f_n}{\partial x_n}\right|_0 \Delta x_n = y_n \end{cases} \tag{4-40}$$

式（4-40）是一组线性方程组或线性化了的方程组，称为迭代修正方程式组。它可修改为如下的矩阵方程形式

$$\begin{bmatrix} y_1 - f_1(x_1^{(0)}, x_2^{(0)}, \cdots, x_n^{(0)}) \\ y_2 - f_2(x_1^{(0)}, x_2^{(0)}, \cdots, x_n^{(0)}) \\ \vdots \\ y_n - f_n(x_1^{(0)}, x_2^{(0)}, \cdots, x_n^{(0)}) \end{bmatrix} = \begin{bmatrix} \left.\dfrac{\partial f_1}{\partial x_1}\right|_0 & \left.\dfrac{\partial f_1}{\partial x_2}\right|_0 & \cdots & \left.\dfrac{\partial f_1}{\partial x_n}\right|_0 \\ \left.\dfrac{\partial f_2}{\partial x_1}\right|_0 & \left.\dfrac{\partial f_2}{\partial x_2}\right|_0 & \cdots & \left.\dfrac{\partial f_2}{\partial x_n}\right|_0 \\ \vdots & \vdots & & \vdots \\ \left.\dfrac{\partial f_n}{\partial x_1}\right|_0 & \left.\dfrac{\partial f_n}{\partial x_2}\right|_0 & \cdots & \left.\dfrac{\partial f_n}{\partial x_n}\right|_0 \end{bmatrix} \begin{bmatrix} \Delta x_1^{(0)} \\ \Delta x_2^{(0)} \\ \vdots \\ \Delta x_n^{(0)} \end{bmatrix} \tag{4-41}$$

或简写为

$$\Delta f = J \Delta x \tag{4-42}$$

式中，J 称为雅可比矩阵；Δx 为由 Δx_i 组成的列向量；Δf 则称不平衡量的列向量。可以看到，此时式（4-41）的左侧的不平衡量 Δf 和雅可比矩阵 J 都是数值型的向量和矩阵，右侧是待求变量的修正量的线性函数，这样，一个非线性代数方程组的求解问题就转变为了逐次求解线性修正方程的问题，对于线性的修正方程，可以直接求解。

式（4-42）左乘 J^{-1}，则可得方程解的修正量 $\Delta x_1^{(0)}$，$\Delta x_2^{(0)}$，$\cdots$，$\Delta x_n^{(0)}$，就可以对初始解进行修正

$$x_i^{(1)} = x_i^{(0)} + \Delta x_i^{(0)} \quad (i = 1,2,\cdots,n) \tag{4-43}$$

此时，方程的解向量就由给定的初始值向真解逼近了一步，但是，通过第一次迭代获得的解如果不能满足求解精度需求，即此时将解代入原方程 $f_i(x_1^{(1)}, x_2^{(1)}, \cdots, x_n^{(1)})$，如果不能满足 $|y_i - f_i(x_1^{(1)}, x_2^{(1)}, \cdots, x_n^{(1)})| < \varepsilon \ (i=1,2,\cdots,n)$，则需要在第一次迭代解的基础上，进行下一次迭代，那么，在进行第 k 次迭代时，求解修正方程式

$$\begin{bmatrix} y_1 - f_1(x_1^{(k)}, x_2^{(k)}, \cdots, x_n^{(k)}) \\ y_2 - f_2(x_1^{(k)}, x_2^{(k)}, \cdots, x_n^{(k)}) \\ \vdots \\ y_n - f_n(x_1^{(k)}, x_2^{(k)}, \cdots, x_n^{(k)}) \end{bmatrix} = \begin{bmatrix} \left.\dfrac{\partial f_1}{\partial x_1}\right|_k & \left.\dfrac{\partial f_1}{\partial x_2}\right|_k & \cdots & \left.\dfrac{\partial f_1}{\partial x_n}\right|_k \\ \left.\dfrac{\partial f_2}{\partial x_1}\right|_k & \left.\dfrac{\partial f_2}{\partial x_2}\right|_k & \cdots & \left.\dfrac{\partial f_2}{\partial x_n}\right|_k \\ \vdots & \vdots & & \vdots \\ \left.\dfrac{\partial f_n}{\partial x_1}\right|_k & \left.\dfrac{\partial f_n}{\partial x_2}\right|_k & \cdots & \left.\dfrac{\partial f_n}{\partial x_n}\right|_k \end{bmatrix} \begin{bmatrix} \Delta x_1^{(k)} \\ \Delta x_2^{(k)} \\ \vdots \\ \Delta x_n^{(k)} \end{bmatrix} \tag{4-44}$$

得到修正量 $\Delta x_1^{(k)}$，$\Delta x_2^{(k)}$，$\cdots$，$\Delta x_n^{(k)}$，并对各变量进行修正

$$x_i^{(k+1)} = x_i^{(k)} + \Delta x_i^{(k)} \quad (i = 1,2,\cdots,n) \tag{4-45}$$

式（4-44）和式（4-45）也可以缩写为

$$\Delta F(X^{(k)}) = J^{(k)} \Delta X^{(k)} \tag{4-46}$$

$$X^{(k+1)} = X^{(k)} + \Delta X^{(k)} \tag{4-47}$$

式中，X 和 ΔX 分别是由 n 个变量和修正量组成的 n 维列向量；$F(x)$ 是由 n 个多元函数组成的 n 维列向量；J 是 $n \times n$ 阶方阵，它的第 i 行第 j 列的元素 $J_{ij} = \partial f_i / \partial x_j$ 是第 i 个函数 $f_i(x_1^{(k)}, x_2^{(k)}, \cdots, x_n^{(k)})$ 对第 j 个变量的偏导数，上角标 (k) 表示 J 阵每一个元素都在点 $(x_1^{(k)}, x_2^{(k)}, \cdots, x_n^{(k)})$ 处取值。迭代过程一直进行到满足收敛判据

$$\max\{|\Delta f_i(x_1^{(k)}, x_2^{(k)}, \cdots x_n^{(k)})|\} < \varepsilon_1 \tag{4-48}$$

或 $\max\{|\Delta x_i^{(k)}|\} < \varepsilon_2$ 为止，ε_1 和 ε_2 为预先给定的小正数。

将牛顿-拉夫逊法应用于求解潮流方程，要求将潮流方程写成形如式（4-37）的形式。由于节点电压可以采用不同的坐标系来表示，牛顿-拉夫逊法潮流计算也将相应的采用不同的计算公式。

4.2.2　潮流计算的修正方程式

牛顿型潮流计算的核心问题是修正方程式的建立和求解。为说明这一修正方程式的建立过程，先对网络中各类节点的编号做如下约定：

1）网络中共有 n 个节点，编号为 1，2，$\cdots$，n。

2）其中，PQ 节点有 m 个，编号为 1，2，3，$\cdots$，m。

3）PV 节点有 $n-m-1$ 个，编号为 $m+1$，$m+2$，$\cdots$，$n-1$。

4）设置 1 个平衡节点，编号为 n。

以极坐标形式的潮流方程为例，将式（4-21）写成式（4-49）的形式。实际上，对于每一个 PQ 节点或每一个 PV 节点都可以列写一个有功功率不平衡量方程式。

$$\Delta P_i = P_i^{\mathrm{sp}} - P_i = P_i^{\mathrm{sp}} - U_i \sum_{j=1}^{n} U_j (G_{ij}\cos\theta_{ij} + B_{ij}\sin\theta_{ij}) = 0 \tag{4-49}$$

因此，式（4-49）类型的有功功率平衡方程有 $n-1$ 个，而对于每一个 PQ 节点还可以再列写一个无功功率不平衡量方程式

$$\Delta Q_i = Q_i^{\mathrm{sp}} - Q_i = Q_i^{\mathrm{sp}} - U_i \sum_{j=1}^{n} U_j (G_{ij}\sin\theta_{ij} - B_{ij}\cos\theta_{ij}) = 0 \tag{4-50}$$

式（4-50）所示的无功功率平衡方程有 m 个。

而此时，PV 节点的电压幅值 $U_i(i=m+1,m+2,\cdots,n-1)$ 是给定的，平衡节点的电压幅值 U_n 和相位 θ_n 也是给定的，因此，只剩下 $n-1$ 个节点的电压相位 θ_1，θ_2，$\cdots$，θ_{n-1} 和 m 个节点的电压幅值 U_1，U_2，$\cdots$，U_m 是未知量，因此，未知量的个数有 $n+m-1$ 个，正好与方程式的数目相同。

对于式（4-49）和式（4-50），可以写出第 k 次迭代过程的修正方程式为

$$
\begin{bmatrix}
\Delta P_1^{(k)} \\
\Delta P_2^{(k)} \\
\vdots \\
\Delta P_p^{(k)} \\
\Delta P_{n-1}^{(k)} \\
\hline
\Delta Q_1^{(k)} \\
\Delta Q_2^{(k)} \\
\vdots \\
\Delta Q_m^{(k)}
\end{bmatrix}
=
\left[
\begin{array}{ccccc|cccc}
H_{11} & H_{12} & \cdots & H_{1p} & H_{1,n-1} & N_{11} & N_{12} & \cdots & N_{1m} \\
H_{21} & H_{22} & \cdots & H_{2p} & H_{2,n-1} & N_{21} & N_{22} & \cdots & N_{1m} \\
\vdots & \vdots & & \vdots & \vdots & \vdots & \vdots & & \cdots \\
H_{p1} & H_{p2} & \cdots & H_{pp} & H_{p,n-1} & N_{p1} & N_{p2} & \cdots & N_{pm} \\
H_{n-1,1} & H_{n-1,2} & \cdots & H_{n-1,p} & H_{n-1,n-1} & N_{n-1,1} & N_{n-1,2} & \cdots & N_{n-1,m} \\
\hline
J_{11} & J_{12} & \cdots & J_{1p} & J_{1,n-1} & L_{11} & L_{12} & \cdots & L_{1m} \\
J_{21} & J_{22} & \cdots & J_{2p} & J_{2,n-1} & L_{21} & L_{22} & \cdots & L_{2m} \\
\vdots & \vdots & & \vdots & \vdots & \vdots & \vdots & & \vdots \\
J_{m,1} & J_{m,2} & \cdots & J_{m,p} & J_{m,n-1} & L_{m,1} & L_{m,2} & \cdots & L_{m,m}
\end{array}
\right]
\begin{bmatrix}
\Delta\theta_1^{(k)} \\
\Delta\theta_2^{(k)} \\
\vdots \\
\Delta\theta_p^{(k)} \\
\Delta\theta_{n-1}^{(k)} \\
\hline
\Delta U_1^{(k)}/U_1^{(k)} \\
\Delta U_2^{(k)}/U_2^{(k)} \\
\vdots \\
\Delta U_m^{(k)}/U_m^{(k)}
\end{bmatrix}
$$

$$\tag{4-51}$$

式（4-51）可简写为

$$\begin{bmatrix} \Delta \boldsymbol{P}^{(k)} \\ \Delta \boldsymbol{Q}^{(k)} \end{bmatrix} = \begin{bmatrix} \boldsymbol{P}^{\mathrm{sp}} - \boldsymbol{P}^{(k)} \\ \boldsymbol{Q}^{\mathrm{sp}} - \boldsymbol{Q}^{(k)} \end{bmatrix} = \begin{bmatrix} \boldsymbol{H}^{(k)} & \boldsymbol{N}^{(k)} \\ \boldsymbol{J}^{(k)} & \boldsymbol{L}^{(k)} \end{bmatrix} \begin{bmatrix} \Delta \boldsymbol{\theta}^{(k)} \\ \Delta \boldsymbol{U}^{(k)}/\boldsymbol{U}^{(k)} \end{bmatrix} \tag{4-52}$$

而式中雅可比矩阵的各个元素则分别为

$$\begin{cases} H_{ij} = \dfrac{\partial P_i}{\partial \theta_j}; N_{ij} = \dfrac{\partial P_i}{\partial U_j} U_j \\[3mm] J_{ij} = \dfrac{\partial Q_i}{\partial \theta_j}; L_{ij} = \dfrac{\partial Q_i}{\partial U_j} U_j \end{cases} \tag{4-53}$$

其中，每一个元素都可以由多元函数的偏导数计算得到，值得注意的是，由于当 $j\neq i$ 时，对特定的 j，只有该特定节点的 θ_j 或 U_j 是变量，特定的 $\theta_{ij}=\theta_i-\theta_j$ 是变量，而当 $j=i$ 时由于 θ_i 是变量，所有 $\theta_{ij}=\theta_i-\theta_j$ 都是变量。

因此由式（4-51）可得，雅可比矩阵非对角线元素为

$$
\begin{cases}
H_{ij} = \dfrac{\partial P_i}{\partial \theta_j} = U_i U_j (G_{ij}\sin\theta_{ij} - B_{ij}\cos\theta_{ij}) \\[3mm]
J_{ij} = \dfrac{\partial Q_i}{\partial \theta_j} = - U_i U_j (G_{ij}\cos\theta_{ij} + B_{ij}\sin\theta_{ij}) \\[3mm]
N_{ij} = \dfrac{\partial P_i}{\partial U_j} U_j = U_i U_j (G_{ij}\cos\theta_{ij} + B_{ij}\sin\theta_{ij}) \\[3mm]
L_{ij} = \dfrac{\partial Q_i}{\partial U_j} U_j = U_i U_j (G_{ij}\sin\theta_{ij} - B_{ij}\cos\theta_{ij})
\end{cases}
\tag{4-54}
$$

雅可比矩阵对角线元素为

$$
\begin{cases}
H_{ii} = \dfrac{\partial P_i}{\partial \theta_i} = - U_i \displaystyle\sum_{\substack{j=1 \\ j\neq i}}^{j=n} U_j (G_{ij}\sin\theta_{ij} - B_{ij}\cos\theta_{ij}) \\[5mm]
J_{ii} = \dfrac{\partial Q_i}{\partial \theta_i} = U_i \displaystyle\sum_{\substack{j=1 \\ j\neq i}}^{j=n} U_j (G_{ij}\cos\theta_{ij} + B_{ij}\sin\theta_{ij}) \\[5mm]
N_{ii} = \dfrac{\partial P_i}{\partial U_i} U_i = U_i \displaystyle\sum_{\substack{j=1 \\ j\neq i}}^{j=n} U_j (G_{ij}\cos\theta_{ij} + B_{ij}\sin\theta_{ij}) + 2U_i^2 G_{ii} \\[5mm]
L_{ii} = \dfrac{\partial Q_i}{\partial U_i} U_i = U_i \displaystyle\sum_{\substack{j=1 \\ j\neq i}}^{j=n} U_j (G_{ij}\sin\theta_{ij} - B_{ij}\cos\theta_{ij}) - 2U_i^2 B_{ii}
\end{cases}
\tag{4-55}
$$

式（4-52）可以通过左乘雅可比矩阵的逆，将电压幅值和相位的修正量解出：

$$
\begin{bmatrix} \Delta\boldsymbol{\theta}^{(k)} \\ \Delta\boldsymbol{U}^{(k)}/\boldsymbol{U}^{(k)} \end{bmatrix} = \begin{bmatrix} \boldsymbol{H}^{(k)} & \boldsymbol{N}^{(k)} \\ \boldsymbol{J}^{(k)} & \boldsymbol{L}^{(k)} \end{bmatrix}^{-1} \begin{bmatrix} \Delta\boldsymbol{P}^{(k)} \\ \Delta\boldsymbol{Q}^{(k)} \end{bmatrix}
\tag{4-56}
$$

然后，对待求的变量进行修正

$$
\begin{cases}
\boldsymbol{\theta}^{(k+1)} = \boldsymbol{\theta}^{(k)} + \Delta\boldsymbol{\theta}^{(k)} \\
\boldsymbol{U}^{(k+1)} = \boldsymbol{U}^{(k)} + \Delta\boldsymbol{U}^{(k)}
\end{cases}
\tag{4-57}
$$

以上，就是采用潮流修正方程式求解极坐标下潮流方程的基本模型。需要说明的是，采用极坐标求解，对 PV 节点，待求的只有电压的相位 θ_i 和注入无功功率 Q_i。而采用直角坐标表示时，待求的有电压的实数部分 e_i、虚数部分 f_i 和注入无功功率 Q_i。因此，需要附加式（4-24）的电压迭代方程，由于有 $n-m-1$ 个 PV 节点，因此，附加的方程也需要有 $n-m-1$ 个。

需指出，迄今为止的讨论还没有述及节点分类时提到的各种约束条件。这些以不等式表示的约束条件大体可分三类，即对节点注入功率的约束、对节点电压大小的约束和对相位的约束。当对电源注入功率的约束条件不能满足时，将威胁电源机组的安全运行；当电压幅值的约束条件不能满足时，将影响电能的质量，严重时则将危及系统运行的稳定性；当相对相位的约束条件不能满足时，将危及系统运行的稳定性。因此，在潮流计算的迭代过程中，必须时刻注意这些约束条件能否满足。但因系统运行的稳定性往往需运用其他方法进行检验，

潮流计算时可集中注意注入功率和电压大小的约束条件，其中又以前者优先。因注入功率越限威胁电源设备的安全，而电压大小偏离给定值一般只影响电能质量，这样又引出一个 PV 节点向 PQ 节点转化的问题。

所谓 PV 节点向 PQ 节点的转化，指迭代过程中经验算发现，为保持给定的电压大小，某一个或几个 PV 节点的注入无功功率已越出给定的限额，即发现了 $Q_i>Q_{imax}$ 或 $Q_i<Q_{imin}$ 的情况。而为了保证电源设备的安全运行，不得已就取 $Q_i=Q_{imax}$＝定值，或 $Q_i=Q_{imin}$＝定值，而任凭相应节点的电压大小偏离给定值。显然，这样的处理实际上就是在迭代进行过程中，让某些 PV 节点转化为 PQ 节点。

然后观察式（4-49），不难发现，即使其他条件不变，但一旦出现 PV 节点向 PQ 节点的转化，修正方程式的结构就要发生变化。采用直角坐标表示时，应以该节点无功功率的关系式取代电压的关系式；采用极坐标表示时，则应增加一组无功功率关系式。至于这组关系式中的无功功率不平衡量 $\Delta Q_i^{(k)}$，显然应取 $Q_{imax}-Q_i^{(k)}$ 或 $Q_i^{(k)}-Q_{imin}$。应该指出，PV 节点向 PQ 节点转化，不仅采用牛顿-拉夫逊法计算时会出现，采用其他迭代计算方法时同样会出现。

4.2.3 牛顿-拉夫逊法潮流计算的基本步骤

牛顿-拉夫逊法潮流计算的程序流程如图 4-7 所示。

虽然修正方程式在直角坐标和极坐标系下有两种不同表示方式，但牛顿-拉夫逊法潮流计算都包含如下基本步骤：

1）通过给定的网络参数和拓扑结构形成节点导纳矩阵 $\boldsymbol{Y}_B$。

2）设各节点电压的初值 $e_i^{(0)}$、$f_i^{(0)}$ 或 $U_i^{(0)}$、$\theta_i^{(0)}$。

3）将各节点电压的初值代入式（4-49）和式（4-50），求修正方程式中的不平衡量 $\Delta P_i^{(0)}$、$\Delta Q_i^{(0)}$。

4）将各节点电压的初值代入式（4-54）和式（4-55），求修正方程式的系数矩阵——雅可比矩阵的各个元素 $H_{ij}^{(0)}$、$N_{ij}^{(0)}$、$J_{ij}^{(0)}$、$L_{ij}^{(0)}$。

5）解修正方程式，求各节点电压的变化量，即修正量 $\Delta U_i^{(0)}$、$\Delta\theta_i^{(0)}$。

6）计算各节点电压的新值，即修正后值
$$U_i^{(1)}=U_i^{(0)}+\Delta U_i^{(0)};\theta_i^{(1)}=\theta_i^{(0)}+\Delta\theta_i^{(0)}$$

7）如判断不满足迭代终止条件，则运用各节点电压的新值自第3步开始进入下一次迭代，直到潮流收敛。

8）计算平衡节点功率和线路功率。

其实，根据功率和电压的基本运算关系，在潮流方程经过迭代收敛时，即解出了除平衡节点以外的各节点的电压幅值和相位后，就已经获取了全部的潮流信息。这是因为平衡节点的电压幅值和相位是已知的，这样全系统的电压和相位都已知，平衡节点的注入功率可以通过该节点的电压与该节点注入电流的乘积获得，即
$$\tilde{S}_n=\dot{U}_n\sum_{i=1}^{n}Y_{ni}^*\dot{U}_i^*=P_n+jQ_n \tag{4-58}$$

各条线路传输的功率也可以用已求得的电压表示为
$$\tilde{S}_{ij}=\dot{U}_i\dot{I}_{ij}^*=\dot{U}_i[\dot{U}_i^*y_{i0}^*+(\dot{U}_i^*-\dot{U}_j^*)y_{ij}^*]=P_{ij}+jQ_{ij} \tag{4-59}$$

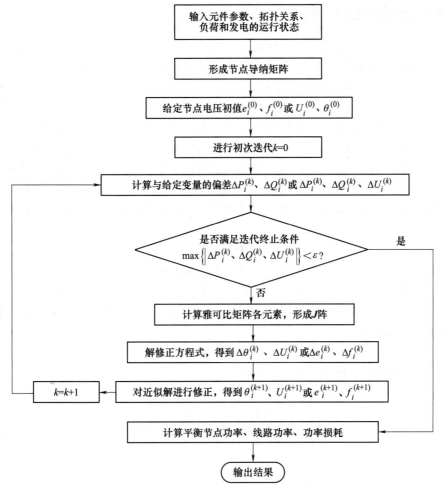

图 4-7　牛顿-拉夫逊法潮流计算的程序流程

$$\tilde{S}_{ji} = \dot{U}_j \dot{I}_{ji}^* = \dot{U}_j \left[\dot{U}_j^* y_{j0}^* + (\dot{U}_j^* - \dot{U}_i^*) y_{ij}^* \right] = P_{ji} + jQ_{ji} \qquad (4\text{-}60)$$

从而，线路上损耗的功率可以计算为

$$\Delta \tilde{S}_{ij} = \tilde{S}_{ij} + \tilde{S}_{ji} = \Delta P_{ij} + j\Delta Q_{ij} \qquad (4\text{-}61)$$

式（4-59）、式（4-60）中各符号的含义如图 4-8 所示。

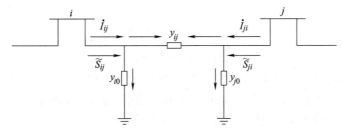

图 4-8　线路上流通的电流和功率

4.3 PQ 分解法潮流计算

牛顿法用于潮流计算取得了巨大的成功，当其初值偏差较小时，收敛非常快。但其对初值比较敏感，且每次求解修正方程都要重新形成雅可比矩阵，计算开销较大。

PQ 分解法潮流计算派生于以极坐标表示时的牛顿-拉夫逊法。该方法的要点是，根据电力系统元件参数特点简化了修正方程的稀疏矩阵构成，并在全部迭代计算过程中采用同一系数矩阵，既减少了形成系数矩阵的计算量，更极大降低了修正方程求解的计算量。

PQ 分解法对牛顿法修正方程式的第一个简化是解耦。根据高压输电网络中元件的电抗通常远大于电阻的特点，以致节点注入有功功率增量主要与节点电压相位的增量强相关，电压幅值增量对其影响很小；同理，节点注入无功功率增量主要与节点电压幅值的增量强相关，电压相位增量对其影响很小。于是，可将式（4-52）中的非对角子阵 N、J 略去，而将修正方程式简化为

$$\begin{bmatrix} \Delta P \\ \Delta Q \end{bmatrix} = \begin{bmatrix} H & 0 \\ 0 & L \end{bmatrix} \begin{bmatrix} \Delta \theta \\ \Delta U/U \end{bmatrix} \tag{4-62}$$

对修正方程式的第二个简化是将系数矩阵常数化。考虑到电力系统运行时，单个输电元件两端电压相位差数值较小（通常不超过10°），即 $|\theta_i-\theta_j| < |\theta_i-\theta_j|_{max}$。计及这一条件，再计及 $G_{ij} \ll B_{ij}$，可以认为

$$\cos\theta_{ij} \approx 1; G_{ij}\sin\theta_{ij} \ll B_{ij} \tag{4-63}$$

于是，式（4-54）中的 H_{ij}、L_{ij} 可简化为

$$\begin{cases} H_{ij} = -U_iU_jB_{ij} \\ L_{ij} = -U_iU_jB_{ij} \end{cases} \tag{4-64}$$

式（4-55）中的 H_{ii}、L_{ii} 可简化为

$$\begin{cases} H_{ii} = U_i\sum_{\substack{j=1\\j\neq i}}^{j=n} U_jB_{ij} = U_i\sum_{j=1}^{j=n} U_jB_{ij} - U_i^2B_{ii} \\ L_{ii} = -U_i\sum_{\substack{j=1\\j\neq i}}^{j=n} U_jB_{ij} - 2U_i^2B_{ii} = -U_i\sum_{j=1}^{j=n} U_jB_{ij} - U_i^2B_{ii} \end{cases} \tag{4-65}$$

而由于这时式（4-50）也可以简化为

$$Q_i = -U_i\sum_{j=1}^{j=n} U_jB_{ij} \tag{4-66}$$

可得

$$\begin{cases} H_{ii} = -Q_i - U_i^2B_{ii} \\ L_{ii} = Q_i - U_i^2B_{ii} \end{cases} \tag{4-67}$$

再按自导纳的定义，式（4-67）中的 $U_i^2B_{ii}$ 项应为各元件电抗远大于电阻的前提下，除节点 i 外其他节点都接地时，由节点 i 注入的无功功率。此功率必远大于正常运行时节点 i 的注入无功功率，亦即 $U_i^2B_{ii} \gg Q_i$，式（4-67）又可简化为

$$\begin{cases} H_{ii} = -U_i^2B_{ii} \\ L_{ii} = -U_i^2B_{ii} \end{cases} \tag{4-68}$$

这样，雅可比矩阵中两个子阵 H、L 的元素将具有相同的表示式，但是它们的阶数不同，前者为 $n-1$ 阶、后者为 m 阶。

系数矩阵 H 和 L 可以分别写成

$$H = -\begin{bmatrix} U_1 B_{11} U_1 & U_1 B_{12} U_2 & \cdots & U_1 B_{1,n-1} U_{n-1} \\ U_2 B_{21} U_1 & U_2 B_{22} U_2 & \cdots & U_2 B_{2,n-1} U_{n-1} \\ \vdots & \vdots & & \vdots \\ U_{n-1} B_{n-1,1} U_1 & U_{n-1} B_{n-1} U_2 & \cdots & U_{n-1} B_{n-1,n-1} U_{n-1} \end{bmatrix} =$$

$$-\begin{bmatrix} U_1 & & & \\ & U_2 & & \\ & & \ddots & \\ & & & U_{n-1} \end{bmatrix}\begin{bmatrix} B_{11} & B_{12} & \cdots & B_{1,n-1} \\ B_{21} & B_{22} & \cdots & B_{2,n-1} \\ \vdots & \vdots & & \vdots \\ B_{n-1,1} & B_{n-1,2} & \cdots & B_{n-1,n-1} \end{bmatrix}\begin{bmatrix} U_1 & & & \\ & U_2 & & \\ & & \ddots & \\ & & & U_{n-1} \end{bmatrix} \quad (4\text{-}69)$$

$$L = -\begin{bmatrix} U_1 B_{11} U_1 & U_1 B_{12} U_2 & \cdots & U_1 B_{1,m} U_m \\ U_2 B_{21} U_1 & U_2 B_{22} U_2 & \cdots & U_2 B_{2,m} U_m \\ \vdots & \vdots & & \vdots \\ U_m B_{m,1} U_1 & U_m B_m U_2 & \cdots & U_m B_{m,m} U_m \end{bmatrix} =$$

$$-\begin{bmatrix} U_1 & & & \\ & U_2 & & \\ & & \ddots & \\ & & & U_m \end{bmatrix}\begin{bmatrix} B_{11} & B_{12} & \cdots & B_{1,m} \\ B_{21} & B_{22} & \cdots & B_{2,m} \\ \vdots & \vdots & & \vdots \\ B_{m,1} & B_{m,2} & \cdots & B_{m,m} \end{bmatrix}\begin{bmatrix} U_1 & & & \\ & U_2 & & \\ & & \ddots & \\ & & & U_m \end{bmatrix} \quad (4\text{-}70)$$

将其代入式（4-62），展开可得

$$\begin{bmatrix} \Delta P_1 \\ \Delta P_2 \\ \Delta P_3 \\ \vdots \\ \Delta P_{n-1} \end{bmatrix} = -\begin{bmatrix} U_1 & & & & 0 \\ & U_2 & & & \\ & & U_3 & & \\ & & & \ddots & \\ 0 & & & & U_{n-1} \end{bmatrix}\begin{bmatrix} B_{11} & B_{12} & B_{13} & \cdots & B_{1n} \\ B_{21} & B_{22} & B_{23} & \cdots & B_{2n} \\ B_{31} & B_{32} & B_{33} & \cdots & B_{3n} \\ \vdots & \vdots & \vdots & & \vdots \\ B_{n-1,1} & B_{n-1,2} & B_{n-1,3} & \cdots & B_{n-1,n-1} \end{bmatrix}\begin{bmatrix} U_1 \Delta\theta_1 \\ U_2 \Delta\theta_2 \\ U_3 \Delta\theta_3 \\ \vdots \\ U_{n-1}\Delta\theta_{n-1} \end{bmatrix}$$

$$(4\text{-}71)$$

$$\begin{bmatrix} \Delta Q_1 \\ \Delta Q_2 \\ \vdots \\ \Delta Q_m \end{bmatrix} = -\begin{bmatrix} U_1 & & & 0 \\ & U_2 & & \\ & & \ddots & \\ 0 & & & U_m \end{bmatrix}\begin{bmatrix} B_{11} & B_{12} & \cdots & B_{1m} \\ B_{21} & B_{22} & \cdots & B_{2m} \\ \vdots & \vdots & & \vdots \\ B_{m1} & B_{m2} & \cdots & B_{mm} \end{bmatrix}\begin{bmatrix} \Delta U_1 \\ \Delta U_2 \\ \vdots \\ \Delta U_m \end{bmatrix} \quad (4\text{-}72)$$

将式（4-71）和式（4-72）等号左右都左乘

$$
\begin{bmatrix} U_1 & & 0 \\ & U_2 & \\ 0 & & U_3 \\ & & & \ddots \end{bmatrix}^{-1} = \begin{bmatrix} \dfrac{1}{U_1} & & 0 \\ & \dfrac{1}{U_2} & \\ 0 & & \dfrac{1}{U_3} \\ & & & \ddots \end{bmatrix} \tag{4-73}
$$

可得

$$
\begin{bmatrix} \Delta P_1/U_1 \\ \Delta P_2/U_2 \\ \Delta P_3/U_3 \\ \vdots \\ \Delta P_{n-1}/U_{n-1} \end{bmatrix} = - \begin{bmatrix} B_{11} & B_{12} & B_{13} & \cdots & B_{1n} \\ B_{21} & B_{22} & B_{23} & \cdots & B_{2n} \\ B_{31} & B_{32} & B_{33} & \cdots & B_{3n} \\ \vdots & \vdots & \vdots & & \vdots \\ B_{n-1,1} & B_{n-1,2} & B_{n-1,3} & \cdots & B_{n-1,n} \end{bmatrix} \begin{bmatrix} U_1\Delta\theta_1 \\ U_2\Delta\theta_2 \\ U_3\Delta\theta_3 \\ \vdots \\ U_{n-1}\Delta\theta_{n-1} \end{bmatrix} \tag{4-74}
$$

$$
\begin{bmatrix} \Delta Q_1/U_1 \\ \Delta Q_2/U_2 \\ \vdots \\ \Delta Q_m/U_m \end{bmatrix} = - \begin{bmatrix} B_{11} & B_{12} & \cdots & B_{1m} \\ B_{21} & B_{22} & \cdots & B_{2m} \\ \vdots & \vdots & & \vdots \\ B_{m1} & B_{m2} & \cdots & B_{mm} \end{bmatrix} \begin{bmatrix} \Delta U_1 \\ \Delta U_2 \\ \vdots \\ \Delta U_m \end{bmatrix} \tag{4-75}
$$

它们可简化为

$$
\Delta P/U = - B'U\Delta\theta \tag{4-76}
$$

$$
\Delta Q/U = - B''\Delta U \tag{4-77}
$$

这就是 PQ 分解法的修正方程式。与牛顿-拉夫逊法相比，PQ 分解法的修正方程式有如下特点：

1）以一个 $n-1$ 阶和一个 m 阶系数矩阵 B'、B'' 替代原有的 $n+m-1$ 阶系数矩阵 J，提高了计算速度，降低了对存储容量的要求。

2）以迭代过程中保持不变的系数矩阵 B'、B'' 替代变化的系数矩阵 J，显著地提高了计算速度。

3）以对称的系数矩阵 B'、B'' 替代不对称的系数矩阵 J，使求逆等运算量和所需的储存容量都大为减少。但应强调指出，导出这个修正方程式时所做的种种简化毫不影响用这种方法计算的精确度。因为采用这种方法时，迭代收敛的判据仍是 $\Delta P_i \leqslant \varepsilon$、$\Delta Q_i \leqslant \varepsilon$，而其中的 ΔP_i、ΔQ_i 仍按式（4-49）、式（4-50）计算。

一般情况下，采用 PQ 分解法计算时要求的迭代次数较采用牛顿-拉夫逊法时多，但每次迭代无须重新形成雅可比矩阵，解修正方程的计算量较采用牛顿-拉夫逊法小得多，从而使其成为名副其实的"快速解耦"潮流计算方法。当然，不应该忘记 PQ 分解的假设条件，当系统参数不符合假设条件时，PQ 分解法的计算表现也会大打折扣。例如，在低压配电网中，线路的半径较小，相间距离也小，使得电抗减小、电阻增大，$r \ll x$ 的条件不成立，从而不适合用 PQ 分解法进行潮流计算。

⭐ 小　结

　　用计算机求复杂电力系统潮流的解，属于非线性代数方程组的求根问题，主要包括方程构建和求解两部分。

　　在方程构建方面，首先是建立描述电力网络基频电压电流关系的节点电压方程组。节点导纳矩阵元素的构成与网络拓扑及元件参数有简单的对应关系。大规模电力网络的节点导纳矩阵具有高度稀疏性。节点电压方程是描述电压电流关系的线性代数方程组。

　　由于潮流计算关注的是功率而非电流，需要根据节点电压方程推导节点功率方程，该方程是反映节点电压与节点注入功率关系的非线性代数方程组。

　　在每个节点涉及的 4 个变量（P、Q、U、θ）中，需指定 2 个为已知量，另 2 个为待求量，则方程个数与待求量个数相等，符合定解条件。

　　根据指定的节点已知量，可以有 PQ 节点（U、θ 待求）、PV 节点（Q、θ 待求）、平衡节点（P、Q 待求）。事实上，在潮流计算中，还可以根据研究问题的特点，定义更多的节点类型，只要满足定解条件即可。

　　计及节点类型划分后的节点功率方程组，是潮流计算待解的一组非线性代数方程组。

　　归纳起来，复杂电力系统的潮流计算是：已知一个 n 节点电力系统的网络拓扑及网络元件参数，根据给定的发电、负荷功率及部分节点电压幅值，求取系统中所有节点电压相量（幅值和相位）的计算。获知所有节点电压后，就可以计算该运行方式下网络中各支路功率并计算全网的功率损耗。

　　原则上，任何求解非线性代数方程组的方法均可用于求解节点功率方程组得到潮流解。

　　牛顿法是解非线性方程/方程组的优秀算法，其基本思路是：求 $f(X^{*}) = 0$，给定初值 $X^{(0)}$，$X^{(0)} \rightarrow X^{(k)}$，在 $X^{(k)}$ 点求导数 $f'(X^{(k)})$，线性化方程求修正量 $\Delta X^{(k)}$，新的近似解 $X^{(k+1)} = X^{(k)} + \Delta X^{(k)}$，直至满足 $|f(X^{k+1})| < \varepsilon$ 时，得 $X^{*} \approx X^{k+1}$。

　　牛顿法对初值比较敏感，不好的初值可能导致计算过程不收敛。若给定较好的初值，牛顿法具有快速收敛的特点。由于每次迭代都要重新计算修正方程的系数矩阵并求解线性方程组，牛顿法单次求解修正方程的计算量大。

　　PQ 分解法是对极坐标形式牛顿法进行简化得到的。根据电力系统中主要变量间的解耦特征，将修正方程解耦为 P-θ 和 Q-U 两个子方程，显著降低了计算规模；利用高压输电系统支路参数 $R \ll X$ 的特征，将两个子方程简化成常系数线性方程组，相当于用固定的斜率代替精确的逐点线性化，这两项近似处理极大地降低了每次迭代的计算量，且可保留同样的收敛判据，使 PQ 分解法成为快速潮流计算的主要代表性方法。

　　牛顿法和 PQ 分解法主要针对高压输电网的潮流计算，还有一些特殊的潮流计算问题，比如交直流混联电力系统的潮流计算、最优潮流等，在本章的扩展阅读中，将对相关问题做简要介绍。

🏔 扩展阅读 4.1　交直流混联系统的潮流计算

　　我国能源资源与电力需求之间的逆向分布客观上决定了我国要实施"西电东送、南北互供、全国联网"的电力发展战略。区域电网互联和高压直流输电（High Voltage Direct Current，HVDC）技术在电力系统中的广泛应用使我国电力系统朝着大规模、跨大区、交直流互联方向发展。

这样，电力系统分析的对象从纯交流系统变为交直流混联电力系统，为掌握交直流混联电力系统的运行状态，以及关心通过直流系统传输如此巨大的功率会对送端和受端系统产生何种影响，就需要计算交直流混联系统的潮流。

图4-9展示了一个送端电网（交流系统1）经过直流系统与受端电网（交流系统2）连接的示意图，所谓送端电网是指某个区域内的发电有功总容量大于负荷总容量，从而有向其他电网输出有功功率的能力。而受端电网则与之相反，因发电总容量小于其负荷容量，导致其需要从其他电网受电才能保证发用电的平衡。这样，通过直流系统的连接，两个交流系统之间就能交换巨大的能量。

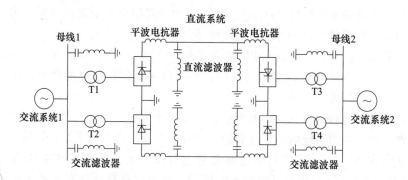

图4-9　两个交流系统用直流系统相连

根据本章前面的介绍，对于图4-9这种分隔式的交直流混联系统，如直流输电系统受电和送电的功率可以给定，那么在潮流计算中可以将交直流系统直接解耦。具体的做法是将母线1输送给直流系统的功率等效为一个连接在母线1上的负荷，而将母线2从直流系统中接收的功率等效为一个连接在母线2上的电源。这样，在潮流计算中，直流系统在送端系统中等效为负荷，在受端系统中等效为提供功率的电源，如不关心直流系统内部的功率分布，则直流系统就可以被解耦而免于潮流求解。然后，就可以采用常规的潮流计算方法对两个交流系统分别计算潮流。对于两个交流系统来说，其潮流分布与连接有直流系统时相比，是严格一致的。

然而在多数情况下，并不能直接给定直流系统两端的功率或电压，使得交直流系统的直接解耦变得困难，并且由于增加了直流系统变量，交直流电力系统的潮流计算就与纯交流系统潮流计算有所不同，此时，决定潮流分布的不仅仅是节点的电压大小和相位，还与直流系统的控制方式有关。

因此，交直流系统的潮流计算是根据交流系统各节点给定的负荷和发电情况，结合直流系统指定的控制方式，通过计算来确定整个系统的运行状态。

目前广泛采用的交直流电力系统潮流计算方法有统一解法和顺序解法两大类。

统一解法就是以极坐标形式的牛顿法为基础，将直流系统方程和交流系统方程统一进行迭代求解。雅可比矩阵除包括交流电网参数外，还包括直流换流器和直流输电线路的参数。该解法的优点是完整地考虑了交、直流系统间的耦合关系，具有良好的收敛性。

顺序解法也称交替迭代法，是统一解法的简化，其基本过程是：在求解交流系统方程组时，将直流系统用接在相应节点上的负荷来等效，其有功功率和无功功率都为已知。而在求解直流系统方程组时，将交流系统等效成加在换流器交流母线上的恒定电压源。在每次迭代中，交流系统方程组的求解将为其后的直流系统方程组的求解提供换流器交流母线的电压值，而直流系统方程组的求解又为下一次迭代中交流系统方程组提供等效有功功率和无功功率负荷值。

交直流互联使得大规模交直流电力系统的动态行为更加复杂。因此，大规模交直流电力系统的安全稳定运行面临更多的挑战，这对电网安全稳定控制技术提出了更高的要求。

扩展阅读4.2　最优潮流

随着电力系统规模的日益扩大以及一些特大事故的发生，电力系统运行安全性问题被提到一个新的高度上来加以重视。因此，将经济与安全问题统一考虑就显得尤为重要。

由于系统的状态变量和有关函数变量在特性约束下允许一定范围内变化，控制变量也可以在其一定的容许范围内调节，因而对同一负荷情况下，理论上可以同时存在为数众多、技术上都能满足要求的可行潮流解。每一个可行的潮流解对应于系统的某一特定的运行方式，具有相应的经济上或技术上的性能指标（如系统总的发电成本、总网损等），为了优化系统的运行，就有需要从所有可行潮流解中挑选出上述性能指标为最优的一个方案。这就是最优潮流要解决的问题。

最优潮流（Optimal Power Flow，OPF）：当系统的结构参数及负荷情况给定时，通过控制变量的优选，找到能满足所有指定的约束条件，并使系统的一个或多个性能指标达到最优时的潮流分布。

最优潮流的目标函数可以是任何一种按照特定的应用目的而定义的函数，常见的目标函数有：

（1）全系统发电成本

$$f = \sum_{i \in N_G} K_i(P_{Gi}) \tag{4-78}$$

式中，N_G 为全系统发电机的集合；$K_i(P_{Gi})$ 为发电机组 Gi 的成本特性，可以用线性、二次或更高次的函数关系式表示。

（2）有功网损

$$f = \sum_{(i,j) \in N_L} (P_{ij} + P_{ji}) \tag{4-79}$$

式中，N_L 为所有支路集合。

总结最优潮流的数学模型为：

目标函数：$\min f(x, y)$

约束条件：$\begin{cases} g(x, y) = 0 \\ h(x, y) \leqslant 0 \end{cases}$

目标函数中包括系统的控制变量 y 和状态变量 x。$g(x, y)$ 是等式约束，$h(x, y)$ 是不等式约束，分为变量不等式和函数不等式。

最优潮流是大规模、非线性和多约束的优化问题。随着计算技术的发展，最优潮流也得到了日益广泛的应用。目前求解最优潮流的方法主要分两大类：基于数学规划的解法和启发式算法。数学规划类解法包括牛顿法、内点法、线性规划、动态规划和整数规划等；启发式算法包括禁忌搜索、模拟退火和遗传算法等。数学规划类解法数学上比较严格，但对优化问题的解析条件（连续性、可导性、凸性）有较严格的要求，求解过程的计算较为繁杂。启发式算法计算原理简单直观，对优化问题的解析性要求不高，但计算过程需要处理大量的样本，计算量很大，寻优过程有可能陷入局部最优解。

电力系统的最优潮流问题是一类比较典型的大规模非线性规划问题，很多非线性规划的最新解法都被及时引入解决 OPF 问题，电力系统的研究者也针对 OPF 问题的特点对优化方法做出很多有针对性的改进和发展。

扩展阅读 4.3　电力系统状态估计

对于一个目标的运动状态 x，如果掌握其理想的运动方程，则可以根据该目标的状态初值推算出任一时刻的准确状态，但实际上，考虑到一些不可预测的随机因素，会给目标的运动带来具有随机性的干扰。这种噪声环境使得状态计算值出现具有随机性的偏差。

在实际应用中，还有另外一种情况就是对运动目标的参数进行测量以确定其状态。基本思路为通过测量向量 z，根据状态量与测量量的关系方程直接求出状态真值 x。但实际的测量系统是有随机误差的，状态的真值 x 无法直接求得。

这样，由于随机噪声及随机测量误差的介入，无论是理想的运动方程或测量方程均不能直接求出精确的状态向量 x。因此，只有通过数学方法加以处理以求出对状态向量的估计值 $\hat{x}$。这种方法称为状态估计。由上述分析可知，状态估计一种是按运动方程与以某一时刻的测量数据作为初值进行下一个时刻状态量的估计，叫作动态估计；另一种是仅仅根据某时刻测量数据，确定该时刻的状态量的估计，叫作静态估计。下面我们将对电力系统静态估计展开初步讨论。

由于电力系统的信息是通过远动装置传送到调度中心，数据在测量和传送的各个环节中都可能引入误差。另外，人们总是希望能有足够多的测量信息以更好地掌握系统的运行情况，但从经济性与可能性来看，将全部数据都进行实时传送显然不现实。为解决上述问题，除了不断改善测量与传输系统外，还可采用估计的方法来提高测量数据的可靠性与完整性。

因此，电力系统状态估计就是要求能在测量量有误差的情况下，通过计算以得到可靠的并且为数最少的状态变量值。需要在此说明，通常称能足够表征电力系统特征所需最小数目的变量为电力系统的状态变量。状态估计计算需要测量量在数量上有一定的冗余度。只有具有足够冗余度的测量条件，才可能通过状态估计算法来提高状态量估计的可靠性与完整性。

和常规潮流计算相比，从求解条件来看，状态估计扩展了测量类型和数量，测量量主要来自于监视控制与数据采集（Supervisory Control And Data Acquisition，SCADA）系统的实时数据。常规潮流计算一般是根据给定的 n 个输入测量量 z 求解 n 个状态量，测量个数与状态量个数一致；从功能来看，潮流计算并未考虑测量数据误差带来的影响。

在状态估计中，它的测量量 z 的维数 m 总大于未知状态量 x 的维数 n。测量向量可以是节点电压、节点注入功率、线路潮流等测量量的任意组合。当输入量 z 中存在不良数据时，也会比常规潮流计算的偏差小。

从计算方法上，状态估计模型采用了与常规潮流不同的方法，一般是根据一定的估计准则，按估计理论的处理方法进行计算。

1970 年，F. C. Schweppe 等人首先提出用最小二乘法进行电力系统状态估计。与之同时，J. P. Dopozo 等人也提出使用支路潮流测量值的最小二乘法。随后，R. E. Larson 等人应用了卡尔曼滤波的递推状态估计算法。至 20 世纪 70 年代末期，状态估计在电力系统中由于出色的效果而被广泛应用。

用最小二乘法估计的优点之一是不需要随机变量的任何统计特性，它是以测量值 z 和测量估计值之差的二次方和最小为目标准则的估计方法。基本步骤为：

1）由于电力系统中的测量函数向量 $h(x)$ 是非线性的向量函数，无法直接求解。如果先假定 $h(x)$ 为线性函数，则

$$h_i(x) = \sum_{j=1}^{n} h_{ij}x_j \, (i = 1, 2, \cdots, m) \tag{4-80}$$

则状态量的值 x 与测量值 z 之间的关系为

$$z = Hx + v \tag{4-81}$$

式中，H 为 $m \times n$ 矩阵，其元素为 h_{ij}；x 为待求的状态量；v 是测量噪声。

2）按最小二乘准则建立目标函数

$$J(x) = (z - Hx)^{\mathrm{T}}(z - Hx) \tag{4-82}$$

3）对目标函数求导数并让导数为 0，即可以求解出估计量 $\hat{x}$。

这种方法让任一个测量分量的误差均以相同的权重参加进目标函数，但由于各个测量量的精度不同，可以给不同精度的测量量以不同的权重，这样就提出了加权最小二乘准则算法。

测量数据中的不良数据及错误的开关、刀开关开合状态信息均给状态估计的精度带来较大影响，因此不良数据检测与辨识、网络拓扑分析等也是状态估计领域十分重要的研究内容。

随着新型测量系统如广域测量系统（Wide Area Measurement System，WAMS）在电力系统中的广泛应用，测量数据的来源和类型特点更加多样，计及混合测量数据的状态估计方法及其工程应用也成了研究热点。

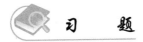

习　题

4-1　等效网络如图 4-10 所示，各元件等效电抗标幺值标于图中。

（1）写出网络的节点导纳矩阵；

（2）当变压器的电压比由 1：1.1 变为 1：1，说明需要修改节点导纳矩阵中的哪些元素。

4-2　给定某电网节点导纳矩阵如下，试写出当节点 2 和 3 之间双回线中有一回线停电检修，且节点 1 和 2 之间新增一条阻抗为 $j5\Omega$ 的输电线路后，新的节点导纳矩阵。

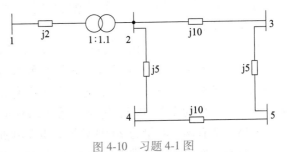

图 4-10　习题 4-1 图

$$\begin{bmatrix} -j0.225 & j0.1 & j0.12 \\ j0.1 & -j0.34 & j0.2 \\ j0.12 & j0.2 & -j0.42 \end{bmatrix}$$

4-3 某区域电力系统含有4个节点，其中节点1是一台给定了注入有功功率P_{G1}和母线电压U_1的发电厂高压母线，节点2是电压恒为U_2且与外部大系统相连的变电所母线，节点3和4为有功功率和无功功率均给定的负荷节点（可以用P_{L3}、P_{L4}、Q_{L3}、Q_{L4}表示）。在计算机潮流计算中，节点1~4应分别设置为哪种节点类型？试写出极坐标系下牛顿-拉夫逊法修正方程的基本形式（雅可比矩阵中的元素表明变量之间的导数关系即可）。

4-4 试根据图4-11所示某地区电力系统信息。尝试计算：

（1）各元件的标幺值参数；

（2）生成电力网络的节点导纳矩阵；

（3）指出各节点应设置为何种类型；

（4）尝试依据给定的运行条件，计算电网的潮流。

如第4个问题觉得较难解决，本书还介绍了利用电力系统分析工具箱（PSAT）进行潮流计算的方法，详见本书附录F。

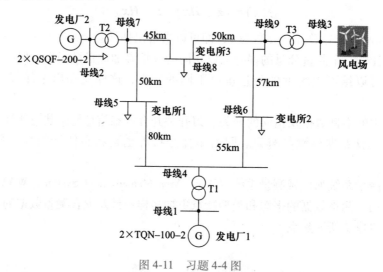

图4-11 习题4-4图

系统图：两个火电厂与一个风电场分别通过变压器和输电线路与三个变电所相连。

发电厂资料：

母线1和2为火电厂机压母线，额定电压等级为10kV。

发电厂1有两台容量为100MW的同步发电机，承担系统的调频任务。发电厂1的机端电压的参考值被控制在10.4kV，发电厂1配有并列运行的两台容量为100MVA的升压变压器，额定电压比为242/10.5，短路损耗为245kW，阻抗电压百分数为10.5。

发电厂2有两台容量为200MW的同步发电机，此时总有功出力为295MW。带有20MW的机压负荷。发电厂2机端电压的参考值被控制在10.5kV，发电厂2配有并列运行的两台容量为240MVA的升压变压器，额定电压比为242/10.5，负载损耗为414kW，阻抗电压百分数为16.7。

母线3为一个风电场的功率汇集线，电压等级为35kV，共汇聚了容量为1MW的双馈风电机组150台。该风电场以定功率因数运行（$\cos\varphi = 0.98$），通过一台额定容量180MVA的升压器与220kV主干网相连，额定电压比为35/242，负载损耗为285kW，阻抗电压百分数为 13。此时，汇入 35kV 母线上的等效电源功率为 95MW。

变电所资料：

1）变电所 1、2、3 高压侧母线额定电压等级均为 220kV。

2）此时，各变电所的等效负荷功率分别为 180MW、90MW、150MW。

3）每个变电所的功率因数均为 $\cos\varphi = 0.85$。

输电线路资料：

发电厂和变电所之间的输电线路额定电压均为 220kV，距离已经标于图中，单位长度的电阻为 $0.1\Omega/\mathrm{km}$，单位长度的电抗为 $0.4\Omega/\mathrm{km}$，单位长度的电纳为 $2.78\times10^{-6}\mathrm{S/km}$。

第 4 章自测题

第5章

电力系统有功功率平衡和频率调整

【引例1】

2019 年 8 月 9 日下午 5 点左右,英国苏格兰和威尔士地区发生大规模停电。停电事故是由于雷电击中了从 Eaton Socon 到 Wymondly 的输电线路,线路跳闸使系统失去了 150MW 的分布式发电,雷击的扰动还导致燃气电厂和海上风电场出力骤降,系统在故障后 0.51s 累计损失了 981MW 发电功率,加上约 500MW 的变压器负荷突增,总功率缺额约 1500MW。巨大的功率缺额造成系统频率快速下降,至故障后 25s 时,系统频率跌落至 49.1Hz,随后,又损失了 397MW 发电功率,系统频率在故障后 75s 跌至 48.8Hz,超过了《英国国家电网公司安全运行规程》允许的频率波动范围,触发了低频减载系统动作(门槛频率为 48.9Hz),通过低频减载和调度的紧急操作,共弥补了 1240MW 功率缺额,系统频率在故障后 4 分 42 秒才恢复到正常值。在此过程中切除了约 1000MW 的负荷。事故过程的频率变化如图 5-1 所示。

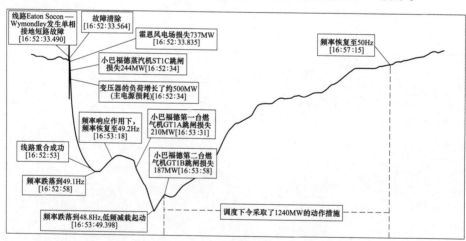

图 5-1 2019 年 8 月 9 日英国大规模停电事故的频率变化过程

此次事故使占全系统约 5% 的电力供应受到影响,涉及 110 万人,影响了医院、铁路等系统的正常运作,不仅造成了巨大的停电损失,也严重冲击了社会生产生活秩序。所幸低频减载正确动作及调度人员的操作,及时恢复了功率平衡,未造成电力系统的全面崩溃,只在短时间影响到部分负荷的供电。

【引例2】

当今社会，电的应用几乎无所不在，无论是工农业生产、人民生活和各项社会事业都离不开电，各种用电设备/器具都有对电能规格的要求。电能这种看不见、摸不着的产品也有质量标准，即电压、频率、波形。电动机是最重要的用电负荷之一。图 5-2 是一台电动机的铭牌，其中标注了电动机的额定频率、额定电压以及额定功率。

三相异步电动机			
型号Y112M-4		编号	
功率4.0kW		电流8.8A	
电压380V	转速1440r/min		LW82dB
△ 联结	防护等级IP44	50Hz	45kg
标准编号	工作制S1	B级绝缘	年月
××××		电机厂	

图 5-2　电动机铭牌

电动机驱动的很多设备对转速有严格的要求，电动机的转速与供电频率密切相关，频率明显偏离额定值会导致电动机转速的变化，并会影响电动机所拖动设备的产品质量。因此，电力系统对频率质量有严格的规定，要求正常运行时频率偏差小于±0.2Hz。由于电动机拖动的大多数机械负荷通常具有随转速变化的转矩特性，当系统频率偏离额定值时，电动机实际取用的功率也会随之发生变化。这就导致了电力系统频率发生偏移时，负荷实际取用的功率也会发生改变。

电力系统的频率既是电能质量的基本指标之一，同时也是电力系统运行是否安全的重要标志，如【引例1】频率的显著偏差可能导致部分用户的供电中断，如【引例2】频率变化会引起电动机转速明显变化，进而影响产品质量。那么，电力系统的频率偏移是如何产生的？怎样才能维持电力系统的频率不超出规定的范围？

本章将介绍电力系统的功率-频率关系，指出频率是反映有功功率供需关系的重要指标；围绕在不同时间尺度实现电力系统有功功率平衡的有功功率经济调度与电力系统频率调整两大问题，阐述电力系统的频率偏移起因、电力系统频率控制原则、有功功率的经济调度以及电力系统频率调整措施等内容。

5.1　电力系统的有功功率平衡

电力系统运行中为什么会发生频率偏移？频率偏移标志着电力系统中发生了什么？偏离额定值的频率对用户的用电器具有何影响？电力系统运行中靠什么办法来抑制频率的波动，从而满足频率质量的要求？下文将解答这些问题。

5.1.1　频率偏移的起因及其影响

正弦交流电的频率：正弦交流电压/电流在 1s 时长内交变的次数被定义为频率，用符号 f 表示，单位为赫兹（Hz）。我国电力系统的额定频率为 50Hz。

电力系统的频率：根据原动机机械特性的不同，电力系统中不同类型同步发电机组的转速会有很大的不同，大型水轮机组转速低于 100r/min，高温高压汽轮机组转速为 3000r/min，中温中压汽轮机组为 1500r/min。为使各类机组均产生 50Hz 正弦交流电，共同接入电力系统并列运行，具有极对数 p 的同步发电机，其转速 n_{rated}（单位为 r/min）应满足

$$n_{\text{rated}} = \frac{60f}{p} = \frac{3000}{p} \tag{5-1}$$

若所有接入电力系统的同步发电机均稳定地运行在其额定转速，则电力系统中交流电压电流的频率就等于50Hz。

1. 电力系统频率偏移的起因

考察发电机组的运行情况，只有当发电机输出电磁功率对应的电磁转矩与原动机机械转矩平衡时，发电机组才对应于恒定的转速。

以图5-3所示的一个单发电机带负荷系统为例来分析频率偏移是如何产生的。

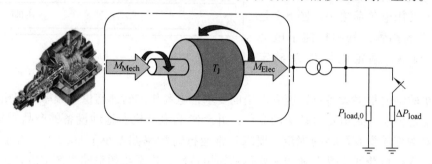

图 5-3 单发电机带负荷系统

这个发电机组转子的运动方程为

$$T_J \frac{d\omega}{dt} = M_{\text{Mech}} - M_{\text{Elec}} \tag{5-2}$$

式中，ω 为转子角速度；M_{Mech}、M_{Elec}分别为机械（驱动）转矩和电磁（制动）转矩；T_J为转子惯性时间常数。

发电机运行在额定转速时，电磁转矩与机械转矩是平衡的。如果此时在发电机所带负荷中有一个负荷突增，发电机的电磁功率随之增大，即发电机组转子上的电磁转矩增大，转矩平衡被打破，在机械转矩未能调整达到新的转矩平衡之前，会导致转子转速的下降，表明这个系统在负荷突增时会引起频率下降。反之，突然切除部分电负荷，也会引发转速（频率）升高。

在一个实际电力系统中，也有与这个简单系统类似的频率波动。由于电力系统的有功负荷 P_D是随时变化的，尽管发电机功率会追随负荷变化而调整，但在负荷变化的过程中，特别是发生较大的负荷变化时，系统频率的小幅波动是经常发生的。

为了避免频率的过度波动，需要采取技术措施将频率的偏移限制在一个相当小的范围内。我国规定电力系统标准频率为50Hz，频率允许偏差为±0.2Hz，随着频率自动控制技术的进步，我国主要区域电网已将频率偏移控制在±0.1Hz。

表5-1为国内外电力系统的额定频率及允许的频率偏差控制标准。

表 5-1 各国的额定频率及允许频率偏差控制标准

国家	额定频率及允许的频率偏移/Hz	标准
中国	50±(0.2~0.5)	GB/T 15945—2008
欧洲	50±0.5	EN50160：2007
美国、加拿大等	60±0.1	ANSI C84.1—2006

2. 电力系统频率偏移的影响

系统频率发生偏移时，对用户、发电厂及电力系统本身都会造成一定影响：

1）大多数工业用户使用异步电动机，电动机的转速与系统频率有关。频率变化将引起电动机转速的变化，从而影响产品的质量，如纺织工业、造纸工业，将因频率的较大变化而生产出残次品。

2）系统频率降低，将使电动机的功率降低。当频率降低 1% 时，一般恒定转矩负荷（如机床设备）的电动机吸收的有功功率也降低 1%。这种电动机有功功率的降低，将影响转动机械的出力。

3）发电厂的部分厂用机械（泵与风机）是使用异步电动机带动的。系统频率降低将使电动机功率降低，若系统频率降低过多，将使电动机停止运转，会引起严重后果。例如给水泵停止运转，将迫使锅炉停炉。

4）当系统频率降低时，异步电动机和变压器的励磁电流将显著增加，会引起电力系统无功功率消耗的增加，其结果是引起电压的降低。当系统频率维持稳定时，系统电压调整也较容易。

总之，由于所有设备都是按系统的额定频率设计的，系统频率的下降将影响各行各业。而频率过低时，甚至会发生频率崩溃的恶性事故，造成大面积停电。

5.1.2 有功负荷变化的分类和平衡对策

电力系统有功负荷是指在某一时刻系统内所有用电设备所消耗的有功功率的总和，其包含的类型较多（包括工业负荷、农业负荷、商业负荷、居民负荷等）。由于各行各业生产生活的规律性与气象变化、突发事件等因素密切相关，系统总负荷的变化既具有规律性，又具有随机性。

利用系统有功负荷的规律性，调度专业人员结合各类负荷变化的统计规律、用户提出的负荷增减申请以及天气预报等资料，预测次日 24h 的负荷变化曲线。通常预测精度较高，对于大规模电力系统，准确率可高达 97%。调度人员可以根据较为准确的日前负荷预测曲线，制定经济性最优的日前发电计划（经济调度）。

由于系统总负荷具有随机性，实际负荷与预测的负荷之间会存在一定的偏差。负荷的偏差可分解为两种：

1）幅度变化小、频率高、周期短（10s 以内）的部分，是由难以预料的小负荷经常性的变动引起的。系统中装有调速器的发电机组自动调整输出功率，应对此类负荷偏差（称为一次调频）。

2）幅度变化较大、频率较低、周期较长（一般是 10s～3min）的部分，是由一些冲击性、间歇性负荷的变动引起的。应对该类负荷偏差，在运行的发电厂中挑选调节范围广、经济性好的调节其输出功率（称为二次调频）。

图 5-4 给出了负荷的组成部分及各部分的变化情况。

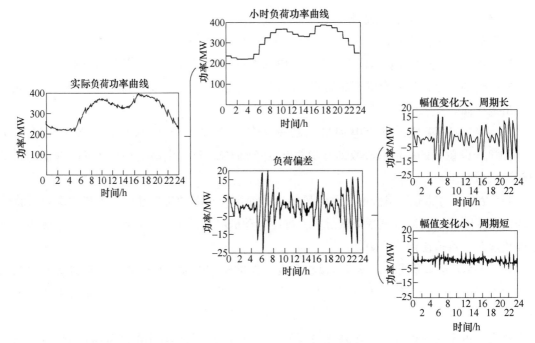

图 5-4　电力系统负荷变化分析示意图

5.1.3　有功功率备用容量

电力系统的备用容量，主要是用来应对电力系统运行中发电机的意外停机，也可以应对其他原因导致的负荷功率大幅度突增。

电力系统备用容量是指系统全部可用发电容量超出实际发电功率的余量。

对于一个实际运行的电力系统，要求系统发电设备装机容量大于或至少等于全系统最大负荷功率与系统应有的备用容量之和，这样才能保障电力系统的可靠运行，即

$$\sum P_N \geqslant \sum P_G + \sum P_R \tag{5-3}$$

式中，$\sum P_N$ 为系统发电设备装机容量；$\sum P_G$ 为全系统最大负荷功率；$\sum P_R$ 为系统应具备的有功功率备用容量。当备用容量比例取下限 15% 时，100MW 总装机容量的电力系统所能承载的最大负荷为 85MW。

传统的备用容量是针对负荷增加时应留有的电源备用，可称为向上备用。随着可再生能源占比的不断提高，在负荷低谷期，可再生能源发电过剩现象日益凸显。此时需要降低常规火电机组的出力以满足可再生能源发电的任务，因此向下调节的备用容量需求也日益增多。向下备用的功能是当负荷突然降低或可再生能源发电功率大幅度快速升高时，使系统仍具有维持功率平衡的能力。由于锅炉稳燃和汽轮机叶片振动等运行条件的制约，火电机组通常有技术最小功率的限制，比如占发电机额定容量的 50%，可采用火电机组深度调峰改造方式将其最小功率限制降至 30% 额定容量，从而增加其向下备用容量。

在本书中，如无特别说明，备用容量指的是向上备用容量。一般备用容量占系统最大负荷的 15%～20%。

概略而言，电力系统有功电源备用容量按照其用途可分为负荷备用、事故备用、检修备用，按照其存在形式可分为热备用和冷备用。

1）负荷备用是适应系统中负荷的短时波动，并担负短期（1 日）内计划外负荷的增加而设的备用容量，其大小与系统的总负荷、各类负荷的组成状况及运行经验有关，一般为最大负荷的 2%~5%，大系统取小值，小系统取大值。

2）事故备用是为了解决电力系统中的某些突然事故，防止发电设备事故停机影响对电力用户的正常供电而需设置一定数量的备用容量，以替代事故停机时的发电设备。其大小取决于系统中机组的台数、容量及故障率、系统的可靠性指标等因素，一般为最大负荷的 5%~10%，但不应小于运转中最大一台机组的容量。

3）检修备用是使系统中发电设备能定期检修而设置的备用容量，只有在系统负荷季节性低谷期间和节假日安排不下所有设备的大小修时，才需设置专门的检修备用容量。

上述三种备用有的处于运行状态，有的处于停机待命状态。负荷备用及一部分事故备用称为热备用或旋转备用，它们是运转中的发电设备可能发出的最大功率与系统发电负荷之差。系统中未运转的，但能随时启用的发电设备可能发出的最大功率称为冷备用。检修中的发电设备由于不能随时服从调用，故不属于冷备用。冷备用从开始起动至投入运行需要一定的时间。

这些备用容量的相互关系如图 5-5 所示。

系统发电负荷

负荷备用（2~5）%—热备用 ⎫
⎬ 运转中发电设备可能发出的最大功率与系统发电负荷之差
事故备用（5~10）% ⎰ 热备用 ⎱

冷备用

检修备用

图 5-5 备用容量的相互关系

由于承担热备用的发电机组不能满发，会影响机组自身运行的经济收益。这些损失也就反映出备用容量的经济价值，应该通过电力系统辅助服务市场获得合理的补偿。

5.2 电力系统有功功率的经济分配

各类发电厂由于机组规格和使用资源的不同，有着不同的经济特性。因此，如何在电力系统各发电机组间进行有功功率分配时，有必要考虑发电机组运行的经济性。对各发电机组承担的有功功率进行优化分配的目的是在可靠满足有功负荷需求的前提下，找到使总发电成本最小的发电功率分配方案。

电力系统有功功率最优分配包含两项重要内容：

1）有功功率电源的最优机组组合（通常称为机组的合理开停），指的是依据各类发电厂运行特点进行的合理组合。

2）有功负荷在各发电机组上的最优分配，是根据不同发电机的发电成本特性，使有功负荷在各可调度发电机组上进行经济分配。

5.2.1 各类发电厂的运行特点与机组组合

按照使用的一次能源形式不同，发电厂可以分为火力发电厂（火电厂）、水力发电厂（水电厂）、核能发电厂（核电厂）、风力发电厂和太阳能光伏发电厂等。每一种电厂由于一次能源来源不同，其出力特性及经济性具有不同特点。

1. 各类发电厂的运行特点

（1）火力发电厂

1）火电厂需要支付与发电量相关的燃料费用，通常认为其燃料充足，不受限。

2）火电厂的出力受锅炉、汽轮机最小出力的限制。

3）火电厂的锅炉和汽轮机的退出运行和再投入不仅耗费能量，耗时且易于损坏设备。

此外，还有一种在发电的同时，还利用汽轮机的抽气或排气为用户供热的火电厂，称为热电厂。在供暖期，其输出功率受供热量约束，输出功率调节范围很小。

（2）核能发电厂

1）核电厂的一次建设投资大、运行费用小。一座 1000MW 的核电厂一年仅需 130t 的天然铀或 28t 的 3% 的浓缩铀，避免了大量的运输费用。

2）核电厂的反应堆的出力基本上没有限制，因此，其技术最小出力主要取决于汽轮机。

3）核电厂的反应堆与汽轮机退出和再度投入或承担急剧变化的负荷时，也要额外耗费能量，花费时间，且易于损坏设备，因而不宜带急剧变动的负荷。

（3）水力发电厂

1）水电厂的运行不需消耗燃料，但是水电厂的运行因水库调节性能的不同，在不同程度上受自然条件的约束。有调节水库的水电厂的运行方式由水库调度确定，无调节水库的水电厂发出的功率只能由河流的径流量决定。

2）水轮机组的起停快，操作简单。

3）水电厂的水库一般还兼有防洪、航运、灌溉等多种功能，因此必须向下游释放一定的水量，与这部分水量相对应的功率是强迫发电功率。

抽水蓄能发电厂是一种特殊的水电厂，它有上下两级水库，在负荷的低谷期间，它作为负荷将下级水库的水泵到上级水库；在高峰负荷期间，由上级水库向下级水库放水发电，起到削峰填谷的作用。

（4）风力发电厂和光伏发电厂

1）有功输出波动大：风能和太阳能都属于可再生能源，受季节、气象因素影响很大，致使其发电具有较大的间歇性与随机性。风电机组的功率与当前风速关系密切，在 24h 内，相邻几小时的风力发电功率可能出现从满发到零或从零到满发的大幅变化。光伏发电受昼夜、阴晴的影响，白天正午时刻附近功率达到最大，且可能因云雾的遮挡，出现短时间内较大的功率波动。

2）调峰问题突出：当风力发电和光伏发电渗透率较大时，都存在电力系统调峰问题。风电通常呈反调峰特性，即风力发电功率与日负荷变化趋势相反，在夜间负荷水平较低时发电的功率反而较高，这给电力系统调峰带来难度。当系统调峰容量受限时，有可能在低负荷时段出现弃风情况。而光伏发电将改变每日最低和高峰负荷出现的时刻，并大大增加等效负荷的峰谷差。

2. 各类发电厂的机组组合

依据各类发电厂的特点，在安排各类发电厂的发电任务时要从经济性与安全性出发，充分、合理地利用国家电力资源，特别是清洁可再生能源的利用。一般考虑以下几个原则：

1）在系统内调节能力充足情况下，应充分、合理地利用水力资源、太阳能、风能等，尽量避免弃水、弃风等现象。

2）尽量降低火力发电的单位煤耗，发挥高效机组的效用。

3）核电厂的可调容量虽大，但因核电厂的一次投资大、运行费用小，建成后应尽可能利用，原则上应持续承担额定容量负荷；无调节水库水电厂的全部功率和有调节水库水电厂的强迫功率都不可调；热电厂是以热定电，其功率为强迫出力。综上，核电厂、不可调的水电厂与热电厂在负荷曲线底部运行。

4）风电与光伏优先上网，在负荷中部运行；而后风电、光伏带来的波动加上负荷本身波动由火电厂、可调节水电厂、抽水蓄能以及储能电站等来承担。

5）其中，抽水蓄能电厂、储能电站在低谷负荷时，应当作负荷考虑；在高峰负荷时，其与常规水电厂无异。虽然抽水蓄能与储能电站在充放电过程存在一定电能损耗，但这类储能类电厂的存在有利于风电、光伏并网及系统稳定运行。各类发电厂在日负荷曲线中的安排如图 5-6 所示。

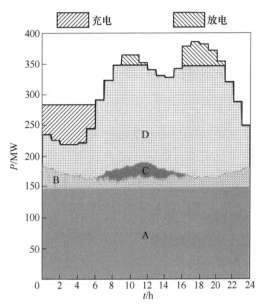

图 5-6　各类发电厂组合顺序示意图

A—核电+热电+水电（不可调）　B—风电

C—光伏　D—火电+水电（可调）

5.2.2　电力系统有功负荷在发电机间的最优分配

电力系统调度中心在日前可以预测未来日（明日）的电力负荷变化曲线（24 点或 96 点），依次对每个时段上的总负荷 $P_L(t_k)$ 按一定的方法决定如何分配给各可运行的发电机，使得 $\sum_{i=1}^{n} P_{Gi}(t_k) = P_L(t_k)$（$k$ = 24 或 96），就可以得到未来日所有发电机的运行功率曲线 $P_{Gi}(t_k)$（24 点或 96 点）。这些曲线会发送到各发电厂，作为明日发电机运行的依据。

对于一个有 n 台运行发电机的电力系统，某一时段的总负荷有功功率分配给各台发电机组的方案理论上有无穷多种，不同的分配方案对应的总发电成本存在差异。因此，从电力系统运行经济性角度，应选择发电成本最低的有功负荷分配方案，这样的分配方案又称为发电机的经济调度方案或发电最优分配方案。

为得到经济调度方案，首先需了解发电机发电成本的形成及成本描述方法。

1. 发电机组的发电成本特性和发电成本微增率

以下讨论火力发电机组的发电成本特性。

绝大多数火力发电机组是燃煤机组，即通过燃烧煤炭产生的蒸汽推动汽轮发电机组发出功率。因此，发电过程中的煤耗是发电成本的重要组成部分。2019 年，全国 6000kW 及以上电厂供电标准煤耗率为 307g 标准煤/kWh。若按标准煤单价 700 元/t 计算，每 kWh 电量中煤的直接成本达到 0.215 元。

　　由于电力系统的所有发电功率要追踪负荷的变化，所以发电机通常不是全天发出恒定的功率。发电机的发电功率变化时，发电成本也会变化，较大的发电功率对应于较大的煤耗，因而可以从发电成本与发电功率关系的角度来描述发电机的成本特性。

　　事实上，准确地描述发电机的发电成本不是一件简单的事情。首先，准确获取发电的煤耗特性是不容易的，如果再考虑煤质的变化，就更困难。此外，即使已知了发电煤耗特性，由于煤价是变化的，成本特性也会随之改变。

　　在电力系统经济调度中，通常用一个关于发电功率的二次多项式来表示发电成本（单位为元/h）特性，即

$$C(P_G) = aP_G^2 + bP_G + c \tag{5-4}$$

　　在式（5-4）的发电成本特性中，前两项是与发电功率 P_G 有关的，即此两项成本随发电功率增加而增长，称为可变成本；最后一项常数项与发电功率 P_G 无关，称为不变成本，主要是发电设备投资回报成本。其发电成本特性曲线如图5-7所示。

　　理论上，发电成本特性也可以通过发电机组的发电煤耗量特性来推算。

　　若发电机组的发电标准煤耗量特性为 $F(P_G)$；标

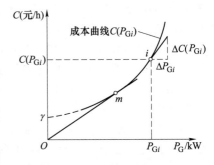

图 5-7　火电机组发电成本特性曲线

准煤单价为 K(单位为元/t)，则发电机组的发电成本特性 $C(P_G) = KF(P_G)$。在传统的电力系统经济调度中，有一种以全系统煤耗量最小为目标来分配发电功率的算法。在全系统煤价统一的条件下，煤耗最小与成本最小的分配结果是一致的。若各发电厂采购煤价不同，煤耗量最小的分配方案就不是成本最低的分配方案。

　　为了衡量发电成本的变化趋势，可以定义以下几种指标：

　　1）发电比成本 μ：在成本特性曲线 $C(P_G)$ 上某一点 i 的纵坐标与横坐标的比值称为该发电功率的比成本（单位为元/kWh），即

$$\mu_i = C(P_{Gi})/P_{Gi} \tag{5-5}$$

　　由量纲可见，比成本 μ 表示在发电功率为 P_G 时的单位电量发电成本（每千瓦时电成本）。从几何意义上来看，μ 是成本特性曲线上某一点与坐标原点连线的斜率。

　　2）发电成本微增率 λ：成本特性曲线上某一点 i 纵坐标与横坐标的微增量比，称为发电成本微增率 λ（单位为元/kWh）。图5-7中 i 点的成本微增率为

$$\lambda_i = \Delta C(P_{Gi}) / \Delta P_{Gi} \tag{5-6}$$

　　发电成本微增率 λ 表示在 P_G 点增发功率 ΔP_G 时对应的单位电量成本。发电成本微增率是电力系统经济调度中十分重要的概念。当采用如式（5-6）的发电成本特性时，发电成本微增率 $\lambda(P_G)$ 是 λ-P_G 平面上具有正斜率的直线。

　　发电比成本与发电成本微增率虽有相同的量纲，却是两个不同的概念，对于同一发电功率，两者的数值通常不相等。只有在成本特性曲线上一个特殊点 m 上，才有 $\mu = \lambda$，这一点 m 就是从原点作直线与发电成本特性曲线的切点。发电比成本 μ 与成本微增率 λ 随 P_G 的变化如图5-8所示。由图可见，在 m 点左侧，$\mu > \lambda$；在 m 点右侧，$\mu < \lambda$。

　　2. 在多发电机间分配负荷的最优条件——等发电成本微增率准则

　　将预测的某时段总负荷分配到各发电机上，有无穷多种分配方案，我们的目标是找出满

足总负荷且使所有发电机总成本最小的那个分配方案。这就是数学上的优化问题。

原问题：已知电力系统中有 m 台可调度发电机，给定各发电机发电成本特性 $C_i(P_{Gi})$，若某时段预测总负荷有功功率为 $P_{L\Sigma}$，求分配给各发电机的有功功率 P_{Gi}，使全系统总发电成本最小。

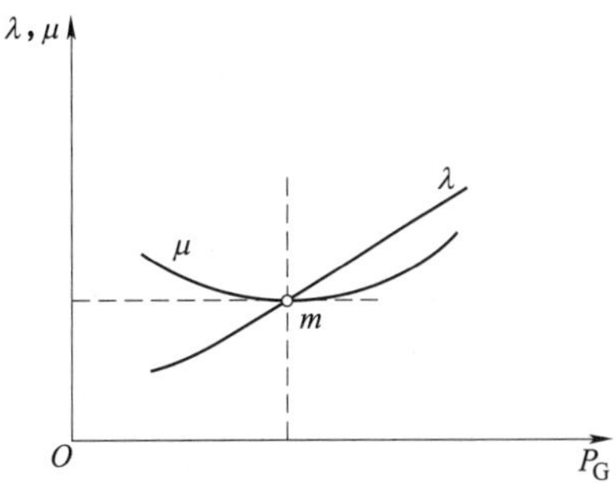

全系统发电成本 C_T 为 m 台机组成本之和，即

$$C_T = \sum_{i=1}^{m} C_i(P_{Gi}) \tag{5-7}$$

图 5-8　发电比成本与发电成本微增率随 P_G 的变化

问题的数学提法：

目标函数：$\min_{P_G} C_T = \sum_{i=1}^{m} C_i(P_{Gi})$

约束条件：

1）等式约束：$f(x) = 0$。

2）不等式约束：$h(x) < 0$。

电力系统稳定运行时，功率实时平衡关系可以表示为

$$\sum_{i=1}^{m} P_{Gi} = P_L + \Delta P_{loss} \tag{5-8}$$

式（5-8）即为目标函数的等式约束条件，其中，ΔP_{loss} 为网络损耗。如果忽略网络损耗，则变为

$$\sum_{i=1}^{m} P_{Gi} = P_L \quad 或 \quad f(P_{G1}, P_{G2}, \cdots, P_{Gm}) = \sum_{i=1}^{m} P_{Gi} - P_L = 0 \tag{5-9}$$

目标函数 C 不仅要满足一定的等式约束，还要满足必要的不等式约束。不等式约束条件可以为

$$P_{Gimin} \leqslant P_{Gi} \leqslant P_{Gimax} (i = 1, 2, \cdots, m) \tag{5-10}$$

式中，P_{Gimin}、P_{Gimax} 分别是发电机组输出功率的下限与上限。

在此进行问题简化，忽略发电机组不等式约束与网络损耗，数学模型简化为

目标函数：
$$\min_{P_G} C_T = \sum_{i=1}^{m} C_i(P_{Gi}) \tag{5-11}$$

等式约束：
$$f(P_{G1}, P_{G2}, \cdots, P_{Gm}) = \sum_{i=1}^{m} P_{Gi} - P_L = 0 \tag{5-12}$$

数学上，分析此类有等式约束的非线性规划问题，可用拉格朗日乘数法求解。按这种方法，为求满足约束条件 $f(P_{G1}, P_{G2}, \cdots, P_{Gm}) = 0$ 时目标函数 C_T 的极小值，可以根据给定的目标函数和等式约束条件建立一个新的目标函数，即拉格朗日函数

$$L^* = C_T - \lambda f(P_{G1}, P_{G2}, \cdots, P_{Gm}) \tag{5-13}$$

为求拉格朗日函数 L^* 的最小值，应先求出目标函数对各变量的偏导数，然后令偏导数等于零，即

$$\frac{\partial L^*}{\partial P_{G1}} = 0, \frac{\partial L^*}{\partial P_{G2}} = 0, \cdots, \frac{\partial L^*}{\partial P_{Gm}} = 0, \frac{\partial L^*}{\partial \lambda} = 0$$

进一步推导可得

$$\begin{cases} \dfrac{\partial L^*}{\partial P_{G1}} = \dfrac{\partial C_T}{\partial P_{G1}} - \lambda\,\dfrac{\partial}{\partial P_{G1}}f(P_{G1},P_{G2},\cdots,P_{Gm}) = \dfrac{dC_1(P_{G1})}{dP_{G1}} - \lambda = 0 \\[3mm] \dfrac{\partial L^*}{\partial P_{G2}} = \dfrac{\partial C_T}{\partial P_{G2}} - \lambda\,\dfrac{\partial}{\partial P_{G2}}f(P_{G1},P_{G2},\cdots,P_{Gm}) = \dfrac{dC_2(P_{G2})}{dP_{G2}} - \lambda = 0 \\[3mm] \qquad\qquad\qquad\qquad\qquad \vdots \\[2mm] \dfrac{\partial L^*}{\partial P_{Gm}} = \dfrac{\partial C_T}{\partial P_{Gm}} - \lambda\,\dfrac{\partial}{\partial P_{Gm}}f(P_{G1},P_{G2},\cdots,P_{Gm}) = \dfrac{dC_m(P_{Gm})}{dP_{Gm}} - \lambda = 0 \\[3mm] \dfrac{\partial L^*}{\partial \lambda} = -\displaystyle\sum_{i=1}^{m} P_{Gi} + P_L = 0 \end{cases} \tag{5-14}$$

由于 $\dfrac{dC_i(P_{Gi})}{dP_{Gi}}$ 为第 i 台发电机组承担有功负荷 P_{Gi} 时的发电成本微增率 λ_i,由式(5-14)可得

$$\lambda_1 = \lambda_2 = \cdots = \lambda_m = \lambda \tag{5-15}$$

这就是等发电成本微增率准则(传统经济调度中,称之为等耗量微增率准则),依此准则可求得总发电成本最小的发电功率分配方案。

对于这一原则直观解释如下:假设系统中一台机组的发电成本微增率比系统中的其他机组高,那么将该机组的出力减少并转移到发电成本微增率更低的机组,则总发电成本 C_T 就会降低。因此,若要使总发电成本 C_T 最小,所有发电机组功率之和应等于负荷且各发电机组运行在具有相同发电成本微增率的功率上。

【例5-1】 不计发电机组功率上下限的经济调度问题。

一个互联的电力系统区域内有两个火电厂,按照等发电成本微增率原则运行。各电厂的运行成本特性为

$$C_1 = 6000 + 300P_{G1} + 105 \times 10^{-3}P_{G1}^2$$
$$C_2 = 5000 + 250P_{G2} + 110 \times 10^{-3}P_{G2}^2$$

式中,P_{G1}、P_{G2} 的单位为 MW;C_1、C_2 的单位为元/h。

当系统总负荷 P_L 分别为 500MW、800MW、1400MW 时,为使在不同总负荷下总发电成本 C 最小,试求各发电厂的功率、发电成本微增率以及运行总成本。这里不计发电机组出力上下限的不等式约束与线路损耗。

解 两发电厂的运行成本微增率(单位为元/MWh)为

$$\begin{cases} \dfrac{dC_1(P_{G1})}{dP_{G1}} = 300 + 210 \times 10^{-3}P_{G1} \\[3mm] \dfrac{dC_2(P_{G2})}{dP_{G2}} = 250 + 220 \times 10^{-3}P_{G2} \end{cases}$$

依据等发电成本微增率原则,当分配两发电厂发电功率使它们具有相等的发电成本微增率时,两电站运行总成本最低,于是有

$$300 + 210 \times 10^{-3}P_{G1} = 250 + 220 \times 10^{-3}P_{G2}$$

计及等式约束条件,可得 $P_{G2} = P_L - P_{G1}$,于是有

$$300 + 210 \times 10^{-3}P_{G1} = 250 + 220 \times 10^{-3}(P_L - P_{G1})$$

可解得

$$P_{G1} = \frac{220 \times 10^{-3}P_L - 50}{430 \times 10^{-3}} = 0.512P_L - 116.28(\text{MW})$$

发电成本微增率为

$$\lambda_1 = \lambda_2 = 300 + 210 \times 10^{-3}(0.512P_L - 116.28) = 275.58 + 0.108P_L$$

依据上面的推导计算，可给出不同负荷对应的两个发电厂发电功率分配方案：

1）当系统总负荷为 500MW 时，$P_{G1} = 139.72\text{MW}$、$P_{G2} = 360.28\text{MW}$、$\lambda = 329.58$ 元/MW。

2）当系统总负荷为 800MW 时，$P_{G1} = 293.32\text{MW}$、$P_{G2} = 506.68\text{MW}$、$\lambda = 361.98$ 元/MW。

3）当系统总负荷为 1400MW 时，$P_{G1} = 600.52\text{MW}$、$P_{G2} = 799.48\text{MW}$、$\lambda = 426.78$ 元/MW。

此外，若给出更多时刻的负荷，如日前预计 24h 负荷变化（见表 5-2），利用等发电成本微增率准则，可得到日前发电计划，即两个发电厂最优功率分配方案，详见图 5-9。

表 5-2　日前预计 24h 负荷　　　　　　　　　　（单位：MW）

时间	负荷	时间	负荷	时间	负荷
1	800	9	1250	17	1400
2	750	10	1350	18	1450
3	600	11	1450	19	1500
4	650	12	1450	20	1400
5	700	13	1350	21	1200
6	900	14	1300	22	1000
7	1050	15	1200	23	900
8	1200	16	1250	24	800

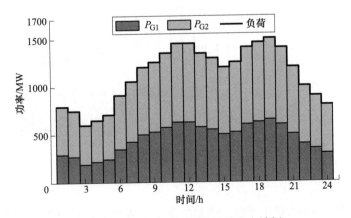

图 5-9　不计功率上下限的日前发电计划

【例 5-2】　计及机组功率上下限的经济调度问题求解。

设两发电厂输出功率（单位为 MW）受以下不等式约束，重新求解例 5-1。

$$100 \leqslant P_{G1} \leqslant 500$$
$$400 \leqslant P_{G2} \leqslant 1000$$

解 计及两发电厂输出功率上下限约束，当发电厂都处于输出功率下限时，发电成本微增率为

$$\begin{cases} \dfrac{dC_1(P_{G1})}{dP_{G1}} = (300 + 210 \times 10^{-3} \times 100) \, 元/MWh = 321 \, 元/MWh \\ \dfrac{dC_2(P_{G2})}{dP_{G2}} = (250 + 220 \times 10^{-3} \times 400) \, 元/MWh = 338 \, 元/MWh \end{cases}$$

2号发电厂维持功率下限400MW，欲使1号发电厂的发电成本微增率与其相等，即 $dC_1/dP_{G1} = 338$ 元/MWh，$P_{G1} = 180.95$MW。

当500MW $\leqslant P_L \leqslant$ 580.95MW 时，2号发电厂输出功率维持下限，系统发电成本微增率由1号发电厂决定。

1号发电厂输出功率达到上限500MW，其发电成本微增率为405元/MWh。当 $dC_2/dP_{G2} = 405$ 元/MWh 时，$P_{G2} = 704.55$MW。

当580.95MW $< P_L \leqslant$ 1204.55MW 时，两个发电厂都没有运行在极限状态，利用等发电成本微增率计算功率分配方案。

当1204.55MW $< P_L \leqslant$ 1500MW 时，1号发电厂保持满发，剩余负荷由2号发电厂承担。

1）当 $P_L = 500$MW 时，$P_{G1} = 100$MW，$P_{G2} = 400$MW。

2）当 $P_L = 800$MW 时，通过等发电成本微增率准则计算得 $\lambda_1 = \lambda_2 = 361.98$ 元/MWh，$P_{G1} = 295.14$MW，$P_{G2} = 504.86$MW。

3）当 $P_L = 1400$MW 时，$P_{G1} = 500$MW，$P_{G2} = 900$MW。

考虑发电机组功率上下限，再为表5-2日前24h负荷制订发电计划，如图5-10所示。

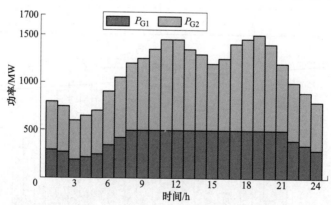

图5-10 计及功率上下限的日前发电计划

通过图5-9与图5-10的对比可知，受到功率上下限约束，系统负荷较大或较小时，超出了某一机组上限或下限出力，剩余负荷由另外的机组承担；系统负荷处于两发电厂都未受到功率下限约束时，按等发电成本微增率准则制定功率分配方案。

3. 考虑网络损耗的经济调度

如果所有发电机位于同一发电厂内或地理上很接近，忽略网络损耗是合理的。但现代电

力系统、电厂广域分布、网络损耗势必会影响功率分配方案的制订。最简单的情形：如果系统内 m 台机组完全相同，就是位置不同，若考虑网损，则离负荷中心近的发电机适当多发功率、远离负荷中心的机组适当少发功率应该有利于改善经济性。

将网损 P_{loss} 计入经济调度问题，则等式约束条件［式(5-12)］变为

$$f(P_{G1}, P_{G2}, \cdots, P_{Gm}, P_{loss}) = \sum_{i=1}^{m} P_{Gi} - P_L - P_{loss} = 0 \tag{5-16}$$

式中，P_{loss} 为该区域内总网损。

于是考虑网络损耗的等运行成本微增率准则为

$$\frac{dC_i}{dP_{Gi}} \cdot \frac{1}{\left(1 - \dfrac{\partial P_{loss}}{\partial P_{Gi}}\right)} = \frac{dC_i}{dP_{Gi}} \alpha_i = \lambda \tag{5-17}$$

式中，α_i 为网损修正系数，$\alpha_i = \dfrac{1}{1 - \dfrac{\partial P_{loss}}{\partial P_{Gi}}}$。

4. 能源消耗受限制时经济调度问题

电力系统内通常存在一些能源消耗受限的电厂。常见为水电厂，其在指定的较短运行周期（一日、一周或一个月）内总发电用水量 W_Σ 为给定值。水、火电厂间负荷最优分配的目标是：在整个运行周期内满足用户的电力需求，合理分配水、火电厂的负荷，使总成本（燃煤成本）最小。

用 P_T、$F(P_T)$ 分别表示火电厂的功率和耗量特性；P_H、$W(P_H)$ 分别为水电厂功率和耗量特性。为简单起见，不考虑网损与水头变化。在此情况下，经济调度问题可表述为：

满足功率和用水量两个等式约束条件，即

$$\begin{cases} P_H(t) + P_T(t) - P_L(t) = 0 \\ \int_0^\tau W[P_H(t)]dt - W_\Sigma = 0 \end{cases} \tag{5-18}$$

目标函数为

$$F_\Sigma = \min\left\{\int_0^\tau F[P_T(t)]dt\right\} \tag{5-19}$$

这是求泛函极值的问题，一般应用变分法来解决。在一定的简化条件下，也可以用拉格朗日乘数法进行处理。

把指定的运行周期 τ，划分为 s 个更短时间段，即 $\tau = \sum_{k=1}^{s} \Delta t_k$。如果时间段取得足够短，则通过计算可得任何瞬间都有

$$\frac{dF}{dP_T} = \gamma \frac{dW}{dP_H} = \lambda \tag{5-20}$$

式（5-20）表明，在水、火电厂间负荷的经济分配同样符合等微增率原则。其中，γ 为水煤转换系数，物理意义为发出相同数量的电功率，$1m^3$ 的水相当于 γ 吨煤。

因此，水电厂的水耗量乘以 γ，水电厂就变成了等效的火电厂，然后直接套用火电厂间负荷经济分配的等发电成本微增率原则。

5.3　电力系统的频率调整

日前经济调度根据预测的某小时（或 15min）不变的负荷制订了各发电机功率分配方案。在实时运行中，这个时段内负荷是波动的，而且这一时段的平均负荷也会因负荷预测的不准确而偏离预测值。因此，所有发电机都严格遵循调度预案发电，并不能确保实时运行中发电功率与负荷功率的精准平衡，功率供需的不平衡会产生频率的偏差。当然，现有的电力系统总负荷预测精度是很高的，正常运行时负荷短时波动的幅度也比较小，因而实时运行中面对的功率供需不平衡量在一个比较小的范围内。

根据实时运行中功率供需不平衡产生的频率偏移信号对发电功率做适当调整，以减小功率供需不平衡量，降低频率偏移，就是电力系统的频率调整。频率调整是确保电力系统运行频率质量的必要条件。

5.3.1　电力系统及其元件的功率-频率特性

1. 负荷的有功功率-频率静态特性

当频率变化时，系统中的有功负荷取用的有功功率也将发生变化。系统处于运行稳态时，系统中有功负荷取用的功率随频率变化的特性称为负荷的功频静态特性。

在不计系统电压波动影响时，系统负荷功率与系统频率的关系为 $P_D = F(f)$。

电力系统负荷的功频静态特性取决于负荷的组成。由于负荷种类不同，负荷与频率的关系也不同，一般有如下几种：

1）与频率变化无关的负荷，如照明、电炉、整流负荷等。

2）与频率一次方成正比的负荷，如球磨机、切削机床、往复式水泵、压缩机、卷扬机等。

3）与频率二次方成正比的负荷，如电网损耗、铁心材料中的涡流损耗。

4）与频率三次方成正比的负荷，如通风机、静水头阻力不大的循环水泵。

5）与频率高次方成正比的负荷，如静水头阻力很大的给水泵。

整个系统的负荷有功功率与频率关系可表示为

$$P_D = a_0 P_{DN} + a_1 P_{DN}(f/f_N) + a_2 P_{DN}(f/f_N)^2 + a_3 P_{DN}(f/f_N)^3 + \cdots \tag{5-21}$$

式中，P_D 为系统频率为 f 时的负荷有功功率；P_{DN} 为系统额定频率 f_N 时的负荷有功功率。

如以 P_{DN}、f_N 为基值，则可表示为标幺值形式：

$$P_{D*} = a_0 + a_1 f_* + a_2 f_*^2 + a_3 f_*^3 + \cdots \tag{5-22}$$

显然，系统频率在额定值时，$f_* = 1$，$P_{D*} = 1$，则

$$a_0 + a_1 + a_2 + a_3 + \cdots = 1 \tag{5-23}$$

根据各类负荷的比例，与频率高次方成正比的负荷所占比例小，可以略去，一般式（5-21）可取到频率的三次方为止。在实际系统中允许的频率变化范围很小，经实测证实，此时负荷的功率与频率关系，即有功负荷的功频静态特性可近似用一直线表示。这说明在额定频率附近，系统负荷与频率近似呈线性关系，如图 5-11 所示，当系统频率下降时，负荷取用功率按比例减少。

直线的斜率为

$$K_{\mathrm{D}} = \tan\beta = \frac{\Delta P_{\mathrm{D}}}{\Delta f} \qquad (5\text{-}24)$$

或用标幺值表示为

$$K_{\mathrm{D}*} = \frac{\Delta P_{\mathrm{D}}/P_{\mathrm{DN}}}{\Delta f/f_{\mathrm{N}}} = K_{\mathrm{D}}\frac{f_{\mathrm{N}}}{P_{\mathrm{DN}}} \qquad (5\text{-}25)$$

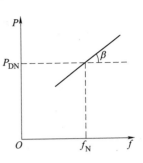

图 5-11　有功负荷的
功频静态特性

K_{D} 和 $K_{\mathrm{D}*}$ 称为负荷的频率调节效应系数，频率偏离额定值时，负荷实际取用的功率会发生变化，这种现象称为负荷的频率调节效应。

$K_{\mathrm{D}*}$ 是电力系统调度部门应掌握的一个数据，在实际系统中由实测获得。一般系统 $K_{\mathrm{D}*}$ 的值为 $1\sim3$，通常为 1.5。

2. 发电机组调速器的工作原理

调速器的作用是根据机组的速度变化量或要求的功率变化量，产生适当的调节命令以改变原动机的气门或水门开度，达到调节机组出力和转速的目的。调速器的种类和具体实现方式很多，但依据基本工作原理大致可分为机械液压式和电气液压式两类。图 5-12 为功频电液压式调速器的工作原理图，其中电气部分除了完成机组转速偏差的测量外，还增加了汽轮机输出机械功率偏差作为输入信号，然后将转速偏差与功率偏差信号进行综合放大后送入PID 调节器。调节器的输出经过电液转换器转为机械信号进入液压部分，实现对气门开度的调节（转速、功率信号偏低，则增大气门开度，机组转速回升，反之亦然）。对应的框图如图 5-13 所示。各项参数含义见表 5-3。

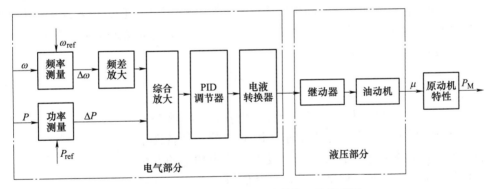

图 5-12　功频电液压式调速器的工作原理图

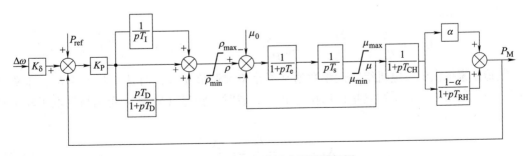

图 5-13　功频电液压式调速器框图

127

表 5-3　功频电液压式调速器框图中各项参数的意义

参数	意义
K_δ	静调差系数
T_s	油动机时间常数
T_{CH}	高压缸蒸汽容积环节惯性时间常数
α	中间再热系统高压缸功率百分比
T_{RH}	中间再热系统蒸汽容积时间常数
μ_{max}，μ_{min}	气门开度上、下限
ρ_{max}，ρ_{min}	相对行程上、下限
K_P	比例环节放大倍数
T_I	积分环节时间常数
T_D	微分环节时间常数
T_e	电液转换器惯性环节时间常数

3. 发电机组的有功功率-频率静态特性

当电力系统有功负荷功率与原动机输入功率不平衡时（有功功率平衡遭到破坏时），系统频率将发生变化。此时并列发电机原动机的调速系统将自动改变原动机的进汽（水）量，相应增加或减少发电机的出力。当调节过程结束并到达新的稳态时，发电机有功功率和频率之间的关系称为发电机组的功率-频率静态特性。

假设发电机工作在额定状态，即初始功率为 P_{GN}，频率为 f_N，此时因系统扰动出现频率偏差，发电机的调速系统开始工作，当到达稳态后发电机功率的调整量应与频率偏差成正比。采用有名值时，可表示为

$$K_G = -\frac{\Delta P_G}{\Delta f} \tag{5-26}$$

式中，$\Delta P_G = P_G - P_{GN}$；$\Delta f$ 为稳态频率偏差，$\Delta f = f - f_N$；K_G 称为发电机组的单位调节功率（或发电机组的功率-频率静态低特性系数），其数值表示频率发生单位变化时，发电机输出功率的变化量；负号表示两者变化方向相反，即频率降低时发电机增发功率，其变化关系可以近似为一条直线，如图 5-14 所示，点 2 为额定运行点，点 1 为空载运行点。

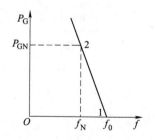

图 5-14　发电机组的功频静态特性

用标幺值表示为

$$K_{G*} = \frac{1}{K_{\delta*}} = -\frac{\Delta P_{G*}}{\Delta f_*} = K_G \frac{f_N}{P_{GN}} \tag{5-27}$$

制造厂家提供的发电机组特性参数通常不是单位调节功率，而是调差系数 K_δ，也称调差率。发电机组的调差系数是指机组由空载到满载时，转速（频率）变化与发电机输出功率变化之比，即

$$K_\delta = -\frac{f_N - f_0}{P_{GN} - 0} = -\frac{\Delta f}{P_{GN}} \tag{5-28}$$

式中的负号是因为调差系数习惯上常取正值，而频率变化量又恰与功率变化量的符号相反。以额定参数定义基准的标幺值表示时，便有

$$K_{\delta *} = -\frac{\Delta f / f_N}{\Delta P / P_N} = K_\delta \frac{P_{GN}}{f_N} \qquad (5\text{-}29)$$

显然，K_G 与 K_δ 互为倒数关系。发电机组的调差系数或相应的单位调节功率是可以整定的。调差系数的大小对频率偏移的影响很大，调差系数越小（即单位调节功率越大），频率偏移越小。但是因受机组调速机构的限制，调差系数的调整范围是有限的。各机组调差系数范围如下：

汽轮发电机组：$K_{\delta *} = 0.04 \sim 0.06$，$K_{G *} = 25 \sim 16.7$；

水轮发电机组：$K_{\delta *} = 0.02 \sim 0.04$，$K_{G *} = 50 \sim 25$。

4. 电力系统的有功功率-频率静态特性

将负荷频率特性与发电机组频率特性结合起来，就组成了电力系统的有功功率-频率静态特性，简称系统的功频静态特性或频率特性，如图 5-15 所示。在原始运行状态下，负荷的功频特性为 $P_D(f)$，它同发电机组静态特性的交点 A 确定了系统的频率 f_1，发电机组的功率（也就是负荷功率）为 P_1。这就是说，在频率为 f_1 时达到了发电机组有功输出与系统的有功需求之间的平衡。

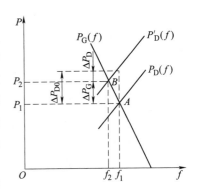

图 5-15　电力系统有功功率-
频率静态特性

假定系统的负荷增加了 ΔP_{D0}，其特性曲线变为 $P'_D(f)$，发电机组仍是原来的特性。那么新的稳态运行点将由 $P'_D(f)$ 和发电机组的静态特性的交点 B 决定，与此相应的系统频率为 f_2，频率的变化量为

$$\Delta f = f_2 - f_1 < 0 \qquad (5\text{-}30)$$

发电机组的功率输出的增量

$$\Delta P_G = -K_G \Delta f \qquad (5\text{-}31)$$

由于负荷的频率调节效应所产生的负荷功率变化为

$$\Delta P_D = K_D \Delta f \qquad (5\text{-}32)$$

当频率下降时，ΔP_D 是负的，故负荷功率的实际增量为

$$\Delta P_{D0} + \Delta P_D = \Delta P_{D0} + K_D \Delta f \qquad (5\text{-}33)$$

它应和发电机组的功率增量相平衡，即

$$\Delta P_{D0} + \Delta P_D = \Delta P_G \text{ 或 } \Delta P_{D0} = \Delta P_G - \Delta P_D = -(K_G + K_D)\Delta f = -K\Delta f \qquad (5\text{-}34)$$

式（5-34）说明，系统负荷增加时，在发电机组功率特性和负荷本身的调节效应共同作用下达到了新的功率平衡。一方面，负荷增加，频率下降，发电机按有差调节特性增加输出；另一方面，负荷实际取用的功率也因频率的下降而有所减少。

在式（5-34）中

$$K = K_G + K_D = -\frac{\Delta P_{D0}}{\Delta f} \qquad (5\text{-}35)$$

K 称为系统的功率-频率静态特性系数，或系统的单位调节功率。它表示在计及发电机组和负荷的调节效应时，引起频率单位变化的负荷变化量。根据 K 值的大小，可以确定在允许的频率偏移范围内，系统所能承受的负荷变化量。显然，K 的数值越大，负荷增减引起

的频率变化就越小，频率也就越稳定。

采用标幺值时

$$K_{G*}\frac{P_{GN}}{f_N}+K_{D*}\frac{P_{DN}}{f_N}=-\frac{\Delta P_{D0}}{\Delta f} \tag{5-36}$$

两端均除以 P_{DN}/f_N，可得

$$K_{G*}\frac{P_{GN}}{P_{DN}}+K_{D*}=-\frac{\Delta P_{D0}/P_{DN}}{\Delta f/f_N}=-\frac{\Delta P_{D0*}}{\Delta f_*} \tag{5-37}$$

或

$$K_*=k_r K_{G*}+K_{D*}=\frac{-\Delta P_{D0*}}{\Delta f_*} \tag{5-38}$$

式中，k_r 为备用系数，$k_r=P_{GN}/P_{DN}$，表示发电机组额定容量与系统额定频率时的总有功负荷之比。在有备用容量的情况下（$k_r>1$）将相应增大系统的单位调节功率。

如果在初始状态下，发电机组已经满载运行，即运行在图 5-16 中的 A 点。在 A 点以后，发电机组的静态特性将是一条与横轴平行的直线，在这一段 $k_G=0$。当系统的负荷再增加时，发电机已没有可调节的容量，不能再增加输出了，只有靠频率下降后负荷本身调节效应的作用来达到新的平衡。这时 $K_*=K_{D*}$，由于 K_{D*} 的数值很小，负荷增加所引起的频率下降就相当严重。由此可见，系统中有功功率电源的出力不仅应满足在额定频率下系统对有功功率的需求，并且为了适应负荷的增长，还应留有一定的备用容量。

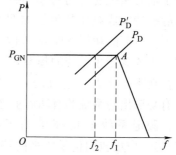

图 5-16　发电机组满载时的功率–频率静态特性

5.3.2　有功功率不平衡量与频率偏移的定量关系

1. 有功功率不平衡引发的功率–频率调节过程分析

电力系统运行中，每时每刻都会发生用电负荷的投入或切除，持续运行的负荷所取用功率也会随其运行工况的变化而改变。人们常说电力系统运行中时刻保持发电功率与负荷功率相等，但负荷功率又是随时可能变化的，发电功率是如何追踪负荷变化而实现功率平衡的呢？

由于发电机、负荷有不同的功率–频率静态特性，如果系统频率偏离额定值，设频差为 Δf（以 $\Delta f<0$，即 $f<f_N$ 为例），会导致发电机实际发出的功率 P_G^f 大于其在额定频率的标称功率 $P_G^{f_N}$；负荷实际取用的功率 P_D^f 小于其在额定频率的标称功率 $P_D^{f_N}$。

假设系统运行在额定频率 f_N，即图 5-17 中 A 点，此时标称发电功率等于标称负荷功率，即 $P_G^{f_N}=P_D^{f_N}$。如果此时在系统中再接入一个标称功率为 $\Delta P_D^{f_N}$ 的负荷（AB 段），标称负荷移至 B 点，系统中功率供需平衡被打破。由于总的标称负荷功率大于总的标称发电功率（$P_D^{f_N}+\Delta P_D^{f_N}>P_G^{f_N}$），系统的频率会下降。在频率下降的过程中，全部负荷实际取用的功率沿着 $P_D(f)+\Delta P_D(f)$ 直线的方向减小，负荷实际取用功率减少了 $K_D\Delta f$，发电机实际发出的功率沿着 $P_G(f)$ 直线的方向增大，发电机功率增加了 $-K_G\Delta f$，直至达到新的平衡点 f_e，实际发电

功率与负荷实际取用的功率达成了新的平衡，即 $P_D^{f_e} + \Delta P_D^{f_e} = P_G^{f_e}$。

由上述分析可知，在系统运行的任何频率 f 下，实际的发电功率 P_G^f 与负荷实际取用的功率 P_D^f 都是平衡的。当平衡状态的频率高于额定频率 f_N 时，表明标称发电功率 $P_G^{f_N}$ 大于标称负荷功率 $P_D^{f_N}$；当平衡状态的频率低于额定频率 f_N 时，表明标称发电功率 $P_G^{f_N}$ 小于标称负荷功率 $P_D^{f_N}$。只有当系统运行在额定频率时，标称发电功率 $P_G^{f_N}$ 才等于标称负荷功率 $P_D^{f_N}$。

因此，只要观察电力系统运行的频率，就可以间接获知系统中功率平

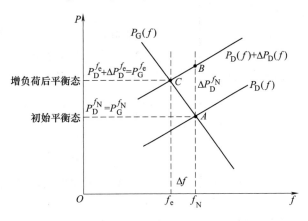

图 5-17　功率-频率变化过程中的平衡关系

衡的状况。频率偏低，意味着系统的有功功率平衡处于标称发电功率小于标称负荷功率的状态，借助于频率调节效应才能使实际的发电与负荷功率在较低的频率下达成平衡。

小的频率偏差对应于标称发电功率与标称负荷功率之间较小的失配，这也是在电力系统运行中要严格限制频率偏差的重要物理背景。

2. 频率的一次调整

电力系统的频率一次调整是通过装有调速器的机组自动完成的。

当 n 台装有调速器的机组并联运行时，可根据各机组的调差系数和单位调节功率算出其等效调差系数 $K_\delta(K_{\delta*})$，或算出等效单位调节功率 $K_G(K_{G*})$。

当系统频率变动 Δf 时，第 i 台机组的输出功率增量为

$$\Delta P_{Gi} = -K_{Gi}\Delta f \qquad (i = 1,2,3,\cdots,n) \tag{5-39}$$

n 台机组输出功率总增量为

$$\Delta P_G = \sum_{i=1}^n \Delta P_{Gi} = -\sum_{i=1}^n K_{Gi}\Delta f = -K_G\Delta f \tag{5-40}$$

故 n 台机组的等效单位调节功率为

$$K_G = \sum_{i=1}^n K_{Gi} = \sum_{i=1}^n K_{Gi*}\frac{P_{GiN}}{f_N} \tag{5-41}$$

若把 n 台机组用一台等效机来代表，利用关系式（5-27），并计及式（5-41），即可求得等效单位调节功率的标幺值为

$$K_{G*} = \frac{\sum\limits_{i=1}^n K_{Gi*}P_{GiN}}{P_{GN}} \tag{5-42}$$

其倒数为等效调差系数

$$K_{\delta*} = \frac{1}{K_{G*}} = P_{GN}\Big/\sum_{i=1}^n \frac{P_{GiN}}{K_{\delta i*}} \tag{5-43}$$

式中，P_{GiN} 为第 i 台机组的额定功率；P_{GN} 为全系统 n 台机组额定功率之和，$P_{GN} = \sum\limits_{i=1}^n P_{GiN}$。

必须注意，在计算 K_G 和 $K_δ$ 时，如第 j 台机组已满负荷运行，当负荷增加时应取 $K_{Gj}=0$ 或 $K_{δj}=\infty$ 。

求出了 n 台机组的等效调差系数 $K_δ$ 和等效单位调节功率 K_G 后，就像一台机组时来分析频率的一次调整。利用公式 $\Delta P_D = K_D \Delta f$ 可算出负荷功率初始变化量 ΔP_{D0} 引起的频率偏移 Δf ，而各台机组所承担的功率增量则为

$$\Delta P_{Gi} = - K_{Gi}\Delta f = - \frac{1}{K_{δi}}\Delta f = - \frac{\Delta f}{K_{δi*}} \cdot \frac{P_{GiN}}{f_N}$$

或

$$\frac{\Delta P_{Gi}}{P_{GiN}} = - \frac{\Delta f_*}{K_{δi*}} \tag{5-44}$$

由式（5-44）可见，调差系数越小的机组增加的有功出力（相对于本身的额定值）就越多。

【例 5-3】　在如图 5-18 所示的两发电机供电系统中， $P_{GN1}=450MW$ ， $K_{δ1*}=0.05$ ； $P_{GN2}=500MW$ ， $K_{δ2*}=0.04$ ，负荷为 700MW 时，频率为 50Hz， $P_{G1}=450MW$ ， $P_{G2}=250MW$ ， $K_{L*}=1.5$ ，若增加 50MW 负荷后，系统的频率和发电机的功率各自为多少？

图 5-18　两发电机供电系统

解

$$K_{G1*} = \frac{1}{K_{δ1*}} = \frac{1}{0.05} = 20$$

$$K_{G2*} = \frac{1}{K_{δ2*}} = \frac{1}{0.04} = 25$$

$$K_{G1} = K_{G1*}\frac{P_{GN1}}{f_N} = 20 \times \frac{450}{50}MW/Hz = 180MW/Hz$$

$$K_{G2} = K_{G2*}\frac{P_{GN2}}{f_N} = 25 \times \frac{500}{50}MW/Hz = 250MW/Hz$$

$$K_L = K_{L*}\frac{P_{LN}}{f_N} = 1.5 \times \frac{450+250}{50}MW/Hz = 21MW/Hz$$

由于负荷增加前，发电机 G1 已经满载，故不参加一次调频，于是有

$$K_s = K_{G2} + K_L = 250MW/Hz + 21MW/Hz = 271MW/Hz$$

$$\Delta P_L = 50MW$$

$$\Delta f = - \frac{\Delta P_L}{K_s} = - \frac{50}{271}Hz = -0.1845Hz$$

频率变为

$$f' = 50Hz - 0.1845Hz = 49.8155Hz$$

增加负荷后发电机 G1、G2 的功率为

$$\Delta P_{G1} = 0MW$$

$$\Delta P_{G2} = - \Delta f K_{G2} = -(-0.1845) \times 250MW = 46.125MW$$

$$P'_{G1} = P_{G1} + \Delta P_{G1} = 450MW$$

$$P'_{G2} = P_{G2} + \Delta P_{G2} = 296.125MW$$

3. 频率的二次调整

电力系统负荷变化引起的频率变化，在一次调整作用后，若频率偏差 Δf 在运行标准规定的范围内，则系统可以继续运行；若频率偏差超出了标准规定的范围，频率不满足电能质量的要求时，需要进行二次调频，即通过手动或自动操作改变汽轮机气门开度或水轮机导水叶开度，使发电机组的功频静态特性上下平行移动，使频率偏移不超出允许范围。

如图 5-19 所示，系统原始运行点为两条特性曲线 $P_D(f)$ 与 $P_G(f)$ 的交点 A，系统的频率为 f_1。当负荷突然增大 ΔP_{D0}，由于自动发电控制（AGC）有一定的时滞尚未动作，调速器立即动作进行一次调整，使运行点由 A 点移到 B 点，频率下降到 f_2。在 AGC 的作用下，机组的静态特性上移为 $P'_G(f)$，设发电机组增发的功率为 ΔP_{G0}，运行点也随之由 B 点移到 C 点，此时系统的频率为 f'_2，即频率下降由仅有一次调整时的 $\Delta f'$ 减小为 $\Delta f''$。由图 5-19 可见，负荷增量 ΔP_{D0}（图中 AE）可分解为三部分：第一部分是由于进行了二次调整发电机组增发的功率（图中 AD）；第二部分是由于

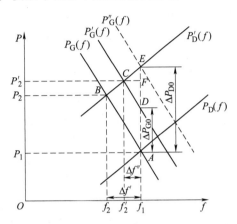

图 5-19　频率的二次调整

调速器的调整作用而增加的发电机组功率（图中 DE）；第三部分是由于负荷本身的调节效应而减小的负荷功率（图中 EF）。

相似于式（5-34）可得

$$\Delta P_{D0} - \Delta P_{G0} = -(K_G + K_D)\Delta f = -K\Delta f \tag{5-45}$$

或

$$\Delta f = -\frac{\Delta P_{D0} - \Delta P_{G0}}{K_G + K_D} = -\frac{\Delta P_{D0} - \Delta P_{G0}}{K} \tag{5-46}$$

由此可知，在进行二次调频时，系统的单位调节功率 K 并未改变，仅是由于二次调整使发电机组输出功率增加 ΔP_{G0}，对于同样的频率偏移 Δf，允许的负荷变化 ΔP_{D0} 增大了。换言之，对于同样的负荷变化，系统的频率偏移将减少。如果二次调整发电机组增发的功率能完全抵消负荷的初始增量，即 $\Delta P_{D0} = \Delta P_{G0}$，则 $\Delta f = 0$，实现了无差调节，如图 5-19 中虚线 $P''_G(f)$ 所示。对于 n 台机组，$K_G = \sum\limits_{i=1}^{n} K_{Gi}$，在同样的功率（$\Delta P_{D0} - \Delta P_{G0}$）下，多台机组并列运行的频率变化要比一台机组运行时小得多。

4. 主调频厂的选择

在电力系统运行中，装有调速系统的发电机组在尚有调整能力时都参与频率的一次调整，而由少数的发电机组（或发电厂）来承担二次调频任务。因此，依据发电厂是否承担二次调频任务可将其划分为调频厂与非调频厂。调频厂又可分为主调频厂及辅助调频厂。主调频厂又称第一调频厂，由其主要负责系统的调频任务，一般由 $1\sim2$ 个发电厂承担；辅助调频厂在系统频率偏移超过某一定值时参与调频，按照参加次序可分为第二调频厂、第三调频厂等。非调频厂是在系统正常运行时按预先分配的负荷曲线发电，具有调速器的机组参与一次调频。

在选择主调频厂时，应满足一定的要求：

1）具有足够的调整容量。

2）具有一定的调整速度，能适应负荷变化的需要。

3）在调整输出功率时能符合安全与经济性方面的要求。

火电厂由于受锅炉和汽轮机的技术最小出力限制，一般可调容量不大，为额定容量的30%（高温高压）~70%（中温中压）；而水电厂的可调容量一般可达50%以上。火电厂由于受热膨胀（主要是汽轮机）的影响，出力变化不能太快，在50%~100%额定负荷内，每分钟仅能增加出力2%~5%，而水电厂水轮机的出力变化速度快得多，一般在1min可从空载过渡到满载，且操作安全方便。

因此从调整容量和调整速度来看，水电厂比较适于承担调频任务。但考虑到经济性等要求，一般在枯水期，宜选水电厂作为主频厂，火电厂中效益较低的机组承担辅助调峰任务；在丰水期，为了充分利用水资源，避免无谓地弃水，往往让水电厂满出力运行，而效率不高的中温中压凝汽式火电厂承担主要调频任务。

【例5-4】 三个电力系统联合运行如图5-20所示。已知它们的单位调节功率为 $K_A = 200MW/Hz$，$K_B = 80MW/Hz$，$K_C = 100MW/Hz$，当B系统增加200MW负荷时，三个系统都参加一次调频，并且C系统部分机组参加二次调频，增发70MW功率。求联合电力系统的频率偏移 Δf。

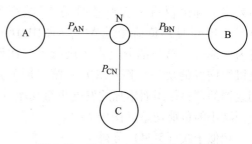

图5-20 三个电力系统联合运行图

解

$$\Delta P_A = \Delta P_{LA} - \Delta P_{GA} = 0MW$$

$$\Delta P_B = \Delta P_{LB} - \Delta P_{GB} = 200MW$$

$$\Delta P_C = \Delta P_{LC} - \Delta P_{GC} = -70MW$$

$$\Delta f = -\frac{\Delta P_A + \Delta P_B + \Delta P_C}{K_A + K_B + K_C} = -\frac{0 + 200 - 70}{200 + 80 + 100}Hz = -0.3421Hz$$

5. 互联系统的频率调整

互联电力系统（Interconnected Power Systems）是若干独立电力系统通过联络线或其他连接设备连接起来的系统，简称互联系统。

互联系统的优点如下：

1）可大大提高供电的可靠性，减少为防止设备事故引起供电中断而设置的备用容量。

2）可更合理地调配用电，降低联合系统的最大负荷，提高发电设备的利用率，减少联合系统中发电设备的总容量。

3）可更合理地利用系统中各类发电厂提高运行经济性。

4）同时，由于个别负荷在系统中所占比例减小，其波动对系统电能质量影响也减小。互联系统容量很大，个别机组的开停甚至故障，对系统的影响将减小，从而可采用大容量高效率的机组。

互联系统的频率是如何调控的呢？为了分析这个问题，以有两个系统互联组成的系统作为分析对象，如图5-21所示。

假定系统 A 和 B 的负荷变化量分别为 ΔP_{DA} 和 ΔP_{DB}；由二次调整得到的发电功率增量分别为 ΔP_{GA} 和 ΔP_{GB}；单位调节功率分别为 K_A 和 K_B。ΔP_{AB} 为联络线的交换功率增量，以由 A 到 B 为正方向。对于系统 A 来说，ΔP_{AB} 相当于负荷增量；而对于系统 B 来说，ΔP_{AB} 为发电功率增量。

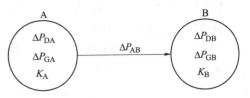

图 5-21 互联系统的功率交换

对于 A 系统来说

$$\Delta P_{DA} + \Delta P_{AB} - \Delta P_{GA} = -\Delta f_A K_A \tag{5-47a}$$

对于 B 系统来说

$$\Delta P_{DB} - \Delta P_{AB} - \Delta P_{GB} = -\Delta f_B K_B \tag{5-47b}$$

当两个系统联合运行时，系统的频率是相等的，所产出的频率偏移也是相等的，即 $\Delta f_A = \Delta f_B = \Delta f$，由式（5-47a）和式（5-47b）可以得到

$$\Delta f = -\frac{\Delta P_{DA} - \Delta P_{GA} + \Delta P_{DB} - \Delta P_{GB}}{K_A + K_B} = -\frac{\Delta P_D - \Delta P_G}{K_A + K_B} \tag{5-48}$$

$$\Delta P_{AB} = \frac{(\Delta P_{DB} - \Delta P_{GB})K_A - (\Delta P_{DA} - \Delta P_{GA})K_B}{K_A + K_B} \tag{5-49}$$

令 $\Delta P_A = \Delta P_{DA} - \Delta P_{GA}$，$\Delta P_B = \Delta P_{DB} - \Delta P_{GB}$，$\Delta P_A$、$\Delta P_B$ 分别是 A、B 两系统的功率缺额，则式（5-48）和式（5-49）变为

$$\Delta f = -\frac{\Delta P_A + \Delta P_B}{K_A + K_B} \tag{5-50}$$

$$\Delta P_{AB} = \frac{K_A \Delta P_B - K_B \Delta P_A}{K_A + K_B} \tag{5-51}$$

下面对式（5-48）~式（5-51）进行分析：

1）由式（5-48）可以看出，联合系统二次调频的发电功率增量 ΔP_G 与全系统负荷增量 ΔP_D 相等时，可以实现无差调节，即 $\Delta f = 0$。

2）若联络线上的交换功率增量 $\Delta P_{AB} = 0$，由式（5-49）可以看出，当系统 A、B 都进行二次调整时，两个系统的功率缺额会与单位调节功率成比例，即

$$\frac{\Delta P_{DA} - \Delta P_{GA}}{K_A} = \frac{\Delta P_{DB} - \Delta P_{GB}}{K_B} \tag{5-52}$$

3）由式（5-50）可以看出，联合系统频率的变化取决于系统总的功率缺额和总的系统单位调节功率。

4）由式（5-51）可以看出，如果 A 系统的功率缺额为零，即 $\Delta P_A = 0$，那么由 A 流向 B 的功率会增大；反之，如果 B 系统的功率缺额为零，即 $\Delta P_B = 0$，那么由 A 流向 B 的功率会减少。

5）若 B 系统没有调频厂，即 $\Delta P_{GB} = 0$，则负荷的变化量 ΔP_{DB} 将由 A 系统的二次调整来承担，如果要保持 $\Delta f = 0$（即 $\Delta P_A = -\Delta P_B$），此时联络线上的功率变化为 $\Delta P_{AB} = \Delta P_B = -\Delta P_A$，也就是 B 系统的功率缺额 ΔP_B 要全部由 A 输送到 B，此时联络线上的功率增量最大。

【例 5-5】 如图 5-22 所示的两个子电力系统通过联络线互联，正常运行时 $\Delta P_{AB} = 0$，各子系统的额定容量和一次调频单位调节功率及负荷增量如下：

A 系统：额定容量 1500MW，$K_{GA} = 800MW/Hz$，$K_{DA} = 50MW/Hz$，$\Delta P_{DA} = 100MW$；

B 系统：额定容量 2000MW，$K_{GB} = 800MW/Hz$，$K_{DB} = 40MW/Hz$，$\Delta P_{DB} = 50MW$。

求在下列情况下频率的变化量和联络线功率 ΔP_{AB}：

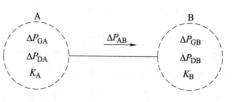

图 5-22　两电力系统互联运行

1）只有 A 系统参加一次调频，而 B 系统不参加一次调频。

2）A、B 两个子系统都参加一次调频。

3）A、B 两个子系统都增发 50MW（二次调频），且都有一次调频。

解

$$K_A = K_{GA} + K_{DA} = 850MW/Hz$$

$$K_B = K_{GB} + K_{DB} = 840MW/Hz$$

1）只有 A 系统参加一次调频，而 B 系统不参加一次调频。

$$K_s = K_A + K_{DB} = (850 + 40)MW/Hz = 890MW/Hz$$

$$\Delta P_A = 100MW; \quad \Delta P_B = 50MW$$

$$\Delta f = -\frac{\Delta P_A + \Delta P_B}{K_s} = -\frac{100 + 50}{890}Hz = -0.169Hz$$

$$\Delta P_{AB} = \frac{K_A \Delta P_B - K_{DB} \Delta P_A}{K_s} = \frac{850 \times 50 - 40 \times 100}{890}MW = 43.26MW$$

2）A、B 两个子系统都参加一次调频。

$$K_s = K_A + K_B = (850 + 840)MW/Hz = 1690MW/Hz$$

$$\Delta P_A = 100MW; \quad \Delta P_B = 50MW$$

$$\Delta f = -\frac{\Delta P_A + \Delta P_B}{K_s} = -\frac{100 + 50}{1690}Hz = -0.089Hz$$

$$\Delta P_{AB} = \frac{K_A \Delta P_B - K_B \Delta P_A}{K_s} = \frac{850 \times 50 - 840 \times 100}{1690}MW = -24.56MW$$

3）A、B 两个子系统都增发 50MW（二次调频），且都有一次调频。

$$K_s = K_A + K_B = (850 + 840)MW/Hz = 1690MW/Hz$$

$$\Delta P_A = (100 - 50)MW = 50MW; \quad \Delta P_B = (50 - 50)MW = 0MW$$

$$\Delta f = -\frac{\Delta P_A + \Delta P_B}{K_s} = -\frac{50 + 0}{1690}Hz = -0.0296Hz$$

$$\Delta P_{AB} = \frac{K_A \Delta P_B - K_B \Delta P_A}{K_s} = \frac{850 \times 0 - 840 \times 50}{1690}MW = -24.852MW$$

✿ 小　结

传统电力系统中通过调节可控的发电功率追踪负荷变化实现有功功率的供需平衡，供需完美平衡的系统运行在额定频率。

任何打破功率平衡的功率变化（发电/负荷功率变化）均会引发系统频率偏离额定值。对发电机的一次调频是基于频差信号的闭环功率控制，一次调频控制的实施，使发电机向减小功率偏差的方向调整输出功率，从而降低频差。二次调频是改变发电机功率-频率特性的控制，通过二次调频控制，可以使发电机增/减功率，进一步减小甚至完全消除频率偏差。

欲使电力系统的发电能满足变化的负荷需求，在制定未来日调度方案时，要对预计的负荷曲线逐段安排发电功率分配方案，实现各时点上发电与负荷的粗平衡。为了降低电力系统的运行成本，调度方案应按每时段总发电成本最小来确定各发电机的功率，此即所谓电力系统经济调度。对实时运行中发电与负荷间的功率偏差，可以通过一次调频和二次调频的调整使供需趋于平衡。

确保电力系统的频率质量，充足的双向可调节发电功率是物质基础，多尺度协调相互配合的调控模式是技术关键。

扩展阅读 5.1　电力系统自动发电控制（AGC）

随着大规模电网互联的出现，互联电网除了关注频率稳定之外，联络线是否按交换计划输送有功功率也是其关注的重点。

自动发电控制（Automatic Generation Control，AGC）是实现复杂电力系统频率和有功功率自动控制的系统，其任务是通过控制发电机组的有功出力来追踪有功负荷变化，从而使系统频率和区域间净交换功率维持在给定范围内，并且在此前提下使系统以最经济的方式运行。

AGC 指令的计算由调度中心的监控软件实现，其中需要监测联络线潮流、电网频率等网上实时参数，及负荷预报系统、网络分析系统、机组发电计划和机组本身的相关参数计算出电网中可调机组的发电目标值，并传送到相关发电厂的远程终端单元（Remote Terminal Unit，RTU），进而通过场内的通信电缆与发电机组的主控 DCS 联系，达到直接控制机组目标出力的目的，其构成框图如图 5-23 所示。

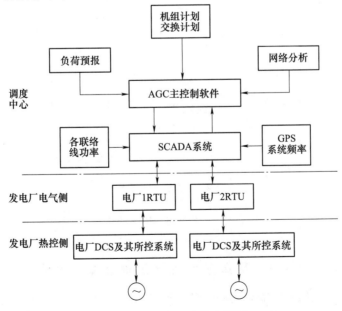

图 5-23　AGC 系统构成框图

单台发电机组的 AGC 系统如图 5-24 所示。图中，P_{zd} 为输电线路功率的整定值，f_{zd} 为系统频率的整定值，P 为输电线路功率的实际值，f 为系统频率的实际值，B_f 为频率修正系数，$K(s)$ 为外部控制回路的传递函数，用来根据电力系统频率偏差与输电线路上的功率偏差来确定输出控制信号，P_C 为系统要求调整的控制信号功率，$N(s)$ 为内部控制回路的传递函数，用来控制调速器阀门开度。

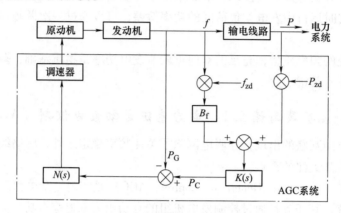

图 5-24　单台发电机组的 AGC 系统

具有多台发电机的 AGC 系统如图 5-25 所示，G1、G2、G3 为发电机组；ACE 为区域控制误差，根据系统频率偏差以及输电线路功率偏差来确定输出控制信号；负荷分配器根据输入的控制信号大小，并且根据等成本微增率准则或其他原则来控制各台发电机输出功率的大小。

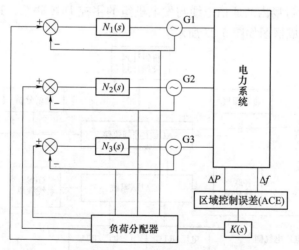

图 5-25　多台发电机的 AGC 系统

扩展阅读 5.2　防止频率过度降低的紧急控制——低频减载

在系统频率严重偏低时，需要起动低频减载，切除一定量的非重要负荷，以防发生系统崩溃的严重后果。这是在不得已情况下的"弃卒保帅"之举。如果严重的功率不平衡不能得到及时纠正，就可能导致类似美加东部电力系统"8.14"大停电的严重后果。

对于送端系统的频率偏高问题，也要相应地采取切机措施，防止高频率对机组造成伤害。

低频减载是一套预先设定的根据显著频差量逐次切除部分负荷的紧急控制系统。

自动低频减载控制是通过感知频差确定适当的减负荷量以便及时有效地制止频率下跌。

低频的根源是发电功率缺额，而减载装置无法直接获知发电功率缺额，只能通过频差来间接判断。

因此，正确的减载方案设计依赖于对发电功率缺额-频率下降特性的准确把握。然而，大额功率脱落导致的是一个复杂的时空频率动态过程，难以找到普适的功率缺额-频降特性。现实的低频减载设计只能按照功频静态特性粗略地估算功率缺额-频降关系，并通过减载动作时间和减载轮次的配合来保障可靠地纠正频差。

首轮低频减载的起动频率宜明显有别于系统正常运行可能出现的频率，比如 49Hz，以避免低频减载频繁起动。首轮低频减载切负荷量也不宜设置过大，根据首轮切负荷后频率的变化状况再判定是否需要进行下一轮切负荷，直至扭转频率下降趋势为止。

低频减载最末级的起动频率设置应高于系统发生频率崩溃的临界频率，比如 46Hz，否则将难以"挽狂澜于既倒"。某地区电网低频减载方案见表 5-4。

表 5-4　某地区电网低频减载方案

	基本级					特殊级		
最低频率/Hz	49.0	48.8	48.6	48.4	48.2	49.2	49.2	49.2
持续时间/s	0.3	0.3	0.3	0.3	0.3	15	20	25
切负荷量（%）	5.4	5	4.8	4.5	4.3	3.5	3.2	2.7

从本章引例 1 中对英国 8.9 大停电事故的分析中可见：在发生大规模功率脱落时，英国电网通过低频减载的正确动作，切除了约 1000MW 负荷，成功避免了频率崩溃的恶性事故，挽救了英国电网。因此，低频减载是防范电力系统崩溃的一道坚实防线。

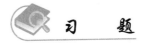

习　题

5-1　3 台发电机共同承担负荷，发电成本特性分别为

$C_1 = 5500 + 200P_{G1} + 0.11P_{G1}^2$ 元 /MWh（100MW $<$ P_{G1} $<$ 250MW）

$C_2 = 4000 + 210P_{G2} + 0.1P_{G2}^2$ 元 /MWh（100MW $<$ P_{G2} $<$ 300MW）

$C_3 = 6000 + 190P_{G3} + 0.12P_{G3}^2$ 元 /MWh（120MW $<$ P_{G3} $<$ 350MW）

求：负荷分别为 600MW 和 800MW 时，每台发电机所承担的负荷。

5-2　系统中发电机组的容量和它们的调差系数分别为：水轮机组：100MW/台，6 台，$K_{\delta*} = 0.015$；汽轮机组：200MW/台，2 台，$K_{\delta*} = 0.025$；50MW/台，4 台，$K_{\delta*} = 0.03$；100MW/台，8 台，$K_{\delta*} = 0.03$。其他容量汽轮机组等效为 1500MW，$K_{\delta*} = 0.04$。系统总负荷为 3600MW，$K_{D*} = 1.5$。若全部机组都参加调频，当负荷增加 1.5% 时，试计算系统频率下降。

5-3　某系统有三台额定容量为 150MW 的发电机组并列运行，其调差系数 $K_{\delta 1*} = 0.22$，$K_{\delta 2*} = 0.05$，$K_{\delta 3*} = 0.05$，其运行情况为 $P_{G1} = 60$MW，$P_{G2} = 80$MW，$P_{G3} = 100$MW，取 $K_{D*} =$

1. 5, $P_{\text{LN}} = 250\text{MW}$。

（1）当系统负荷增加 50MW 时，系统频率下降多少？

（2）当系统负荷增加 60MW 时，则系统频率下降多少？均不计频率调整器的作用。

5-4　某系统 A，当负荷增加 450MW 时，频率下降 0.2Hz；系统 B，当负荷增加 300MW 时，频率下降 0.1Hz。系统 A 运行于 49.9Hz，系统 B 运行于 50Hz，将两系统用联络线联系，求联络后的互联系统频率及联络线上交换的功率。假设功率的正方向为由 A 至 B。

5-5　A、B 两系统并联运行，A 系统负荷增大 500MW 时，B 系统向 A 系统输送的交换功率为 200MW，如果这时将联络线切除，则切除后，A 系统的频率为 49.6Hz，B 系统的频率为 50.1Hz，试求：

（1）A、B 两系统的系统单位调节功率 K_{A}、K_{B}；

（2）A 系统负荷增大 750MW，互联系统的频率变化量。

第 5 章自测题

第 **6** 章

电力系统的电压调整和无功补偿

【引例】

我们知道，河水之所以能够流动，是因为河道存在着落差，即自高向低的水位差。与此类似，电路中的电流也是从高电位点流向低电位点，换句话说，电流的流动需要电压（电位差）的驱动。因此，电力系统运行的电压水平不仅关系到用户的供电质量，对电力系统自身能否安全稳定运行也至关重要。

电压驱动电流在电路中流动，电流的大小也会影响电路中的电压分布。在电力系统中，功率的传输会导致输电元件两端产生电压差。下面以如图 6-1 所示的简单 110kV 点对点供电系统为例，来说明电压与功率传输的相互影响。若给定电源侧电压 U_1 恒定（取值115kV），负荷有功功率变化为 $P_2(t)$；对于无功功率，分别做出如下假定：

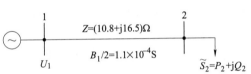

图 6-1 简单供电系统

1）恒定功率因数（$\cos\varphi = 0.8$）对应的无功功率 $Q_2(t)$。

2）恒定无功功率 $Q_2'(t) = 40\text{Mvar}$。

3）无功功率 $Q_2''(t) = 0\text{Mvar}$。

负荷有功功率、无功功率的变化如图 6-2a 所示。通过逐点潮流计算可得负荷侧电压波动情况如图 6-2b 所示，其中 $U_2(t)$ 为负荷功率因数恒定时的电压、$U_2'(t)$ 为无功功率恒定为40Mvar 时的电压、$U_2''(t)$ 为无功功率恒定为 0Mvar 时的电压。

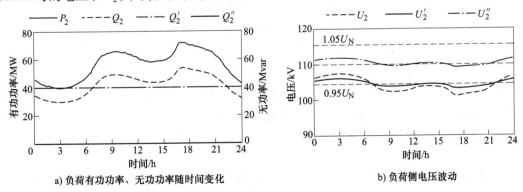

a) 负荷有功功率、无功功率随时间变化   b) 负荷侧电压波动

图 6-2　有功功率、无功功率与负荷侧电压变化

由图 6-2b 与表 6-1 可知，在相同的有功功率输送条件下，通过输电线传送的无功功率越小，线路上的电压降越低，受端节点电压就会维持在较高水平。

表 6-1　三种无功功率下受端电压的最大、最小值和电压质量情况

项目	$U_2(t)$	$U_2'(t)$	$U_2''(t)$
最大值/kV	107.5	105.9	112.8
最小值/kV	101.1	103.2	109.1
电压质量	越下限	越下限	合格

末端无功功率等于 0 的第 3 种情况，相当于在负荷节点接入可调节无功电源，由此电源供给负荷需要的无功功率，从而使得需要从发电机传输到节点 2 的无功功率等于零。由此可见，在负荷节点（或区域）就地提供无功功率，减少远方传输无功功率，有利于降低输电元件上的电压降，从而有利于改善电压质量。

由于电力系统的负荷是变化的，各输电元件上的电压降也是随时间变化的，在这样变化的条件下，如何能始终保持各节点电压均不超出规定的范围，是一个有挑战的问题。

电力系统中输电元件传输的有功功率是根据负荷需要确定的，正常运行时不能随意削减；加之产生无功功率的电源有很多种，易于分散配置和控制，电压调整主要通过对无功功率的调整来完成。

电力系统的电压分布与什么因素有关？如何将电压水平调控到允许的范围内？是本章将要分析和解决的问题。

6.1　电力系统电压调整的必要性

电压是衡量电能质量的重要指标。电力系统电压调整就是采用各种必要的调控手段确保在任何运行方式下所有节点电压值均在规定的合格范围内。本章主要讨论正弦电压的有效值。

1. 电压超过允许范围的危害

我国国家标准《电能质量　供电电压偏差》（GB/T 12325—2008）规定了电压偏差的定义：

$$电压偏差(\%) = \frac{电压测量值 - 系统标称电压}{系统标称电压} \times 100\% \tag{6-1}$$

该国标还规定了各电压等级的允许电压偏移。其中规定："35kV 及以上供电电压正、负偏差绝对值之和不超过标称电压的 10%"。

当电压显著偏离标称值时，将对用电设备和电力系统的运行带来不利影响。

对于电力用户而言，各种用电设备都是按相应电压等级的标称电压来设计制造的，供电电压偏离额定值，将影响设备的性能或运行品质。

电压偏高，将可能造成设备额外的发热，导致设备寿命的降低或绝缘损坏。

电压偏低的影响如下：

1）对于电阻性负荷（电加热炉等），电压偏低将导致发热量降低，影响产品质量。

2）对于感应电动机负荷，由于此类电动机的电磁转矩与端电压的二次方成正比，电压降低将导致电动机转矩下降，转速降低，电流增大，影响电动机所驱动设备的产品质量。电

压降低也会使重载电动机起动困难。严重的电压偏低还会导致电动机因驱动力矩不足而堵转，有烧毁电动机的风险。

3）对于电力系统而言，偏低的电压增加了发生电压失稳（电压低于临界值后雪崩式下降的现象）的风险。全系统普遍的低电压运行将导致网损的增大。过高的电压使电力设备面临过电压损坏的风险。

除了有效值之外，衡量交流电压质量的还有三相对称性、平稳波形质量（谐波含量）、瞬态波形质量（电压闪变、电压陷落）等方面的指标。

2. 电力系统的电压波动

按照潮流变化时节点电压是否易变的属性，电力系统中的节点可以分为有连续可调节无功支撑的可以指定电压的恒压节点和没有连续可调节无功支撑的电压随动节点。发电机节点通常是恒压节点，负荷节点通常是电压随动节点。

1）有连续可调节无功支撑的恒压节点：可以指定电压参考值并在一定范围内松弛无功功率的节点，其电压可记为 $U_{\mathrm{I}i} = U_{\mathrm{I}i.\mathrm{ref}}(i \in N_\mathrm{G} \cup N_{\mathrm{COM}})$，$N_\mathrm{G}$ 和 N_{COM} 分别为发电机节点和连续无功补偿节点集合。

2）没有连续可调节无功支撑的电压随动节点：该类节点的电压随其有功、无功负荷的波动而变化。其电压可以表示为 $U_{\mathrm{II}k} = f(P_{\mathrm{II}k}, Q_{\mathrm{II}k}, U_\mathrm{I}^\mathrm{T})$，$U_\mathrm{I}^\mathrm{T}$ 是一系列恒压节点的集合。对于固定式或投切型的无功补偿，可以将其无功功率抵消负荷无功功率做等效处理。

若恒压节点输出的无功功率超越了本节点的无功功率上、下限，则转变为电压随动节点；而在任何电压随动节点装设连续可调的无功电源并实施有效控制后，即转变为恒压节点。

在电力系统的持续运行过程中，由于各节点负荷处于由高峰到低谷的往复变化中，会使得电压随动节点的电压随之发生由低到高的变化。若恒压节点的电压值保持不变，则系统运行于负荷高峰时，各电压随动节点的电压较低；而运行在最小负荷时，各电压随动节点的电压有所升高。对于负荷功率变化幅度较大、所连接输电线路较长的电压随动节点，在负荷高峰和低谷时可能发生电压偏差超限的问题。

为了应对运行方式变化带来的电压波动，校正所有可能出现的节点电压偏差超限，就需要有针对性地进行电压调整，使所有节点电压在各种运行方式下都处于合格范围。

3. 实施电力系统电压调整的主要原则

在某一给定的运行方式下，例如在最大运行方式，若发现有电压偏低的电压随动节点，则可以通过适当提高超限节点邻近或次邻近的恒压节点电压来校正电压超限，亦可以调整本节点的分段投切无功补偿改善电压水平。

但是，当负荷峰谷差较大时，在最大运行方式满足电压合格的调压方案（恒压节点电压值和无功补偿值），可能在最小运行方式时出现部分节点电压越上限的情况。

为避免过多的调压操作，应该协调考虑最大、最小运行方式，尽量找到同时满足两种运行方式的同一种恒压节点电压/无功补偿设定方式。

当最大、最小运行方式的调压方案无交集时，应寻求需要较少调压操作的过渡运行方案，确保在各种运行方式下所有节点电压的合格。

更精细的电压调整可以通过自动电压控制（AVC）系统实现闭环控制，不仅可以获得更平稳的电压质量，还可以实现无功功率的优化配置、降低网络传输损耗等多种目标。

6.2　电力系统电压调整的定量关系

为了揭示电力系统电压调整的一般关系，需要分析影响电压随动节点电压的主要关联因素，本节建立调压手段与电压随动节点电压之间的定量关系，考虑不同运行方式下电压调整的协调问题，最后给出保障电网各节点电压在允许范围内的调节方案。

6.2.1　简单电力系统中电压调整的定量关系

以图 6-3 给出的简单电力系统为例，该系统只包含发电机、升/降压变压器、输电线路和负荷。节点 1 为发电机节点，可视为恒压节点。节点 2 带有功负荷和无功负荷，是电压随动节点。

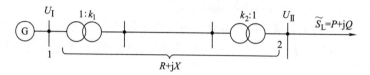

图 6-3　简单电力系统的调压原理图

在此算例中，忽略线路的电容功率、变压器的励磁功率。变压器的参数已归算到高压侧。依潮流计算基本原理可写出电压随动节点的电压 U_{II} 与包括发电机节点电压在内的各变量之间的基本关系如下：

$$U_{\mathrm{II}} = (U_{\mathrm{I}}k_1 - \Delta U)/k_2 = \left(U_{\mathrm{I}}k_1 - \frac{PR + QX}{U_{\mathrm{II}}k_2}\right)/k_2 \tag{6-2}$$

式中，U_{I} 为恒压节点电压；U_{II} 为电压随动节点电压；ΔU 为电压降落纵分量（假设忽略电压降落横分量）；k_1 和 k_2 分别为升压变压器和降压变压器的电压比；R 和 X 分别为变压器和线路的总电阻和总电抗。

由式（6-2）可知，电压随动节点的电压 U_{II} 与恒压节点电压 U_{I}、变压器电压比（k_1、k_2）、输电线路传输的有功功率 P、无功功率 Q 以及线路阻抗参数均有关。只是在高电压等级输电系统中，通常满足 $R \ll X$ 的条件，此时，节点 2 的电压 U_{II} 与线路上传输的有功功率 P 弱相关，与线路上传输的无功功率 Q 强相关。

由于式（6-2）的右端项包含 U_{II}，是一个隐式关系。通过求解一元二次方程，可以得到电压随动节点的电压 U_{II} 与恒压节点电压 U_{I} 及各电压相关变量（电压比、功率）关系的显式表达式为

$$U_{\mathrm{II}} = \frac{U_{\mathrm{I}}k_1k_2 + \sqrt{U_{\mathrm{I}}^2 k_1^2 k_2^2 - 4k_2^2(PR + QX)}}{2k_2^2} \tag{6-3}$$

考虑到电力系统实际运行中输电路径上的总电压降落通常不超过 10%，式（6-2）可以简化成如下近似表达式：

$$U_{\mathrm{II}} \approx \left(U_{\mathrm{I}}k_1 - \frac{PR + QX}{U_{\mathrm{I}}k_1}\right)/k_2 \tag{6-4}$$

下面对式（6-4）进行讨论。设 U_{II} 低于下限 U_{LB}，差值为 ε_{U}。

1）改变发电机电压调压的定量关系。暂不考虑电压比的影响，设 $k_1 = k_2 = 1.0$，则有

$$U_{\text{II}} \approx U_{\text{I}} - \frac{PR + QX}{U_{\text{I}}} \tag{6-5}$$

若负荷功率和元件参数不变，且发电机电压指定值的上调空间大于 ε_{U}，则只要将发电机指定电压上调 ε_{U}，就可以校正此电压越限。

2）无功功率补偿调压的定量关系。考虑条件 $R \ll X$，若在节点 2 补偿 ΔQ 校正电压越限 ε_{U}，则补偿的电容性无功功率应为

$$\Delta Q = \frac{\varepsilon_{\text{U}} U_{\text{I}}}{X} \tag{6-6}$$

3）改变变压器电压比调压的定量关系。仍以 U_{II} 低于下限 U_{LB} 为例，即 $\varepsilon_{\text{U}} > 0$，当两变压器电压比均在标准分接头（即 $k_1 = 1.0$、$k_2 = 1.0$）时，末端节点电压为

$$U_{\text{II old}} = U_{\text{I}} - \frac{PR + QX}{U_{\text{I}}} \tag{6-7}$$

若要通过调整电压比校正末端节点电压越限量 ε_{U}，应使 $k_1 > 1.0$、$k_2 < 1.0$。不失一般性，假设 $k_1 k_2 = 1.0$，则校正后末端节点电压为

$$U_{\text{II new}} = U_{\text{I}} k_1^2 - \frac{PR + QX}{U_{\text{I}}} \tag{6-8}$$

令 $U_{\text{II new}} - U_{\text{II old}} = \varepsilon_{\text{U}}$，可得

$$k_1 = \sqrt{1 + \frac{\varepsilon_{\text{U}}}{U_{\text{I}}}} \tag{6-9}$$

假设 $U_{\text{I}} = 1.05$，若 $\varepsilon_{\text{U}} = 0.05$，只要取 $k_1 = 1.024$、$k_2 = 0.977$，即可将 U_{II} 校正至电压下限 U_{LB}。

上述分析亦可用于多种调压措施联合调整的定量分析。不过，这里分析的仅是在一种运行方式下的数量关系。关于多运行方式下调压措施的协调将在 6.3 节中讨论。

6.2.2 复杂电力系统中电压调整的定量关系

对于一个复杂电力系统，依然可以将节点划分为恒压节点和电压随动节点两类。为了研究电压调整问题，同样需要构建电压随动节点的电压与包括恒压节点的电压在内的调节变量之间的定量关系。

原则上，任一复杂电力系统均可表示为如图 6-4 的抽象形式。

1. 改变恒压节点电压和变压器电压比调压的定量关系

设图 6-4 中的发电机节点均为电压恒定节点，可以用向量表示为 $\boldsymbol{U}_{\text{I}} = [\dot{U}_{\text{G1}}, \dot{U}_{\text{G2}}, \cdots, \dot{U}_{\text{Gn}}]^{\text{T}}$，

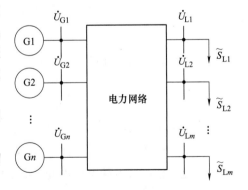

图 6-4 复杂电力系统示意图

负荷节点均为电压随动节点，可表示为一个列向量 $\boldsymbol{U}_{\text{II}} = [\dot{U}_{\text{L1}}, \dot{U}_{\text{L2}}, \cdots, \dot{U}_{\text{Lm}}]^{\text{T}}$。电网中有 L 个可调电压比的变压器，下面建立节点电压方程以分析恒压节点电压和电压随动节点电压

之间的关系。

$$\begin{bmatrix} Y_{\mathrm{I-I}} & Y_{\mathrm{I-II}} \\ Y_{\mathrm{II-I}} & Y_{\mathrm{II-II}} \end{bmatrix} \begin{bmatrix} U_{\mathrm{I}} \\ U_{\mathrm{II}} \end{bmatrix} = \begin{bmatrix} I_{\mathrm{I}} \\ I_{\mathrm{II}} \end{bmatrix} \tag{6-10}$$

式中，Y 阵表示恒压节点和电压随动节点的节点导纳子矩阵。

将电流和电压取增量形式：

$$\begin{bmatrix} Y_{\mathrm{I-I}} & Y_{\mathrm{I-II}} \\ Y_{\mathrm{II-I}} & Y_{\mathrm{II-II}} \end{bmatrix} \begin{bmatrix} \Delta U_{\mathrm{I}} \\ \Delta U_{\mathrm{II}} \end{bmatrix} = \begin{bmatrix} \Delta I_{\mathrm{I}} \\ \Delta I_{\mathrm{II}} \end{bmatrix} \tag{6-11}$$

式中，ΔU_{I} 和 ΔU_{II} 分别为恒压节点和电压随动节点的电压增量；ΔI_{I} 和 ΔI_{II} 分别为恒压节点和电压随动节点的电流增量。此时假设负荷电流不变，则 $\Delta I_{\mathrm{II}} = 0$，式（6-11）的第二式可以写作 $Y_{\mathrm{II-I}} \Delta U_{\mathrm{I}} + Y_{\mathrm{II-II}} \Delta U_{\mathrm{II}} = 0$，由此可解得

$$\Delta U_{\mathrm{II}} = - Y_{\mathrm{II-II}}^{-1} Y_{\mathrm{II-I}} \Delta U_{\mathrm{I}} \tag{6-12}$$

这样，就建立了以恒压节点电压为自变量，电压随动节点电压为因变量的关系式。由于含非标准电压比的变压器可以通过 Π 形等效模型转化为阻抗和导纳的连接，因此变压器变比对电压随动节点电压的影响就包含在节点导纳矩阵中，即 $Y = Y(k)$，$k = [k_1, k_2, \cdots, k_l]^{\mathrm{T}}$。

2. 无功功率补偿调压的定量关系

在电压随动节点施加投切型无功补偿，因可以将其无功功率抵消负荷无功功率做等效处理。这样，无功补偿量对电压随动节点电压的定量关系可以转化为求取各节点负荷无功功率的变化量与 ΔU_{II} 的关系。在此根据潮流的 PQ 解耦特性，认为节点电压幅值与无功功率强相关，可以根据无功功率约束方程建立节点无功注入和电压随动节点电压幅值的关联关系。

潮流的无功功率约束方程为

$$Q_i - U_i \sum_{j \in i} U_j (G_{ij} \sin\theta_{ij} - B_{ij} \cos\theta_{ij}) = 0 \tag{6-13}$$

依据电力系统结构和运行特点（简化条件与 PQ 分解法的潮流计算相同）将式（6-13）进行化简并在当前状态点泰勒展开并舍去高次项，则电压调整后各变量之间的关系为

$$\Delta Q_i = - \sum_{j \in i} B_{ij} \Delta U_j \tag{6-14}$$

将式（6-14）写成矩阵形式，并将电压随动节点与恒压节点分开排列，则有

$$-\begin{bmatrix} B_{\mathrm{II-II}} & B_{\mathrm{I-II}} \\ B_{\mathrm{II-I}} & B_{\mathrm{I-I}} \end{bmatrix} \begin{bmatrix} \Delta U_{\mathrm{II}} \\ \Delta U_{\mathrm{I}} \end{bmatrix} = \begin{bmatrix} \Delta Q_{\mathrm{II}} \\ \Delta Q_{\mathrm{I}} \end{bmatrix} \tag{6-15}$$

取第一式，则有

$$\Delta Q_{\mathrm{II}} = - B_{\mathrm{II-II}} \Delta U_{\mathrm{II}} - B_{\mathrm{I-II}} \Delta U_{\mathrm{I}} \tag{6-16}$$

假设此时恒压节点的电压不变，即 $\Delta U_{\mathrm{I}} = 0$，则有

$$\Delta Q_{\mathrm{II}} = - B_{\mathrm{II-II}} \Delta U_{\mathrm{II}} \tag{6-17}$$

以上分析主要从变量的相依特性上对复杂电力系统各种调压措施的效果进行分析，实际上，除在少数情况下，以对方程进行大量简化和近似为前提，可以得到复杂系统调压措施对电压随动节点电压的显式定量关系。想要得到精确且显式的关系表达式是十分困难的。在工程上，往往通过数值计算，求取变量间的灵敏度来定量评估变量之间的影响程度。

6.3 不同运行方式下调压控制量的协调

由6.2节的分析可知，电压随动节点电压与不同相关变量（包含恒压节点的电压、变压器电压比以及无功补偿量）的定量关系。本节将讨论如何协调考虑最大、最小运行方式的电压控制量设定。

1. 不同运行方式下恒压节点电压的协调

当系统处于最大运行方式时，负荷取用的功率 $\tilde{S}_{Lmax} = P_{max} + jQ_{max}$ ，那么由式（6-4）同理可得，节点2的电压 U_{II} 可以近似表示为

$$U_{II\,max} \approx (U_I k_1 - \frac{P_{max}R + Q_{max}X}{U_I k_1})/k_2 \tag{6-18}$$

同理，在最小运行方式时，负荷取用的功率为 $\tilde{S}_{Lmin} = P_{min} + jQ_{min}$ ，则节点2的电压为

$$U_{II\,min} \approx (U_I k_1 - \frac{P_{min}R + Q_{min}X}{U_I k_1})/k_2 \tag{6-19}$$

比较式（6-18）与式（6-19）可知， $U_I > U_{II\,min} > U_{II\,max}$ ，也就是说，在保持恒压节点电压不变的前提下，最大运行方式下节点2的电压比最小运行方式时要低。此时，设节点2的电压允许范围为 $[U_{LB}, U_{UB}]$ ，如果 $[U_{II\,max}, U_{II\,min}] \in [U_{LB}, U_{UB}]$ ，该系统在长期的运行过程中，节点2的电压偏移都会在允许的范围内。而无论出现 $U_{II\,max} < U_{LB}$ 或 $U_{II\,min} > U_{UB}$ 情况中的哪一种，即电压随动节点电压在某种运行方式下出现了越下限或越上限的情况，甚至由于负荷波动幅度过大，两种情况兼而有之，都需要进行调压。

由式（6-5）可以初步得到以下结论：如果需要在最大运行方式下将原本低于允许范围的电压随动节点电压向上调整至允许范围之内，可以通过将恒压节点的电压参考值提高 ε_{Umax} 。

调压后，不仅节点的电压发生变化，对应发电机输出的无功功率也会随之改变，此时，发电机发出的无功功率 Q'_{Gmax} 为

$$Q'_{Gmax} = Q_{max} + \frac{P_{max}^2 + Q_{max}^2}{k_2^2 U_{LB}^2}X \tag{6-20}$$

而调压前，发电机发出的无功功率为

$$Q_{Gold} = Q_{max} + \frac{P_{max}^2 + Q_{max}^2}{k_2^2 (U_{II\,max})^2}X \tag{6-21}$$

比较式（6-20）和式（6-21），在负荷不变的情况下，提高了系统电压，发电机输出的无功功率会减少。

调压后，易得这个简单系统的有功损耗为

$$\Delta P'_{loss} = \frac{P_{max}^2 + Q_{max}^2}{k_2^2 U_{LB}^2}R \tag{6-22}$$

由式（6-22）可得，在其他条件不变的前提下，提高系统电压后，有功损耗会降低。

但是，电压随动节点电压除了以上分析的越下限的情况，在最小运行方式下，电力系统轻载，如维持在最大运行方式下发电机端电压不变，则电压随动节点电压还存在越上限的可能。下面将对该种情况进行简要讨论。

假设，在最小运行方式下，依然保持最大运行方式下的恒压节点电压调整方案不变，为 $U_{\mathrm{I}} + \varepsilon_{\mathrm{Umax}}$，那么节点 2 的电压为

$$U_{\mathrm{II\,min}} \approx \left[(U_{\mathrm{I}} + \varepsilon_{\mathrm{Umax}})k_1 - \frac{P_{\min}R + Q_{\min}X}{(U_{\mathrm{I}} + \varepsilon_{\mathrm{Umax}})k_1} \right] / k_2 \tag{6-23}$$

由式（6-23）可知，此时等式右侧分子的第一项增大，而第二项也就是电压损耗部分将减小。此时，极易出现 $U_{\mathrm{II\,min}} > U_{\mathrm{UB}}$，则电压随动节点电压将越上限，这也是电力系统运行所不允许的，因此，如果想通过对恒压节点电压的控制使最小运行方式下，电压随动节点电压在允许范围之内，可以给恒压节点设置低一些的电压参考值。

2. 不同运行方式下变压器电压比的协调

由式（6-4）可知，升压变压器电压比和降压变压器电压比均会影响电压随动节点的电压，而式（6-9）也近似给出了升压变压器电压比在最大负荷下需要的电压调整量与变压器电压比调整量之间的关系。在此以图 6-3 中的降压变压器为例，讨论如果维持节点 1 电压不变，如何通过改变变压器电压比 k_2，使节点 2 的电压偏移保持在允许范围内。

假设在最大负荷下，节点 2 的电压 $U_{2\max}$ 比负荷允许的最低电压 U_{LB} 小 $\varepsilon_{\mathrm{Umax}}$。在此种情况下，欲通过调整降压变压器的电压比 k_2，使节点 2 电压恰好满足最低要求，那么降压变压器的电压比需要调整为 $k'_{2\max}$，$k'_{2\max}$ 与调压前电压比 k_2 的关系为

$$k'_{2\max} = k_2 - \Delta k_{2\max} \tag{6-24}$$

式中，$\Delta k_{2\max}$ 就是降压变压器电压比的调整量，调压后，电力系统中变量将满足

$$k_1 U_{\mathrm{G}} = k'_{2\max} U_{\mathrm{LB}} + \frac{P_{\max}R + Q_{\max}X}{k'_{2\max}U_{\mathrm{LB}}} \tag{6-25}$$

联立式（6-2）和式（6-25），就可解得 $\Delta k_{2\max}$ 为

$$\Delta k_{2\max} = \frac{\varepsilon_{\mathrm{Umax}}\left[k_1 U_{\mathrm{I}} + \sqrt{k_1^2 U_{\mathrm{I}}^2 - 4(P_{\max}R + Q_{\max}X)}\right]}{2U_{\mathrm{LB}}U_{\mathrm{II\,max}}} \tag{6-26}$$

由于 $\varepsilon_{\mathrm{Umax}} > 0$，$\Delta k_{2\max}$ 必将大于 0，也就是说，如果需要在最大运行方式下将原本低于允许范围的负荷电压调整至允许范围之内，可以适当降低降压变压器的分接头电压。

在最小运行方式下，如果降压变压器电压比维持最大运行方式的设置 $k'_{2\max}$，则

$$U_{\mathrm{II\,min}} \approx (U_{\mathrm{I}}k_1 - \frac{P_{\min}R + Q_{\min}X}{U_{\mathrm{I}}k_1}) / k'_{2\max} \tag{6-27}$$

那么由于 $k'_{2\max}$ 较小，如 $U_{\mathrm{II\,min}} > U_{\mathrm{UB}}$，则节点 2 的电压越上限，如果需要在最小运行方式下将原本高于允许范围的负荷电压调整至允许范围之内，可以适当提高降压变压器的分接头电压。

综合以上分析结果，貌似负荷的调压难题已经得以解决，即只需要调高/降低变压器的电压比（改变分接头），就可以自由地控制负荷节点的电压。其实不然，首先，如果是无载调压变压器，切换分接头需要使变压器退出运行。这种类型的变压器分接头一经选定，不能频繁切换，这就涉及在最大和最小运行方式下，如何兼顾不同运行方式的变压器分接头选取问题，具体将在变压器调压的工程应用中展开讨论。在固定分接头下，有时难以适应大幅度负荷变化场景下的调压需要，而有载调压变压器，可以带负载切换分接头，但问题是有载调压变压器的分接头数量也是有限的，即电压调节范围受限，如一个有载调压变压器，其电压

比的调节极限是 $[k_{LB}, k_{UB}]$，而需要的调节范围 k'_{2min} 或 k'_{2max} 超出了调节极限，那么电压随动节点的电压也显然不能保持在允许范围之内。

3. 不同运行方式下并联无功功率补偿量的协调

还以图 6-3 所示系统为例，假设并联无功补偿设备接入前，由于系统处于最大负荷 $\tilde{S}_{Lmax} = P_{max} + jQ_{max}$，节点 2 的电压低至 U_{IImax}，超过了负荷允许的最低电压 U_{LB}，由式 (6-4) 可知，如能减少线路上的功率传输，可降低输电线路上的电压损耗，在电力系统始端电压保持不变的前提下，负荷节点的电压水平就能有所改善。由于负荷消耗的有功功率不能削减，且电力系统无功电源具有易得性，可以在负荷侧接入并联无功补偿设备，使其提供的无功功率直接被负荷所消耗，这样就可减少通过长距离输电线路传送无功功率导致的电压损耗。下面将对无功补偿设备补偿的无功功率大小与负荷节点电压改善程度之间的关系进行讨论。

如图 6-5 所示，在节点 2 处接入一个无功补偿设备，其能提供的无功功率是 Q_C，设补偿后，节点 2 的电压提高为 U_{IIC}，简单电力系统的各节点电压关系为

$$k_1 U_I = k_2 U_{IIC} + \frac{P_{max}R + (Q_{max} - Q_C)X}{k_2 U_{IIC}} \tag{6-28}$$

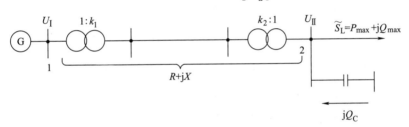

图 6-5　简单电力系统的无功功率补偿

由式 (6-28) 可以看出，补偿后变压器和输电线路上的电压损耗变为 $[P_{max}R + (Q_{max} - Q_C)X]/k_2 U_{IIC}$，与补偿前 $(P_{max}R + Q_{max}X)/k_2 U_{IImax}$ 相比有所减小，由于假设补偿前后发电厂高压母线电压不变，如果要采用在负荷侧并联无功补偿的方式进行调压，那么负荷侧的电压要提升 $\Delta U_{IIC} = U_{IIC} - U_{IImax}$。因此，联立式 (6-23) 和式 (6-4)，可得补偿设备需提供的无功功率 Q_C 为

$$Q_C = \frac{(U_{IIC} - U_{IImax})[U_{IImax}U_{IIC}k_2^2 - (P_{max}R + Q_{max}X)]}{U_{IImax}X} \tag{6-29}$$

式 (6-29) 为精确算式，在应用中还可以适当简化，式中 $(P_{max}R + Q_{max}X)$ 项远远小于前一项，可以省略，这样，Q_C 可以被近似表示为

$$Q_C = \frac{U_{IIC}k_2^2}{X}(U_{IIC} - U_{IImax}) \tag{6-30}$$

由此可见，无功补偿容量不仅与低压母线调压要求有关，而且还与变压器电压比的选择有关。在满足调压要求的前提下，如果变压器电压比选择合适，就可以使补偿设备小些，这样较为经济。因此，这就存在着无功功率补偿容量 Q_C 的选择与电压比 k 的选择相互配合的问题。而且根据采用无功补偿装置运行特性的差异，Q_C 与 k 的配合原则也有所区别，这部分也将在后面的工程应用介绍中做进一步讨论。

4. 中枢点电压调整方式

利用对恒压节点在不同运行方式下设置不同的电压参考值,尽量保持系统中电压随动节点的电压保持在允许范围内,这样的调压方式在电力系统运行中也称为"中枢点调压"。

针对图6-3的分析可知,在最大运行方式下,要求节点1的电压适当提高,而节点2的电压可以在允许的电压偏移范围内略低。在最小运行方式下,要求节点1的电压适当降低,节点2的电压在允许的电压偏移范围内略高。在工程上,为了方便给出各电压中枢点的电压参考值,可根据中枢点所管辖的电力系统中负荷分布的远近及负荷波动的程度,对不同中枢点的电压调整方式提出不同要求,以确定一个大致的电压波动允许范围。这种电压调整方式一般分为逆调压、顺调压和常调压三类。

1) 逆调压:最大负荷时要提高中枢点的电压 ($1.05U_N$),以抵偿线路上因最大负荷而增大的电压损耗,在最小负荷时要将中枢点电压降低一些 ($1.0U_N$),以防止负荷节点的电压过高。因此发电厂的母线一般要求采用逆调压。

2) 顺调压:在最大负荷时允许中枢点电压低一些 ($1.025U_N$),在最小负荷时允许中枢点电压高一些 ($1.075U_N$)。对于中枢点至负荷的供电线路不长,负荷大小变动不大的电压中枢点,可以采用顺调压。

3) 常调压:把中枢点电压保持在 $(1.02 \sim 1.05)U_N$,不必随负荷变化来调整中枢点的电压。

以上都是指系统正常运行时的调压方式,当系统发生事故时,因电压损耗比正常时大,故电压水平将在上面的基础上允许再降低约5%。

显然,上述的中枢点电压调整方式中,逆调压对调压的要求最为苛刻,也最难达成。而顺调压的调压要求相对而言容易实现。尤其电压中枢点距离负荷节点过远或负荷波动范围过大时,由于中枢点电压也不能大幅偏离额定值,这样单纯采用中枢点调压方式将不能满足负荷的调压需求。举个例子,图6-3中电压中枢点1在负荷波动的情况下,需要的电压调整范围为 $U_i - \varepsilon_U < U_i < U_i + \varepsilon_U$,才能使负荷节点电压无论何时都满足调压要求。由于发电机运行安全约束,其机端电压只能在 $[U_{G.LBref}, U_{G.UBref}]$ 范围内调节,而若此时 $\varepsilon_U > U_{G.UBref} - U_{G.LBref}$,则仅依靠该中枢点进行调压还是难以满足负荷的调压需求,需要其他调压手段的配合实现调压。

6.4 无功电源的运行特性和调压控制量计算

6.3节主要从电力系统运行变量和结构变量之间的基本关系角度分析了电力系统的调压原理,在工程实践中,需依据调压的原理,根据多种调压措施的不同特点,实现节点电压的调控。

6.4.1 无功电源的运行特性

电力系统的无功电源不仅包含发电机,还有许多其他种类的无功电源,相对于有功电源来说,无功电源具有易得性。因此,可在负荷侧装设无功补偿装置,直接发出用电负荷消耗的部分无功功率,就可以降低无功功率的远距离输送,降低输电过程的电压损耗,改善系统电压水平。另外,部分补偿设备除了能给系统提供无功功率外,还具有吸收系统过剩无功功率的能力,可以调节由于无功功率过剩导致的节点电压偏高问题。

下面将对电力系统的主要无功功率电源的运行特性做简单介绍。

1. 发电机

发电机是电力系统唯一的有功功率电源，也是基本的无功功率电源。大中型同步发电机都装有自动励磁调节装置，发电机端电压调整就是借助于发电机的自动励磁调节器（AVR），通过给发电机设置电压参考值 $U_{G.ref}$，发电机就可以在 AVR 的作用下自动改变励磁电流实现调节发电机机端电压 U_G。由于通过发电机进行调压，可以实现自动、平滑、连续的电压调节且无需附加投资，所以应当首先考虑。

现代大容量发电机的额定功率因数一般较高（0.85~0.9）。当发电机输出的有功功率小于额定功率时，其发出的无功功率可以超过其额定值。但发电机为了自身安全、稳定运行考虑，其端电压只能在一定范围内调节，这是由于发电机组受原动机出力、转子电流等运行极限所约束的。图 6-6 绘制了隐极发电机的运行极限图，从图中可以更直观地看出，发电机供给的无功功率是有限制的。不过发电机既能发出无功功率，也能吸收无功功率。当系统运行在最小负荷时，发电机可以吸收部分无功功率（进相运行），从而在一定程度上抑制电压的过度升高。

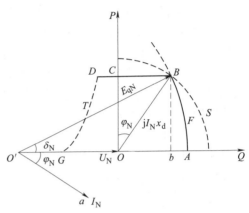

图 6-6　隐极发电机的运行极限图

因此，对于线路较长、供电范围较大、有多级变压的供电系统，从发电厂到最远处的负荷点之间，电压损耗的数值和变化幅度都比较大。图 6-7 所示为一多电压等级供电系统，其各元件在最大和最小负荷时的电压损耗已注明。最大负荷时，从发电机至线路末端的总电压损耗为 35%，最小负荷时，总电压损耗为 15%，两者相差 20%。而对发电机来说，如其高压母线的电压调整方式为逆调压，显然不能满足负荷的调压要求。

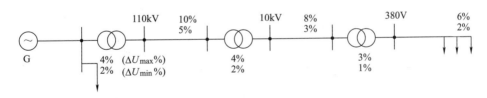

图 6-7　多级变压供电系统的电压损耗分布

因此，利用发电机进行调压具有诸多优点，但在发电机远离负荷中心时，调压效果不佳，往往还需与其他调压方法配合使用。

2. 静电电容器

由于电容器的费用低廉、能量损耗小，而且装设可大可小，既可以集中使用，也可分散装设来就地供应无功功率，以降低网络的电能损耗。其主要缺点是，所发出的无功功率与电压的二次方成正比，当电压降低时，发出的无功功率显著减少。另外，其只能分组投切而不

能进行连续调节，且只能发出无功功率而不能吸收系统过剩的
无功功率。图 6-8 为投切电容器组的示意图。

3. 同步调相机

同步调相机是一种特殊运行状态下的同步电机，其运行于
电动机状态，不带机械负荷也不带原动机，只向电力系统提供
或吸收无功功率。通过励磁调节，同步调相机过励运行时发出
接近额定功率的无功功率；欠励运行时吸收无功功率（远小于
发出无功功率的量）。同步调相机的优点是无功调节平滑，既可
为无功电源也可为无功负荷；同步调相机可以装设自动励磁调

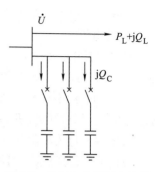

图 6-8　投切电容器组电路图

节装置，能自动地在系统电压降低时增加输出无功功率以维持系统电压。特别是有强行励磁
装置时，在系统故障情况下，还能调整系统电压，有利于提高系统的稳定性。但由于其为旋
转机械设备，运行维护比较复杂，且投资费用大；有功损耗大，一般在满负荷运行时，有功
损耗为额定容量的 1.5%~5%。

4. 静止无功补偿器

静止无功补偿器（Static Var Compensator，SVC）简称静止补偿器，是由电容器及各种
电抗元件构成，可以实现对无功功率快速、连续的调节。由于它由静止元件组成，因此维护
比较容易。

参与组成静止补偿器的部件主要有饱和电容器、固定电容器、晶闸管控制电抗器和晶闸
管控制电容器。实际应用的静止无功补偿器大多是由上述部件组成的，类型很多。目前常用
的有晶闸管控制电抗器型（TCR 型）、晶闸管开关电容型（TSC 型）和饱和电抗器型（SR
型）三种，其基本结构如图 6-9 所示。其缺点是不论何种型式的静止补偿器，作为无功功率
电源产生感性无功电源时，依靠的仍是其中的电容器，最大补偿量正比于电压的二次方，电
压低时补偿量小，另外具有谐波污染。

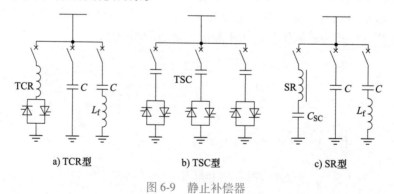

a) TCR型　　　　　　　　b) TSC型　　　　　　　　c) SR型

图 6-9　静止补偿器

5. 静止无功发生器

静止无功发生器（Static Var Generator，SVG）是指采用全控型电力电子器件组成的桥式
变流器来进行动态无功补偿的装置。SVG 的基本原理是将桥式变流电路通过电抗器并
联（或直接并联）在电网上，适当调节桥式变流电路交流侧输出电压的相位和幅值，或者
直接控制其交流侧电流，使该电路吸收或发出满足要求的无功电流，从而实现动态无功补偿
的目的。

根据直流侧储能元件（电容或电感）的不同，SVG 分为采用电压型桥式电路和电流型桥式电路两种类型，其基本结构如图 6-10a、b 所示。

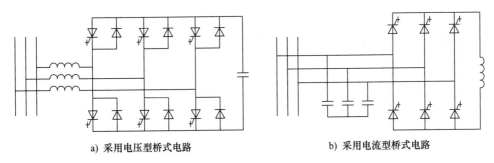

a) 采用电压型桥式电路   b) 采用电流型桥式电路

图 6-10   SVG 的电路基本结构

与静止无功补偿器相比，静止无功发生器的优点是：响应速度更快、运行范围更广、谐波含量少；尤其重要的是，电压较低时仍可向系统注入较大的无功功率。

6.4.2   变压器分接头计算

电力变压器除分为升压变压器和降压变压器外，依据是否能带负荷调整变压器的电压比，还可分为无载调压变压器和有载调压变压器两类。双绕组变压器的高压绕组和三绕组变压器的高、中压绕组往往有若干分接头可供选择，从而改变变压器的电压比以达到调节电压的目的。

无载调压变压器必须在停电的情况下才能调节其高压绕组的分接头，其调压范围较小，一般在±5%以内。一年中只能调节 1～2 次，这类普通的无载调压变压器在电力系统中应用十分广泛。

因此，对于无载调压变压器，分接头一经选定，不适合频繁更改，在选择分接头过程中，就需要同时兼顾最大运行方式与最小运行方式时的调压需求。下面给出一种无载调压降压变压器高压侧分接头的选择方法，使得变压器的电压比尽量同时满足最大负荷和最小负荷情况下的调压要求。

1. 降压变压器

图 6-11 所示为一降压变压器等效电路。设变压器上在最大负荷时通过的功率为 $P_{max} + jQ_{max}$，最小负荷时通过的功率为 $P_{min} + jQ_{min}$。在最大负荷和最小负荷情况下，高压母线 1 电压分别为 U_{1max} 和 U_{1min}，归算到高压侧的变压器阻抗为 $R_T + jX_T$，低压母线在最大负荷和最小负荷下的调压要求为

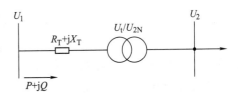

图 6-11   降压变压器等效电路图

U_{2max} 和 U_{2min}，变压器电压比 k 是高压绕组分接头电压 U_t 和低压绕组额定电压 U_{2N} 之比，即 $k = U_t/U_{2N}$。

如使变压器在最大负荷和最小负荷下分别恰好满足低压母线的调压需求，那么变压器的电压比就应该等于低压母线在高压侧的归算值与低压母线调压要求电压之比，即

$$\begin{cases} k_{\max} = \dfrac{U_{t\max}}{U_{2N}} = \dfrac{U_{1\max} - \Delta U_{\max}}{U_{2\max}} \\[4mm] k_{\min} = \dfrac{U_{t\min}}{U_{2N}} = \dfrac{U_{1\min} - \Delta U_{\min}}{U_{2\min}} \end{cases} \tag{6-31}$$

式（6-31）中，$\Delta U_{\max}$ 和 $\Delta U_{\min}$ 分别为最大负荷和最小负荷下，在阻抗上的电压降落纵分量，可表示为

$$\begin{cases} \Delta U_{\max} = \dfrac{P_{\max} R_T + Q_{\max} X_T}{U_{1\max}} \\[4mm] \Delta U_{\min} = \dfrac{P_{\min} R_T + Q_{\min} X_T}{U_{1\min}} \end{cases} \tag{6-32}$$

这样，在最大负荷和最小负荷下，需要选择的分接头电压分别为

$$\begin{cases} U_{t\max} = \dfrac{U_{1\max} - \Delta U_{\max}}{U_{2\max}} U_{2N} \\[4mm] U_{t\min} = \dfrac{U_{1\min} - \Delta U_{\min}}{U_{2\min}} U_{2N} \end{cases} \tag{6-33}$$

显然，计算得到的分接头电压 $U_{t\max}$ 和 $U_{t\min}$ 极大可能不相等，那么如何确定最合适的分接头呢？在工程中，可以采用近似的方法，即变压器高压绕组的分接头电压取最大负荷和最小负荷时分接头电压的平均值，即为

$$U_{t.av} = \left[U_{t\min} + U_{t\max} \right] / 2 \tag{6-34}$$

根据 $U_{t.av}$ 值可与变压器拥有的分接头电压做比较，选择一个与之最接近的分接头 U_{tl}。这样，选择分接头后的变压器电压比 $k = U_{tl} / U_{2N}$。以上就完成了在不同负荷水平下，变压器分接头的选取过程。

2. 升压变压器

发电厂升压变压器分接头的选择方法和上面介绍降压变压器分接头的选择方法基本相同。差别仅在于由高压母线电压推算低压母线电压时，因功率是从低压侧流向高压侧的（见图 6-12，母线 1 为高压母线，母线 2 为低压母线），应将变压器中电压损耗和高压母线电压相加，即这时的分接头选择应按如下的计算公式进行：

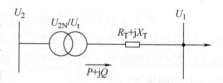

图 6-12　升压变压器等效电路图

$$U_t = (U_1 + \Delta U_T) U_{2N} / U_2 \tag{6-35}$$

式中，U_2 为变压器低压侧的实际电压或给定电压；U_1 为高压侧所要求的电压。

无论是升压变压器还是降压变压器，在上述变压器分接头的选取过程中，经历了至少两次近似过程，有时不能严格保证低压母线的电压完全满足调压需求。因此，需要根据所选取的分接头，校验最大负荷和最小负荷时低压母线上的电压是否在允许范围内。

普通无载调压变压器由于调节范围较小，选择到最高或最低档位也无法满足调压需求，或者由于负荷变化范围过大或供电线路较长，无法选择一个固定的分接头以满足最大负荷和最小负荷下的调压需求。一般地，如系统中无功功率不缺乏，采用普通变压器不能满足调压要求时，可以尝试采用有载调压变压器，往往可满足调压要求。

3. 有载调压变压器简介

有载调压变压器具有专用的分接头切换开关，能够在不停电（带着负荷）的情况下改变分接头位置进行调压。其调压范围较大，一般为 15% 以上甚至可达 30%，并且可根据负荷大小的变化在一天中调节好几次，这样就能缩小二次电压的变化幅度。目前，我国暂定 110kV 级有载调压变压器有 ±3×2.5% 共 7 级分接头；220kV 级的有 ±4×2.5% 共 9 级分接头。此外，特殊情况下，还可以有 15 级、27 级和 48 级等。

图 6-13 所示为内部具有调压绕组的有载调压变压器的原理接线。它的主绕组同一个具有若干个分接头的调压绕组串联，依靠特殊的切换装置可以在负荷电流下改换分接头。切换装置有两个可动触头 K_a 和 K_b，改换分接头时，先将一个可动触点移到另一个分接头上，然后再把另一个可动触点也移到该分接头上，这样就在不断开电路的情况下完成了分接头的切换。

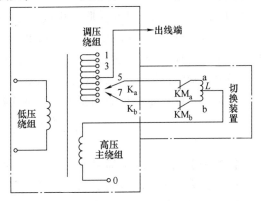

图 6-13　有载调压变压器的原理接线

6.4.3　无功补偿设备的最小补偿容量计算

1. 采用静电电容器调压

对于降压变电所，若在大负荷时电压偏低，小负荷时电压偏高，这种情况下，可考虑装设静止电容器进行无功补偿。但静止电容器只能发出无功功率提高节点电压，而不能吸收无功功率来降低电压。为了充分利用补偿容量，则在最大负荷时电容器全部投入，在最小负荷时全部退出。在选用电容器容量时，应当分为以下三步进行：

第一步：确定变压器电压比。根据调压要求，按最小负荷时没有补偿的情况确定变压器的分接头，由最小负荷时低压侧调压要求的电压 U_{2min}、低压侧归算至高压侧电压 U'_{2min} 和变压器二次侧额定电压 U_{2N} 计算分接头电压为

$$U_{Tmin} = \frac{U'_{2min}}{U_{2min}}U_{2N} \tag{6-36}$$

然后选定一个最接近这个计算电压值的分接头，于是变压器电压比就确定了，即 $k = U_{Tmin}/U_{2N}$。

第二步：确定电容器容量。电容器容量按最大负荷时的调压要求来确定。最大负荷时电容器全部投入，低压侧调压要求的电压为 U_{2Cmax}，将 U_{2Cmax} 和 k 代入式（6-30），即有

$$Q_C = \frac{k^2 U_{2Cmax}}{X}\left(U_{2Cmax} - \frac{U'_{2max}}{k}\right) \tag{6-37}$$

第三步：根据确定的电压比和选定的静电电容器容量，校验实际的电压变化。

2. 采用同步调相机调压

由于调相机既能过励运行发出感性无功功率作为电源，也可以欠励运行吸收感性无功功率作为无功功率负荷，所以调相机可一直投入运行。在最大负荷时，调相机可以过励运行发出无功功率；在最小负荷时，调相机可以欠励运行吸收无功功率。但在欠励运行时，其容量

仅为过励时额定容量的50%，故在最大、最小负荷时调相机容量分别为

$$Q_C = \frac{k^2 U_{2Cmax}}{X}\left(U_{2Cmax} - \frac{U'_{2max}}{k}\right) \tag{6-38}$$

$$-\frac{1}{2}Q_C = \frac{k^2 U_{2Cmin}}{X}\left(U_{2Cmin} - \frac{U'_{2min}}{k}\right) \tag{6-39}$$

式中，U_{2Cmax}、U_{2Cmin} 分别是并联调相机后低压母线最大负荷、最小负荷时调压要求的电压。

由式（6-38）、式（6-39），可解得电压比 k 的值。求得 k 值后，又可计算变压器分接头电压，然后选择一个合适的分接头。于是，便可确定变压器实际电压比 $k = U_{1T}/U_{2N}$。最后，按照最大负荷时的调压要求来选择调相机的容量。调相机的容量按式（6-38）计算。根据产品目录选出与此容量相近的调相机，按所选容量进行电压校验。

$$k = \frac{U_{2Cmax}U'_{2max} + 2U_{2Cmin}U'_{2min}}{U_{2Cmax}^2 + 2U_{2Cmin}^2} \tag{6-40}$$

【例6-1】 图6-14为简单电力系统的接线图。变压器励磁支路和线路对地支路忽略。节点1归算到高压侧的电压为118kV，且维持不变。降压变电所低压侧母线要求常调压，保持为10.5kV。变压器阻抗均归算到高压侧且与线路阻抗合并，$Z = (26 + j130)\Omega$。试配合降压变压器的分接头选择，确定采用下列无功功率补偿设备时的设备容量：（1）补偿设备采用电容器；（2）补偿设备采用同步调相机。

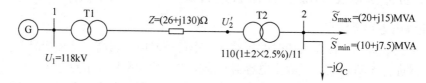

图6-14 例6-1的输电系统

解 首先计算补偿前变电所低压侧归算至高压侧的电压
最大负荷时

$$U'_{2max} = U_1 - \frac{P_{2max}R + Q_{2max}X}{U_1} = \left(118 - \frac{20 \times 26 + 15 \times 130}{118}\right)kV = 97.1kV$$

最小负荷时

$$U'_{2min} = U_1 - \frac{P_{2min}R + Q_{2min}X}{U_1} = \left(118 - \frac{10 \times 26 + 7.5 \times 130}{118}\right)kV = 107.5kV$$

（1）补偿设备采用电容器时

1）按最小负荷时补偿设备全部退出，选用变压器的分接头电压

$$U_{t2min} = \frac{U_{2N}U'_{2min}}{U_{2min}} = \frac{11 \times 107.5}{10.5}kV = 112.6kV$$

选用 110（1+2.5%）kV 即 112.75kV 的分接头，此时降压变压器的电压比 k 为 112.75/11 = 10.25。

2）采用式（6-37），按最大负荷时的调压要求确定补偿容量

$$Q_C = \frac{U_{2Cmax}}{X}\left(U_{2Cmax} - \frac{U'_{2max}}{k}\right)k^2 = \frac{10.5}{130} \times \left(10.5 - \frac{97.1}{10.25}\right) \times 10.25^2 Mvar = 8.71Mvar$$

3）验算电压偏移：最大负荷时补偿设备全部投入

$$U'_{2Cmax} = \left(118 - \frac{20 \times 26 + (15 - 8.71) \times 130}{118}\right) kV = 106.66kV$$

低压母线的实际电压为

$$U_{2Cmax} = U'_{2Cmax}/k = (106.66/10.25)kV = 10.4kV$$

最小负荷时补偿设备全部退出，则低压母线的实际电压为

$$U_{2min} = U'_{2min}/k = (107.5/10.25)kV = 10.49kV$$

最大负荷时的电压偏移为

$$\frac{10.5 - 10.4}{10.5} \times 100\% = 0.95\%$$

最小负荷时的电压偏移为

$$\frac{10.5 - 10.49}{10.5} \times 100\% = 0.1\%$$

因此，选择的电容器容量能满足负荷的调压要求。

（2）补偿设备采用同步调相机时

1）按式（6-40）确定降压变压器的电压比

$$k = \frac{U_{2Cmax}U'_{2max} + 2U_{2Cmin}U'_{2min}}{U^2_{2Cmax} + 2U^2_{2Cmin}} = \frac{10.5 \times 97.1 + 2 \times 10.5 \times 107.5}{10.5^2 + 2 \times 10.5^2} = 9.91$$

从而 $U_{2t} = 9.91 \times 11kV = 109.01kV$，选用主分接头 110kV，此时，变压器的电压比 $k = 110/11 = 10$。

2）将 k 代入式（6-38），按最大负荷时的调压要求确定 Q_C

$$Q_C = \frac{k^2 U_{2Cmax}}{X}\left(U_{2Cmax} - \frac{U'_{2max}}{k}\right) = \frac{10^2 \times 10.5}{130}\left(10.5 - \frac{97.1}{10}\right) MVA = 6.4MVA$$

选取最接近标准容量的同步调相机，其额定容量为 7.5MVA。

3）验算电压偏移

最大负荷时调相机按额定容量过励磁运行，低压母线的实际电压为

$$U_{2Cmax} = \left[118 - \frac{20 \times 26 + (15 - 7.5) \times 130}{118}\right] kV/10 = 10.53kV$$

电压偏移为

$$\frac{10.53 - 10.5}{10.5} \times 100\% = 0.3\%$$

最小负荷时调相机按 50%额定容量欠励磁运行 $Q_C = -3.75Mvar$

$$U_{2Cmin} = \left[118 - \frac{10 \times 26 + (7.5 + 3.75) \times 130}{118}\right] kV/10 = 10.34kV$$

电压偏移为

$$\frac{10.34 - 10.5}{10.5} \times 100\% = -1.52\%$$

可见，选用的同步调相机容量是满足要求的。最小负荷时适当减少吸收的无功功率就可使低压母线电压达到 10.5kV。

从影响负荷节点电压的因素分析，还可以通过改变线路参数，起到调压作用。也就是

说，可以通过在输电线路上串联电容器，使电容器的容抗和线路的感抗相互补偿，减少线路电抗，从而减少了网络中的电压损耗，就会使末端电压比未加串联电容时有所提高。但串联电容器在工程上的主要作用是提高电力系统的静态稳定极限，由于其配置复杂，在工程上极少应用于调压，在此不做过多讨论。

6.4.4 调压措施的综合运用

如前所述，在各种调压措施中，应首先考虑改变发电机端电压调压，因这种措施不需附加投资，只需通过调节发电机的励磁电流，改变发电机输出的无功功率，即能使发电机电压维持在给定值附近，且电压调节范围较宽，可以连续调节。但是如果对于一个无功不足的电力系统，仅依靠发电机通过多级变压器和远距离输电网络给负荷提供电压和无功支持是十分困难的。这是因为在无功功率的大规模传输中，会增大输送电流，产生大量的有功损耗和无功损耗，电源到负荷间的电压损耗也显著增加，调压效果差，发电机运行的经济性也受到影响。

其次，当系统的无功功率比较充裕时，应考虑改变变压器分接头调压，因双绕组变压器的高压侧、三绕组变压器的高中压侧都有若干个分接头供调压选择使用，这也是一种不需再附加投资的调压措施。若作为经常性的调压措施，所谓借改变变压器分接头调压，只能理解为采用有载调压变压器调压。一般有载调压变压器装设在枢纽变电站，或装设在大容量的用户处。

在电力系统无功功率不足的条件下，采用调整变压器分接头将无法实现调压，需要考虑增加无功补偿设备调压的手段，如并联调相机、静止补偿器、电容器等。这些无功补偿设备有各自的运行特点，只能根据具体调压要求和电网实际运行情况，采用不同的补偿方法。采用无功补偿设备调压是改善电网电压、调节系统无功功率亏盈最直接的措施。只是在补偿设备的规划和使用过程中，由于需要附加投资，一定有经济性方面的衡量。

严格规定出各种调压措施的应用范围是相当复杂的，有时是不可能的，对调压设备的选择，往往要通过技术经济的比较后，综合运用多种调压措施作为解决系统电压调整问题的合理方案。

最后还要指出，在处理电压调整问题时，保证系统在正常运行方式下有合乎标准的电压质量是最基本的要求。此外，还要使系统在某些特殊运行方式下（例如检修或故障后）的电压偏移不超过允许的范围。如果正常状态下的调压措施不能满足这一要求，还应考虑采取特殊运行方式下的补充调压方法。

❀ 小 结

电压和频率是衡量供电质量的重要指标。第5章已经说明稳态运行时电力系统所有节点电压具有相同的频率，稳态频率与全系统有功功率供需平衡有关。

电力系统中各输电元件承担传输功率的任务，导致电网各节点电压幅值通常不相等。

输电网络中的无功功率供需和电压水平存在局部耦合关系。

在电源的周边区域内，发电机电压是决定区域电压水平的主导因素，除非发电机发出的无功功率超过了允许范围而进入恒定无功运行状态。解决受电（负荷）区域的电压调节问题，宜就地补偿无功功率，远方的电压支撑和无功功率传输"远水不解近渴"。

无功功率电源的多样性和电压-无功功率关系的局域性，既增加了无功调节手段的多样性，也增加了电压调节的复杂性。

无功功率供需的局域平衡、良好的电压质量以及较低的网损率几乎是等价命题。

无功功率不宜跨电压等级交互，于是有在特高压输电系统中装电抗器与在低压系统装电容器并存的现象。

改变发电机端电压调压、改变变压器电压比调压、利用无功补偿设备调压等调压手段各自有其适用的条件。

随着可再生能源并网比例不断升高，电力系统中有功功率波动日益加剧，对快速响应的电压调节提出了更高的要求。

扩展阅读6.1　电力系统的自动电压控制（AVC）

电压控制是运行调度人员最重要的日常工作之一，历史上主要通过人工完成。调压工作相当繁复，可能占到运行调度人员日常工作量的近一半。电压控制与频率调整类似，在时间尺度上分为三个级别，见表6-2。随着电力系统的不断发展，电网规模日益扩大，这种依赖于人工经验的电压控制方式越来越难以适应电网自身的复杂性，正是在这样的背景下，自动电压控制（Automatic Voltage Control，AVC）系统应运而生。

表 6-2　电力系统电压无功调节分级

分级	调节时间	说　明
一次调节	数毫秒至数秒	发电机组 AVR 自动调节，快速响应系统电压变化（类似一次调频）
二次调节	数十秒~5min	由无功设备吸收和发出的无功功率，使区域内电压合格（类似AGC）
三次调节	10~15min	使系统电压和无功功率分布全面协调，控制电网在安全和经济准则优化状态下运行（类似经济调度）

AVC 是指利用计算机系统、通信网络和可调控设备，根据电网实时运行工况在线计算控制策略，自动闭环控制无功功率和电压调节设备，以实现合理的无功功率、电压分布，其结构框图如图6-15所示。AVC 系统取代了传统的人工电压控制，一般由运行在控制中心的主站系统与运行在厂站侧的子站系统构成，二者通过调度数据网进行远程通信。AVC 系统利用 SCADA 系统的遥测与遥信功能，将电网各节点运行状态实时采集并上传至控制中心，在控制中心主站系统内以提高全网电压水平（或降低网络损耗）为目标进行优化决策，得到对全网不同控制设备的优化调节指令，并通过 SCADA 系统的遥控与遥调功能下发至厂站侧，由厂站侧子站系统或监控系统最终执行，实现自动、闭环、优化控制。AVC 系统与自动发电控制（AGC）系统共同构成了电力系统稳态自动控制的基石，对于运行调度人员驾驭复杂大电网具有重要意义。

经过近 20 年的不断发展，自动电压控制（AVC）已经和自动发电控制（AGC）一起共同构成了中国电网控制中心不可或缺的常备控制系统，对无功电压进行自动化全局优化控制，极大地缓解了运行调度人员的工作强度，有力支撑了中国特大规模复杂电网的安全、优质与经济运行，保障了大规模可再生能源的可靠消纳。

随着中国大规模特高压交直流混联电网的逐步形成，电压稳定与电压控制方面的新挑战

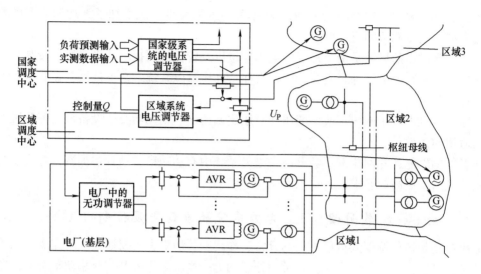

图 6-15 AVC 结构框图

日益显著，迫切需要将原有侧重于稳态应用的自动电压控制理论进一步推进到动态层面，形成稳态-动态相互衔接、预防控制和紧急控制相互协调的完整电压控制体系。

扩展阅读6.2 电压九区图控制法

九区图控制法是软件实现电压-无功功率综合控制的基本方式，它是参考变电站当前的运行方式，将运行中变电站的电压和无功功率划分为三种状态：合格、过高和过低，利用实时监测的电压和无功功率（或功率因数）两个判别变量构成变电站综合自动控制策略，基于给出的电压和无功功率的上、下限特性，可以在电压和无功功率平面上划分成九个控制区域，每个区域对应于不同的电压-无功功率条件，由此可以决定相应的控制策略。根据实时监测的电压和无功功率，通过判定当前变电站运行在哪个区域，再根据区域所对应的控制策略对变压器分接头和电容、电抗器组进行协调控制，使电压保持在合格范围，无功功率尽量就地平衡，以减少网损，取得更好的经济效益。

在这九个区域中，区域9是满足限值要求的理想区域，电压和无功功率都在正常允许范围内，当运行在此区域内时，不需要对无功功率进行额外的调节，而其他区域不能同时满足电压和无功功率的要求，需要根据各个区域的具体情况进行具体分析，选择最优的控制顺序和电压无功设备的协调配合来实施必要的控制策略，尽量使运行点进入区域9。其中，调节电压时应按照逆调压的原则进行控制，当电压或无功功率超出相应上下限时，根据整定的偏移量进行调节，使电压和无功功率得到优化控制，其示意图如图6-16所示。

仅按理论上的九区图逻辑来操作，在特定条件下可能出现频繁切换的现象。所谓"频繁切换"，是指在分接头调档或电容器投切时，运行点目标区域边界上反复进出，导致对控制对象频繁切换的现象。频繁切换会增加分接头和电容器组的操作次数，影响相关设备/部件的使用寿命，并使系统受到冲击，因此在控制策略具体设计时应通过设置必要的门槛值或动作时延来防止频繁切换的发生。

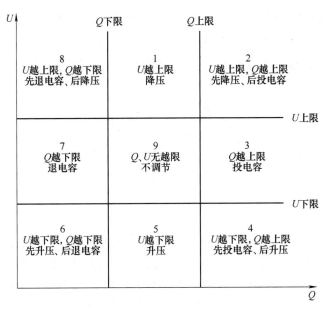

图 6-16 电压综合控制九区图

习 题

6-1 图 6-17 所示是一升压变压器，其额定容量为 31.5MVA，电压比为 10.5/[121(1 ± 2 × 2.5%)]，归算到高压侧的阻抗 $Z_T = (3 + j48)\Omega$，通过变压器的功率 $\tilde{S}_{max} = (24 + j16)MVA$，$\tilde{S}_{min} = (13 + j10)MVA$。高压母线要求逆调压，发电机电压的可能调整范围为 10~11kV，试选变压器分接头。

图 6-17 习题 6-1 图

6-2 如图 6-18 所示，由电站 1 向用户 2 供电，为了使 U_2 能维持额定电压运行（$U_N = 10kV$），问在用户处应装电力电容器的容量是多少？（忽略电压降落的横分量 δU）

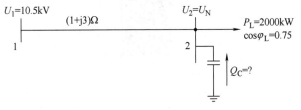

图 6-18 习题 6-2 图

6-3　系统如图 6-19 所示，$Z_{ij} = (8 + j40)\,\Omega$（等效到高压侧），$\tilde{S}_{j\max} = (20 + j10)\,\mathrm{MVA}$，$\tilde{S}_{j\min} = (8 + j5)\,\mathrm{MVA}$，$U_i = 105\mathrm{kV}$，变压器额定电压为 $[110(1 \pm 4 \times 2.5\%)]/11\mathrm{kV}$，变压器低压侧 j 节点要求逆调压，求变压器的电压比和并联电容器的最小补偿量。

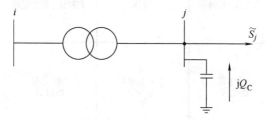

图 6-19　习题 6-3 图

6-4　如图 6-20 所示，一个地区变电所，由双回 110kV 输电线供电，变电所装两台容量均为 31.5MVA 的分接头为 $[110(1 \pm 4 \times 2.5\%)]/11\mathrm{kV}$ 的变压器，已知每回线路电抗 $X_L = 14.6\Omega$，变压器的电抗 $X_T = 20.2\Omega$（已归算至 110kV 侧），变电所低压侧母线上的电压归算到高压侧时，在最大负荷时 $U_{2\max} = 100.5\mathrm{kV}$，最小负荷时 $U_{2\min} = 107.5\mathrm{kV}$。试回答以下问题：

（1）并联电容器时，容量和电压比的选择怎么配合？并联调相机时，容量和电压比的选择怎么配合？

（2）当变电所低压侧母线要求为最大负荷时 $U'_{2\max} = 10.5\mathrm{kV}$，最小负荷时 $U'_{2\min} = 10\mathrm{kV}$，求为保证调压要求所需的最小同步调相机容量 Q_C？

（3）为达到同样的调压目的，选静止电容器容量为多少？

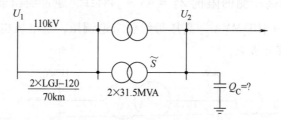

图 6-20　习题 6-4 图

第 6 章自测题

第 **7** 章

电力系统对称短路电流的计算方法

【引例】

2005 年 8 月 21 日凌晨 4:25，某县 110kV 中心变电站遭受雷击，导致出线穿墙套管爆炸而发生三相短路（A、B、C 三相导体间绝缘破坏而连通，导致电流急剧升高的现象），并引发大火。此次事故造成损毁 8000kVA 三绕组主变压器 1 台，10kV 电容高压开关柜、10kV 进线高压柜、10kV 站用变开关柜各 1 台，其他器件若干；事故造成该县停电 3 天，给国民经济、企业生产和人民生活带来较大的损失，造成了严重的社会影响。图 7-1 为某线路遭遇雷击而发生短路故障。

短路故障对电力系统的危害很大，轻则导致设备损坏，重则引起电力系统失去稳定的严重后果。

安全生产重在防患未然，救灾应力阻蔓延。面对短路危害，一方面是提高技术水平、加强运行管理，尽量防止短路故障发生；另一方面是一旦发生短路故障，尽量降低其危害后果，避免后续连锁事故的发生。

图 7-1　某线路遭遇雷击

第 7、8 章将介绍短路的定义，短路的类型，短路电流的特征量及计算方法，短路后节点电压分布的计算方法等内容。

本章将介绍突然三相短路时短路电流的变化过程及短路电流中包含的各种分量，定义描绘短路电流的特征量，介绍短路电流周期分量起始值的计算方法，以及三相短路后网络中节点电压的计算方法。

7.1　电力系统短路故障概述

1. 短路的定义

短路是电力系统运行中发生的一类因绝缘损坏导致的故障形态。

短路的定义：由于电力设备（或电力线路）绝缘损坏而导致带有不同电压的导体间或带电导体与大地间产生的非正常电流通路，称之为短路。

绝缘损坏主要有以下几类原因：一类是电气设备内绝缘损坏引起的短路，比如变压器、断路器、互感器等内绝缘的损坏；一类是检修操作不当引起的短路，比如检修中为保证安全

变压器短路
引起的火灾

而挂接地线，检修后未按安全运行规程规定及时摘除接地线误合刀开关而引起的短路；一类是电力线路遭遇外力破坏而引起的短路故障，如线路遭受雷击、自然灾害导致的倒塔或树枝搭线引起短路。

2. 短路故障的类型

如果细致地研究，短路是一个非常复杂的过程，从短路点的复杂电弧过程，到短路引起电力系统元件的复杂暂态过程，到短路电流引起的电动力破坏，不一而足。

在电力系统分析课程中，主要关心短路电流对系统运行的危害及短路电流的计算方法。为了便于分析，将短路故障划分为三相短路、单相接地短路、相间短路和两相短路接地 4 种基本类型。

三相短路是指三相导体间绝缘同时损坏引发的短路故障，可能由变压器、断路器等主要设备严重损毁而引发，也可能由于检修后的违规操作（带地线合刀开关）而引发。三相短路是电力系统中最严重的短路故障，发生的概率很小，危害十分严重。

单相接地短路是三相导体中某一相绝缘损坏导致的短路，单相接地故障多发生在潮湿、多雨天气，由树障、线路上绝缘子单相击穿、单相导线断线落地以及其他外力侵害等因素引起。只有在中性点直接接地的电压等级较高的电力系统中，单相接地才会造成短路电流危害，本章分析的单相接地均指这一情形。在所有短路故障中，单相接地故障发生的概率最高，这也是所有短路故障中危害相对较小的一类故障。

相间短路是三相导体中任两相之间绝缘损坏而引发的短路故障。此类故障短路点并不与大地直接相连。此类故障发生的概率较小。

两相短路接地是三相导体中任两相之间绝缘损坏且与大地相连导致的短路故障。

不计短路过程中时序上的细微差异，三相短路可以被看成是对称短路，即短路前和短路后系统均处于对称运行状态。

其余三种类型的短路均为不对称短路，即短路发生后，电力系统进入不对称运行状态。对此类故障的分析，不能再沿用单相等效电路的方法，必须引入适合分析不对称故障的方法。

电力系统的故障，可能发生在一点，也可能同时相继发生在多点。

表 7-1 中给出了 4 种短路基本类型的特征及符号。

表 7-1　短路基本类型的特征及符号

短路种类	短路类型	示意图	符号
对称短路	三相短路		$f^{(3)}$
不对称短路	单相接地短路		$f^{(1)}$
	相间短路		$f^{(2)}$
	两相接地短路		$f^{(1,1)}$

电气短路
的瞬间

高压线短路爆炸

3. 短路故障的危害

电力系统发生短路时，短路回路中的阻抗远小于正常运行回路的阻抗，势必造成很大的短路电流。电压等级越高的系统中发生短路，其短路电流更大。

高压电
短路瞬间

如果在发电机端口处发生三相短路，短路回路中只有发电机的次暂态电抗，其标幺值为 0.1~0.2，因此短路电流可以达到发电机额定电流的 5~10 倍。同时，短路故障还会造成短路点附近电压明显下降。

由此可见，短路是一种很严重的故障，可能造成电气设备的损害并威胁电力系统安全。短路的危害具体表现在以下几个方面：

1）很大的短路电流会通过导体，短路点的电弧可能导致设备绝缘的破坏，甚至引发火灾；短路电流通过导体时，会在相邻导体间产生很大的电动力，如果导体自身强度不足或导体的支撑强度不够，则可能造成设备的损坏。

2）短路还会引起电网局部电压降低，特别是邻近短路点处的电压下降明显，结果可能使部分用户的用电设备不能持续工作。在一些结构薄弱的电网中，短路故障也可能导致局部停电事故。

3）严重的短路故障可能破坏电力系统的稳定性。除了大电流、低电压危害外，短路还会导致输电通道输送能力的下降，严重时甚至阻滞输送功率，会引起送电端发电机转子的加速，并造成受电端功率的短缺，严重时会导致电力系统难以恢复功率平衡而失去稳定，造成大面积停电的严重后果。

短路故障严重威胁电力系统安全运行，必须采取多层次综合措施尽量减轻其危害。首先是通过良好的运行维护技术和严格的管理措施尽量减少短路故障的发生，还应在电力系统规划设计和设备选型时保证主要电气设备能承受安全运行规程规定的短路故障冲击而不失效。在电力系统运行管理方面，通过合理设置的继电保护装置尽快切除短路故障，尽量降低短路对电力系统的冲击，防止事故影响的蔓延和事故的范围扩大。

4. 短路电流计算及其应用场景

"防患于未然"，欲防范短路故障，必须了解短路的特性。

短路电流计算是分析电力系统结构及元件参数、运行方式、短路类型与短路电流之间关系的一类计算的统称，主要目的是了解掌握短路的特性，为制定防范短路故障的措施提供依据。

没有绝缘外皮的
高压电线，为什么
不会通过雨水短路

短路电流计算的主要应用场景有：

1）在电力系统的规划设计阶段，校核所设计的电力系统发生的最大短路电流不超过断器器允许的最大遮断容量，确保发生短路时故障元件可以被可靠切除。如果所设计的电力系统短路电流超过标准，则应该考虑采用降低短路电流的措施，比如设置限流装置或提高电压等级。

2）在发电厂、变电所设计选择主接线方式、主要电气设备和导线构型时，应满足可能发生的最严重短路电流时的热稳定和机械强度要求。例如，计算冲击电流以校验设备的电动力稳定性；计算短路电流周期分量以校验设备的热稳定性；计算指定时刻的短路电流有效值以校验断路器的遮断能力等。

3）在电力系统运行管理方面，各类继电保护装置或安全自动装置的配置和参数整定，都要以短路电流计算为基础。为了保证继电保护装置的正确动作，还需要计算短路电流的过程特性及在网络中的分布特性。

7.2 电力系统三相短路电流分析

电力系统结构复杂、包含元件众多且特性各异，为了方便地分析电力系统发生三相短路时短路电流在暂态过程中的变化规律，常常需要对系统的网络和电源特性进行化简。

7.2.1 恒定电动势源电路的三相短路电流分析

在研究电力系统三相短路的物理过程中，先从简单情况入手，假设电源的电压和频率保持恒定，内阻抗为零，分析简单三相 R-L 电路对称短路暂态过程。

如图 7-2 所示，简单三相 R-L 电路由恒定幅值和恒定频率的三相对称恒定电动势源供电。短路发生前，电路处于稳态，其 a 相的电动势和电流表达式为

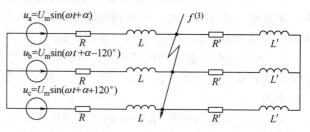

图 7-2 恒定电动势源三相电路突然短路

$$\begin{cases} u_a = U_m \sin(\omega t + \alpha) \\ i_a = I_{m|0|} \sin(\omega t + \alpha - \varphi_{|0|}) \end{cases} \tag{7-1}$$

式中，$I_{m|0|} = \dfrac{U_m}{\sqrt{(R+R')^2 + \omega^2(L+L')^2}}$；$\varphi_{|0|} = \arctan \dfrac{\omega(L+L')}{R+R'}$。

当在短路点 f 突然发生三相短路时，这个电路即被分成两个独立的回路。在右边回路中，没有电源，电流将从短路发生瞬间不断地衰减，一直衰减到磁场中储存的能量全部变为电阻中所消耗的热能，电流即衰减为零。在与电源相连的左边回路中，每相阻抗由原来的 $(R+R') + j\omega(L+L')$ 减少为 $R + j\omega L$，其稳态电流值必将增大。短路暂态过程的分析和计算就是针对这一回路的。

假定短路在 $t=0$ 时发生，由于电路仍为对称，可以只研究其中的一相，例如 a 相，其电流的瞬时值应满足如下微分方程：

$$L \frac{di_a}{dt} + Ri_a = U_m \sin(\omega t + \alpha) \tag{7-2}$$

该方程为一阶线性非齐次常微分方程，其解即为短路时的全电流：

$$i_a = I_m \sin(\omega t + \alpha - \varphi) + [I_{m|0|}\sin(\alpha - \varphi_{|0|}) - I_m\sin(\alpha - \varphi)]e^{-t/T_a} \tag{7-3}$$

由于三相电路对称，只要用 $(\alpha-120°)$ 和 $(\alpha+120°)$ 代替式（7-3）中的 α 就可分别得到 b 相和 c 相电流表达式。现将三相短路电流表达式综合如下：

$$\begin{cases} i_a = I_m\sin(\omega t + \alpha - \varphi) + [I_{m|0|}\sin(\alpha - \varphi_{|0|}) - I_m\sin(\alpha - \varphi)]e^{-t/T_a} \\ i_b = I_m\sin(\omega t + \alpha - 120° - \varphi) + [I_{m|0|}\sin(\alpha - 120° - \varphi_{|0|}) - I_m\sin(\alpha - 120° - \varphi)]e^{-t/T_a} \\ i_c = I_m\sin(\omega t + \alpha + 120° - \varphi) + [I_{m|0|}\sin(\alpha + 120° - \varphi_{|0|}) - I_m\sin(\alpha + 120° - \varphi)]e^{-t/T_a} \end{cases}$$

$$\tag{7-4}$$

式中，$I_{\mathrm{m}}=\dfrac{U_{\mathrm{m}}}{\sqrt{R^2+\omega^2 L^2}}$；$\varphi=\arctan\dfrac{\omega L}{R}$；$T_{\mathrm{a}}$ 为短路后恒定电动势源供电网络的时间常数，$T_{\mathrm{a}}=\dfrac{L}{R}$。

由式（7-4）可以看出每相短路电流表达式包括周期分量和非周期分量。短路至稳态时，三相中的周期电流分量为三个幅值相等、相位相差 120° 的交流电流，其幅值大小取决于电源电压幅值和短路回路的总阻抗。从短路发生到稳态之间的暂态过程中，每相电流还包含有按指数形式逐渐衰减到 0 的非周期电流，它们出现的物理原因是电感中电流在突然短路瞬时的前后不能突变。很明显，三相的非周期分量电流是不相等的。

在电源电压幅值和短路回路阻抗恒定的情况下，由式（7-4）可知，非周期分量的起始值与电源电压的初始相位 α（相应于在 α 时刻发生短路）、短路前回路中的电流值有关。在图 7-3a 中画出了 $t=0$ 时 a 相的电源电压、短路前的电流和短路电流交流分量的相量图。很明显，$\dot{I}_{\mathrm{ma}|0|}$ 和 $\dot{I}_{\mathrm{ma}}$ 在时间轴上的投影分别为 $i_{\mathrm{a}|0|}$ 和 $i_{\mathrm{pa}0}$，它们的差值即为 $i_{\alpha a0}$。如果改变 α，使相量差（$\dot{I}_{\mathrm{ma}|0|}-\dot{I}_{\mathrm{ma}}$）与时间轴平行，则 a 相非周期分量起始值的绝对值最大；如果改变 α，使相量差（$\dot{I}_{\mathrm{ma}|0|}-\dot{I}_{\mathrm{ma}}$）与时间轴垂直，则 a 相直流电流为零，这时 a 相电流由短路前的稳态电流直接变为短路后的稳态电流，而不经过暂态过程。

图 7-3b 中给出了短路前为空载时（$I_{\mathrm{m}|0|}=0$）a 相的电流相量图，这时 $\dot{I}_{\mathrm{ma}}$ 在 t 轴上的投影即为 $i_{\alpha a0}$，显然比图 7-3a 中相应的要大。如果在这种情况下，α 满足 $|\alpha-\varphi|=90°$，即 $\dot{I}_{\mathrm{ma}}$ 与时间轴平行，则 $i_{\alpha a0}$ 的绝对值达到最大值 I_{m}。

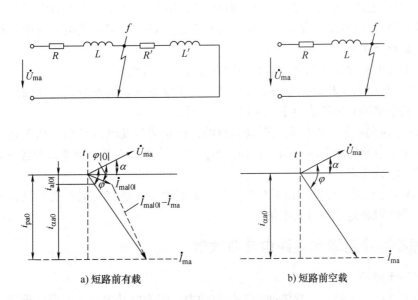

a) 短路前有载　　　　　　　b) 短路前空载

图 7-3　初始状态电流相量图

根据前面的分析可以得出这样的结论：当短路发生在电感电路中、短路前为空载的情况下，非周期分量电流最大，若初始相位满足 $|\alpha-\varphi|=90°$，则一相（a 相）短路电流的非周期分量的绝对值达到最大值，即等于周期短路电流分量的幅值。

7.2.2 同步发电机三相短路电流的主要特征分析

同步电机由多个有磁耦合关系的绕组构成，定子绕组同转子绕组之间还有相对运动，同步电机突然短路的暂态过程要比恒电动势源电路复杂得多。

同步电机稳态对称运行（包括稳态对称短路）时，电枢磁动势的大小不随时间而变化，而在空间以同步速度旋转，它同转子没有相对运动，因此不会在转子绕组中感应电流。突然短路时，定子电流在数值上发生急剧变化，电枢反应磁通也随着变化，并在转子绕组中感应电流，这种电流又反过来影响定子电流的变化。

突然短路后，定子各相绕组出现的电流，可以根据各相绕组必须维持在短路瞬间的磁链不变的条件来确定。发电机三相短路的暂态过程中短路电流全电流表达式为（以 a 相为例）：

$$i_a = \left[\left(\frac{E''_{q|0|}}{x''_d} - \frac{E'_{q|0|}}{x'_d} \right) e^{-t/T''_d} + \left(\frac{E'_{q|0|}}{x'_d} - \frac{E_{q|0|}}{x_d} \right) e^{-t/T'_d} + \frac{E_{q|0|}}{x_d} \right] \cos(\theta_0 + \omega_0 t) + \left(\frac{E''_{d|0|}}{x''_q} \right) e^{-t/T''_q}$$

$$\sin(\theta_0 + \omega_0 t) - \frac{U_{|0|}}{2} \left(\frac{1}{x''_d} + \frac{1}{x''_q} \right) e^{-t/T_a} \cos(\delta_0 - \theta_0) - \frac{U_{|0|}}{2} \left(\frac{1}{x''_d} - \frac{1}{x''_q} \right) e^{-t/T_a} \cos(2\omega_0 t + \delta_0 + \theta_0)$$

$$(7\text{-}5)$$

式中，$E''_{q|0|}$、$E''_{d|0|}$、$E'_{q|0|}$、$E_{q|0|}$、$U_{|0|}$ 分别为短路前的同步发电机交轴次暂态电动势、直轴次暂态电动势、交轴暂态电动势、交轴空载电动势、端电压；x''_d、x''_q、x'_d、x_d 分别为直轴次暂态电抗、交轴次暂态电抗、直轴暂态电抗、直轴同步电抗；θ_0 表示转子直轴与 a 相绕组轴线的初始夹角；δ_0 为短路前空载电动势和端电压相量间的夹角。

b 相、c 相的表达式仅需将式（7-5）的 θ_0 分别换成 $\theta_0 - 120°$、$\theta_0 + 120°$ 即得。

由式（7-5）可以看出，发电机三相短路的暂态过程中，定子绕组电流中含有非周期分量、基频分量及倍频分量电流。

对于同步发电机发生三相突然短路的暂态过程，总结如下：

1) 同步发电机在三相突然短路后，短路电流中含有基频周期分量、非周期分量和倍频交流分量。其中倍频分量数值很小，可以忽略不计。

2) 短路电流周期分量幅值是随时间衰减的，这是同步发电机突然三相短路电流与恒电动势源电路短路电流的最基本差别。且其初始值很大，由次暂态电动势和次暂态电抗或暂态电动势和暂态电抗决定。

3) 短路电流非周期分量三相不对称，其初始值大小与短路时刻有关，且其衰减规律主要取决于定子电阻和定子的等效电抗。

7.2.3 短路冲击电流和短路电流有效值

1. 短路冲击电流

当导体中流过电流时，在导体间会产生电动力。因为电动力与电流瞬时值的二次方成正比，短路电流产生的电动力效应将更加严重，更具有破坏性。为保证电气设备的导体、绝缘和机械部分不因短路电流的电动力效应引起损坏，在电网设备选型时应计算短路电流在最恶劣短路情况下的最大瞬时值，来检验电气设备和载流导体的动稳定度。

在同步电机的定子短路电流中由于含有非周期分量，致使短路后第一周期内出现很大的电流瞬时值。非周期电流越大，最大瞬时值也越大。短路电流可能的最大瞬时值，称为短路冲击电流。

短路冲击电流的计算：

当同步电机空载运行、转子位置角 $\theta_0 = 180°$ 时发生三相短路时，a 相电流中的非周期分量达到最大，电流瞬时值也达到最大。空载运行时，$E''_{q|0} = E'_{q|0} = E_{q|0} = U_{|0} = E''_{|0}$，$E''_{d|0} = 0$；考虑 $x''_d \approx x''_q$，可从式（7-5）得到这种条件下的 a 相电流：

$$i_a = \left[E''_{|0} \left(\frac{1}{x''_d} - \frac{1}{x'_d} \right) e^{-t/T''_d} + \left(\frac{1}{x'_d} - \frac{1}{x_d} \right) e^{-t/T'_d} + \frac{1}{x_d} \right] \cos(\omega_0 t + 180°) + \frac{E''_{|0}}{x''_d} e^{-t/T_a}$$

$$(7\text{-}6)$$

式中，非周期电流达到最大，起始值为 $E''_{|0}/x''_d$，与周期电流起始值 I'' 相等，i_a 的波形图如图 7-4 所示。

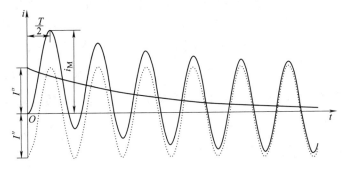

图 7-4　非周期分量最大时短路电流波形

可见在短路发生经过约半个周期后（当 f 为 50Hz 时，此时间为 0.01s）出现最大冲击电流，可表示为

$$i_M \approx I_m + I_m e^{-0.01/T_a} = (1 + e^{-0.01/T_a}) I_m = K_M I_m \qquad (7\text{-}7)$$

式中，K_M 为冲击系数，即冲击电流值对于交流电流幅值的倍数，很明显，K_M 的值为 $1 \sim 2$，在实用计算中，K_M 一般取为 $1.8 \sim 1.9$。

2. 短路电流有效值

短路电流通过电力设备产生热量而使温度急剧上升，短路电流的热效应通常以短路电流有效值来衡量。

短路电流含有非周期分量，使它的有效值大于周期电流的有效值。在短路暂态过程中，任一时刻 t 的短路电流有效值 I_t，是以时间 t 为中心的一个周期内瞬时电流的方均根值，即

$$I_t = \sqrt{\frac{1}{T} \int_{t-\frac{T}{2}}^{t+\frac{T}{2}} i^2 \mathrm{d}t} = \sqrt{\frac{1}{T} \int_{t-\frac{T}{2}}^{t+\frac{T}{2}} (i_{pt} + i_{\alpha t}) \mathrm{d}t}$$

$$= \sqrt{(I_m/\sqrt{2})^2 + i_{\alpha t}^2} \qquad (7\text{-}8)$$

式中，i_{pt} 为短路电流周期分量；$i_{\alpha t}$ 为短路电流非周期分量，并假设在 t 前后一周期内不变。

由图 7-4 可知，最大有效值电流也是发生在短路后半个周期（$t = 0.01\text{s}$）时，其值为

$$I_M = \sqrt{(I_m/\sqrt{2})^2 + i_\alpha^2} = \sqrt{(I_m/\sqrt{2})^2 + (i_M - I_m)^2}$$

$$= \sqrt{(I_\mathrm{m}/\sqrt{2})^2 + I_\mathrm{m}^2(K_\mathrm{M} - 1)^2} = \frac{I_\mathrm{m}}{\sqrt{2}}\sqrt{1 + 2(K_\mathrm{M} - 1)^2} \tag{7-9}$$

当 $K_\mathrm{M} = 1.9$ 时 $\qquad\qquad\qquad I_\mathrm{M} = 1.62\dfrac{I_\mathrm{m}}{\sqrt{2}}$

当 $K_\mathrm{M} = 1.8$ 时 $\qquad\qquad\qquad I_\mathrm{M} = 1.51\dfrac{I_\mathrm{m}}{\sqrt{2}}$

短路电流的最大有效值用于校验电气设备的断流能力或者耐受强度。

7.3　短路电流周期分量初始值计算

对于包含多台发电机的实际电力系统，在进行短路电流的工程实用计算时，没有必要做上述复杂的分析，一般只需要计算短路电流周期分量的初始值，即次暂态电流 I''，用于继电保护的整定计算、校验断路器的开断容量等。三相短路故障并不破坏整个系统的对称性，所以对称短路的计算与一般的恒定电动势源电路三相短路的计算没有什么本质的差别。在短路后瞬间，因磁链守恒的原因，发电机的次暂态电动势 $\dot{E}''$（或在无阻尼绕组发电机中的暂态电动势 $\dot{E}'$）保持不变。发电机可以用次暂态电动势和次暂态电抗等效，利用这电动势进行 $t=0$ 的短路电流计算。

7.3.1　短路电流近似计算时的计算条件

1）各台发电机均用 x_d'' 作为其等效电抗，即假设 d 轴和 q 轴等效电抗均为 x_d''。发电机的等效电动势则为次暂态电动势：

$$\dot{E}''_{|0|} = \dot{U}_{|0|} + j\dot{I}_{|0|}x_\mathrm{d}'' \tag{7-10}$$

$\dot{E}''$ 虽然并不具有 $\dot{E}_\mathrm{q}''$ 和 $\dot{E}_\mathrm{d}''$ 那种在突然短路前后不变的特性，但从计算角度近似认为 $\dot{E}''$ 不突变是可取的。

如果在计算中忽略负荷，则短路前为空载状态，所以电源的次暂态电动势均取为额定电压，即标幺值为 1，而且同相位。

当短路点远离电源时，可将发电机端电压母线看作是恒定电压源，电压值取为额定电压。

2）在电网方面，进行短路电流计算时可以比潮流计算简化。一般可以忽略线路对地电容和变压器的励磁回路，因为短路时电网电压较低，这些对"地"支路的电流较正常运行时更小，而短路电流很大。另外，在计算高压电网时还可以忽略电阻。在标幺值运算中采用近似方法，即不考虑变压器的实际电压比，而认为变压器电压比均为平均额定电压之比。

3）负荷对短路电流的影响比较复杂。如果正常情况下的负荷电流远小于短路电流，可以在计算用的等效网络中忽略负荷。短路前计及负荷，发电机的次暂态电动势根据潮流计算所得的发电机端电压 $\dot{U}_{i(0)}$ 和发电机注入功率 $\tilde{S}_{i(0)}$ 确定；短路后电网中的负荷可以利用恒定阻抗近似表示，阻抗由短路前潮流计算结果中的负荷端电压 $\dot{U}_{\mathrm{D}i(0)}$ 和负荷功率 $\tilde{S}_{\mathrm{D}i(0)}$ 求得

$$\begin{cases} \dot{E}''_{i(0)} = \dot{U}_{i(0)} + j\dfrac{P_{i(0)} - jQ_{i(0)}}{\dot{U}^*_{i(0)}}x''_{di} \quad i = 1,2,\cdots,G \\[4mm] Z_{Li} = \dfrac{U^2_{Di(0)}}{P_{Di(0)} - jQ_{Di(0)}} \quad i = 1,2,\cdots,n \end{cases} \tag{7-11}$$

式中，G 为发电机台数；n 为负荷数。

但是，当短路点附近有大容量的电动机时，则需要计及电动机对短路电流的影响。

7.3.2　简单电力系统短路电流的计算

图 7-5a 所示为两台发电机向负荷供电的简单系统。母线 1、2、3 上均接有综合性负荷，现分析母线 3 发生三相短路时，短路电流交流分量的初始值。图 7-5b 是系统的等效电路。在采用了 $\dot{E}''_{|0|} \approx 1$ 和忽略负荷的近似后，计算用等效电路如图 7-5c 所示。对于这样的发电机直接与短路点相连的简单电路，短路电流可直接表示为

$$I''_f = \frac{1}{x_1} + \frac{1}{x_2}$$

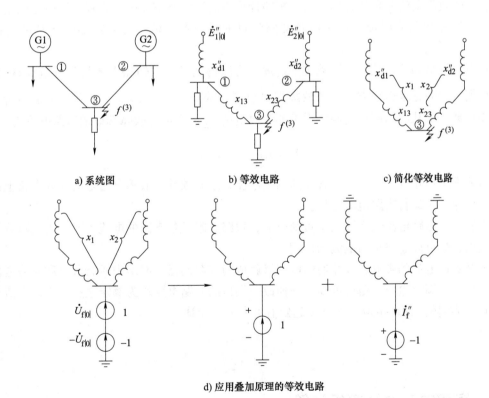

a) 系统图　　　　b) 等效电路　　　　c) 简化等效电路

d) 应用叠加原理的等效电路

图 7-5　简单系统等效电路

另一种计算方法是应用叠加原理，其等效电路如图 7-5d 所示，则短路点电流可直接由故障分量求得，即短路点短路前开路电压除以电网对该点的等效阻抗，即

$$I''_f = \frac{U_{f|0|}}{x_\Sigma} = \frac{1}{x_\Sigma} = \frac{1}{\dfrac{1}{\dfrac{1}{x_1}+\dfrac{1}{x_2}}} = \frac{1}{x_1} + \frac{1}{x_2}$$

式中，x_Σ为电网对短路点的等效阻抗。这种方法具有一般的意义，即电网中任一点的短路电流交流分量初始值等于该点短路前的电压（开路电压）除以电网对该点的等效阻抗（该点向电网看进去的等效阻抗），这时所有发电机电抗为各自发电机的x''_d。

如果是经过阻抗z_f后发生短路，则短路点电流为

$$I''_f = \frac{1}{jx_\Sigma + z_f} \tag{7-12}$$

7.3.3 复杂电力系统短路电流的计算

复杂电力系统短路电流的计算方法原则上与简单系统的短路电流计算相同，只是电网结构更加复杂。严格地说，复杂电力系统中短路后的各支路电流应该是正常运行时支路电流与短路产生的故障电流分量的叠加。由于短路计算中运用的是节点电压方程，因而可以用叠加原理分别计算两部分电流。短路前各支路流过的是负荷电流，可以在潮流计算的基础上得到。

在电力网络的故障端口应用戴维南定理，可以得到简洁的短路电流故障分量计算公式。首先根据已知的正常运行方式求得故障端口故障前的开路电压$\dot{U}_{f|0|}$，然后将系统中所有电源短路接地，求从故障端口向网络看去的等效电抗x_Σ，则可得故障端口的短路电流为

$$\dot{I}''_f = \dot{U}_{f|0|} / (jx_\Sigma)$$

若要求解短路发生时网络中各支路的全电流，还必须计算故障分量电流在各支路上的分布，然后与正常运行支路电流相加。

事实上，短路电流通常远大于负荷电流，短路点附近各支路的电流主要是由故障分量电流决定的，故可以忽略负荷电流的作用。

忽略负荷电流的影响，故障前的电网络就成为空载网络，网络中所有节点和支路电压均相同，可设为额定电压。由此可知，任何故障端口的开路电压均为额定电压，用标幺值记则为1.0，则故障点短路电流周期分量起始值可由下式计算：

$$I''_f = \frac{1.0}{x_\Sigma}$$

7.4 短路电流的计算机计算

由于系统结构复杂，实际电力系统短路电流周期分量初始值的计算，一般均用计算机计算。应用计算机进行电力系统故障分析计算时需要掌握电力系统故障计算用的数学模型、计算方法，以及程序设计三方面的知识。本节将仅介绍基本的数学模型和计算方法。

7.4.1 等效网络

计算短路电流 I''，实质上就是求解交流电路的稳态电流，其数学模型也就是网络的线性代数方程组，一般选用网络节点电压方程，即用节点阻抗矩阵或节点导纳矩阵描述的网络方程。

图7-6给出了计算短路电流 I''（及其分布）的等效网络。在图7-6a中，G代表发电机端电压节点（如果有必要也可以包括某些大容量的电动机），发电机等效电动势为 $\dot{E}''$，电抗为 x_d''；D代表负荷节点，以恒定阻抗代表负荷；f 点为短路点（经 z_f 短路）。图7-6b为应用叠加原理分解成正常运行和故障分量两个网络，其中正常运行方式的求解必须通过潮流计算求得，故障分量的计算由短路电流计算程序完成。图7-6c表示在近似的实用计算中不计负荷影响时的等效网络。应用叠加原理如图7-6d所示，正常运行方式为空载运行，网络中各点电压均为1，故障分量网络中，$\dot{U}_{f|0|}=1$。这里只需进行故障分量的计算。

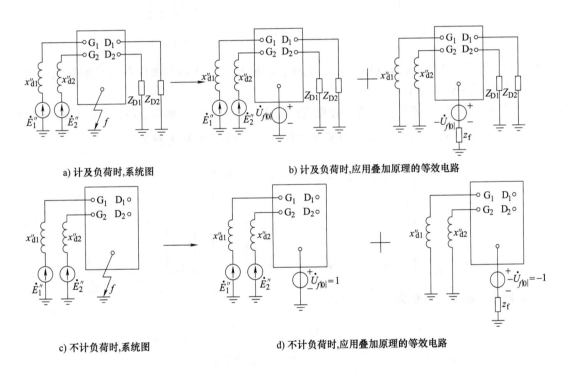

a) 计及负荷时,系统图   b) 计及负荷时,应用叠加原理的等效电路

c) 不计负荷时,系统图   d) 不计负荷时,应用叠加原理的等效电路

图7-6 计算短路电流 I'' 的等效网络

由图7-6的故障分量网络可见，这个网络与潮流计算时的网络差别在于发电机节点上多接了对地电抗 x_d''，负荷节点上多接了对地阻抗 z_D（在实用计算中没有此阻抗）。当然，如果在短路计算中可以忽略线路电阻和电纳，而且不计变压器的实际电压比，则短路计算网络较潮流计算网络简化，而且网络本身是纯感性的。

对于故障分量网络，一般用节点电压方程来描述，即网络的数学模型或者用节点阻抗矩阵，或者用节点导纳矩阵。

在电力系统潮流计算的数学模型中网络方程式即用节点导纳矩阵 $\boldsymbol{Y}$ 表示。$\boldsymbol{Y}$ 矩阵的元素与原始网络支路参数的关系简单，易于由网络电路图直观地形成。节点阻抗矩阵 $\boldsymbol{Z}$ 是 $\boldsymbol{Y}$ 的逆矩阵，它的元素与短路电流计算直接相关。以下先介绍用 $\boldsymbol{Z}$ 矩阵元素进行短路电流计算的计算公式。

7.4.2 基于节点阻抗矩阵的稳态短路电流计算方法

对于一个 n 节点的电力网络，可以用节点阻抗矩阵写出其节点电压方程如下：

$$
\begin{bmatrix} \dot{U}_1 \\ \vdots \\ \dot{U}_i \\ \vdots \\ \dot{U}_j \\ \vdots \\ \dot{U}_n \end{bmatrix} = \begin{bmatrix} Z_{11} & \cdots & Z_{1i} & \cdots & Z_{1j} & \cdots & Z_{1n} \\ \vdots & & \vdots & & \vdots & & \vdots \\ Z_{i1} & \cdots & Z_{ii} & \cdots & Z_{ij} & \cdots & Z_{in} \\ \vdots & & \vdots & & \vdots & & \vdots \\ Z_{j1} & \cdots & Z_{ji} & \cdots & Z_{jj} & \cdots & Z_{jn} \\ \vdots & & \vdots & & \vdots & & \vdots \\ Z_{n1} & \cdots & Z_{ni} & \cdots & Z_{nj} & \cdots & Z_{nn} \end{bmatrix} \begin{bmatrix} \dot{I}_1 \\ \vdots \\ \dot{I}_i \\ \vdots \\ \dot{I}_j \\ \vdots \\ \dot{I}_n \end{bmatrix}
\tag{7-13}
$$

式中，电压相量为网络各节点对"地"电压；电流相量为网络外部向各节点的注入电流；系数矩阵即节点阻抗矩阵。

对于图 7-6 中的故障分量网络（短路支路的阻抗 z_f 不在内）的节点阻抗矩阵，该网络只有短路点 f 有注入电流 $-\dot{I}_f$（$\dot{I}_f$ 由 f 点流向"地"），故节点电压方程为

$$
\begin{bmatrix} \Delta \dot{U}_1 \\ \vdots \\ \Delta \dot{U}_f \\ \vdots \\ \Delta \dot{U}_n \end{bmatrix} = \begin{bmatrix} Z_{11} & \cdots & Z_{1f} & \cdots & Z_{1n} \\ \vdots & & \vdots & & \vdots \\ Z_{f1} & \cdots & Z_{ff} & \cdots & Z_{fn} \\ \vdots & & \vdots & & \vdots \\ Z_{n1} & \cdots & Z_{nf} & \cdots & Z_{nn} \end{bmatrix} \begin{bmatrix} 0 \\ \vdots \\ -\dot{I}_f \\ \vdots \\ 0 \end{bmatrix} = \begin{bmatrix} Z_{1f} \\ \vdots \\ Z_{ff} \\ \vdots \\ Z_{nf} \end{bmatrix} (-\dot{I}_f)
\tag{7-14}
$$

短路点电压故障分量为

$$
\begin{aligned}
\Delta \dot{U}_f &= -\dot{I}_f Z_{ff} \\
&= -\dot{U}_{f|0|} + \dot{I}_f z_f
\end{aligned}
$$

由此可得短路点电流为

$$
\dot{I}_f = \frac{\dot{U}_{f|0|}}{Z_{ff} + z_f} \approx \frac{1}{Z_{ff} + z_f}
\tag{7-15}
$$

此式与式（7-12）是一致的。由此可见，若已知节点阻抗矩阵的对角元素，可以方便地求得任一点短路的短路电流。

已知短路电流 $\dot{I}_f$ 后代入式（7-14）可得任一点电压故障分量，则各节点短路后的电压为

$$\begin{cases} \dot{U}_1 = \dot{U}_{1|0|} + \Delta \dot{U}_1 = \dot{U}_{1|0|} - Z_{1f}\dot{I}_f \approx 1 - Z_{1f}\dot{I}_f \\ \dot{U}_f = \dot{U}_{f|0|} + \Delta \dot{U}_f = z_f\dot{I}_f \\ \dot{U}_n = \dot{U}_{n|0|} + \Delta \dot{U}_n = \dot{U}_{n|0|} - Z_{nf}\dot{I}_f \approx 1 - Z_{nf}\dot{I}_f \end{cases}$$

(7-16)

任一支路 $i—j$ 的电流为

$$\dot{I}_{ij} = \frac{\dot{U}_i - \dot{U}_j}{z_{ij}} \approx \frac{\Delta \dot{U}_i - \Delta \dot{U}_j}{z_{ij}} \qquad (7\text{-}17)$$

式中，z_{ij} 为 $i—j$ 支路阻抗。

图 7-7 示出节点阻抗矩阵计算短路电流的原理框图。从中可看出，只要形成了节点阻抗矩阵，计算任一点的短路电流和网络中电压、电流的分布是很方便的，计算工作量很小。但是，形成节点阻抗矩阵的工作量较大，网络变化时的修改也比较麻烦，而且节点阻抗矩阵是满阵，需要计算机的存储量较大。针对这些问题，可以采用将不计算部分的网络化简等方法。

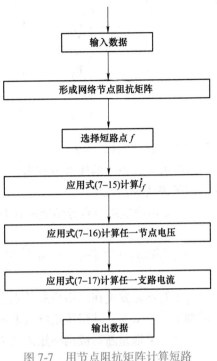

图 7-7　用节点阻抗矩阵计算短路
电流的原理框图

7.4.3　基于节点导纳矩阵的稳态短路电流计算方法

对于一个 n 节点的电力网络，可以用节点导纳矩阵写出其节点电压方程如下：

$$\begin{bmatrix} \dot{I}_1 \\ \vdots \\ \dot{I}_i \\ \vdots \\ \dot{I}_j \\ \vdots \\ \dot{I}_n \end{bmatrix} = \begin{bmatrix} Y_{11} & \cdots & Y_{1i} & \cdots & Y_{1j} & \cdots & Y_{1n} \\ \vdots & & \vdots & & \vdots & & \vdots \\ Y_{i1} & \cdots & Y_{ii} & \cdots & Y_{ij} & \cdots & Y_{in} \\ \vdots & & \vdots & & \vdots & & \vdots \\ Y_{j1} & \cdots & Y_{ji} & \cdots & Y_{jj} & \cdots & Y_{jn} \\ \vdots & & \vdots & & \vdots & & \vdots \\ Y_{n1} & \cdots & Y_{ni} & \cdots & Y_{nj} & \cdots & Y_{nn} \end{bmatrix} \begin{bmatrix} \dot{U}_1 \\ \vdots \\ \dot{U}_i \\ \vdots \\ \dot{U}_j \\ \vdots \\ \dot{U}_n \end{bmatrix}$$

(7-18)

节点导纳矩阵是节点阻抗矩阵的逆矩阵，极易形成，网络结构变化时也易于修改。

应用节点导纳矩阵计算短路电流，实质上是先用它计算与短路点 f 有关的节点阻抗矩阵的第 f 列元素：$Z_{1f} \cdots Z_{ff} \cdots Z_{nf}$，然后即可用式（7-15）~式（7-17）进行短路电流的有关计算。

根据前面对节点阻抗矩阵元素的分析，$Z_{1f} \sim Z_{nf}$ 是在 f 节点通以单位电流（其他节点电流均为零）时 $1 \sim n$ 节点的电压，故可求解下列方程：

$$\begin{bmatrix} Y_{11} & \cdots & Y_{1f} & \cdots & Y_{1n} \\ \vdots & & \vdots & & \vdots \\ Y_{f1} & \cdots & Y_{ff} & \cdots & Y_{fn} \\ \vdots & & \vdots & & \vdots \\ Y_{n1} & \cdots & Y_{nf} & \cdots & Y_{nn} \end{bmatrix} \begin{bmatrix} \dot{U}_1 \\ \vdots \\ \dot{U}_f \\ \vdots \\ \dot{U}_n \end{bmatrix} = \begin{bmatrix} 0 \\ \vdots \\ 1 \\ \vdots \\ 0 \end{bmatrix} \leftarrow f \text{节点} \tag{7-19}$$

求得的 $\dot{U}_1 \sim \dot{U}_n$ 即为 $Z_{1f} \sim Z_{nf}$。

求解式（7-19）的线性方程组，有现成的计算方法和程序，例如高斯消去法、三角分解法、因子表法等。

图7-8 示出应用节点导纳矩阵计算短路电流的原理框图。

7.4.4　输电线路非端点位置短路时短路电流计算方法

若短路不是发生在网络原有节点上，而是如图7-9所示，发生在线路的任意点上，则网络增加了一个节点，其阻抗矩阵（和导纳矩阵）增加了一阶，即与 f 点有关的一列和一行元素。显然，采取重新形成网络矩阵的方法是不可取的，以下将介绍利用原网络阻抗矩阵中 j 和 k 两列元素直接计算与 f 点有关的一列阻抗元素（$Z_{1f}\cdots Z_{ff}\cdots Z_{nf}$）的方法：

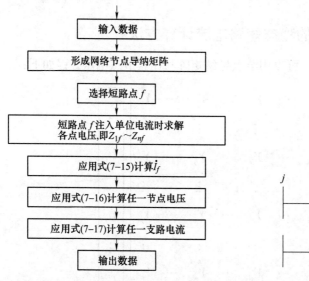

图7-8　用节点导纳矩阵计算短路电流的原理框图

图7-9　短路点在线路任意处

（1）$Z_{fi}(=Z_{if})$

根据节点阻抗矩阵元素的物理意义，当网络中任意节点 i 注入单位电流，而其余节点注入电流均为零时，f 点的对地电压即为 Z_{fi}，故

$$Z_{fi} = \dot{U}_f = \dot{U}_j - \dot{I}_{jk} l z_{jk} = Z_{ji} - \frac{Z_{ji} - Z_{ki}}{z_{jk}} l z_{jk} \tag{7-20}$$

$$= (1-l)Z_{ji} + lZ_{ki}$$

式中，Z_{ji} 和 Z_{ki} 为已知的原网络节点 j、k 对节点 i 的互阻抗元素。

（2）Z_{ff}

当 f 点注入单位电流时，f 点的对地电压即为 Z_{ff}，则有

$$\frac{\dot{U}_f - \dot{U}_j}{lz_{jk}} + \frac{\dot{U}_f - \dot{U}_k}{(1-l)z_{jk}} = 1$$

将电压用相应的阻抗元素表示，则得

$$\frac{Z_{ff} - Z_{jf}}{lz_{jk}} + \frac{Z_{ff} - Z_{kf}}{(1-l)z_{jk}} = 1$$

化简后得

$$Z_{ff} = (1-l)Z_{jf} + lZ_{kf} + l(1-l)z_{jk}$$

式中，Z_{jf} 和 Z_{kf} 用式（7-20）代入，则

$$Z_{ff} = (1-l)^2 Z_{jj} + l^2 Z_{kk} + 2l(1-l)Z_{jk} + l(1-l)z_{jk} \tag{7-21}$$

式中，Z_{jj}、Z_{kk}、Z_{jk}、z_{jk} 均已知。

因此，在一般情况下，为了计算线路 j—k 中任一点故障时，只需知道故障前 j、k 两列的节点阻抗矩阵元素，便可由式（7-20）、式（7-21）求得 f 列的阻抗元素，从而可按节点故障时同样的方法，进行前述的各种计算。

小 结

三相短路是电力系统中最严重的短路故障。一旦发生三相短路，巨大的短路电流将从发热、电动力等方面危及相关电气设备的安全，短路造成的输送功率阻滞可能破坏电力系统运行的稳定性。

三相短路时，虽然仍保持三相对称，但由于三相电流瞬时值不相等，实际的三相短路电流并不具有完全相同的波形。

短路电流的波形与电源的特性有密切关系。以同步发电机作为电源的系统中，受同步发电机内部复杂暂态的影响，三相短路电流中含有衰减的周期分量和三相不对称的衰减非周期分量。

为了充分估计短路电流的危害，可以估算最严重情况下最大短路电流瞬时值、最大短路电流有效值与短路电流周期分量起始值的数量关系，从而将复杂的短路电流计算简化为短路电流周期分量起始值的计算。计算三相短路电流周期分量起始值是一个对称三相电路的求解问题。只有在此意义下，才能说是对称短路。然而，短路电流周期分量起始值只是刻画短路电流的一个特征量，不能全面反映三相短路电流的物理过程。

在电力系统设计和设备选型时，需进行短路电流周期分量起始值的计算，并通过短路电流周期分量起始值与其他短路电流特征量的关系评估短路对设备的力、热损害，使所选用设备能承受短路冲击而不损坏。

在计算短路电流周期分量起始值时，发电机用次暂态电抗 x''_d 和次暂态电动势 $\dot{E}''$ 来表示。

扩展阅读 7.1 大电网短路电流超标问题

本来电源布局应按照负荷分布，避免过度集中。然而，随着人们对环境保护及安全性认

识的提高，以及随着经济建设的发展，土地利用程度的提高，要确保电厂建设用地变得十分困难。为此，出现了一个发电厂发电机组台数增加以及几个发电厂集中一带建设，形成电站群的现象。随着电源建设的高度集中，主系统各站距离短，为减少电源投资，减少系统备用，电力系统采用联网运行，以加强电力系统的结构，提高供电的可靠性，保障电源高效率运行。由于上述种种原因，各电压等级电网中的短路电流不断增加。

随着电力系统中短路电流水平逐年增大，各类送变电设备如开关设备、变压器及互感器、变电所的母线、架构、导线、支持绝缘子和接地网都必须满足由于高短路电流水平带来的更严格要求。这个问题目前已成为电力系统规划、运行方面面临的重要问题。并且，当电网短路电流增长到一定水平时，就会超过断路器的遮断容量，从而使电网时刻处于因断路器无法开断故障电流而使事故扩大的危险中。

目前，国内外电力系统主要从电网结构、运行方式和限流设备三方面着手限制短路电流。基本措施主要包括：

（1）提升电压等级，下一级电网分层分区运行

将原电压等级的网络分成若干区，辐射形接入更高一级的电网，大容量电厂直接接入更高一级的电网中，原有电压等级电网的短路电流将随之降低。例如，在电网发展的基础上，进行电网分层分区运行是限制短路电流最直接有效的方法。

（2）变电所采用母线分段运行

打开母线分段开关，使母线分列运行，可以增大系统阻抗，有效降低短路电流水平。

（3）加装变压器中性点小电抗接地

加装的中性点小电抗对于减轻三相短路故障的短路电流无效，但对于限制短路电流的零序分量有明显的效果。在变压器中性点加装小电抗施工便利，投资较小，因此在单相短路电流过大而三相短路电流相对较小的场合很有效。

（4）采用串联电抗器

采用串联电抗器占地不大、投资合理，目前国际上研究开发了可控串联电抗器技术，使其正常时阻抗为零，仅在短路电流流过限制装置时串入，以限制短路电流，这就对系统的网损和稳定性不会产生较大影响，但费用较高。

（5）采用高阻抗变压器和发电机

采用高阻抗的变压器和发电机同采用串联电抗器的限流作用是一样的，但发电机阻抗的增大会降低并联运行时的稳定性、采用高阻抗的变压器会增加无功损耗和电压降落。因此在选择是否采用高阻抗变压器和发电机时，需要综合考虑系统的短路电流、稳定性和经济性等多个方面。

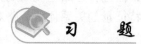

习　　题

7-1　如图 7-10 所示系统，f 点发生三相短路，6.3kV 母线电压保持不变且三相电压为

$$u_a = \sqrt{2} \times 6.3\cos(\omega_s t + \alpha)$$

$$u_b = \sqrt{2} \times 6.3\cos(\omega_s t + \alpha - 120°)$$

$$u_c = \sqrt{2} \times 6.3\cos(\omega_s t + \alpha + 120°)$$

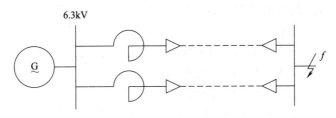

图 7-10 习题 7-1 图

电抗器：6kV，200A，$X_R\% = 4$，额定有功损耗为每相 1.68kW。电缆线路：长 1250m，$x = 0.083\Omega/\mathrm{km}$，$r = 0.37\Omega/\mathrm{km}$。

在空载情况下突然三相短路，设突然短路时 $\alpha = 30°$。试计算：

（1）每条电缆中流过的短路电流交流分量幅值；

（2）每条电缆三相短路电流表达式。

7-2 如图 7-11 所示系统，电压为恒定电压源，当取 $S_B = 100\mathrm{MVA}$，$U_B = U_{av}$，冲击系数 $K_M = 1.8$ 时，试求在 k 点发生三相短路时的冲击电流。

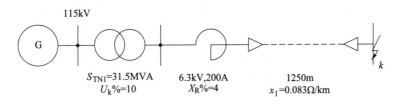

图 7-11 习题 7-2 图

7-3 系统接线如图 7-12 所示，若 110kV 母线发生三相短路，试求：（1）短路点起始次暂态电流；（2）各发电机的起始次暂态电流；（3）短路点的冲击电流。取 $S_B = 100\mathrm{MVA}$，$U_B = U_{av}$。

已折算为标幺值的参数如下，发电机 G1：$E_1'' = 1.08$，$x_{d1}'' = 0.25$；发电机 G2：$E_2'' = 1.05$，$x_{d2}'' = 0.18$；变压器 T1、T2：$x_{t1} = x_{t2} = 0.0389$；变压器 T3：$x_{t3} = 0.0146$；感应电动机负荷 LD：$E_{LD}'' = 0.8$，$x_{dL}'' = 0.35$。

线路 L 参数为：每回 250km，$x_1 = 0.4\Omega/\mathrm{km}$，$U_N = 220\mathrm{kV}$。

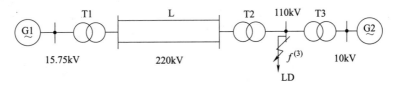

图 7-12 习题 7-3 图

7-4 如图 7-13 所示网络，母线③发生三相直接短路，试进行下列计算。

（1）若忽略负荷电流的影响，系统处于空载，网络各节点电压标幺值均为 1.05，计算母线③的故障电流以及故障后母线①、②的电压；

（2）计及负荷电流的影响，G1 出口电压标幺值为 1.05，G2 发出的功率为 100MW +

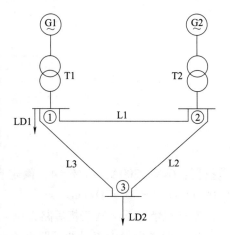

j20Mvar，计算母线③的故障电流以及故障后母线①、②的电压，并与上一问比较。

各元件参数如下，发电机：G1，100MVA；G2，200MVA。额定电压均为 10.5kV，次暂态电抗 X_d'' 均为 0.2。变压器：T1，100MVA；T2，200MVA。电压比均为 10.5kV/115kV，短路电压百分数均为 10。电力线路：三条电力线路（L1、L2、L3）参数均为 115kV，60km，电抗 $x_1 = 0.44\Omega/\mathrm{km}$。负荷：LD1，50MW，$\cos\varphi = 0.985$；LD2，100MW，$\cos\varphi = 1$。

7-5　图 7-14 所示电力系统，网络中各参数已折算成标幺值注于等效网络中。试计算 f 点三相短路时的短路电流及网络中的电流分布。

图 7-13　习题 7-4 图

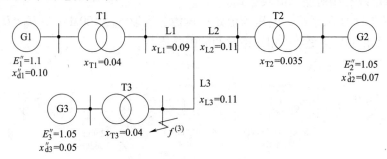

图 7-14　习题 7-5 图

第 7 章自测题

第 8 章

电力系统不对称故障的分析和计算

【引例】

在电力系统所发生的各类短路故障中，以不对称短路发生的概率为最大，包括单相接地短路、相间短路和两相短路接地三种基本类型。当系统发生不对称短路时，电路的三相对称性遭到了破坏。图 8-1 为发生两相短路接地时的电压电流波形。

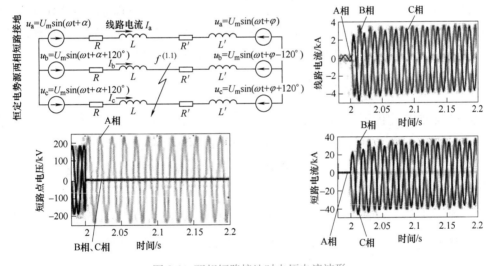

图 8-1　两相短路接地时电压电流波形

由波形图可见，系统发生两相短路接地故障时，短路点故障相 B 相、C 相电压突变为零，故障相线路电流显著增大，系统中三相电压、电流不满足幅值相等、相位互差 120° 的条件，不再对称。

在系统发生不对称短路时，短路后三相电压、电流不再对称，但 A、B、C 三相系统在故障点以外仍是耦合的，除了极特殊情况，试图将三相分割独立求解短路电流是不可行的。

一个重要的事实值得关注，即从短路点端口向系统看去，除短路点以外，系统其余部分仍然是三相对称的。不对称短路只是相当于在短路点端口上施加了不对称电压或注入了不对称电流。

给定相序的一组对称三相电压相量可以视为一维独立变量，只要已知了任一相电压相量，其他两相相量可依相序约束关系推得。

三相不对称电压相量是三维独立变量，约定三种不同的相序关系，构成三维独立的基，在数学上就可以将三相不对称电压等价表示为三个对称序分量的组合。恰当地选择由"相"到"序"的变换系数，可以得到满秩的对称分量变换矩阵，使得由"相"到"序"的正变换和由"序"到"相"的反变换均具有唯一性。

在故障端口施加某一序电压时，端口电压和端口内网络均对称，可以用一相等效电路来分析。虽然每一序网络都是对称的，但由于各相序的差异，决定各序电压电流相互关系的阻抗参数通常是不一样的。

因此，本章首先介绍对称分量变换，即如何将 A、B、C 三相不对称电压、电流变换成正、负、零三序电压、电流。然后分析电力系统主要元件的序参数，为开展不对称短路电流计算奠定基础。最后，介绍了简单不对称故障的分析计算方法，以及出现不对称故障时电流和电压在网络中的分布计算。

8.1 对称分量法的基本原理

分析计算不对称故障的方法很多，如对称分量法、$\alpha\beta0$ 分量法以及在 abc 坐标系统中直接进行计算等。目前实际中用得最多的和最基本的方法仍是对称分量法，它是将故障处电压、电流分解为正序、负序、零序三组对称分量，利用三相阻抗对称电路各序具有独立性特点，故障网络分解为正序、负序、零序三个独立的序网络，由于各序网络本身对称，可以只取一相来计算，这样就使分析计算得到简化。下面将详细介绍这种方法。

8.1.1 同频率三相不对称相量的对称分量变换

任意一组相同频率的不对称三相相量 $\dot{F}_a$、$\dot{F}_b$、$\dot{F}_c$，其幅值不相等或者相位不是彼此互差 120°，如图 8-2a 所示，可以分解为三组相序不同的对称分量：

1）正序分量 $\dot{F}_{a(1)}$、$\dot{F}_{b(1)}$、$\dot{F}_{c(1)}$（见图 8-2b），相量幅值相等，相位彼此互差 120°，且 a 相超前 b 相，b 相超前 c 相。

2）负序分量 $\dot{F}_{a(2)}$、$\dot{F}_{b(2)}$、$\dot{F}_{c(2)}$，如图 8-2c 所示，幅值相等，相位关系与正序分量相反。

3）零序分量 $\dot{F}_{a(0)}$、$\dot{F}_{b(0)}$、$\dot{F}_{c(0)}$，如图 8-2d 所示，幅值和相位均相同。

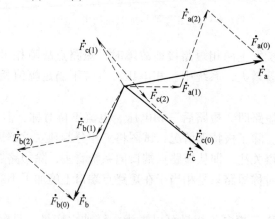

a) 不对称相量合成

图 8-2 各序分量及相量合成

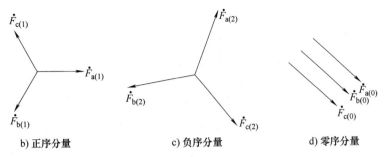

b) 正序分量　　　　　　c) 负序分量　　　　　　d) 零序分量

图 8-2　各序分量及相量合成（续）

用数学表达式可表示为

$$
\begin{cases}
\dot{F}_a = \dot{F}_{a(1)} + \dot{F}_{a(2)} + \dot{F}_{a(0)} \\
\dot{F}_b = \dot{F}_{b(1)} + \dot{F}_{b(2)} + \dot{F}_{b(0)} \\
\dot{F}_c = \dot{F}_{c(1)} + \dot{F}_{c(2)} + \dot{F}_{c(0)}
\end{cases}
\tag{8-1}
$$

定义 $a = e^{j120°}$、$a^2 = e^{j240°}$，各相序可表示为

$$
\begin{cases}
\dot{F}_{b(1)} = a^2 \dot{F}_{a(1)}；\dot{F}_{c(1)} = a\dot{F}_{a(1)} \\
\dot{F}_{b(2)} = a\dot{F}_{a(2)}；\dot{F}_{c(2)} = a^2 \dot{F}_{a(2)} \\
\dot{F}_{a(0)} = \dot{F}_{b(0)} = \dot{F}_{c(0)}
\end{cases}
\tag{8-2}
$$

式（8-2）可利用 a 相的各序分量表示为

$$
\begin{bmatrix} \dot{F}_a \\ \dot{F}_b \\ \dot{F}_c \end{bmatrix}
=
\begin{bmatrix} 1 & 1 & 1 \\ a^2 & a & 1 \\ a & a^2 & 1 \end{bmatrix}
\begin{bmatrix} \dot{F}_{a(1)} \\ \dot{F}_{a(2)} \\ \dot{F}_{a(0)} \end{bmatrix}
\tag{8-3}
$$

记作 $\dot{F}_{abc} = S\dot{F}_{120}$，$S$ 为 $\dot{F}_{abc}$ 与 $\dot{F}_{120}$ 之间的满秩变换矩阵。这样已知各序对称分量时，可以利用式（8-3）求出三相不对称的相量；也可以将一组不对称的三相量分解为三组对称分量，表达式为

$$
\begin{bmatrix} \dot{F}_{a(1)} \\ \dot{F}_{a(2)} \\ \dot{F}_{a(0)} \end{bmatrix}
=
\frac{1}{3}
\begin{bmatrix} 1 & a & a^2 \\ 1 & a^2 & a \\ 1 & 1 & 1 \end{bmatrix}
\begin{bmatrix} \dot{F}_a \\ \dot{F}_b \\ \dot{F}_c \end{bmatrix}
\tag{8-4}
$$

记作 $\dot{F}_{120} = S^{-1}\dot{F}_{abc}$。

如果电力系统某处发生不对称短路，尽管除短路点外三相系统的元件参数都是对称的，三相电路电流和电压都变成不对称的相量。将式（8-4）的变换关系应用于电流（或电压），则有

$$\begin{bmatrix} \dot{I}_{a(1)} \\ \dot{I}_{a(2)} \\ \dot{I}_{a(0)} \end{bmatrix} = \frac{1}{3}\begin{bmatrix} 1 & a & a^2 \\ 1 & a^2 & a \\ 1 & 1 & 1 \end{bmatrix}\begin{bmatrix} \dot{I}_a \\ \dot{I}_b \\ \dot{I}_c \end{bmatrix} \tag{8-5}$$

即将三相不对称电流 $\dot{I}_a$、$\dot{I}_b$、$\dot{I}_c$ 经过线性变换后，可分解成三组对称的电流，即 a 相电流 $\dot{I}_a$ 分解成 $\dot{I}_{a(1)}$、$\dot{I}_{a(2)}$ 和 $\dot{I}_{a(0)}$，b 相电流 $\dot{I}_b$ 分解成 $\dot{I}_{b(1)}$、$\dot{I}_{b(2)}$ 和 $\dot{I}_{b(0)}$，c 相电流 $\dot{I}_c$ 分解成 $\dot{I}_{c(1)}$、$\dot{I}_{c(2)}$ 和 $\dot{I}_{c(0)}$。其中，$\dot{I}_{a(1)}$、$\dot{I}_{b(1)}$、$\dot{I}_{c(1)}$ 是一组对称的相量，称为正序分量电流；$\dot{I}_{a(2)}$、$\dot{I}_{b(2)}$、$\dot{I}_{c(2)}$ 也是一组对称的相量，但相序与正序相反，称为负序分量电流；$\dot{I}_{a(0)}$、$\dot{I}_{b(0)}$、$\dot{I}_{c(0)}$ 也是一组对称的相量，三个相量完全相等，称为零序分量电流。

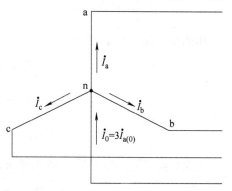

分析不对称电流时，由式（8-5）知，只有当三相电流之和不等于零时才有零序分量。如果三相系统是三角形联结，或者是没有中性线（包括以地线代替中性线）的星形联结，三相线电流之和总为零，不可能有零序分量电流。只有在有中性线的星形联结中才有可能 $\dot{I}_a + \dot{I}_b + \dot{I}_c \neq 0$，则中性线中的电流 $\dot{I}_0 = \dot{I}_a + \dot{I}_b + \dot{I}_c = 3\dot{I}_{a(0)}$，即为 3 倍零序电流，如图 8-3 所示。可见，零序电流必须以中性线作为通路。

图 8-3　零序电流以中性线作为通路

8.1.2　不对称短路计算的序网络电压方程

1. 元件序阻抗

以一个静止的三相电路为例（如一回三相输电线路）如图 8-4 所示。各相自阻抗分别为 z_{aa}、z_{bb}、z_{cc}；相间互阻抗为 $z_{ab}=z_{ba}$、$z_{bc}=z_{cb}$、$z_{ca}=z_{ac}$。当通过三相不对称的电流时，各相的电压降为

$$\begin{bmatrix} \Delta\dot{U}_a \\ \Delta\dot{U}_b \\ \Delta\dot{U}_c \end{bmatrix} = \begin{bmatrix} z_{aa} & z_{ab} & z_{ac} \\ z_{ba} & z_{bb} & z_{bc} \\ z_{ca} & z_{cb} & z_{cc} \end{bmatrix}\begin{bmatrix} \dot{I}_a \\ \dot{I}_b \\ \dot{I}_c \end{bmatrix} \tag{8-6}$$

即

$$\Delta U_{abc} = ZI_{abc} \tag{8-7}$$

利用对称分量法将三相量变换成对称分量，可得

$$\Delta U_{120} = SZS^{-1}I_{120} = Z_{sc}I_{120} \tag{8-8}$$

式中，Z_{sc} 为序阻抗矩阵，$Z_{sc} = SZS^{-1}$。

由于三相输电线路是对称元件，即各相自阻抗相等 $z_{aa}=z_{bb}=z_{cc}=z_s$，相间互阻抗相等 $z_{ab}=z_{bc}=$

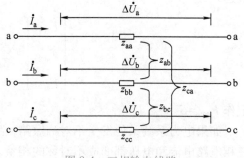

图 8-4　三相输电线路

$z_{ca}=z_m$，则有

$$\boldsymbol{Z}_{sc} = \begin{bmatrix} z_s - z_m & 0 & 0 \\ 0 & z_s - z_m & 0 \\ 0 & 0 & z_s + 2z_m \end{bmatrix} = \begin{bmatrix} z_{(1)} & 0 & 0 \\ 0 & z_{(2)} & 0 \\ 0 & 0 & z_{(0)} \end{bmatrix} \tag{8-9}$$

$\boldsymbol{Z}_{sc}$ 是一对角矩阵。将式（8-8）展开，得

$$\begin{cases} \Delta \dot{U}_{a(1)} = z_{(1)} \dot{I}_{a(1)} \\ \Delta \dot{U}_{a(2)} = z_{(2)} \dot{I}_{a(2)} \\ \Delta \dot{U}_{a(0)} = z_{(0)} \dot{I}_{a(0)} \end{cases} \tag{8-10}$$

观察式（8-10）发现，对于三相对称的元件，各序对称分量具有独立性。即当电路通以某序对称分量的电流时，只产生同一序对称分量的电压降。反之，当电路施加某序对称分量的电压时，电路中也只产生同一序对称分量的电流。这样，对于三相对称元件中的不对称电压电流的计算，可以分解成三组对称的分量分别进行计算。

根据以上的分析，所谓元件的序阻抗，是指元件三相参数对称时，元件两端某一序的电压降与通过该元件同一序电流的比值，即

$$\begin{cases} z_{(1)} = \Delta \dot{U}_{a(1)} / \dot{I}_{a(1)} \\ z_{(2)} = \Delta \dot{U}_{a(2)} / \dot{I}_{a(2)} \\ z_{(0)} = \Delta \dot{U}_{a(0)} / \dot{I}_{a(0)} \end{cases} \tag{8-11}$$

$z_{(1)}$、$z_{(2)}$ 和 $z_{(0)}$ 分别称为该元件的正序阻抗、负序阻抗和零序阻抗。对于静止的元件，如线路、变压器等，正序和负序阻抗相等；对于旋转设备，各序电流会引起不同的电磁过程，三序阻抗总是不相等的。

2. 序网络电压方程

图 8-5 所示简单电力系统，一台发电机接于空载输电线路，发电机中性点经阻抗 z_n 接地。在线路某处 f 点发生 a 相短路接地，使故障点的三相对地电压 $\dot{U}_{fa}$、$\dot{U}_{fb}$、$\dot{U}_{fc}$ 和由 f 点流出的三相短路电流 $\dot{I}_{fa}$、$\dot{I}_{fb}$、$\dot{I}_{fc}$ 为三相不对称量，而故障点以外的系统其余部分的参数（指阻抗）仍然是对称的，发电机的电动势仍为三相对称的正序电动势，如图 8-6a 所示。

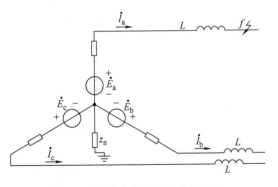

图 8-5　简单电力系统的单相短路

现在原短路点人为地接入一组三相不对称的电动势源，电动势源的各相电动势与上述各相不对称电压大小相等、方向相反，如图 8-6b 所示。这种情况与发生不对称故障是等效的，也就是说，网络中发生的不对称故障，可以用在故障点接入一组不对称的电动势源来代替。这组不对称电动势源可以分解成正序、负序和零序三组对称分量，如图 8-6c 所示。根据叠加原理，如图 8-6c 所示的状态，可以当作是图 8-6d~f 三个图所示状态的叠加。

图 8-6d 的电路为正序网络，包含发电机的正序电源电动势和故障点的正序电压分量，

网络中只有正序电流，各元件呈现的阻抗就是正序阻抗。图 8-6e、f 的电路分别为负序网络和零序网络。由于发电机没有负序和零序电动势，因而在负序和零序网络中，只有故障点的负序和零序分量起作用，网络中流有同一序的电流，对应的元件也只呈现同一序的阻抗。

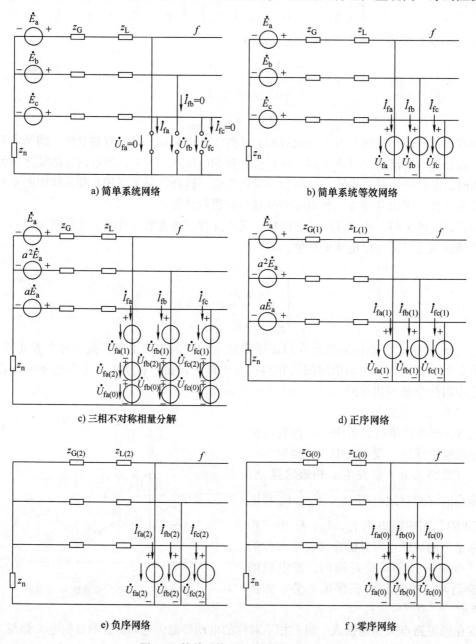

图 8-6　简单系统不对称短路分析原理

根据正序、负序和零序网络电路图，可以分别列出各序网络的电压方程式。由于各序都是三相对称的，可以只取一相来计算，通常选取 a 相为基准，有

$$\dot{E}_{a} - (z_{G(1)} + z_{L(1)})\dot{I}_{fa(1)} - z_n(\dot{I}_{fa(1)} + \dot{I}_{fb(1)} + \dot{I}_{fc(1)}) = \dot{U}_{fa(1)}$$

因为 $\dot{I}_{\text{fa}(1)} + \dot{I}_{\text{fb}(1)} + \dot{I}_{\text{fc}(1)} = \dot{I}_{\text{fa}(1)} + a^2\dot{I}_{\text{fa}(1)} + a\dot{I}_{\text{fa}(1)} = 0$，流过中性线的电流为零，故可将中性点的接地阻抗 z_{n} 略去。这样，正序网络的电压方程可写成

$$\dot{E}_{\text{a}} - (z_{\text{G}(1)} + z_{\text{L}(1)})\dot{I}_{\text{fa}(1)} = \dot{U}_{\text{fa}(1)}$$

在负序网络中，流过中性线的电流也为零，因此，负序网络的电压方程为

$$0 - (z_{\text{G}(2)} + z_{\text{L}(2)})\dot{I}_{\text{fa}(2)} = \dot{U}_{\text{fa}(2)}$$

对于零序网络，由于 $\dot{I}_{\text{fa}(0)} + \dot{I}_{\text{fb}(0)} + \dot{I}_{\text{fc}(0)} = 3\dot{I}_{\text{fa}(0)}$，在中性点接地阻抗中将流过 3 倍的零序电流，产生电压降，零序网络的电压方程为

$$0 - (z_{\text{G}(0)} + z_{\text{L}(0)} + 3z_{\text{n}})\dot{I}_{\text{fa}(0)} = \dot{U}_{\text{fa}(0)}$$

在一相的零序网络中，中性点接地阻抗必须增大为 3 倍。这是因为接地阻抗 z_{n} 上的电压降是由 3 倍的一相零序电流产生的。根据以上所得的各序电压方程式，可以绘出各序的 a 相等效网络如图 8-7 所示。

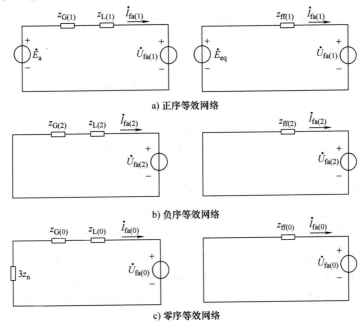

a) 正序等效网络

b) 负序等效网络

c) 零序等效网络

图 8-7　简化后的各序等效网络

以 a 相为基准相，绘出各序的 a 相等效网络如图 8-7 所示。通过网络化简，得到各序电压方程式

$$\begin{cases} \dot{E}_{\text{eq}} - z_{\text{ff}(1)}\dot{I}_{\text{fa}(1)} = \dot{U}_{\text{fa}(1)} \\ 0 - z_{\text{ff}(2)}\dot{I}_{\text{fa}(2)} = \dot{U}_{\text{fa}(2)} \\ 0 - z_{\text{ff}(0)}\dot{I}_{\text{fa}(0)} = \dot{U}_{\text{fa}(0)} \end{cases} \tag{8-12}$$

式中，$\dot{E}_{\text{eq}}$ 为正序网络中相对于短路点的戴维南等效电动势；$z_{\text{ff}(1)}$、$z_{\text{ff}(2)}$、$z_{\text{ff}(0)}$ 分别为正序、负序和零序网络中短路点的输入阻抗；$\dot{I}_{\text{fa}(1)}$、$\dot{I}_{\text{fa}(2)}$、$\dot{I}_{\text{fa}(0)}$ 分别为短路点电流的正序、负序和零序分量；$\dot{U}_{\text{fa}(1)}$、$\dot{U}_{\text{fa}(2)}$、$\dot{U}_{\text{fa}(0)}$ 分别为短路点电压的正序、负序和零序分量。

式（8-12）说明了不对称短路时短路点的各序电流和同一序电压间的相互关系，它对各种不对称短路都适用。根据不对称短路的类型可以得到三个说明短路性质的补充条件，通常称为故障条件或边界条件。例如，单相（a相）接地的故障条件为 $\dot{U}_{fa}=0$、$\dot{I}_{fb}=0$、$\dot{I}_{fc}=0$，用各序对称分量表示可得

$$\begin{cases} \dot{U}_{fa} = \dot{U}_{fa(1)} + \dot{U}_{fa(2)} + \dot{U}_{fa(0)} = 0 \\ \dot{I}_{fb} = a^2\dot{I}_{fa(1)} + a\dot{I}_{fa(2)} + \dot{I}_{fa(0)} = 0 \\ \dot{I}_{fc} = a\dot{I}_{fa(1)} + a^2\dot{I}_{fa(2)} + \dot{I}_{fa(0)} = 0 \end{cases} \tag{8-13}$$

由式（8-12）和式（8-13）的 6 个方程，便可解出短路点电压和电流的各序对称分量。

综上所述，对称分量法就是将不对称短路点以外的网络表达为正序、负序、零序三个等效网络，利用对称分量变换将不对称短路点的电压、电流关系变换为序分量间的约束关系（即序网络之间的连接关系），进而求解不对称短路电流。

8.2　电力系统接地方式及各元件的序阻抗

8.2.1　电力系统中性点接地方式

电力系统中性点接地方式是指电力系统中的变压器和发电机的中性点与大地之间的连接方式。

中性点的接地方式主要分为两类：直接接地和不接地。现代电力系统中采用较多的中性点接地方式是直接接地、不接地和经消弧线圈接地。经消弧线圈接地方式隶属于中性点不接地方式。中性点直接接地的系统供电可靠性低。因这种系统中一相接地时，出现了除中性点外的另一个接地点，构成了短路回路，接地相电流很大，为了防止损坏设备，必须迅速切除接地相甚至三相。不接地系统供电可靠性高，但对绝缘水平的要求也高。因这种系统中一相接地时，不构成短路回路，三相依旧对称运行，接地相电流不大，不必立即切除接地相，但这时非接地相的对地电压却升高为相电压的 $\sqrt{3}$ 倍。在电压等级较高的系统中，绝缘费用在设备总价格中占相当大比例，降低绝缘水平带来的经济效益很显著，所以一般采用中性点直接接地方式，而以其他措施提高供电可靠性。反之，在电压等级较低的系统中，一般采用中性点不接地方式以提高供电可靠性。

在我国，110kV 及以上的系统采用中性点直接接地，60kV 及以下的系统采用中性点不接地方式。在国外，由于通常都采用有备用接线方式，供电可靠性有保障，60kV 及以下的系统中性点往往也直接接地。

电力系统不同的中性点接地方式将决定电力系统元件零序电流的流通，影响电力系统的零序阻抗。

8.2.2　同步发电机的负序电抗和零序电抗

同步发电机正常稳态运行时，在正序电动势的作用下，定子电流是三相对称的正序电流，无负序及零序分量，相应的电抗为正序电抗，又称同步电抗，如 x_d、x_q。当发电机发生对称三相短路时，其相应的电抗为次暂态电抗 x_d''、x_q'' 及暂态电抗 x_d'。

发电机发生不对称短路时，定子电流中包含基频交流分量和直流分量。其中，基频交流分量

不对称，可以分解为正序、负序、零序分量。正序分量电流产生的旋转磁场以同步转速旋转，与转子旋转方向相同，它给发电机带来的影响与三相短路时相同，与之相应的电抗为正序电抗。

定子绕组中通过负序基频电流时，产生的负序旋转磁场以同步转速旋转，且与转子旋转方向相反。因此，负序旋转磁场同转子之间有两倍同步转速的相对运动，将在转子绕组中感应出 2 倍基频的交流电流，进而产生 2 倍基频脉动磁场。该磁场可以分解为两个按不同方向旋转的磁场，与转子旋转方向相反而以两倍同步速旋转的磁场与定子电流基频负序分量产生的旋转磁场相对静止；与转子旋转方向相同，且以两倍同步速旋转的磁场，在定子绕组中感应出 3 倍基频的正序电动势，由于此时定子电路不对称，故而出现 3 倍基频的三相不对称电流，进一步分解为 3 倍频的正序、负序、零序电流分量。在定、转子之间相互的电磁作用下，定子电流中将含有无限多的奇次谐波分量。为了使发电机负序电抗具有确定的含义，定义加在发电机端的负序电压基频分量与流入定子绕组的负序电流基频分量的比值，作为计算短路时的发电机负序电抗。

定子绕组中的基频零序分量，在三相绕组中产生大小相等、相位相同的脉动磁场。但定子三相绕组在空间对称，零序磁场不可能在转子空间形成合成磁场，而只是形成各相绕组的漏磁场，对转子绕组无影响。将施加在发电机端点的零序电压基频分量与流入定子绕组的零序电流基频分量的比值，定义为发电机的零序电抗。

在工程计算中，同步发电机零序电抗的变化范围为

$$x_{(0)} = (0.15 \sim 0.6)x''_d \tag{8-14}$$

如果发电机中性点不接地，不能构成零序电流的通路，此时其零序电抗为无穷大。

同步发电机的负序电抗一般由制造厂提供，也可按下式估算：

1）汽轮发电机及有阻尼绕组的水轮发电机

$$x_{(2)} = \frac{x''_d + x''_q}{2} \approx (1 \sim 1.2)x''_d \tag{8-15}$$

2）无阻尼绕组的水轮发电机

$$x_{(2)} = \sqrt{x'_d x_q} \tag{8-16}$$

8.2.3 异步电动机的负序电抗和零序电抗

异步电动机在扰动瞬间呈现的正序电抗为 x''。现在分析其负序电抗。异步电动机的等效电路如图 8-8a 所示。图中参数均已归算至定子侧，其中 s 为转差率（$s = \dfrac{\omega_N - \omega}{\omega_N}$，式中 ω_N、ω 为同步转速和异步转速），电阻 $\dfrac{1-s}{s}r_r$ 则是对应于电动机机械功率的等效电阻。

设异步电动机正常运行时的转差率为 s，当异步电动机的定子绕组通以同步频率负序电流时，转子对定子负序旋转磁场的转差率为 $2-s$，因此，异步电动机的负序参数应由转差率 $2-s$ 来确定。图 8-8b 示出了异步电动机的负序等效电路（图中略去了励磁电阻）。图中以 $2-s$ 代替了正序等效电路中的 s，对应于电动机机械功率的等效电阻也由正序电路中的 $\dfrac{1-s}{s}r_r$ 改变为 $-\dfrac{1-s}{2-s}r_r$，负号说明在正序网络中对应于这个电阻的机械功率产生的是驱动转矩，而在负序

网络中则是制动转矩。

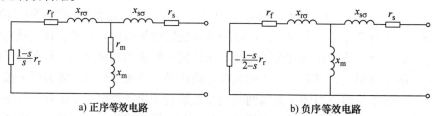

a) 正序等效电路 b) 负序等效电路

图 8-8 异步电动机的等效电路

当系统发生不对称短路时，电动机端点三相电压不对称，可将其分解为正序、负序、零序电压。正序电压低于正常运行时的值，使电动机驱动转矩减小；负序电压又产生制动转矩。这就使电动机转速下降，甚至失速、停转。转差率 s 随着转速下降而增大，电动机停转时 $s=1$。转速下降越多，等效电路中的 $-\dfrac{1-s}{2-s}r_\mathrm{r}$ 越接近于零。此时相当于将转子绕组短接，略去各绕组电阻并假设励磁电抗 $x_\mathrm{m}=\infty$，则异步电动机的负序电抗为 $x_{(2)}=x_{\mathrm{s}\sigma}+x_{\mathrm{r}\sigma}=x''$，即异步电动机的负序电抗等于它的次暂态电抗。

异步电动机三相绕组通常接成三角形或不接地星形，因而即使在其端点施加零序电压，定子绕组中也没有零序电流流通，即异步电动机的零序电抗 $x_{(0)}=\infty$。

8.2.4 变压器的零序等效电路及其参数

稳态运行时变压器的等效电抗，即为它的正序电抗，其值与负序电抗相等。对于静止元件，二者总是相等的。不论变压器通以哪一序的电流，都不会改变一次、二次绕组间的电磁关系。因此，变压器的正序、负序、零序等效电路具有相同的形式。但是，变压器零序阻抗的大小，则决定于变压器三相绕组的接线方式和变压器的铁心结构。下面，针对不同类型的变压器讨论其零序电抗及其等效电路。

1. 双绕组变压器

不计绕组电阻和铁心损耗，双绕组变压器的零序等效电路如图 8-9 所示。其中 x_I、x_II 分别为两侧绕组漏抗，$x_{\mathrm{m}(0)}$ 为零序励磁电抗。若零序电压施加在变压器绕组的三角形侧或中性点不接地星形侧，那么无论另一侧绕组的接线方式如何，变压器中都没有零序电流流通，变压器零序电抗 $x_{(0)}=\infty$。

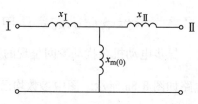

图 8-9 双绕组变压器零序等效电路

（1）YNd 接线变压器

如图 8-10 所示，变压器星形侧流过零序电流时，通过该侧接地的中性线构成通路，在三角形侧各绕组中将感应出零序电动势，并在三角形联结的环路中形成大小相等、方向相同的环流，相当于该侧绕组短接。故变压器的零序电抗为

$$x_{(0)}=x_\mathrm{I}+\frac{x_\mathrm{II}\cdot x_{\mathrm{m}(0)}}{x_\mathrm{II}+x_{\mathrm{m}(0)}} \tag{8-17}$$

（2）YNy 接线变压器

如图 8-11 所示，中性点接地的变压器星形联结侧流过零序电流，在另一侧感应出零序

电动势，由于该侧中性点不接地，零序电流没有通路，变压器相当于空载。其相应的零序电抗为

$$x_{(0)} = x_{\mathrm{I}} + x_{\mathrm{m}(0)} \tag{8-18}$$

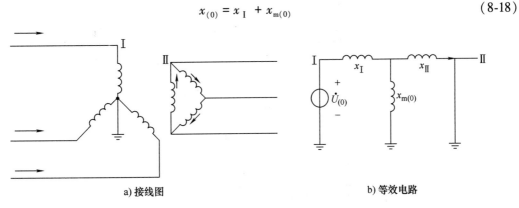

a) 接线图　　　　　　　　　　　　　　　　b) 等效电路

图 8-10　YNd 接线变压器零序等效电路

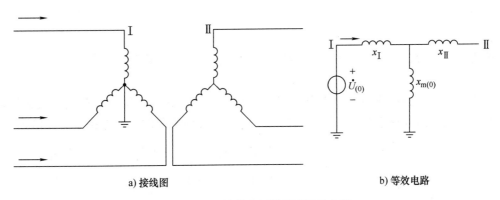

a) 接线图　　　　　　　　　　　　　　　　b) 等效电路

图 8-11　YNy 接线变压器零序等效电路

（3）YNyn 接线变压器

变压器一次星形侧流过零序电流，二次星形侧各绕组中将感应零序电动势。如与二次星形侧相连的电路中还有另一个接地中性点，则二次绕组中将有零序电流流通，如图 8-12a 所示，其等效电路如图 8-12b 所示，图中还包含了外电路电抗。如果二次绕组回路中没有其他接地中性点，则二次绕组中没有零序电流流通，变压器的零序电抗与 YNy 接线变压器的相同。

在上面三种情况的分析中，零序电抗的求解与零序励磁电抗 $x_{\mathrm{m}(0)}$ 有很大的关系，而 $x_{\mathrm{m}(0)}$ 的数值主要取决于变压器的铁心结构。

三个单相变压器组成的三相变压器，各相磁路彼此独立，零序磁通和正序磁通按相在其本身的铁心中形成回路，磁阻很小；三相四柱式（或五柱式）变压器以及铁壳式变压器，零序磁通可以通过没有绕组的铁心部分形成回路。以上几种情况，可以近似认为零序励磁电抗 $x_{\mathrm{m}(0)} = \infty$，励磁支路可以近似看作开路，计算零序电抗的过程得到简化。

对于三相三柱式变压器，在三相绕组上加零序电压后，三相零序主磁通大小相等，方向相同，不能在铁心内闭合，只能经过变压器油及箱壁返回。该磁通路径磁阻大，零序电抗较

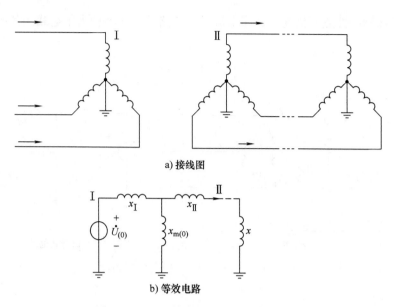

a) 接线图

b) 等效电路

图 8-12　YNyn 接线变压器零序等效电路

小，一般需经试验方法求得零序励磁电抗后，按前述公式计算零序电抗。

2. 三绕组变压器的零序电抗

三绕组变压器通常的接线形式为 YNdy、YNdyn 和 YNdd 等。每一种接线形式都包含三角形联结绕组，可以忽略其零序励磁电抗 $x_{m(0)}$。几种接线情况的等效电路如图 8-13 所示。

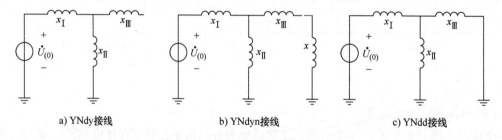

a) YNdy接线　　　　　b) YNdyn接线　　　　　c) YNdd接线

图 8-13　三绕组变压器零序等效电路

（1）YNdy 接线变压器

图 8-13a 示出该变压器的零序等效电路。零序电抗为

$$x_{(0)} = x_{\mathrm{I}} + x_{\mathrm{II}} = x_{\mathrm{I-II}} \qquad (8-19)$$

（2）YNdyn 接线变压器

Ⅰ、Ⅱ 侧有零序电流的通路；Ⅲ 侧能否有零序电流的通路，取决于该侧是否另有一接地点（同前面双绕组变压器的分析）。如没有接地点，变压器的零序电抗与 YNdy 接线相同；如果Ⅲ侧另有一对地电抗为 x 的接地点，其零序等效电路如图 8-13b 所示。

（3）YNdd 接线变压器

根据绕组三角形联结的特点，其零序等效电路如图 8-13c 所示。零序电抗为

$$x_{(0)} = x_{\mathrm{I}} + \frac{x_{\mathrm{II}} x_{\mathrm{III}}}{x_{\mathrm{II}} + x_{\mathrm{III}}} \qquad (8-20)$$

当中性点经阻抗接地的 YN 接法绕组通过零序电流时，中性点接地阻抗上将流过 3 倍零序电流，并且产生相应的电压降，使中性点与地有不同电位。因此，在单相零序等效电路中，应将中性点阻抗增大为 3 倍，并同它所接入的该侧绕组的漏抗相串联。

8.2.5 输电线路的零序阻抗及其等效电路

输电线路的正序、负序阻抗及等效电路完全相同，这里只讨论零序阻抗。当输电线路通过零序电流时，由于三相零序电流大小相等、相位相同，因此，必须借助大地及架空地线来构成零序电流的通路。

1. "导线—大地"回路的自阻抗和互阻抗

（1）"单导线—大地"回路

图 8-14a 所示为单导线与大地构成的回路。单导线 aa′架设高度为 h，其半径为 r，电阻为 R_a（单位为 Ω/km），流过频率为 f 的电流 $\dot{I}_a$，经大地构成通路。

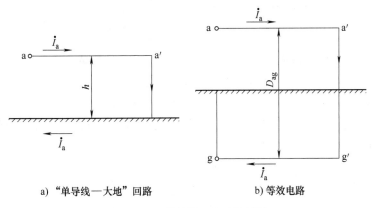

a) "单导线—大地"回路　　　　b) 等效电路

图 8-14　"单导线—大地"回路

电流在大地的流通情况很复杂。20 世纪 20 年代，卡尔逊（J. R. Carson）根据电磁波理论，用一根虚设的距架空线距离为 D_{ag}（单位为 m）的导线 gg′代替大地，如图 8-14b 所示。gg′的电阻为 R_g（单位为 Ω/km）。据卡尔逊的推导，有

$$R_g = \pi^2 \times 10^{-4} f = 9.869 \times 10^{-4} f$$

若 $f = 50\text{Hz}$，则 $R_g = 0.05\,\Omega/\text{km}$。

图 8-14b 中 aa′g′g 回路所交链的磁链（单位为 Wb/m）为

$$\psi = I_a \times 2 \times 10^{-7} \times \ln\frac{D_{ag}}{r'} + I_a \times 2 \times 10^{-7} \times \ln\frac{D_{ag}}{r_g}$$

式中，r'为导线的等效半径（m）；r_g 为虚拟导线 gg′的等效半径（m）；I_a 的单位为 kA。回路的单位长度电抗（单位为 Ω/km）为

$$x = \frac{\omega\psi}{I_a} = 2\pi f \times 2 \times 10^{-7} \times \ln\frac{D_{ag}^2}{r' r_g}$$

$$= 0.1445\ln\frac{D_g}{r'}$$

式中，D_g 为等效深度（m），据卡尔逊的推导，$D_g = D_{ag}^2/r_g = 660/\sqrt{f/\rho} = 660/\sqrt{f\gamma}$，$\rho$ 为土壤

电阻率（$\Omega \cdot m$），γ 为土壤电导率（S/m）。一般可取 $D_g = 1000m$。所以，单导线—大地回路单位长度的自阻抗（单位为 Ω/km）为

$$z_s = R_a + R_g + j0.1445\lg\frac{D_g}{r'}$$

（2）"双导线—大地"回路

图 8-15 所示为"双导线—大地"回路图及等效导线模型。两条平行导线与大地构成回路，可用一条虚拟导线 gg′代替大地形成零序电流的通路。两条导线与虚拟导线之间的距离分别为 D_{ag}、D_{bg}，导线间的距离为 D_{ab}。

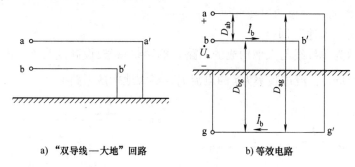

a)"双导线—大地"回路　　　　b)等效电路

图 8-15　"双导线—大地"回路

两根导线 aa′及 bb′间的互阻抗分析，可以先假设在 bb′中通有电流 $\dot{I}_b$，会在 aa′中产生互感电压 $\dot{U}_a$，互阻抗为

$$z_{ab} = \frac{\dot{U}_a}{\dot{I}_a} = R_g + jx_{ab}$$

互磁链为

$$\psi_{ab} = 2 \times 10^{-7} \times \left(I_b \ln\frac{D_{bg}}{D_{ab}} + I_b \ln\frac{D_{ag}}{r_g} \right) = 2 \times 10^{-7} \times I_b \ln\frac{D_{bg}D_{ag}}{D_{ab}r_g}$$

因为 $D_{bg} \approx D_{ag}$，$\dfrac{D_{bg}D_{ag}}{r_g} \approx D_g$，代入上式，得互感抗（$\Omega/km$）为

$$x_{ab} = \frac{\omega\psi_{ab}}{I_b} = 0.1445\lg\frac{D_g}{D_{ab}}$$

所以双回路间单位长度的互阻抗（Ω/km）为

$$z_m = R_g + j0.1445\lg\frac{D_g}{D_{ab}}$$

2. 单回路架空输电线路的零序阻抗

按照前面的分析，单回路架空输电线可以用图 8-16 表示，用虚拟导线 gg′代替大地，构成零序电流的通路。

导线间的互电抗为

$$x_{ab} = 0.1445\lg\frac{D_g}{D_{ab}}, x_{ac} = 0.1445\lg\frac{D_g}{D_{ac}}, x_{bc} = 0.1445\lg\frac{D_g}{D_{bc}}$$

经过整循环换位，互感抗（Ω/km）可取为

$$x_{\mathrm{m}} = \frac{1}{3}(x_{\mathrm{ab}} + x_{\mathrm{bc}} + x_{\mathrm{ca}}) = 0.1445\lg\frac{D_{\mathrm{g}}}{D_{\mathrm{m}}}$$

式中，D_{m} 为三相导线的几何均距（m），$D_{\mathrm{m}} = \sqrt[3]{D_{\mathrm{ab}}D_{\mathrm{bc}}D_{\mathrm{ca}}}$。

当对称三相输电线通入零序电流时，每相导线单位长度的零序阻抗 $z_{(0)}$ 为

$$z_{(0)} = z_{\mathrm{s}} + 2z_{\mathrm{m}}$$

将自阻抗与互阻抗的计算式代入，得零序阻抗（Ω/km）为

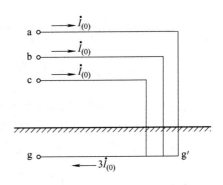

图 8-16　单回路架空输电线路

$$z_{(0)} = \left(R_{\mathrm{a}} + R_{\mathrm{g}} + \mathrm{j}0.1445\lg\frac{D_{\mathrm{g}}}{r'}\right) + 2\left(R_{\mathrm{g}} + \mathrm{j}0.1445\lg\frac{D_{\mathrm{g}}}{D_{\mathrm{m}}}\right)$$

$$= \left(R_{\mathrm{a}} + 3R_{\mathrm{g}} + \mathrm{j}0.4335\lg\frac{D_{\mathrm{g}}}{\sqrt[3]{D_{\mathrm{m}}^2 r'}}\right)$$

3. 双回路架空输电线路的零序阻抗

图 8-17 所示为平行双回线的零序电流通路。平行架设的两回三相架空输电线中通过方向相同的零序电流时，不仅第一回路的任意两相对第三相的互感产生助磁作用，而且第二回路的所有三相对第一回路的第三相的互感也产生助磁作用，反过来也一样。两回路间的距离越小，回路间的互感抗越大。这就使这种线路的零序阻抗进一步增大。

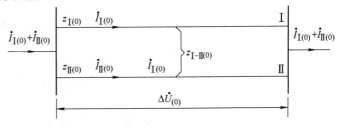

图 8-17　平行双回线的零序电流通路

先讨论两平行回路间的互阻抗。如果不进行完全换位，两回路间任意两相的互阻抗是不相等的。在某一段内，第二回路（a′、b′、c′）对第一回路中 a 相的互阻抗（单位为 Ω/km）为

$$z_{\mathrm{I-II}(0)} = \left(R_{\mathrm{g}} + \mathrm{j}0.1445\lg\frac{D_{\mathrm{g}}}{D_{\mathrm{aa'}}}\right) + \left(R_{\mathrm{g}} + \mathrm{j}0.1445\lg\frac{D_{\mathrm{g}}}{D_{\mathrm{ab'}}}\right) + \left(R_{\mathrm{g}} + \mathrm{j}0.1445\lg\frac{D_{\mathrm{g}}}{D_{\mathrm{ac'}}}\right)$$

$$= 3R_{\mathrm{g}} + \mathrm{j}0.4335\lg\frac{D_{\mathrm{g}}}{\sqrt[3]{D_{\mathrm{aa'}}D_{\mathrm{ab'}}D_{\mathrm{ac'}}}}$$

经过完全换位后，第二回路对第一回路 a 相（对其他两相也如此）的互阻抗（单位为 Ω/km）为

$$z_{\mathrm{I-II}(0)} = \frac{1}{3} \times \left[\begin{array}{l}\left(3R_{\mathrm{g}} + \mathrm{j}0.4335\lg\dfrac{D_{\mathrm{g}}}{\sqrt[3]{D_{\mathrm{aa'}}D_{\mathrm{ab'}}D_{\mathrm{ac'}}}}\right) + \\[2ex] \left(3R_{\mathrm{g}} + \mathrm{j}0.4335\lg\dfrac{D_{\mathrm{g}}}{\sqrt[3]{D_{\mathrm{ba'}}D_{\mathrm{bb'}}D_{\mathrm{bc'}}}}\right) + \\[2ex] \left(3R_{\mathrm{g}} + \mathrm{j}0.4335\lg\dfrac{D_{\mathrm{g}}}{\sqrt[3]{D_{\mathrm{ca'}}D_{\mathrm{cb'}}D_{\mathrm{cc'}}}}\right)\end{array}\right]$$

$$= 3R_g + j0.4335 \lg \frac{D_g}{\sqrt[9]{D_{aa'}D_{ab'}D_{ac'}D_{ba'}D_{bb'}D_{bc'}D_{ca'}D_{cb'}D_{cc'}}}$$

$$= 3R_g + j0.4335 \lg \left(\frac{D_g}{D_{I-II}} \right)$$

式中，D_{I-II} 称为两个回路之间的几何均距。D_{I-II} 越大，则互感越小。

下面讨论图 8-17 所示的双回线路的零序阻抗。如果两个回路参数不同，零序自阻抗分别为 $z_{I(0)}$ 和 $z_{II(0)}$，双回路的电压方程式为

$$\begin{cases} \Delta \dot{U}_{(0)} = z_{I(0)} \dot{I}_{I(0)} + z_{I-II(0)} \dot{I}_{II(0)} \\ \Delta \dot{U}_{(0)} = z_{II(0)} \dot{I}_{II(0)} + z_{I-II(0)} \dot{I}_{I(0)} \end{cases}$$

将上式改写为

$$\begin{cases} \Delta \dot{U}_{(0)} = (z_{I(0)} - z_{I-II(0)}) \dot{I}_{I(0)} + z_{I-II(0)}(\dot{I}_{I(0)} + \dot{I}_{II(0)}) \\ \qquad = z_{I\sigma(0)} \dot{I}_{I(0)} + z_{I-II(0)}(\dot{I}_{I(0)} + \dot{I}_{II(0)}) \\ \Delta \dot{U}_{(0)} = (z_{II(0)} - z_{I-II(0)}) \dot{I}_{II(0)} + z_{I-II(0)}(\dot{I}_{I(0)} + \dot{I}_{II(0)}) \\ \qquad = z_{II\sigma(0)} \dot{I}_{II(0)} + z_{I-II(0)}(\dot{I}_{I(0)} + \dot{I}_{II(0)}) \end{cases}$$

其中

$$z_{I\sigma(0)} = \left(r_I + 3R_g + j0.4335 \lg \frac{D_g}{D_{sI}} \right) - \left(3R_g + j0.4335 \lg \frac{D_g}{D_{I-II}} \right)$$

$$= r_I + j0.4335 \lg \frac{D_{I-II}}{D_{sI}} (\Omega/km)$$

$$z_{II\sigma(0)} = \left(r_{II} + 3R_g + j0.4335 \lg \frac{D_g}{D_{sII}} \right) - \left(3R_g + j0.4335 \lg \frac{D_g}{D_{I-II}} \right)$$

$$= r_{II} + j0.4335 \lg \frac{D_{I-II}}{D_{sII}} (\Omega/km)$$

按上式可绘制平行双回线路的零序等效电路如图 8-18 所示。如果两个回路完全相同，$z_{I(0)} = z_{II(0)} = z_{(0)}$，则每一回路的零序阻抗（单位为 Ω/km）为

$$z_{(0)} = z_{\sigma(0)} + z_{I-II(0)}$$

式中，$z_{I-II(0)}$ 为两个回路间的零序互阻抗。

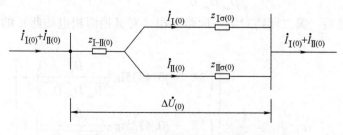

图 8-18　平行双回线的零序等效电路

如果零序电流并不如图 8-17 所示从双回线路端流入，而是从某回路当中流入，如图

8-19a和图 8-20a 所示，即不对称故障发生在线路中间，则可对故障点两侧应用等效电路，如图 8-19b 和图 8-20b 所示。

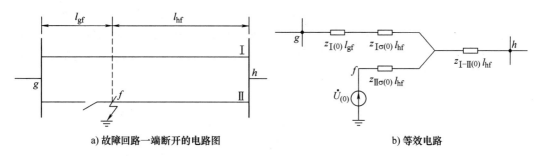

a) 故障回路一端断开的电路图   b) 等效电路

图 8-19 故障回路一端断开的零序等效电路

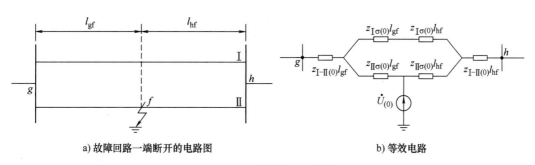

a) 故障回路一端断开的电路图   b) 等效电路

图 8-20 一回线路故障的零序等效电路

4. 有架空地线时输电线的零序阻抗

架空地线又称接地避雷线。对于具有架空地线的三相架空输电线，导线中零序电流以大地和架空地线为回路，如图 8-21 所示。

设流经大地和架空地线的电流分别为 $\dot{I}_g$ 和 $\dot{I}_\omega$，则有

$$\dot{I}_g + \dot{I}_\omega = 3\dot{I}_{(0)}$$

相对于一相电流来讲，大地中和架空地线中的零序电流分别为

$$\dot{I}_{g(0)} = \frac{1}{3}\dot{I}_g ; \dot{I}_{\omega(0)} = \frac{1}{3}\dot{I}_\omega$$

架空地线也可看作与三相导线平行的一个"导线—大地"回路。这个"导线—大地"回路

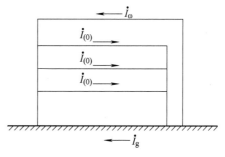

图 8-21 有架空地线的单回线路零序电流通路

与三相导线构成的"导线—大地"回路间存在互感，由于架空地线中的零序电流与输电线的零序电流相反，相当于导线旁边的一个短路线圈，其互感为去磁作用，减小了输电线的等效零序阻抗。因此，零序阻抗与架空地线的材质架空地线与输电线间的距离有关。

由于架空线路路径长，沿线路的情况复杂，包括土壤电导率、导线在杆塔上的布置、平行线路之间的距离等变化不一，因此，对已建成的线路一般都通过实测确定其零序阻抗。

8.3 电力系统的各序网络

如前所述，应用对称分量法计算不对称故障时，首先必须构建电力系统的各序网络。为此，应根据电力系统的接线图、中性点接地情况等原始资料，在故障点分别施加各序电动势，从故障点开始，逐步查明各序电流流通的情况。凡是某一序电流能流通的元件，都必须包括在该序网络中，并用相应的序参数和等效电路表示。根据上述原则，我们结合图 8-22来说明各序网络的制订。

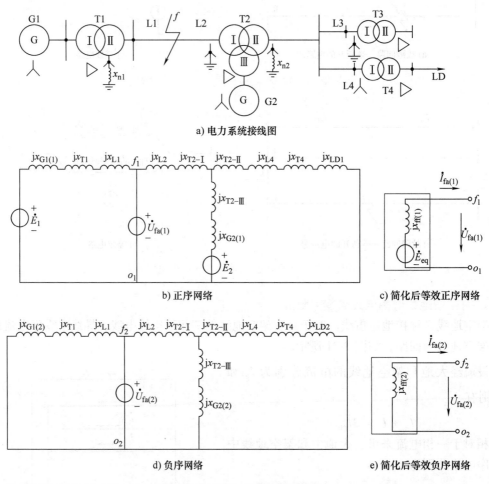

a) 电力系统接线图

b) 正序网络

c) 简化后等效正序网络

d) 负序网络

e) 简化后等效负序网络

图 8-22 正序、负序网络的制订

1. 正序网络

正序网络就是通常计算对称短路时所用的等效网络。除中性点接地阻抗、空载线路（不计导纳）以及空载变压器（不计励磁电流）外，电力系统各元件均应包括在正序网络中，并且用相应的正序参数和等效电路表示。例如，图 8-22b 所示的正序网络就不包括空载的线路 L3 和变压器 T3。所有同步发电机和调相机，以及个别的必须用等效电源支路表示的综合负荷，都是正序网络中的电源。此外，还须在短路点引入代替故障条件的不对称电动势源中的正序分量。正序网络中的短路点用 f_1 表示，零电位点用 o_1 表示。从 $f_1 o_1$ 即故障端口看正序网络，它是一个有源网络，可以用戴维南定理简化成图 8-22c 的形式。

2. 负序网络

负序电流能流通的元件与正序电流的相同，但所有电源的负序电动势为零。因此，把正序网络中各元件的参数都用负序参数代替，并令电源电动势等于零，而在短路点引入代替故障条件的不对称电动势源中的负序分量，便得到负序网络，如图 8-22d 所示。负序网络中的短路点用 f_2 表示，零电位点用 o_2 表示。从 $f_2 o_2$ 端口看进去，负序网络是一个无源网络。经化简后的负序网络示于图 8-22e。

3. 零序网络

在短路点施加代表故障边界条件的零序电动势时，由于三相零序电流大小及相位相同，它们必须经过大地（或架空地线、电缆包皮等）才能构成通路，而且电流的流通与变压器中性点接地情况及变压器的接法有密切的关系。为了更清楚地看到零序电流流通的情况，在图 8-23a 中，画出了电力系统三线接线图，图中箭头表示零序电流流通的方向。相应的零序网络也画在同一图上。比较正（负）序和零序网络可以看到，虽然线路 L4 和变压器 T4 以及负荷 LD 均包括在正（负）序网络中，但因变压器 T4 中性点未接地，不能流通零序电流，所以它们不包括在零序网络中。相反，线路 L3 和变压器 T3 因为空载不能流通正（负）序电流而不包括在正（负）序网络中，但因变压器 T3 中性点接地，故 L3 和 T3 能流通零序电流，所以它们应包括在零序网络中。从故障端口 $f_0 o_0$ 看零序网络，也是一个无源网络。简化后的零序网络示于图 8-23c。

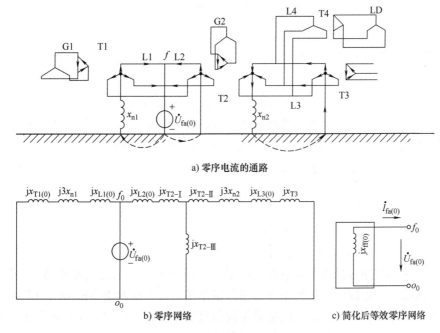

图 8-23 零序网络的制订

8.4 简单不对称短路的计算

当系统发生不对称短路时，应用对称分量法分析各种简单不对称短路需建立各序网络故

障点的电压方程式（8-12）。当网络的各元件都只用电抗表示时，上述方程可以写成

$$\begin{cases} \dot{U}_{fa(1)} = \dot{E}_{eq} - jx_{ff(1)}\dot{I}_{fa(1)} \\ \dot{U}_{fa(2)} = - jx_{ff(2)}\dot{I}_{fa(2)} \\ \dot{U}_{fa(0)} = - jx_{ff(0)}\dot{I}_{fa(0)} \end{cases} \tag{8-21}$$

式中，$\dot{E}_{eq} = \dot{U}_{fa}^{(0)}$，即是短路发生前故障点的开路电压。这 3 个方程式包含了 6 个未知量。因此，还须根据不对称短路的具体边界条件写出另外 3 个方程式，才能求解。

下面结合各种简单不对称短路及断线情况，分析其电流和电压的特点。取流向短路点的电流方向为正方向，选取 a 相作为基准相。

8.4.1 单相接地短路

设系统 f 处发生 a 相接地短路，如图 8-24 所示。

单相接地短路时，故障处的 3 个边界条件（见图 8-24）为 $\dot{U}_{fa} = 0$，$\dot{I}_{fb} = 0$，$\dot{I}_{fc} = 0$，用对称分量表示为 $\dot{U}_{fa(1)} + \dot{U}_{fa(2)} + \dot{U}_{fa(0)} = 0$，$a^2\dot{I}_{fa(1)} + a\dot{I}_{fa(2)} + \dot{I}_{fa(0)} = 0$，$a\dot{I}_{fa(1)} + a^2\dot{I}_{fa(2)} + \dot{I}_{fa(0)} = 0$。经过整理后便得到用序分量表示的边界条件为

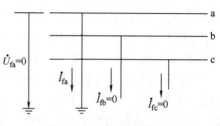

图 8-24 单相短路接地

$$\begin{cases} \dot{U}_{fa(1)} + \dot{U}_{fa(2)} + \dot{U}_{fa(0)} = 0 \\ \dot{I}_{fa(1)} = \dot{I}_{fa(2)} = \dot{I}_{fa(0)} \end{cases} \tag{8-22}$$

联立求解式（8-21）及式（8-22）可得

$$\dot{I}_{fa(1)} = \frac{\dot{U}_{fa}^{(0)}}{j(x_{ff(1)} + x_{ff(2)} + x_{ff(0)})} \tag{8-23}$$

式（8-23）是单相短路计算的关键公式。短路电流的正序分量一经算出，根据边界条件式（8-22）和式（8-21），即能确定短路点电流和电压的各序分量为

$$\begin{cases} \dot{I}_{fa(2)} = \dot{I}_{fa(0)} = \dot{I}_{fa(1)} \\ \dot{U}_{fa(1)} = \dot{U}_{fa}^{(0)} - jx_{ff(1)}\dot{I}_{fa(1)} = j(x_{ff(2)} + x_{ff(0)})\dot{I}_{fa(1)} \\ \dot{U}_{fa(2)} = - jx_{ff(2)}\dot{I}_{fa(1)} \\ \dot{U}_{fa(0)} = - jx_{ff(0)}\dot{I}_{fa(1)} \end{cases} \tag{8-24}$$

电压和电流的各序分量也可以直接应用复合序网来求得。结合故障类型，绘制出正序、负序及零序网络，利用故障点边界条件的序分量形式，将各序网络在故障端口联系起来，构成复合序网。依据表达式（8-22）的边界条件制订的单相接地短路的 a 相复合序网如图 8-25 所示，各序网络串接，满足各序电流相等的条件。

利用对称分量的合成算式［见式（8-3）］可得短路点故障相电流为

$$\dot{I}_f^{(1)} = \dot{I}_{fa} = \dot{I}_{fa(1)} + \dot{I}_{fa(2)} + \dot{I}_{fa(0)} = 3\dot{I}_{fa(1)} \tag{8-25a}$$

或

$$\dot{I}_{\mathrm{f}}^{(1)} = \frac{3\dot{U}_{\mathrm{fa}}^{(0)}}{\mathrm{j}(x_{\mathrm{ff}(1)} + x_{\mathrm{ff}(2)} + x_{\mathrm{ff}(0)})} \tag{8-25b}$$

由式（8-25b）可见，单相短路电流是由短路点的各序输入电抗之和限制的。$x_{\mathrm{ff}(1)}$ 和 $x_{\mathrm{ff}(2)}$ 的大小与短路点对电源的电气距离有关，$x_{\mathrm{ff}(0)}$ 则与中性点接地方式有关。通常 $x_{\mathrm{ff}(1)} \approx x_{\mathrm{ff}(2)}$，当 $x_{\mathrm{ff}(0)} < x_{\mathrm{ff}(1)}$ 时，单相短路电流将大于同一点的三相短路电流。

短路点非故障相的对地电压

$$\dot{U}_{\mathrm{fb}} = a^2\dot{U}_{\mathrm{fa}(1)} + a\dot{U}_{\mathrm{fa}(2)} + \dot{U}_{\mathrm{fa}(0)} = a^2(\dot{U}_{\mathrm{fa}}^{(0)} - \mathrm{j}x_{\mathrm{ff}(1)}\dot{I}_{\mathrm{fa}(1)}) + a(-\mathrm{j}x_{\mathrm{ff}(2)}\dot{I}_{\mathrm{fa}(2)}) + (-\mathrm{j}x_{\mathrm{ff}(0)}\dot{I}_{\mathrm{fa}(0)})$$

$$= \dot{U}_{\mathrm{fb}}^{(0)} - \mathrm{j}(x_{\mathrm{ff}(0)} - x_{\mathrm{ff}(1)})\dot{I}_{\mathrm{fa}(1)} = \dot{U}_{\mathrm{fb}}^{(0)} - \frac{\dot{U}_{\mathrm{fa}}^{(0)}}{\mathrm{j}(2x_{\mathrm{ff}(1)} + x_{\mathrm{ff}(0)})}\mathrm{j}(x_{\mathrm{ff}(0)} - x_{\mathrm{ff}(1)})$$

$$= \dot{U}_{\mathrm{fb}}^{(0)} - \dot{U}_{\mathrm{fa}}^{(0)}\frac{k_0 - 1}{2 + k_0} \tag{8-26}$$

同理可得 $\quad \dot{U}_{\mathrm{fc}} = \dot{U}_{\mathrm{fc}}^{(0)} - \dot{U}_{\mathrm{fa}}^{(0)}\dfrac{k_0 - 1}{2 + k_0}$

其中，$k_0 = x_{\mathrm{ff}(0)}/x_{\mathrm{ff}(1)}$。

当 $k_0 < 1$，即 $x_{\mathrm{ff}(0)} < x_{\mathrm{ff}(1)}$ 时，非故障相电压较正常时有所降低。如果 $k_0 = 0$，则

$$\dot{U}_{\mathrm{fb}} = \dot{U}_{\mathrm{fb}}^{(0)} + \frac{1}{2}\dot{U}_{\mathrm{fa}}^{(0)} = \frac{\sqrt{3}}{2}\dot{U}_{\mathrm{fb}}^{(0)} \angle 30°; \dot{U}_{\mathrm{fc}} = \frac{\sqrt{3}}{2}\dot{U}_{\mathrm{fc}}^{(0)} \angle -30°$$

当 $k_0 = 1$，即 $x_{\mathrm{ff}(0)} = x_{\mathrm{ff}(1)}$ 时，则 $\dot{U}_{\mathrm{fb}} = \dot{U}_{\mathrm{fb}}^{(0)}$，$\dot{U}_{\mathrm{fc}} = \dot{U}_{\mathrm{fc}}^{(0)}$，故障后非故障相电压不变。

当 $k_0 > 1$，即 $x_{\mathrm{ff}(0)} > x_{\mathrm{ff}(1)}$ 时，故障时非故障相电压较正常时升高，最严重的情况为 $x_{\mathrm{ff}(0)} = \infty$，则

$$\dot{U}_{\mathrm{fb}} = \dot{U}_{\mathrm{fb}}^{(0)} - \dot{U}_{\mathrm{fa}}^{(0)} = \sqrt{3}\dot{U}_{\mathrm{fb}}^{(0)} \angle -30°$$

$$\dot{U}_{\mathrm{fc}} = \dot{U}_{\mathrm{fc}}^{(0)} - \dot{U}_{\mathrm{fa}}^{(0)} = \sqrt{3}\dot{U}_{\mathrm{fc}}^{(0)} \angle 30°$$

即相当于中性点不接地系统发生单相接地短路时，中性点电位升至相电压，而非故障相电压升至线电压。

选取正序电流 $\dot{I}_{\mathrm{fa}(1)}$ 作为参考相量，可以画出短路点的电流和电压相量图，如图 8-26 所示。图中 $\dot{I}_{\mathrm{fa}(2)}$ 和 $\dot{I}_{\mathrm{fa}(0)}$ 都与 $\dot{I}_{\mathrm{fa}(1)}$ 方向相同、大小相等，$\dot{U}_{\mathrm{fa}(1)}$ 比 $\dot{I}_{\mathrm{fa}(1)}$ 超前 90°，而 $\dot{U}_{\mathrm{fa}(2)}$ 和 $\dot{U}_{\mathrm{fa}(0)}$ 都要比 $\dot{I}_{\mathrm{fa}(1)}$ 落后 90°。

非故障相电压 $\dot{U}_{\mathrm{fc}}$ 和 $\dot{U}_{\mathrm{fb}}$ 的绝对值总是相等，图 8-26 所示为 $x_{\mathrm{ff}(0)} > x_{\mathrm{ff}(1)}$ 的情况。

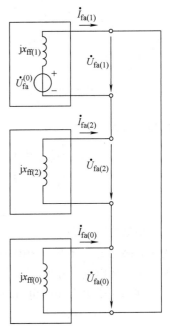

图 8-25 单相短路的复合序网

8.4.2 相间短路

相间短路的情况如图 8-27 所示。故障处的 3 个边界条件为 $\dot{I}_{\mathrm{fb}} + \dot{I}_{\mathrm{fc}} = 0$，$\dot{I}_{\mathrm{fa}} = 0$，$\dot{U}_{\mathrm{fb}} = \dot{U}_{\mathrm{fc}}$，用对称分量表示为

$$\dot{I}_{\mathrm{fa}(1)} + \dot{I}_{\mathrm{fa}(2)} + \dot{I}_{\mathrm{fa}(0)} = 0$$

$$a^2\dot{I}_{\mathrm{fa}(1)} + a\dot{I}_{\mathrm{fa}(2)} + \dot{I}_{\mathrm{fa}(0)} + a\dot{I}_{\mathrm{fa}(1)} + a^2\dot{I}_{\mathrm{fa}(2)} + \dot{I}_{\mathrm{fa}(0)} = 0$$

$$a^2 \dot{U}_{fa(1)} + a\dot{U}_{fa(2)} + \dot{U}_{fa(0)} = a\dot{U}_{fa(1)} + a^2\dot{U}_{fa(2)} + \dot{U}_{fa(0)}$$

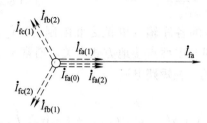

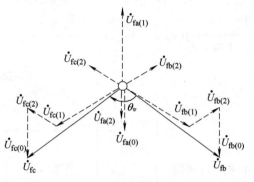

图 8-26 单相短路接地时短路处的电流和电压相量图

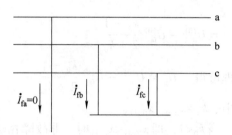

图 8-27 相间短路

整理后可得

$$\begin{cases} \dot{I}_{fa(0)} = 0 \\ \dot{I}_{fa(1)} + \dot{I}_{fa(2)} = 0 \\ \dot{U}_{fa(1)} = \dot{U}_{fa(2)} \end{cases} \qquad (8\text{-}27)$$

根据这些条件，我们用正序网络和负序网络组成相间短路的复合序网，如图 8-28 所示，因为零序电流等于零，所以复合序网中没有零序网络。

利用这个复合序网可以求出

$$\dot{I}_{fa(1)} = \frac{\dot{U}_{fa}^{(0)}}{j(x_{ff(1)} + x_{ff(2)})} \qquad (8\text{-}28)$$

以及

$$\begin{cases} \dot{I}_{fa(2)} = -\dot{I}_{fa(1)} \\ \dot{U}_{fa(1)} = \dot{U}_{fa(2)} = -jx_{ff(2)}\dot{I}_{fa(2)} = jx_{ff(2)}\dot{I}_{fa(1)} \end{cases} \qquad (8\text{-}29)$$

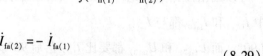

图 8-28 相间短路的复合序网

短路点故障相的电流为

$$\begin{cases} \dot{I}_{fb} = a^2\dot{I}_{fa(1)} + a\dot{I}_{fa(2)} + \dot{I}_{fa(0)} = (a^2 - a)\dot{I}_{fa(1)} = -j\sqrt{3}\,\dot{I}_{fa(1)} = -j\sqrt{3}\,\dfrac{\dot{U}_{fa}^{(0)}}{j(x_{ff(1)} + x_{ff(2)})} \\ \dot{I}_{fc} = -\dot{I}_{fb} = j\sqrt{3}\,\dot{I}_{fa(1)} = j\sqrt{3}\,\dfrac{\dot{U}_{fa}^{(0)}}{j(x_{ff(1)} + x_{ff(2)})} \end{cases}$$

$$(8\text{-}30)$$

b、c 两相电流大小相等方向相反。它们的绝对值为

$$I_f^{(2)} = I_{fb} = I_{fc} = \sqrt{3} I_{fa(1)} \tag{8-31}$$

可见，相间短路电流为正序电流的 $\sqrt{3}$ 倍；当 $x_{ff(1)} = x_{ff(2)}$ 时，两相短路电流是三相短路电流的 $\sqrt{3}/2$。所以，一般来讲，电力系统两相短路电流小于三相短路电流。

短路点各相对地电压为

$$\begin{cases} \dot{U}_{fa} = \dot{U}_{fa(1)} + \dot{U}_{fa(2)} + \dot{U}_{fa(0)} = 2\dot{U}_{fa(1)} = j2x_{ff(2)}\dot{I}_{fa(1)} \\ \dot{U}_{fb} = a^2\dot{U}_{fa(1)} + a\dot{U}_{fa(2)} + \dot{U}_{fa(0)} = -\dot{U}_{fa(1)} = -\frac{1}{2}\dot{U}_{fa} \\ \dot{U}_{fc} = \dot{U}_{fb} = -\dot{U}_{fa(1)} = -\frac{1}{2}\dot{U}_{fa} \end{cases} \tag{8-32}$$

可见，短路点非故障相电压为正序电压的两倍，而故障相电压只有非故障相电压的一半而且方向相反。

两相短路时，故障点的电流和电压相量图如图 8-29 所示。作图时，仍以正序电流 $\dot{I}_{fa(1)}$ 作为参考相量，负序电流与它方向相反。正序电压与负序电压相等，都比 $\dot{I}_{fa(1)}$ 超前 90°。

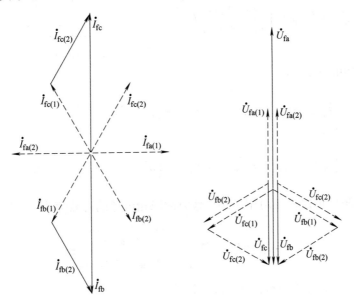

图 8-29　两相短路时短路处电流和电压相量图

8.4.3　两相短路接地

两相短路接地时故障处的情况如图 8-30 所示，故障处的三个边界条件为 $\dot{I}_{fa} = 0$，$\dot{U}_{fb} = 0$，$\dot{U}_{fc} = 0$。

这些条件同单相短路的边界条件极为相似，只要把单相短路边界条件式中的电流换为电压，电压换为电流即可。

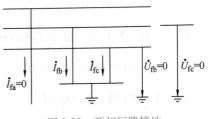

图 8-30　两相短路接地

用序分量表示的边界条件为

$$
\begin{cases}
\dot{I}_{fa(1)} + \dot{I}_{fa(2)} + \dot{I}_{fa(0)} = 0 \\
\dot{U}_{fa(1)} = \dot{U}_{fa(2)} = \dot{U}_{fa(0)}
\end{cases} \tag{8-33}
$$

根据边界条件组成的两相短路接地复合序网示于图 8-31。由图可得

$$
\dot{I}_{fa(1)} = \frac{\dot{U}_{fa}^{(0)}}{j(x_{ff(1)} + x_{ff(2)} \,/\!/\, x_{ff(0)})} \tag{8-34}
$$

以及

$$
\begin{cases}
\dot{I}_{fa(2)} = -\dfrac{x_{ff(0)}}{x_{ff(2)} + x_{ff(0)}}\dot{I}_{fa(1)} \\[2mm]
\dot{I}_{fa(0)} = -\dfrac{x_{ff(2)}}{x_{ff(2)} + x_{ff(0)}}\dot{I}_{fa(1)} \\[2mm]
\dot{U}_{fa(1)} = \dot{U}_{fa(2)} = \dot{U}_{fa(0)} = j\dfrac{x_{ff(2)} x_{ff(0)}}{x_{ff(2)} + x_{ff(0)}}\dot{I}_{fa(1)}
\end{cases} \tag{8-35}
$$

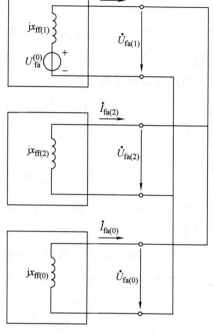

图 8-31 两相短路接地的复合序网

短路点故障相的电流为

$$
\begin{cases}
\dot{I}_{fb} = a^2\dot{I}_{fa(1)} + a\dot{I}_{fa(2)} + \dot{I}_{fa(0)} = \left(a^2 - \dfrac{x_{ff(2)} + ax_{ff(0)}}{x_{ff(2)} + x_{ff(0)}}\right)\dot{I}_{fa(1)} \\[3mm]
\dot{I}_{fc} = a\dot{I}_{fa(1)} + a^2\dot{I}_{fa(2)} + \dot{I}_{fa(0)} = \left(a - \dfrac{x_{ff(2)} + a^2 x_{ff(0)}}{x_{ff(2)} + x_{ff(0)}}\right)\dot{I}_{fa(1)}
\end{cases} \tag{8-36}
$$

根据式（8-36）可以求得两相短路接地时故障相电流的有效值为

$$
I_f^{(1,1)} = I_{fb} = I_{fc} = \sqrt{3}\,\sqrt{1 - \frac{x_{ff(0)} x_{ff(2)}}{(x_{ff(0)} + x_{ff(2)})^2}}\,I_{fa(1)} \tag{8-37}
$$

如果 $x_{ff(1)} = x_{ff(2)}$，令 $k_0 = x_{ff(0)}/x_{ff(2)}$，则

$$
I_{fb} = I_{fc} = \sqrt{3}\,\sqrt{1 - \frac{k_0}{(1 + k_0)^2}\frac{1 + k_0}{1 + 2k_0}}\,I_f^{(3)} \tag{8-38}
$$

式中，$I_f^{(3)}$ 为 f 点三相短路时的短路电流。

1）当 $k_0 = 0$ 时，$I_{fb} = I_{fc} = \sqrt{3}\,I_f^{(3)}$。

2）当 $k_0 = 1$ 时，$I_{fb} = I_{fc} = I_f^{(3)}$。

3）当 $k_0 = \infty$ 时，故障相电流最小，$I_{fb} = I_{fc} = \dfrac{\sqrt{3}}{2}I_f^{(3)}$。

两相短路接地时流入地中的电流为

$$\dot{I}_{\mathrm{g}} = \dot{I}_{\mathrm{fb}} + \dot{I}_{\mathrm{fc}} = 3\dot{I}_{\mathrm{fa}(0)} = -3\dot{I}_{\mathrm{fa}(1)} \frac{x_{\mathrm{ff}(2)}}{x_{\mathrm{ff}(2)} + x_{\mathrm{ff}(0)}} \tag{8-39}$$

短路点非故障相电压为

$$\dot{U}_{\mathrm{fa}} = 3\dot{U}_{\mathrm{fa}(1)} = \mathrm{j}\frac{3x_{\mathrm{ff}(2)}x_{\mathrm{ff}(0)}}{x_{\mathrm{ff}(2)} + x_{\mathrm{ff}(0)}}\dot{I}_{\mathrm{fa}(1)} \tag{8-40}$$

若 $x_{\mathrm{ff}(1)} = x_{\mathrm{ff}(2)}$，则非故障相电压

$$\dot{U}_{\mathrm{fa}} = 3\dot{U}_{\mathrm{fa}(1)} = 3\frac{x_{\mathrm{ff}(0)}x_{\mathrm{ff}(2)}}{x_{\mathrm{ff}(1)}x_{\mathrm{ff}(2)} + x_{\mathrm{ff}(1)}x_{\mathrm{ff}(0)} + x_{\mathrm{ff}(2)}x_{\mathrm{ff}(0)}}\dot{U}_{\mathrm{fa}}^{(0)} = 3\frac{k_0}{1 + 2k_0}\dot{U}_{\mathrm{fa}}^{(0)}$$

1）当 $k_0 = 0$ 时，$\dot{U}_{\mathrm{fa}} = 0$，非故障相电压为 0。

2）当 $k_0 = 1$ 时，$\dot{U}_{\mathrm{fa}} = \dot{U}_{\mathrm{fa}}^{(0)}$，即非故障相电压在短路前后不变。

3）当 $k_0 = \infty$ 时，$\dot{U}_{\mathrm{fa}} = 1.5\dot{U}_{\mathrm{fa}}^{(0)}$，即对于中性点不接地系统，非故障相电压升高最多，为正常电压的 1.5 倍，但仍小于单相接地时电压的升高。

图 8-32 表示两相短路接地时故障点的电流和电压相量图。作图时，仍以正序电流 $\dot{I}_{\mathrm{fa}(1)}$ 作为参考相量，$\dot{I}_{\mathrm{fa}(2)}$ 和 $\dot{I}_{\mathrm{fa}(0)}$ 与 $\dot{I}_{\mathrm{fa}(1)}$ 的方向相反。a 相 3 个序电压都相等，且比 $\dot{I}_{\mathrm{fa}(1)}$ 超前 90°。可以发现，其电流相量图与单相接地时电压相量图类似，其电压相量图则与单相接地时电流相量图类似。

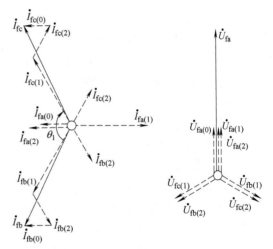

图 8-32　两相短路接地时故障点电流和电压相量图

8.4.4　正序等效定则

结合以上所得的 3 种简单不对称短路时短路电流正序分量的算式［式（8-23）、式（8-28）和式（8-34）］可以统一写成

$$\dot{I}_{\mathrm{fa}(1)}^{(n)} = \frac{\dot{U}_{\mathrm{fa}}^{(0)}}{\mathrm{j}(x_{\mathrm{ff}(1)} + x_{\Delta}^{(n)})} \tag{8-41}$$

式中，$x_{\Delta}^{(n)}$ 表示附加电抗，其值随短路的形式不同而不同，上角标（n）是代表短路类型的符号。

式（8-41）表明了一个很重要的概念：在简单不对称短路的情况下，短路点电流的正序分量，与在短路点每一相中加入附加电抗 $x_{\Delta}^{(n)}$ 而发生三相短路时的电流相等。这个概念称为正序等效定则。

此外，从短路点故障相电流的算式［式（8-25）、式（8-31）和式（8-37）］可以看出，短路电流的绝对值与它的正序分量的绝对值成正比，即

$$I_f^{(n)} = m^{(n)} I_{fa(1)}^{(n)} \tag{8-42}$$

式中，$m^{(n)}$ 为比例系数，其值视短路种类而异。

各种简单短路时的 $x_\Delta^{(n)}$ 和 $m^{(n)}$ 列于表 8-1。

表 8-1　简单短路时的 $x_\Delta^{(n)}$ 和 $m^{(n)}$

短路类型	$x_\Delta^{(n)}$	$m^{(n)}$
三相短路 $f^{(3)}$	0	1
两相短路接地 $f^{(1,1)}$	$\dfrac{x_{ff(0)}\,x_{ff(2)}}{x_{ff(0)}+x_{ff(2)}}$	$\sqrt{3}\sqrt{1-\dfrac{x_{ff(0)}\,x_{ff(2)}}{(x_{ff(0)}+x_{ff(2)})^2}}$
两相短路 $f^{(2)}$	$x_{ff(2)}$	$\sqrt{3}$
单相短路 $f^{(1)}$	$x_{ff(0)}+x_{ff(2)}$	3

根据以上的讨论，可以得到一个结论：简单不对称短路电流的计算，归根结底，不外乎先求出系统对短路点的负序和零序输入电抗 $x_{ff(2)}$ 和 $x_{ff(0)}$，再根据短路的不同类型组成附加电抗 $x_\Delta^{(n)}$，将它接入短路点，然后就像计算三相短路一样，算出短路点的正序电流。所以，前面讲过的三相短路电流的各种计算方法也适用于计算不对称短路。

简单不对称短路电流的计算步骤，可以总结如下：

1）根据故障类型，作出相应的序网。

2）计算系统对短路点的正序、负序、零序等效电抗。

3）计算附加电抗 $x_\Delta^{(n)}$。

4）依据式（8-41）计算短路点的正序电流。

5）依据式（8-42）计算短路点的故障相电流。

6）进一步求得其他待求量。

如果要求计算某时刻的电流（电压），可以在正序网络中的故障点 f 处接附加电抗 $x_\Delta^{(n)}$，然后应用计算曲线，求得经 $x_\Delta^{(n)}$ 发生三相短路时任意时刻的电流，即为 f 点不对称短路时的正序电流。

8.5　非故障处电流和电压的计算

在电力系统的设计和运行工作中，除了要知道故障点的短路电流和电压以外，还要知道网络中某些支路的电流和某些节点的电压。为此，须先求出电流和电压的各序分量在网络中的分布。然后，将各对称分量合成以求得相电流和相电压。但是，电压和电流的对称分量经变压器后，除了大小要改变，相位也可能发生变化，因此需要考虑对称分量经变压器后的相位变换问题。

8.5.1　对称分量经变压器后的相位变换

电压和电流的对称分量经变压器后，相位的变化取决于变压器绕组的联结组别。现以电力系统中变压器经常采用的 Yy0 和 Yd11 两种接线方式说明这个问题。

1. Yy0 联结的变压器两侧对称分量分析

图 8-33a 表示 Yy0 联结的变压器，用 A、B 和 C 表示变压器绕组 Ⅰ 的出线端，a、b 和 c 表示绕组 Ⅱ 的出线端。如果在 Ⅰ 侧施以正序电压，则 Ⅱ 侧绕组的相电压与 Ⅰ 侧绕组的相电压

同相位，如图 8-33b 所示。如果在 I 侧施以负序电压，则 II 侧的相电压与 I 侧的相电压也是同相位，如图 8-33c 所示。对这样联结的变压器，当所选择的基准值使变压器电压比标幺值 $k_* = 1$ 时，两侧相电压的正序分量或负序分量的标幺值分别相等，且相位相同，即

$$\dot{U}_{a(1)} = \dot{U}_{A(1)}, \quad \dot{U}_{a(2)} = \dot{U}_{A(2)}$$

对于两侧相电流的正序及负序分量，亦存在上述关系。

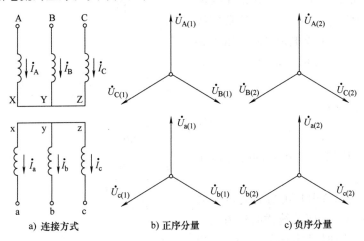

a) 连接方式　　　　b) 正序分量　　　　c) 负序分量

图 8-33　Yy0 联结变压器两侧电压的正、负序分量的相位关系

如果变压器接成 YNyn0，而又存在零序电流的通路时，则变压器两侧的零序电流（或零序电压）亦是同相位的。因此，电压和电流的各序对称分量经过 Yy0 联结的变压器时，并不发生相位移动。

2. Yd11 联结的变压器两侧对称分量分析

Yd11 联结的变压器，情况则大不相同。图 8-34a 表示这种变压器的接线图。如在 Y 侧施以正序电压，d 侧的线电压虽与 Y 侧的相电压同相位，但 d 侧的相电压却超前于 Y 侧相电压 30°，如图 8-34b 所示。当 Y 侧施以负序电压时，d 侧的相电压落后于 Y 侧相电压 30°，如

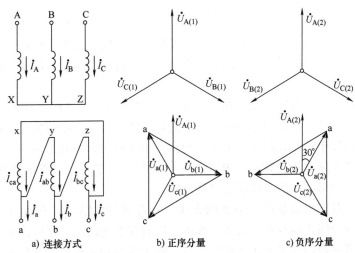

a) 连接方式　　　　b) 正序分量　　　　c) 负序分量

图 8-34　Yd11 联结变压器两侧电压的正序、负序分量的相位关系

图 8-34c 所示。变压器两侧相电压的正序和负序分量（用标幺值表示且 $k_* = 1$ 时）存在以下的关系：

$$\begin{cases} \dot{U}_{a(1)} = \dot{U}_{A(1)} e^{j30°} \\ \dot{U}_{a(2)} = \dot{U}_{A(2)} e^{-j30°} \end{cases} \tag{8-43}$$

电流也有类似的情况，d 侧的正序线电流超前 Y 侧正序线电流 30°，d 侧的负序线电流则落后于 Y 侧负序线电流 30°，如图 8-35 所示。当用标幺值表示电流且 $k_* = 1$ 时便有

$$\begin{cases} \dot{I}_{a(1)} = \dot{I}_{A(1)} e^{j30°} \\ \dot{I}_{a(2)} = \dot{I}_{A(2)} e^{-j30°} \end{cases} \tag{8-44}$$

Yd 联结的变压器，在 d 侧的外电路中总不含零序分量。

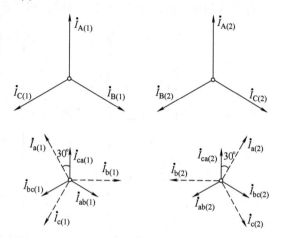

图 8-35　Yd11 联结变压器两侧电流的正序和负序分量的相位关系

由此可见，经过 Yd11 联结的变压器并且由 Y 侧到 d 侧时，正序系统逆时针方向转过 30°，负序系统顺时针方向转过 30°。反之，由 d 侧到 Y 侧时，正序系统顺时针方向转过 30°，负序系统逆时针方向转过 30°。因此，当已求得 Y 侧的序电流 $\dot{I}_{A(1)}$、$\dot{I}_{A(2)}$ 时，d 侧各相（不是各绕组）的电流分别为

$$\begin{cases} \dot{I}_a = \dot{I}_{a(1)} + \dot{I}_{a(2)} = \dot{I}_{A(1)} e^{j30°} + \dot{I}_{A(2)} e^{-j30°} \\ \dot{I}_b = a^2 \dot{I}_{a(1)} + a\dot{I}_{a(2)} = a^2 \dot{I}_{A(1)} e^{j30°} + a\dot{I}_{A(2)} e^{-j30°} \\ \dot{I}_c = a\dot{I}_{a(1)} + a^2 \dot{I}_{a(2)} = a\dot{I}_{A(1)} e^{j30°} + a^2 \dot{I}_{A(2)} e^{-j30°} \end{cases} \tag{8-45}$$

也可利用已知的 d 侧各序分量计算 Y 侧各相分量的公式。

8.5.2　不对称短路的序网络的电压分布

对于比较简单的电力系统，可采用网络变换化简的方法进行短路计算，在算出短路点各序电流后，分别逆着各个序网简化的顺序，在网络还原过程中逐步算出各支路电流和有关各节点的电压。

为了说明各序电压的分布情况，在图 8-36 中画出了某一简单网络在发生各种不对称短路时各序电压的分布情况。电源点的正序电压最高，随着对短路点的接近，正序电压将逐渐降低，到短路点即等于短路处的正序电压，短路点的负序和零序电压最高。离短路点越远，节点的负序电压和零序电压就越低。电源点的负序电压为零。由于变压器是 YNd 联结，零序电压在变压器三角形一侧的出线端已经降至零了。

上述网络中各序电流和电压分布的方法，只有对与短路点有直接电气联系的部分网络，才可获得各序量间正确的相位关系。在由变压器联系的两段电路中，由于变压器绕组的联结方式，变压器一侧的各序电压和电流对另一侧可能有相位移动，并且正序分量与负序分量的相位移动也可能不同。计算时要加以注意。

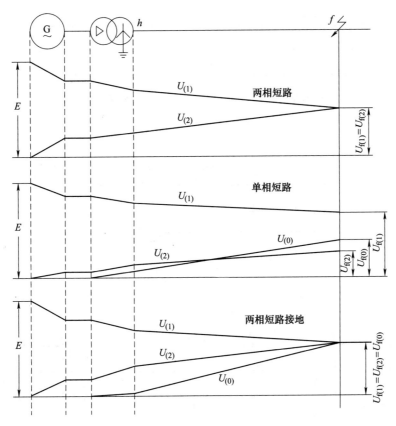

图 8-36　各种不对称短路时各序电压分布

8.6　非全相断线的分析计算

电力系统的短路通常也称为横向故障。它指的是在网络的节点 f 处出现了相与相之间或相与零电位点之间不正常接通的情况。发生横向故障时，由故障节点 f 同零电位节点组成故障端口。不对称故障的另一种类型是纵向故障，它指的是网络中的两个相邻节点 f 和 f'（都不是零电位节点）之间出现了不正常断开或三相阻抗不相等的情况。发生纵向故障时，由 f 和 f' 这两个节点组成故障端口。

本节将讨论纵向不对称故障的两种极端状态，即单相或两相断开的运行状态（见图 8-37）。造成非全相断线的原因是很多的，例如某一线路单相接地短路后故障相开关跳闸，导线单相或两相断线，分相检修线路或开关设备以及开关合闸过程中三相触头不同时接通等。

纵向故障和横向不对称故障一样，也只是在故障口出现了某种不对称状态，系统其余部分的参数还是三相对称的。可以应用对称分量法进行分析。首先在故障口 ff' 插入一组不对称电动势源来代替实际存在的不对称状态，然后将这组不对称电动势源分解成正序、负序和零序分量。根据叠加原理，分别作出各序的等效网络（见图 8-38）。与不对称短路时一样，可以列出各序网络故障端口的电压方程式

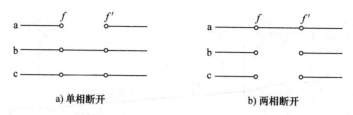

a) 单相断开   b) 两相断开

图 8-37　非全相断线

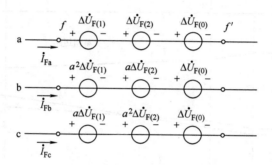

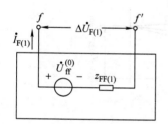 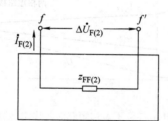 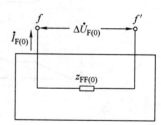

图 8-38　用对称分量法分析非全相运行

$$\begin{cases} \dot{U}_{\mathrm{ff}}^{(0)} - z_{\mathrm{FF}(1)} \dot{I}_{\mathrm{F}(1)} = \Delta \dot{U}_{\mathrm{F}(1)} \\ - z_{\mathrm{FF}(2)} \dot{I}_{\mathrm{F}(2)} = \Delta \dot{U}_{\mathrm{F}(2)} \\ - z_{\mathrm{FF}(0)} \dot{I}_{\mathrm{F}(0)} = \Delta \dot{U}_{\mathrm{F}(0)} \end{cases} \qquad (8\text{-}46)$$

式中，$\dot{U}_{\mathrm{ff}}^{(0)}$ 是故障口 ff' 的开路电压，即当 f、f' 两点间三相断开时，网络内的电源在端口 ff' 产生的电压；$z_{\mathrm{FF}(1)}$、$z_{\mathrm{FF}(2)}$、$z_{\mathrm{FF}(0)}$ 分别为正序网络、负序网络和零序网络从故障端口 ff' 看进去的等效阻抗（又称故障端口 ff' 的各序输入阻抗）。

对于图 8-39 所示系统，$\dot{U}_{\mathrm{ff}}^{(0)} = \dot{E}_{\mathrm{N}} - \dot{E}_{\mathrm{M}}$，$z_{\mathrm{FF}(1)} = z_{\mathrm{N}(1)} + z_{\mathrm{L}(1)} + z_{\mathrm{M}(1)}$，$z_{\mathrm{FF}(2)} = z_{\mathrm{N}(2)} + z_{\mathrm{L}(2)} + z_{\mathrm{M}(2)}$，$z_{\mathrm{FF}(0)} = z_{\mathrm{N}(0)} + z_{\mathrm{L}(0)} + z_{\mathrm{M}(0)}$。这里应注意与同一点发生横向不对称短路时的情况相区别。

若网络各元件都用纯电抗表示，则式（8-46）可以写成

$$\begin{cases} \Delta \dot{U}_{\mathrm{F}(1)} = \dot{U}_{\mathrm{ff}}^{(0)} - \mathrm{j} x_{\mathrm{FF}(1)} \dot{I}_{\mathrm{F}(1)} \\ \Delta \dot{U}_{\mathrm{F}(2)} = - \mathrm{j} x_{\mathrm{FF}(2)} \dot{I}_{\mathrm{F}(2)} \\ \Delta \dot{U}_{\mathrm{F}(0)} = - \mathrm{j} x_{\mathrm{FF}(0)} \dot{I}_{\mathrm{F}(0)} \end{cases} \qquad (8\text{-}47)$$

式（8-47）包含了 6 个未知量，因此，还必须根据非全相断线的具体边界条件列出另外 3 个方程才能求解。以下分别就单相和两相断线进行讨论。

1. 单相断线

故障处（见图 8-37a）的边界条件为

$$\dot{I}_{Fa} = 0, \Delta \dot{U}_{Fb} = \Delta \dot{U}_{Fc} = 0$$

这些条件同两相短路接地的条件完全相似。若用对称分量表示，则得

$$\begin{cases} \dot{I}_{F(1)} + \dot{I}_{F(2)} + \dot{I}_{F(0)} = 0 \\ \Delta \dot{U}_{F(1)} = \Delta \dot{U}_{F(2)} = \Delta \dot{U}_{F(0)} \end{cases} \quad (8\text{-}48)$$

满足这些边界条件的复合序网示于图 8-40。由此可以算出故障处各序电流为

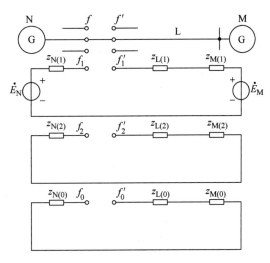

图 8-39　纵向故障时的各序网络

$$\begin{cases} \dot{I}_{F(1)} = \dfrac{\dot{U}_{ff}^{(0)}}{j(x_{FF(1)} + x_{FF(2)} /\!/ x_{FF(0)})} \\[3mm] \dot{I}_{F(2)} = -\dfrac{x_{FF(0)}}{x_{FF(2)} + x_{FF(0)}} \dot{I}_{F(1)} \\[3mm] \dot{I}_{F(0)} = -\dfrac{x_{FF(2)}}{x_{FF(2)} + x_{FF(0)}} \dot{I}_{F(1)} \end{cases} \quad (8\text{-}49)$$

非故障相电流

$$\begin{cases} \dot{I}_{Fb} = \left(a^2 - \dfrac{x_{FF(2)} + a x_{FF(0)}}{x_{FF(2)} + x_{FF(0)}} \right) \dot{I}_{F(1)} \\[3mm] \dot{I}_{Fc} = \left(a - \dfrac{x_{FF(2)} + a^2 x_{FF(0)}}{x_{FF(2)} + x_{FF(0)}} \right) \dot{I}_{F(1)} \end{cases} \quad (8\text{-}50)$$

故障相的断口电压

$$\Delta \dot{U}_F = 3\Delta \dot{U}_{F(1)} = j \dfrac{3 x_{FF(2)} x_{FF(0)}}{x_{FF(2)} + x_{FF(0)}} \dot{I}_{F(1)} \quad (8\text{-}51)$$

故障口的电流和电压的这些算式，都和两相短路接地时的算式完全相似。

2. 两相断线

故障处（见图 8-37b）的边界条件为

$$\dot{I}_{Fb} = \dot{I}_{Fc} = 0, \Delta \dot{U}_{Fa} = 0$$

容易看出，这些条件同单相短路的边界条件相似。若用对称分量表示，则得

$$\begin{cases} \dot{I}_{F(1)} = \dot{I}_{F(2)} = \dot{I}_{F(0)} \\ \Delta \dot{U}_{F(1)} + \Delta \dot{U}_{F(2)} + \Delta \dot{U}_{F(0)} = 0 \end{cases} \quad (8\text{-}52)$$

满足这样边界条件的复合序网如图 8-41 所示。故障处的电流

$$\dot{I}_{F(1)} = \dot{I}_{F(2)} = \dot{I}_{F(0)} = \dfrac{\dot{U}_{ff}^{(0)}}{j(x_{FF(1)} + x_{FF(2)} + x_{FF(0)})} \quad (8\text{-}53)$$

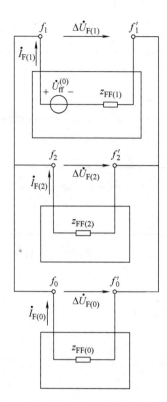

图 8-40　单相断开的复合序网

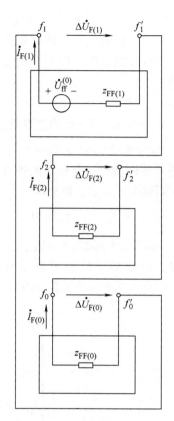

图 8-41　两相断开的复合序网

非故障相电流

$$\dot{I}_F = 3\dot{I}_{F(1)} \tag{8-54}$$

故障相断口的电压

$$\begin{cases} \Delta\dot{U}_{Fb} = j[(a^2-a)x_{FF(2)} + (a^2-1)x_{FF(0)}]\dot{I}_{F(1)} \\ \Delta\dot{U}_{Fc} = j[(a-a^2)x_{FF(2)} + (a-1)x_{FF(0)}]\dot{I}_{F(1)} \end{cases} \tag{8-55}$$

故障口的电流和电压的算式，和单相短路时的算式完全相似。

通过以上分析可知，不对称短路分析计算的原理和方法，同样适用于不对称断线故障。必须注意，横向故障和纵向故障的故障端口节点的组成是不同的。单相断线与非断线相两相短路接地的边界条件相似，而两相断线则与非断线相单相短路的边界条件相似。短路与断路故障都采用复合序网进行分析。

🏵 小　结

对称分量变换本质上是三相独立变量与三序独立变量之间的满秩坐标变换。在三相参数对称的线性电路中，各序对称分量具有独立性。

运用对称分量分析电力系统不对称故障的基础是，系统中除短路点以外的所有网络元件参数是对称的，且不考虑非线性参数。

网络参数对称只是网络中各相参数相等。对于不同的相序，网络元件会呈现出不同的序参数。静止元件的正序、负序参数相等。所有旋转元件的负序参数不等于正序参数。

由于三相零序分量等幅值、同相位的特点，元件的零序参数不仅取决于元件本身的磁路结构，还与元件间的连接关系及接地方式密切相关。架空输电线的零序电抗大于正序电抗，平行架设的架空输电线路之间会存在显著的零序互感抗，在分析接地类短路故障时尤需注意。

制订序网时，某序网络应包含该序电流流过的所有元件。

负序网络的结构与正序网络相同，所有发电机内电动势节点的负序电压为零。

三相零序电流须经过大地（或架空地线、电缆包皮等）形成通路。制订零序网络时，应从故障点出发，仔细甄别由电气连接和磁路约束影响的零序电流通路。

电力系统不对称故障的基本分析方法，是针对不同故障类型，根据故障点处的边界条件，绘制复合序网，寻找某相正序、负序、零序分量的关系，进一步求得故障点处的电压与电流。

根据正序电流的表达式，可以归纳出正序等效定则，即不对称短路时，短路点正序电流与在短路点每相加入附加电抗 $x_\Delta^{(n)}$ 而发生三相短路时的电流相等。

为了计算网络中不同节点的各相电压和不同支路的各相电流，应先确定电流和电压的各序分量在网络中的分布。在将各序分量组合成各相量时，特别要注意正序和负序对称分量经过 Yd 联结的变压器时要分别转过不同的相位。

不对称短路分析计算的原理和方法，同样适用于不对称断线故障。单相断线与非断线相两相短路接地的边界条件相似，而两相断线则与非断线相单相短路的边界条件相似。短路与断路故障都采用复合序网进行分析。

扩展阅读 8.1　小电流接地系统及其故障选线

小电流接地系统是指中性点不接地或经过消弧线圈和高阻抗接地的三相交流系统，又称中性点间接接地系统。当在小电流接地系统中某一相发生单点接地故障时，短路点只能经线路对地电容构成电流通路，而低电压线路的对地电容很小，使接地点的故障电流往往比负荷电流小得多，因而被称为"小电流接地系统"。

小电流接地系统发生单相接地故障时，三相之间的线电压仍然保持对称，对负荷的供电暂没有影响，系统仍可继续运行 1~2h，不必立即切除接地相，断路器不必立即跳闸，并不立即对设备造成损坏，从而保证了对用户的不间断连续供电，提高了供电可靠性。我国中压配电网一般采用小电流接地方式，供电可靠性高。

随着变电站外送馈线的增多，配电网的对地电容呈增长的趋势，单点接地后接地点流过明显的电容性电流，长时间运行易诱发两点或多点接地短路，导致停电。弧光接地还可能引起过电压，损坏设备。

因此，对于送出多馈线的变电站，必须及时准确地识别出发生单相接地的线路，最好能测出故障位置，以便于及时清除故障，消除故障蔓延的隐患。小电流接地系统的故障选线和故障定位是配电自动化的一项重要功能。

但是小电流接地系统发生故障时具有以下特点：①故障稳态信号微弱。发生单相接地故障时产生的是系统对地电容电流，数值小。经消弧线圈补偿后（过补偿、欠补偿、完全补偿），数值更小。②单相接地情况复杂，受电弧影响大，故障暂态特征复杂，随机性强。单相接地故障可分为直接接地、经高阻接地、电弧接地以及雷击放电接地。单相接地往往伴随着电弧现象，在不同的故障发生条件下，暂态量信号又有明显差异。这些特点影响了故障选线的准确性。

国内外众多学者、工程师在小电流接地系统单相接地故障的选线方面做了大量研究，从不同角度提出了众多的解决方案。解决方案主要可以分为两类：一类是主动法，即通过外部注入特殊信号的方式进行选线；另一类是被动法，主要是依据故障发生时刻前后的电气量信息的差别判断故障线路。具体又可根据所选用故障信息的时间尺度分为基于稳态、暂态、暂稳态相结合三种。

用零序稳态信号作为故障选线特征量是比较常用的方法，主要包括以下三种方法：

（1）零序电流幅值比较法

该方法简称幅值法，对于中性点不接地系统发生单相接地故障后，其非故障线路流过的零序电流为本身对地电容电流，故障线路流过的零序电流数值等于全系统非故障线路的对地电容之和。幅值法利用故障线路流过零序电流比非故障线路大的特点实现故障选线。

（2）零序电流相位法

零序电流相位法利用故障线路零序电流由线路流向母线而非故障线路由母线流向线路的特点，根据零序电流方向进行选线。在此基础上又出现了群体比相法，先用幅值法选出幅值最大的几条线路，在此基础上进行相位比较。

（3）零序电流有功分量法

零序电流有功分量法是根据流过故障线路端的零序电流含有中性点电阻或消弧线圈产生的有功电流以及非故障线路对地零序电流之和两部分。由于有功电流只流过故障线路，利用这一特点可实现选线。

小电流接地系统的故障选线问题，核心是在微弱信号下识别电路状态的问题。近年来，伴随着先进传感、测量技术的发展，涌现了基于行波的暂态信号识别法等很多小电流接地系统故障选线、故障测距的新方法。新技术的出现和多种方法的融合，显著提高了我国小电流接地系统故障选线和故障测距的技术水平，为提高我国配电网的安全可靠性做出了积极的贡献。

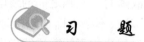

习　　题

8-1　某三相发电机由于内部故障，其三个相电动势分别为 $\dot{E}_a = 100\angle 90°\text{V}$，$\dot{E}_b = 116\angle 0°\text{V}$，$\dot{E}_c = 71\angle 225°\text{V}$。试求其对称分量。

8-2　已知 $\dot{I}_{a(1)} = 5\text{A}$，$\dot{I}_{a(2)} = -j5\text{A}$，$\dot{I}_{a(0)} = -1\text{A}$，试求 a、b、c 三相的电流。

8-3　图 8-42 所示输电系统，在 f 点发生接地短路，试绘出各序网络，并计算等效电源电动势和各序网络对短路点的等效电抗。系统中各元件的参数如下：

发电机 G：$S_N = 120\text{MVA}$，$U_N = 10.5\text{kV}$，$E_1 = 1.67$，$x_1 = 0.9$，$x_2 = 0.45$；

变压器 T1：$S_N = 60\text{MVA}$，$U_k\% = 10.5$，$k_1 = 10.5/115$；

变压器 T2：$S_N = 60\text{MVA}$，$U_k\% = 10.5$，$k_2 = 115/6.3$；

线路 L：每回路长 $l = 105\text{km}$，$x_1 = 0.4\Omega/\text{km}$，$x_0 = 3x_1$；

负荷 LD1：$S_N = 120MVA$，$x_1 = 1.2$，$x_2 = 0.35$；

负荷 LD2：$S_N = 40MVA$，$x_1 = 1.2$，$x_2 = 0.35$。

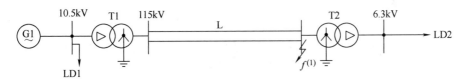

图 8-42　习题 8-3 图

8-4　在习题 8-3 所示的网络中，若 f 点发生两相短路。试计算变压器 T1 的 d 侧各相电压和各相电流。变压器 T1 是 Y0d11 联结。

8-5　在习题 7-4 所示的系统中，已知下列情况：两台发电机中性点均不接地；两台变压器均为 Y0d11 联结，发电机侧为三角形联结，Y0 侧中性点直接接地；三条电力线路的零序电抗均为 0.20（以 50MVA 为基准值）。

要求分别计算节点③处 a 相接地短路，b、c 两相短路，以及 b、c 两相接地短路时，故障点的短路电流（$z_f = z_g = 0$）。

8-6　对于图 8-43 所示的系统，试计算线路末端 a 相断线时的 b、c 两相电流，a 相断口电压以及发电机母线三相电压。

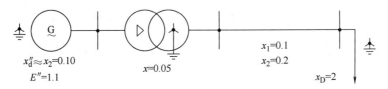

图 8-43　习题 8-6 图

第 8 章自测题

第9章

同步发电机的基本方程及三相突然短路分析

【引例】

电力系统中发生突然短路时，作为主要电源的同步发电机是短路电流的提供者，突然增大的短路电流作用于发电机会产生复杂的电磁暂态过程，影响短路电流的形态。第7章中介绍了恒电动势源供电网络三相短路电流的计算方法，分析了该短路电流的组成成分及各分量的动态特征；也初步分析了同步发电机三相突然短路电流波形的特点。

图9-1给出了在相同系统条件和短路条件下，同步发电机突然三相短路电流与恒电势源供电三相短路电流的对比。

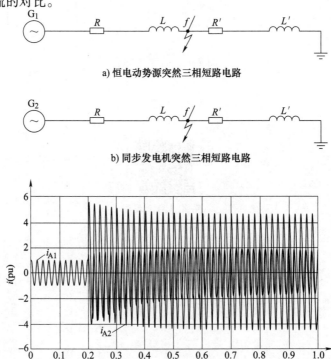

a) 恒电动势源突然三相短路电路

b) 同步发电机突然三相短路电路

c) 两种情形下A相电流的比较

图9-1　恒电动势源和同步发电机突然三相短路电流比较

图 9-1c 中，i_{A1} 为同步发电机三相短路电流中的 A 相电流，i_{A2} 为恒电动势源三相短路电流中的 A 相电流，表 9-1 中给出两种情形下 A 相短路电流第一周期极值。

表 9-1　两种情形下 A 相短路电流第一周期极值

极值类型	同步发电机	恒电动势源
A 相短路电流第一周期极大值（pu）	1.51	5.4
A 相短路电流第一周期极小值（pu）	−4.05	−3.6

同步发电机短路电流的平均幅值为 2.78pu，而恒电动势源短路电流的平均幅值为 4.5pu。

由图 9-1c 和表 9-1 可见，同步发电机提供的短路电流比恒电动势源提供的短路电流有更小的幅值。

突然短路后，同步发电机内部经历了复杂的暂态过程，这些暂态过程决定了短路电流的变化特征。认识和分析同步发电机受外扰后的暂态过程，可以用物理概念进行定性分析，亦可用数学方法进行定量分析。

为了定量分析突然短路后同步发电机的暂态过程，有必要建立反映同步发电机定转子各绕组耦合关系的基本数学模型，并寻求便于对模型求解的坐标变换。坐标变换后得到描述同步发电机暂态过程的电压方程和磁链方程，是反映同步发电机基本运行规律的一组重要方程，可以用来分析同步发电机的暂态过程。

运用同步发电机基本方程，可以求解突然短路后短路电流的时间表达式，式中反映了短路电流中包含的各分量及变化规律。

9.1　同步发电机的结构与 *abc* 坐标系下的基本方程

当外部系统发生短路故障时，同步发电机中定转子各绕组的稳态运行即被打破，各绕组进入了暂态过程，使得机端电压不能维持恒定，短路电流与恒电动势源供电网络短路电流存在差别，并且影响到同步发电机输出的电磁功率。

因此，本节将根据理想同步发电机的内部各电磁量的关系，建立同步发电机比较精确完整的数学模型，为电力系统暂态分析做必要的知识准备。

1. 理想电机的条件

本书讨论的发电机均为理想同步发电机，即认为同步发电机是理想电机的前提条件为：

1）结构对称：电机转子在结构上直轴和交轴完全对称，定子三相绕组完全对称，即定子 abc 三相绕组的空间位置互差 120°电角度，在结构上完全相同。

2）正弦分布：定子电流在气隙中产生正弦分布的磁动势；转子绕组和定子绕组间的互感磁通也在气隙中按正弦规律分布。

3）表面光滑：定子及转子的槽和通风沟不影响定子及转子绕组的电感，即认为电机的定子及转子具有光滑的表面。

4）忽略磁路非线性量：忽略磁路饱和、磁滞、涡流等的影响，假设电机铁心部分的磁导率为常数，在分析中可以应用叠加原理。

2. 发电机绕组

由电机学的基本知识可知，三相同步发电机有多个绕组。其中三个是定子绕组，定子绕组一般是指用绝缘扁铜线或者漆包线绕制而成，三相对称嵌放在定子铁心槽上的线圈或整个电磁电路的统称。

对于凸极机来说，阻尼绕组在结构上相当于在转子励磁绕组外叠加的一个短路笼型环，其作用也相当于一个随转子同步转动的"笼型异步电机"，能够抑制转子机械振荡，对发电机的动态稳定起调节作用。而隐极机在转子上虽没有装设阻尼绕组，但它的实心转子起着阻尼绕组的作用。

励磁绕组是缠绕在转子上可以产生磁场的绕组，能够产生永磁体无法产生的强大的磁通密度，且方便调节，从而实现大功率发电。同步发电机各绕组位置示意图如图 9-2 所示。

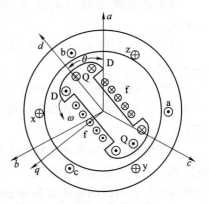

3. 正方向约定

图 9-2 中给出了同步发电机各绕组位置的示意图，图中标出了各相绕组的轴线 a、b、c 和转子绕组的轴线 d、q 正方向。其中，转子的 d 轴（直轴）滞后于 q 轴（交轴）90°。本书中选定定子各相绕组轴线的正方向作为各相绕组磁链的正方向。励磁绕组和直轴阻尼绕组磁链的正方向与 d 轴正方向相同；交轴阻尼绕组磁链

图 9-2　同步发电机各绕组位置示意图

的正方向与 q 轴正方向相同。图 9-2 中也标出了各绕组电流的正方向。定子各相绕组电流产生的磁通方向与各该相绕组轴线的正方向相反时电流为正值；转子各绕组电流产生的磁通方向与 d 轴或 q 轴正方向相同时电流为正值。（因为去磁作用，定子绕组上的正电流产生负磁场；因为助磁作用，转子绕组上的正电流产生正磁场。）

图 9-3 所示电路图中各回路的电路（只画了自感）其中标明了电压的正方向。

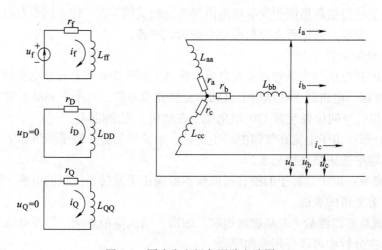

图 9-3　同步发电机各回路电路图

4. 电压方程和磁链方程

在定子回路中向负荷侧观察，电压降的正方向与定子电流的正方向一致（发电机惯例）；在励磁回路中向励磁绕组侧观察，电压降的正方向与励磁电流的正方向一致（电动机惯例）。阻尼绕组为短接回路，电压为零。根据图 9-3，假设三相绕组电阻相等，即 $r_a = r_b = r_c = r$，可列出 6 个回路的电压方程。

根据电路图可写出同步发电机定子转子各回路的电压方程为

$$
\begin{cases}
u_a = \dot{\psi}_a - r i_a \\
u_b = \dot{\psi}_b - r i_b \\
u_c = \dot{\psi}_c - r i_c \\
u_f = \dot{\psi}_f + r_f i_f \\
0 = \dot{\psi}_D + r_D i_D \\
0 = \dot{\psi}_Q + r_Q i_Q
\end{cases}
\tag{9-1}
$$

定子转子各回路电压方程的矩阵形式为

$$
\begin{bmatrix}
u_a \\ u_b \\ u_c \\ u_f \\ 0 \\ 0
\end{bmatrix}
=
\begin{bmatrix}
\dot{\psi}_a \\ \dot{\psi}_b \\ \dot{\psi}_c \\ \dot{\psi}_f \\ \dot{\psi}_D \\ \dot{\psi}_Q
\end{bmatrix}
+
\begin{bmatrix}
r & 0 & 0 & 0 & 0 & 0 \\
0 & r & 0 & 0 & 0 & 0 \\
0 & 0 & r & 0 & 0 & 0 \\
0 & 0 & 0 & r_f & 0 & 0 \\
0 & 0 & 0 & 0 & r_D & 0 \\
0 & 0 & 0 & 0 & 0 & r_Q
\end{bmatrix}
\cdot
\begin{bmatrix}
-i_a \\ -i_b \\ -i_c \\ i_f \\ i_D \\ i_Q
\end{bmatrix}
\tag{9-2}
$$

式中，ψ 为各绕组磁链；$\dot{\psi}$ 为磁链对时间的导数，$\dot{\psi} = \dfrac{\mathrm{d}\psi}{\mathrm{d}t}$。同步发电机中各绕组的磁链是由本绕组的自感磁链和其他绕组与本绕组间的互感磁链组合而成，其磁链方程为

$$
\begin{bmatrix}
\psi_a \\ \psi_b \\ \psi_c \\ \psi_f \\ \psi_D \\ \psi_Q
\end{bmatrix}
=
\begin{bmatrix}
L_{aa} & M_{ab} & M_{ac} & M_{af} & M_{aD} & M_{aQ} \\
M_{ba} & L_{bb} & M_{bc} & M_{bf} & M_{bD} & M_{bQ} \\
M_{ca} & M_{cb} & L_{cc} & M_{cf} & M_{cD} & M_{cQ} \\
M_{fa} & M_{fb} & M_{fc} & L_{ff} & M_{fD} & M_{fQ} \\
M_{Da} & M_{Db} & M_{Dc} & M_{Df} & L_{DD} & M_{DQ} \\
M_{Qa} & M_{Qb} & M_{Qc} & M_{Qf} & M_{QD} & L_{QQ}
\end{bmatrix}
\cdot
\begin{bmatrix}
-i_a \\ -i_b \\ -i_c \\ i_f \\ i_D \\ i_Q
\end{bmatrix}
\tag{9-3}
$$

式中，电感矩阵对角元素 L 为各绕组的自感系数，非对角元素 M 为绕组和绕组之间的互感系数。两绕组间的互感系数是可逆的，即 $M_{ab} = M_{ba}$、$M_{af} = M_{fa}$、$M_{fD} = M_{Df}$ 等。

附录 C 给出了各电感系数的表达式。对于凸极机，由于转子转动在不同位置，对定子绕组来说，空间的磁阻是不一样的，所以大多数电感系数为周期性变化，其中定子各绕组的自感系数以 π 为周期变化，定子各绕组的互感系数与自感系数变化相似，变化周期为 π。转

子各绕组随转子一起转动，故转子各绕组自感系数和互感系数为常数，且 Q 绕组与 f、D 绕组相互垂直，它们之间的互感为零。定子各绕组与转子各绕组的互感系数以 2π 为周期变化。隐极机则小部分电感为周期性变化。

无论是凸极机还是隐极机，如果将式（9-3）取导数后代入式（9-2），发电机的电压方程则是一组变系数的微分方程。当给出短路初始条件，对式（9-1）和式（9-3）进行联立求解，即可计算出短路发生后同步发电机各绕组的短路电流变化情况。

可见，由于方程高阶性和电感系数矩阵的时变性，采用上述方法进行短路电流计算十分困难。为了方便起见，一般采用变量转换的方法，或者称为坐标转换的方法来进行分析。目前已有多种坐标转换方法，这里只介绍其中最常用的一种，它是由美国工程师派克（Park）首先提出的，因此简称为派克变换。

9.2　派克变换与 *dq*0 坐标系下的同步发电机基本方程

1. 三相正弦交流电流的派克变换

1929 年，美国电气工程师派克（Park）将静止的 abc 三相绕组中的物理量变换为旋转的 dq0 等效绕组中的物理量，使问题得到了简化。后称这一变换为派克（Park）变换。以下以电流为例来推导派克变换。

根据"电机学"课程所学知识，设有下式所示的三相对称正弦基频电流

$$\begin{cases} i_a(t) = I_m \cos\left[(2\pi f)t \right] \\ i_b(t) = I_m \cos\left[(2\pi f)t - 120° \right] \\ i_c(t) = I_m \cos\left[(2\pi f)\,t + 120° \right] \end{cases}$$

当以上三相电流流过空间上对称的三相绕组时，在定子气隙空间产生 3 个大小相等、相位彼此相差 120° 的脉动磁动势，这 3 个磁动势在气隙空间合成为一个恒定幅值的旋转磁动势，该磁动势相量的幅值与 I_m 成正比，其旋转速度 $\omega_s = 2\pi f$（f 为电流基波频率）。

按照磁动势等效的原理，如果通过任何绕组能产生与上述相同的磁动势，则新绕组可以等效表达原来定子三相绕组的作用。

事实上，考虑两个与转子同步旋转且正交的定子等效绕组 d、q，取 d 绕组与转子励磁磁场同方向，q 绕组超前 d 绕组 90°，则只要在 d、q 绕组中流过适当的直流电流，就可以生成以同步速旋转的恒定幅值磁动势。

如果规定 $\dot{I}_m$ 与 a、b、c 轴及 d、q 轴的关系如图 9-4 所示。显然，在任何时刻，旋转综合相量 $\dot{I}_m$ 向静止的定子绕组磁轴投影，即得

$$\begin{cases} i_a = I_m \cos\alpha \\ i_b = I_m \cos(\alpha - 120°) \\ i_c = I_m \cos(\alpha + 120°) \end{cases} \tag{9-4}$$

将旋转相量 $\dot{I}_{\mathrm{m}}$ 向 d、q 旋转轴投影，由于 $\dot{I}_{\mathrm{m}}$ 与 d、q 轴之间相对静止，这是一个简单的正交分解。在旋转的 d、q 绕组中流过适当大小的恒定电流 i_{d} 和 i_{q}，即可产生与 $\dot{I}_{\mathrm{m}}$ 相位相同的磁动势，于是，旋转绕组中的电流 i_{d} 和 i_{q} 可以等效替代定子绕组流过的电流 i_{a}、i_{b} 和 i_{c} 的作用。

上述分解可写成

$$\begin{cases} i_{\mathrm{d}} = I_{\mathrm{m}}\cos(\theta - \alpha) \\ i_{\mathrm{q}} = -I_{\mathrm{m}}\sin(\theta - \alpha) \end{cases} \tag{9-5}$$

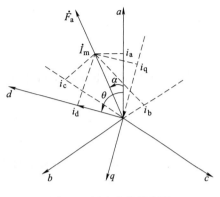

图 9-4　派克变换示意图

根据三角恒等式

$$\begin{cases} \cos(\theta - \alpha) = \dfrac{2}{3}\left[\cos\theta\cos\alpha + \cos(\theta - 120°)\cos(\alpha - 120°) + \cos(\theta + 120°)\cos(\alpha + 120°)\right] \\ \sin(\theta - \alpha) = \dfrac{2}{3}\left[\sin\theta\cos\alpha + \sin(\theta - 120°)\cos(\alpha - 120°) + \sin(\theta + 120°)\cos(\alpha + 120°)\right] \end{cases} \tag{9-6}$$

可以解得

$$\begin{cases} i_{\mathrm{d}} = \dfrac{2}{3}\left[i_{\mathrm{a}}\cos\theta + i_{\mathrm{b}}\cos(\theta - 120°) + i_{\mathrm{c}}\cos(\theta + 120°)\right] \\ i_{\mathrm{q}} = -\dfrac{2}{3}\left[i_{\mathrm{a}}\sin\theta + i_{\mathrm{b}}\sin(\theta - 120°) + i_{\mathrm{c}}\sin(\theta + 120°)\right] \end{cases} \tag{9-7}$$

再构造一个等式关系

$$i_0 = \frac{1}{3}(i_{\mathrm{a}} + i_{\mathrm{b}} + i_{\mathrm{c}}) \tag{9-8}$$

式中，i_0 为三相电流的零轴分量。零轴分量 i_0 与三相电流瞬时值之和成正比，当发电机中性点绝缘时，i_0 总为零。

结合式 (9-7)、式 (9-8) 可得由 i_{a}、i_{b}、i_{c} 变换为 i_{d}、i_{q}、i_0 的公式如下：

$$\begin{bmatrix} i_{\mathrm{d}} \\ i_{\mathrm{q}} \\ i_0 \end{bmatrix} = \frac{2}{3}\begin{bmatrix} \cos\theta & \cos(\theta - 120°) & \cos(\theta + 120°) \\ -\sin\theta & -\sin(\theta - 120°) & -\sin(\theta + 120°) \\ \dfrac{1}{2} & \dfrac{1}{2} & \dfrac{1}{2} \end{bmatrix}\begin{bmatrix} i_{\mathrm{a}} \\ i_{\mathrm{b}} \\ i_{\mathrm{c}} \end{bmatrix} \tag{9-9}$$

其中的系数矩阵称为派克矩阵，即

$$\boldsymbol{P} = \frac{2}{3}\begin{bmatrix} \cos\theta & \cos(\theta - 120°) & \cos(\theta + 120°) \\ -\sin\theta & -\sin(\theta - 120°) & -\sin(\theta + 120°) \\ \dfrac{1}{2} & \dfrac{1}{2} & \dfrac{1}{2} \end{bmatrix} \tag{9-10}$$

它将定子 a、b、c 绕组中的电流变换为旋转的定子等效绕组 d、q 中流过的电流和零轴电流。

对于电压、电流、磁链，有类似的变换关系，其变换关系可以简写为

$$\begin{cases} \boldsymbol{i}_{dq0} = \boldsymbol{P}\boldsymbol{i}_{abc} \\ \boldsymbol{u}_{dq0} = \boldsymbol{P}\boldsymbol{u}_{abc} \\ \boldsymbol{\psi}_{dq0} = \boldsymbol{P}\boldsymbol{\psi}_{abc} \end{cases} \tag{9-11}$$

显然，派克变换矩阵 $\boldsymbol{P}$ 是可逆的，其逆矩阵为

$$\boldsymbol{P}^{-1} = \begin{bmatrix} \cos\theta & -\sin\theta & 1 \\ \cos(\theta-120°) & -\sin(\theta-120°) & 1 \\ \cos(\theta+120°) & -\sin(\theta+120°) & 1 \end{bmatrix} \tag{9-12}$$

因此，对于电压、电流、磁链有类似的逆变换关系，其逆变换可以简写为

$$\begin{cases} \boldsymbol{i}_{abc} = \boldsymbol{P}^{-1}\boldsymbol{i}_{dq0} \\ \boldsymbol{u}_{abc} = \boldsymbol{P}^{-1}\boldsymbol{u}_{dq0} \\ \boldsymbol{\psi}_{abc} = \boldsymbol{P}^{-1}\boldsymbol{\psi}_{dq0} \end{cases} \tag{9-13}$$

2. 派克变换后的磁链方程

对式（9-3）进行坐标变换，经派克变换后，磁链方程为

$$\begin{bmatrix} \psi_d \\ \psi_q \\ \psi_0 \\ \psi_f \\ \psi_D \\ \psi_Q \end{bmatrix} = \begin{bmatrix} L_d & 0 & 0 & m_{af} & m_{aD} & 0 \\ 0 & L_q & 0 & 0 & 0 & m_{aQ} \\ 0 & 0 & L_0 & 0 & 0 & 0 \\ \frac{3}{2}m_{af} & 0 & 0 & L_f & m_r & 0 \\ \frac{3}{2}m_{aD} & 0 & 0 & m_r & L_D & 0 \\ 0 & \frac{3}{2}m_{aQ} & 0 & 0 & 0 & L_Q \end{bmatrix} \begin{bmatrix} -i_d \\ -i_q \\ -i_0 \\ i_f \\ i_D \\ i_Q \end{bmatrix} \tag{9-14}$$

式中，L、m 为自感系数和互感系数，均为常数。该系数矩阵为非对称矩阵，为了得到对称的系数矩阵，将磁链方程式（9-14）改为标幺制（附录 D 中介绍了一种常用的同步电机标幺制），同时将下标"＊"略去，电感的标幺值等于相应电抗的标幺值，最后得到的磁链方程为

$$\begin{bmatrix} \psi_d \\ \psi_q \\ \psi_0 \\ \psi_f \\ \psi_D \\ \psi_Q \end{bmatrix} = \begin{bmatrix} x_d & 0 & 0 & x_{ad} & x_{ad} & 0 \\ 0 & x_q & 0 & 0 & 0 & x_{aq} \\ 0 & 0 & x_0 & 0 & 0 & 0 \\ x_{ad} & 0 & 0 & x_f & x_{ad} & 0 \\ x_{ad} & 0 & 0 & x_{ad} & x_D & 0 \\ 0 & x_{aq} & 0 & 0 & 0 & x_Q \end{bmatrix} \begin{bmatrix} -i_d \\ -i_q \\ -i_0 \\ i_f \\ i_D \\ i_Q \end{bmatrix} \tag{9-15}$$

式中，x_d 为直轴同步电抗；x_q 为交轴同步电抗；x_0 为同步发电机的零轴绕组的电抗；x_f、x_D、x_Q 分别为励磁绕组、直轴和交轴阻尼绕组的自电抗；x_{ad}、x_{aq} 分别为直轴和交轴电枢反应电抗。

下面对公式中的电抗做进一步分析介绍。

图 9-5a 为 abc 坐标系下的绕组关系图，其定转子绕组可以等效到 d、q 轴上，如图 9-5b

所示。

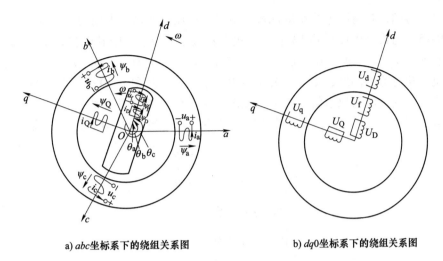

a) abc坐标系下的绕组关系图　　　　　　b) $dq0$坐标系下的绕组关系图

图 9-5　abc 与 $dq0$ 坐标系下的绕组关系图

电机实验中用低转差法测同步电机的 x_d 和 x_q。其实验过程为：在励磁绕组短接的状态下，将被测试电机转子旋至转差率 $s<1\%$，定子端外施三相对称交流电压至（0.02~0.15）U_N，然后打开励磁绕组，录取电枢电压、电流波形。录得的电压、电流波形包络线为波浪式。电压包络线最大值与电流包络线最小值相对应，反之亦然。则有

$$\begin{cases} x_d = \dfrac{最大电压幅值}{最小电流幅值} \\[2mm] x_q = \dfrac{最小电压幅值}{最大电流幅值} \end{cases}$$

此实验物理过程即定子电枢反应磁通轮流地穿过直轴、交轴主磁路，故测得的每相最大和最小电抗即为 x_d 和 x_q。

3. 派克变换后的电压方程

同理，对定子转子各回路电压方程进行派克变换和参数标幺化后，可得到在 $dq0$ 坐标系下的同步电机电压方程为

$$\begin{bmatrix} u_d \\ u_q \\ u_0 \\ u_f \\ 0 \\ 0 \end{bmatrix} = \begin{bmatrix} r & & & & & \\ & r & & & & \\ & & r & & & \\ & & & r_f & & \\ & & & & r_D & \\ & & & & & r_Q \end{bmatrix} \begin{bmatrix} -i_d \\ -i_q \\ -i_0 \\ i_f \\ i_D \\ i_Q \end{bmatrix} + \begin{bmatrix} \dot\psi_d \\ \dot\psi_q \\ \dot\psi_0 \\ \dot\psi_f \\ \dot\psi_D \\ \dot\psi_Q \end{bmatrix} - \begin{bmatrix} (1+s)\psi_q \\ -(1+s)\psi_d \\ 0 \\ 0 \\ 0 \\ 0 \end{bmatrix} \qquad (9\text{-}16)$$

式中，$(1+s)$ 为转子角速度 ω 的标幺值，s 为转差率。

将磁链方程式（9-15）代入电压方程式（9-16），若 s 为常数，将得到以 $dq0$ 坐标系表示的一组常系数线性微分方程组。

4. $dq0$ 坐标系下的同步发电机基本方程

综上可以得到，具有阻尼绕组的同步发电机经过派克变换后得到的同步发电机基本方程式为式（9-15）与式（9-16）共 12 个方程式。若假定 s 为零，则其中包含 16 个运行变量。定子方面有 u_d、u_q、u_0、ψ_d、ψ_q、ψ_0、i_d、i_q、i_0；转子方面有 u_f、ψ_f、ψ_D、ψ_Q、i_f、i_D、i_Q。若研究的是三相对称的问题，则 $u_0=0$，$\psi_0=0$，$i_0=0$。这时剩下 10 个方程，13 个变量，只需给定 3 个运行变量就可以求解。机端三相短路时，在不考虑调节器作用的前提下，u_f 保持短路前的数值不变，$u_\mathrm{d}=0$，$u_\mathrm{q}=0$，利用 10 个方程可以求得其他 10 个运行变量。

$$\begin{cases} u_\mathrm{d} = -ri_\mathrm{d} + \dot{\psi}_\mathrm{d} - \psi_\mathrm{q} \\ u_\mathrm{q} = -ri_\mathrm{q} + \dot{\psi}_\mathrm{q} + \psi_\mathrm{d} \\ u_\mathrm{f} = r_\mathrm{f}i_\mathrm{f} + \dot{\psi}_\mathrm{f} \\ 0 = r_\mathrm{D}i_\mathrm{D} + \dot{\psi}_\mathrm{D} \\ 0 = r_\mathrm{Q}i_\mathrm{Q} + \dot{\psi}_\mathrm{Q} \end{cases} \tag{9-17}$$

式（9-17）为同步发电机在 $dq0$ 坐标系下的电压方程，其中 $\dot{\psi}_\mathrm{d}$ 和 $\dot{\psi}_\mathrm{q}$ 为变压器电动势，体现了电磁暂态过程，ψ_d 和 ψ_q 为发电机电动势，体现了机电暂态过程。

$$\begin{cases} \psi_\mathrm{d} = -x_\mathrm{d}i_\mathrm{d} + x_\mathrm{ad}i_\mathrm{f} + x_\mathrm{ad}i_\mathrm{D} \\ \psi_\mathrm{q} = -x_\mathrm{q}i_\mathrm{q} + x_\mathrm{aq}i_\mathrm{Q} \\ \psi_\mathrm{f} = -x_\mathrm{ad}i_\mathrm{d} + x_\mathrm{f}i_\mathrm{f} + x_\mathrm{ad}i_\mathrm{D} \\ \psi_\mathrm{D} = -x_\mathrm{ad}i_\mathrm{d} + x_\mathrm{ad}i_\mathrm{f} + x_\mathrm{D}i_\mathrm{D} \\ \psi_\mathrm{Q} = -x_\mathrm{aq}i_\mathrm{q} + x_\mathrm{Q}i_\mathrm{Q} \end{cases} \tag{9-18}$$

式（9-18）为同步发电机在 $dq0$ 坐标系下的磁链方程。为了便于实际应用，假设发电机直轴向 3 个绕组只有一个公共磁通，而不存在只同两个绕组交链的漏磁通。如果直轴绕组向 3 个绕组的公共磁通为 ψ_ad，相应的电枢反应电抗为 x_ad，以 x_σ、$x_{\sigma\mathrm{f}}$、$x_{\sigma\mathrm{D}}$、$x_{\sigma\mathrm{Q}}$ 分别表示定子绕组漏抗、励磁绕组漏抗、直轴和交轴阻尼绕组漏抗，这样各定转子绕组的电抗可写为

$$\begin{cases} x_\mathrm{d} = x_\sigma + x_\mathrm{ad} \\ x_\mathrm{f} = x_{\sigma\mathrm{f}} + x_\mathrm{ad} \\ x_\mathrm{D} = x_{\sigma\mathrm{D}} + x_\mathrm{ad} \\ x_\mathrm{q} = x_\sigma + x_\mathrm{aq} \\ x_\mathrm{Q} = x_{\sigma\mathrm{Q}} + x_\mathrm{aq} \end{cases}$$

可以画出磁链方程的等效电路如图 9-6 所示。

如果忽略阻尼绕组，则电压方程和磁链方程均减少 2 个，式（9-17）、式（9-18）变为

$$\begin{cases} u_\mathrm{d} = -ri_\mathrm{d} + \dot{\psi}_\mathrm{d} - \psi_\mathrm{q} \\ u_\mathrm{q} = -ri_\mathrm{q} + \dot{\psi}_\mathrm{q} + \psi_\mathrm{d} \\ u_\mathrm{f} = r_\mathrm{f}i_\mathrm{f} + \dot{\psi}_\mathrm{f} \end{cases} \tag{9-19}$$

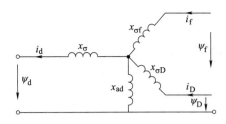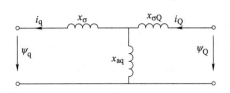

a) 直轴磁链方程等效电路 b) 交轴磁链方程等效电路

图 9-6　磁链方程等效电路

$$\begin{cases} \psi_d = -x_d i_d + x_{ad} i_f \\ \psi_q = -x_q i_q \\ \psi_f = -x_{ad} i_d + x_f i_f \end{cases} \tag{9-20}$$

如果同步发电机处于正常运行状态，定子三相电流、电压均为对称交流，它们对应的 i_d、i_q 和 u_d、u_q 均为常数，此外，励磁电流 i_f 也为常数，所以，ψ_d、ψ_q 和 ψ_f 也均为常数，式 (9-19) 和式 (9-20) 则变为一个代数方程，即

$$\begin{cases} u_d = -r i_d - \psi_q \\ u_q = -r i_q + \psi_d \\ u_f = r_f i_f \\ \psi_d = -x_d i_d + x_{ad} i_f \\ \psi_q = -x_q i_q \\ \psi_f = -x_{ad} i_d + x_f i_f \end{cases} \tag{9-21}$$

将式 (9-21) 中的 ψ_d、ψ_q 代入 u_d、u_q 中，则有

$$\begin{cases} u_d = -r i_d + x_q i_q \\ u_q = -r i_q - x_d i_d + x_{ad} i_f = -r i_q - x_d i_d + E_q \end{cases} \tag{9-22}$$

式中，$E_q = x_{ad} i_f$ 为空载电动势，从中可看出空载电动势正比于励磁电流 i_f。

以上稳态方程中的运行变量均为瞬时值，令 q 轴为虚轴，d 轴为实轴，则 i_d、u_d 均为实轴相量，i_q、u_q 均为虚轴相量，即

$$\dot{U}_d = u_d, \dot{U}_q = j u_q, \dot{I}_d = i_d, \dot{I}_q = j i_q, \dot{E}_q = j E_q$$

将式 (9-22) 改写为相量形式，有

$$\begin{cases} \dot{U}_d = -r \dot{I}_d - j x_q \dot{I}_q \\ \dot{U}_q = -r \dot{I}_q - j x_d \dot{I}_d + \dot{E}_q \end{cases} \tag{9-23}$$

将两式相加，有

$$\dot{U} = -r \dot{I} - j x_q \dot{I}_q - j x_d \dot{I}_d + \dot{E}_q \tag{9-24}$$

式中，$\dot{U}$ 为发电机端电压相量；$\dot{I}$ 为定子电流相量。

对于隐极式发电机，直轴和交轴的磁阻相等，即 $x_d = x_q$，有

$$\dot{U} = -r \dot{I} - j x_d \dot{I} + \dot{E}_q \tag{9-25}$$

9.3　同步发电机的基本参数

前面介绍的同步发电机的基本方程，在不同的运行方式下，其电动势方程可以相应简化，下面根据同步发电机不同运行方式的特点，从同步发电机基本方程出发，推导同步发电机稳态运行、暂态和次暂态运行过程的电动势方程。

9.3.1　同步发电机的稳态参数

对于隐极机，根据式（9-25），当忽略电阻 r 后，可分别按 d、q 轴写为

$$\begin{cases} \dot{E}_q = \dot{U}_q + jx_d\dot{I}_d \\ 0 = \dot{U}_d + jx_d\dot{I}_q \end{cases} \tag{9-26}$$

由式（9-25）可知，如果选择 $\dot{U}$ 为参考量，即 $\dot{U}=U\angle 0°$，则有 $\dot{I}=I\angle -\varphi$，已知 $\dot{U}$ 和 $\dot{I}$ 就可以求得 $\dot{E}_q$，从而决定了 d、q 轴的位置，进而就可以求得在 d、q 轴上的电压电流分量 $\dot{U}_d$、$\dot{U}_q$、$\dot{I}_d$、$\dot{I}_q$ 等运行变量。

对于凸极式发电机，直轴和交轴的磁阻不相等，即 $x_d \neq x_q$，当忽略电阻 r 后，有

$$\dot{E}_q = \dot{U} + jx_d\dot{I}_d + jx_q\dot{I}_q \tag{9-27}$$

可分别按 d、q 轴写为

$$\begin{cases} \dot{E}_q = \dot{U}_q + jx_d\dot{I}_d \\ 0 = \dot{U}_d + jx_q\dot{I}_q \end{cases} \tag{9-28}$$

凸极机无法直接从已知的 $\dot{U}$ 和 $\dot{I}$ 求得 $\dot{E}_q$ 从而确定 d、q 轴的位置，因此，需要借助一个虚拟电动势 $\dot{E}_Q$，令

$$\dot{E}_Q = \dot{U} + jx_q\dot{I}$$

对式（9-28）进行改写，有

$$\begin{aligned} \dot{E}_q &= \dot{U} + jx_d\dot{I}_d + jx_q\dot{I}_q \\ &= \dot{U} + jx_d\dot{I}_d + jx_q\dot{I}_q + jx_q\dot{I}_d - jx_q\dot{I}_d \\ &= \dot{U} + jx_q(\dot{I}_d + \dot{I}_q) + j(x_d - x_q)\dot{I}_d \\ &= \dot{U} + jx_q\dot{I} + j(x_d - x_q)\dot{I}_d \\ &= \dot{E}_Q + j(x_d - x_q)\dot{I}_d \end{aligned} \tag{9-29}$$

式（9-29）中的 $\dot{E}_q$ 和 $j(x_d - x_q)\dot{I}_d$ 均在 q 轴上，因此 $\dot{E}_Q$ 也必定在 q 轴上，已知 $\dot{U}$ 和 $\dot{I}$ 可以求得 $\dot{E}_Q$，从而确定 d、q 轴的位置，进而求得其他运行分量。图9-7示出同步发电机稳态运行相量图。

以上是同步发电机负荷运行在稳态情况下的关系式，下面介绍一下当同步发电机空载时的关系式。

当同步发电机空载时，有 $\dot{I}_d = \dot{I}_q = 0$，$\dot{U}_d = 0$，空载电压 $\dot{U} = \dot{U}_q$，此时式（9-29）变为

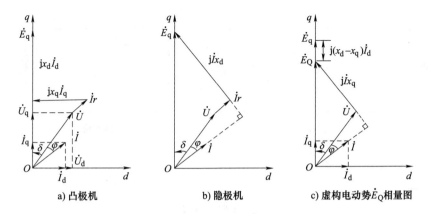

a) 凸极机　　　　　　b) 隐极机　　　　　c) 虚构电动势 $\dot{E}_Q$ 相量图

图 9-7　同步发电机稳态运行相量图

$$\dot{E}_q = \dot{U} = \dot{U}_q \tag{9-30}$$

当空载情况下同步发电机发生短路时，则有电压 $\dot{U}=0$，$\dot{U}_d = \dot{U}_q = 0$，忽略电阻 r 短路电流 $\dot{I}_q = 0$，此时式（9-29）变为

$$\dot{E}_{q|0|} = jx_d \dot{I}_d \tag{9-31}$$

由式（9-31）可以得到稳态短路电流的有效值为

$$I_\infty = I_d = \frac{E_{q|0|}}{x_d} \tag{9-32}$$

9.3.2　同步发电机的暂态参数

同步发电机从短路初瞬间到稳态短路的这一过程，可采用同步发电机的暂态参数和次暂态参数描述。

1. 同步发电机的暂态电动势和暂态电抗

对于无阻尼绕组同步发电机，由式（9-20）的磁链平衡方程可得

$$\begin{cases} \psi_d = -x_d i_d + x_{ad} i_f = -x_\sigma i_d + x_{ad}(i_f - i_d) \\ \psi_q = -x_q i_q \\ \psi_f = -x_{ad} i_d + x_f i_f = x_{ad}(i_f - i_d) + x_{\sigma f} i_f \end{cases} \tag{9-33}$$

与式（9-33）相适应的等效电路如图 9-8 所示。

如果从式（9-33）ψ_d 和 ψ_f 的方程中消去励磁电流 i_f，可得

$$\psi_d = \frac{x_{ad}}{x_f}\psi_f - \left(x_d - \frac{x_{ad}^2}{x_f}\right)i_d = \frac{x_{ad}}{x_f}\psi_f - \left(x_\sigma + \frac{x_{\sigma f} x_{ad}}{x_{\sigma f} + x_{ad}}\right)i_d \tag{9-34}$$

如果定义

$$E_q' = \frac{x_{ad}}{x_f}\psi_f \tag{9-35}$$

$$x_d' = x_\sigma + \frac{x_{\sigma f} x_{ad}}{x_{\sigma f} + x_{ad}} = x_d - \frac{x_{ad}^2}{x_f} \tag{9-36}$$

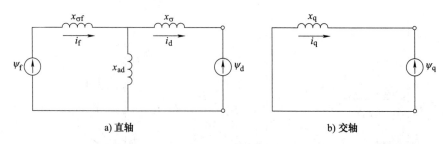

a) 直轴　　　　　　　　　　b) 交轴

图 9-8　无阻尼绕组发电机的磁链平衡等效电路

于是得到方程

$$\psi_d = E'_q - x'_d i_d \tag{9-37}$$

习惯上称 E'_q 为 q 轴（交轴）暂态电动势，它同励磁绕组的总磁链 ψ_f 成正比。在运行状态突变瞬间，励磁绕组磁链守恒，ψ_f 不能突变，E'_q 也就不能突变。x'_d 称为 d 轴（直轴）暂态电抗，$\psi_d = u_q$，$\psi_q = -u_d$。于是由式（9-37）和式（9-33）第二式可得

$$\begin{cases} u_q = E'_q - x'_d i_d \\ u_d = x_q i_q \end{cases} \tag{9-38}$$

式（9-38）反映了定子的 d、q 轴等效绕组电动势、电压和电流之间的关系，与之相应的等效电路如图 9-9 所示。

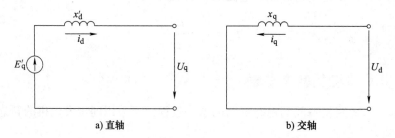

a) 直轴　　　　　　　　　　b) 交轴

图 9-9　用暂态参数表示的同步发电机等效电路

式（9-38）写成相量形式有

$$\begin{cases} \dot{U}_d = -jx_q \dot{I}_q \\ \dot{U}_q = \dot{E}'_q - jx'_d \dot{I}_d \end{cases} \tag{9-39}$$

将式（9-39）两个方程相加可得

$$\dot{U} = \dot{E}'_q - jx_q \dot{I}_q - jx'_d \dot{I}_d \tag{9-40}$$

然而，无论是凸极机还是隐极机，一般都有 $x'_d \neq x_q$。为了便于工程计算，常常采用电动势 $\dot{E}'$ 和电抗 x'_d 来表示等效电路。

令

$$\dot{E}' = \dot{E}'_q - j(x_q - x'_d) \dot{I}_q \tag{9-41}$$

于是，式（9-40）可写成

$$\dot{U} = \dot{E}' - jx'_d \dot{I} \tag{9-42}$$

电动势 $\dot{E}'$ 常称为同步发电机的暂态电动势，主要是用于计算，其相位落后于暂态电动势 $\dot{E}'_q$。在不要求精确计算的场合，常认为 $\dot{E}'_q$ 守恒即是 $\dot{E}'$ 守恒，并且用 $\dot{E}'$ 的相位代替转子 q 轴的方向。

与式（9-42）相适应的等效电路如图 9-10 所示。采用暂态参数时，同步发电机的相量图和电动势相量图如图 9-11 和图 9-12 所示。

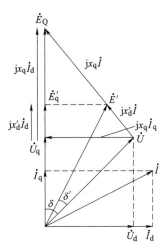

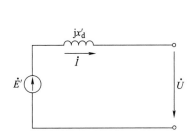

图 9-10　用 E' 和 x'_d 表示的
同步发电机的等效电路

图 9-11　同步发电机相量图

2. 同步发电机的次暂态电动势和次暂态电抗

对于有阻尼绕组同步发电机，由式（9-18）的磁链方程，可画出如图 9-13 所示的等效电路。

直轴向的等效电路又可简化为图 9-14a 所示的电路。应用戴维南定理可以导出

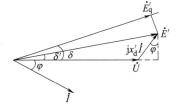

图 9-12　电动势相量图

$$E''_q = \frac{\dfrac{\psi_f}{x_{\sigma f}} + \dfrac{\psi_D}{x_{\sigma D}}}{\dfrac{1}{x_{ad}} + \dfrac{1}{x_{\sigma f}} + \dfrac{1}{x_{\sigma D}}} \qquad (9\text{-}43)$$

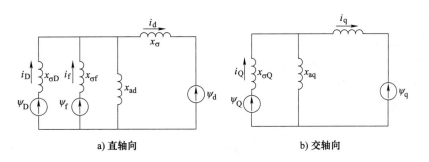

a) 直轴向　　　　　　　　　b) 交轴向

图 9-13　有阻尼绕组发电机的磁链平衡等效电路

$$x''_d = x_\sigma + \cfrac{1}{\cfrac{1}{x_{ad}} + \cfrac{1}{x_{\sigma f}} + \cfrac{1}{x_{\sigma D}}} \tag{9-44}$$

E''_q 称为同步发电机的 q 轴（交轴）次暂态电动势，它同励磁绕组的总磁链 ψ_f 和直轴阻尼绕组的总磁链 ψ_D 呈线性关系。在运行状态突变瞬间，ψ_f 和 ψ_D 不能突变，所以电动势 E''_q 也不能突变。x''_d 称为直轴次暂态电抗其磁链平衡等效电路如图 9-14 所示。

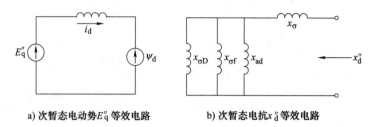

a) 次暂态电动势E''_q等效电路　　　　b) 次暂态电抗x''_d等效电路

图 9-14　次暂态电动势 E''_q 和次暂态电抗 x''_d 的等效电路

同样的，交轴向的等效电路也可进行类似的简化（见图 9-15a）。

$$E''_d = -\cfrac{\cfrac{\psi_Q}{x_{\sigma Q}}}{\cfrac{1}{x_{\sigma Q}} + \cfrac{1}{x_{aq}}} \tag{9-45}$$

$$x''_q = x_\sigma + \cfrac{1}{\cfrac{1}{x_{\sigma Q}} + \cfrac{1}{x_{aq}}} \tag{9-46}$$

a) 次暂态电动势E''_d等效电路　　　　b) 次暂态电抗x''_q等效电路

图 9-15　次暂态电动势 E''_d 和次暂态电抗 x''_q 的等效电路

E''_d 称为同步发电机的 d 轴（直轴）次暂态电动势，它同交轴阻尼绕组的总磁链 ψ_Q 成正比，运行状态发生突变时 ψ_Q 不能突变，所以电动势 E''_d 也不能突变。x''_q 称为交轴次暂态电抗，其等效电路如图 9-15b 所示。

根据图 9-14a 和图 9-15a，可以写出如下的方程：

$$\begin{cases} \psi_d = E''_q - x''_d i_d \\ \psi_q = -E''_d - x''_q i_q \end{cases} \tag{9-47}$$

当电机处于稳态或忽略定子绕组电磁暂态，$\psi_d = u_q$，$-\psi_q = u_d$，便得定子电动势方程如下：

$$\begin{cases} u_q = E_q'' - x_d'' i_d \\ u_d = E_d'' + x_q'' i_q \end{cases} \tag{9-48}$$

也可用交流相量的形式写成

$$\begin{cases} \dot{U}_d = \dot{E}_d'' - jx_q'' \dot{I}_q \\ \dot{U}_q = \dot{E}_q'' - jx_d'' \dot{I}_d \end{cases} \tag{9-49}$$

或

$$\dot{U} = (\dot{E}_q'' + \dot{E}_d'') - jx_d'' \dot{I}_d - jx_q'' \dot{I}_q = \dot{E}'' - jx_d'' \dot{I}_d - jx_q'' \dot{I}_q \tag{9-50}$$

式中，$\dot{E}''$ 为次暂态电动势。$\dot{E}'' = \dot{E}_d'' + \dot{E}_q''$ 电动势相量图示于图 9-16。

为了避免按两个轴向制作等效电路和列写方程，可采用等效隐极机的处理方法，将式（9-50）改写为

$$\dot{U} = \dot{E}'' - jx_d'' \dot{I} - j(x_q'' - x_d'') \dot{I}_q \tag{9-51}$$

由于 x_q'' 和 x_d'' 相差不大，因此略去此式右端的第三项，便得

$$\dot{U} = \dot{E}'' - jx_d'' \dot{I} \tag{9-52}$$

与式（9-52）相应的等效电路如图 9-17 所示，这样确定的次暂态电动势在图 9-16 中用虚线示出。由于按式（9-50）和式（9-52）确定的次暂态电动势在数值上和相位上都相差很小，因此，实用计算中，对于有阻尼绕组的同步电机常采用根据式（9-52）画出的等效电路（见图 9-17），并认为其中的次暂态电动势 E'' 是不能突变的。

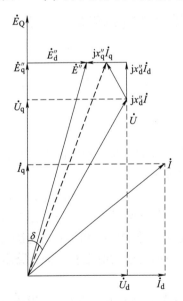

图 9-16　同步发电机相量图

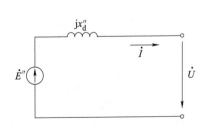

图 9-17　简化的次暂态参数等效电路

根据同步发电机不同运行方式下的电动势方程、等效电路和相量图，可以求得同步发电机空载电动势、暂态和次暂态电动势，这些电动势是电力系统暂态分析所需的初始值。

9.4 同步发电机突然短路后的电流波形和分析

前面根据理想同步发电机的内部各电磁量的关系，建立了同步发电机的比较精确完整的数学模型，并在不同的运行方式下，简化了其相应的电动势方程，推导了同步发电机稳态运行、暂态和次暂态运行过程的电动势方程，为分析电力系统暂态过程做了必要的知识准备。本节将从简单的同步发电机的短路电流波形入手，分析同步发电机短路后的暂态过程中短路电流的变化趋势。

从发电机的基本原理来讲，当发电机励磁绕组中通入直流电流 i，将在转子周围建立磁场，由于转子的旋转，定子 a、b、c 三相绕组切割磁力线，便在电枢绕组中感应出三相电动势，在同步发电机突然三相短路的暂态过程中，电枢绕组中的电流又将对转子绕组产生影响，定、转子之间的电磁耦合使得暂态过程变得较为复杂。

图 9-18 为一台同步发电机在转子励磁绕组有励磁、定子回路开路即空载运行情况下，定子三相绕组端突然三相短路后实测的电流波形图，其中 i_a、i_b、i_c 为定子三相电流，i_f 为励磁回路电流。

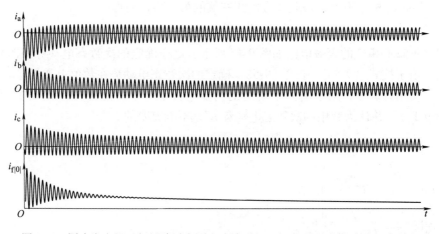

图 9-18 同步发电机三相短路后实测电流波形：三相定子电流与励磁回路电流

按前面介绍的波形分析方法分析定子三相短路电流，可知三相短路电流中均有直流电流和交流电流。转子励磁短路电流中也有直流分量和交流分量。

图 9-19 为三相短路电流包络线的均分线，即短路电流中的直流分量。定子三相短路电流中的直流分量大小不等，但均按相同的指数规律衰减，最终衰减至零。一般称直流分量的衰减时间常数为 T_a，其值为零点几秒，T_a 的值大致由定子回路的电阻和等效电感决定。

图 9-20 为分解而得的交流分量，其峰-峰值（正向和负向最大值之差）为短路电流包络线间的垂直距离（三相相等）。

由图 9-20 可知，交流分量的幅值是逐渐衰减的，最终衰减至稳态值 $I_{m\infty}$。指数衰减规律分析交流分量，可以得到其按两个时间常数衰减。

如果令交流分量的初始幅值为 I'_m，则 $I'_m - I_{m\infty}$ 将按两个时间常数衰减至零。一般将小的时间常数称为 T''_d，其值为几个周波；大的时间常数称为 T'_d，其值比 T''_d 大好几倍。图 9-20 中将后面衰减较慢的部分按 T'_d 的变化规律向前延伸（虚线部分）至纵坐标（$t = 0$），称为 I'_m，

由此可写出交流分量幅值的表达式为

$$I_m(t) = (I''_m - I'_m) e^{-t/T''_d} + (I'_m - I_{m\infty}) e^{-t/T'_d} + I_{m\infty} \tag{9-53}$$

从图 9-18 可以看出，励磁电流 i_f 中出现了交流电流，该交流分量最后衰减为零。其衰减时间常数与定子短路电流直流分量衰减时间常数相同。图中交流分量的对称轴线即为励磁电流的直流分量。其直流分量初始值较正常值 i_f 大，最后衰减至正常值 i_f。其衰减的总进程与定子交流分量相同。

定子短路电流和转子励磁电流的上述变化是由于励磁回路和定子、转子阻尼回路间存在磁耦合。

最后，由图 9-18 所示波形图还可看出，无论是定子短路电流还是励磁回路电流，在突然短路瞬间均不突变，即三相定子电流均为零，励磁回路电流等于 i_f，这是因为感性回路的电流（或磁链）是不会突变的。

上述的短路电流交流分量幅值随时间衰减的现象，是同步发电机突然三相短路电流与无穷大功率电源短路电流的最基本差别。

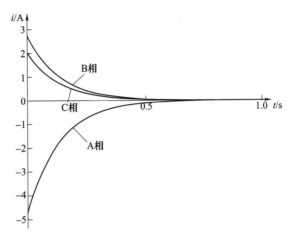

图 9-19　三相短路电流直流分量图

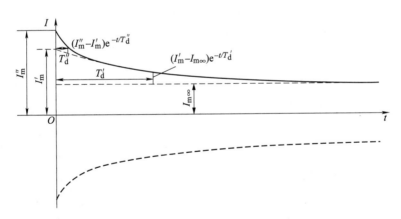

图 9-20　短路电流交流分量包络线的衰减

由发电机端口突然三相短路的短路电流实测波形可以看到，发电机定子侧短路后三相绕组中存在基频交流分量和直流分量（实际上还存在倍频分量，因为幅值小实测波形中看不到）；转子中存在直流分量和基频交流分量。

通过对电流各分量的分析可知，在暂态过程中，定子绕组中基频交流分量和转子励磁绕组中直流分量衰减时间常数相同，定子侧直流分量和转子中基频交流分量衰减时间常数相同。

9.5 应用同步发电机基本方程（拉普拉斯运算形式）分析突然三相短路电流

　　前面从电流波形入手，简单分析了同步发电机短路后电流分量的变化规律。本节试图采用数学手段求解同步发电机的基本方程，得到定转子绕组短路电流的解析表达式，进而分析同步发电机发生突然三相短路时短路电流的成分及变化特征。

　　从同步发电机的基本方程式（9-15）、式（9-16）可知，该方程是一组 6 阶线性微分方程，直接采用时域微分方程的解析方法求解比较烦琐，采用拉普拉斯变换方法将微分方程变换到复频率的代数方程进行求解则相对简单，对复频域的计算结果进行拉普拉斯反变换即可得到短路电流的时域解析表达式。

　　为不失一般性，本节以一台带负荷运行的凸极同步发电机机端发生突然三相短路为对象，介绍采用拉普拉斯变换方法进行短路电流计算的基本原理。图 9-21a 给出了该系统的接线图，图 9-21b 表示发电机端口突然发生三相短路，图 9-21c 为同步发电机机端突然三相短路的电路图。

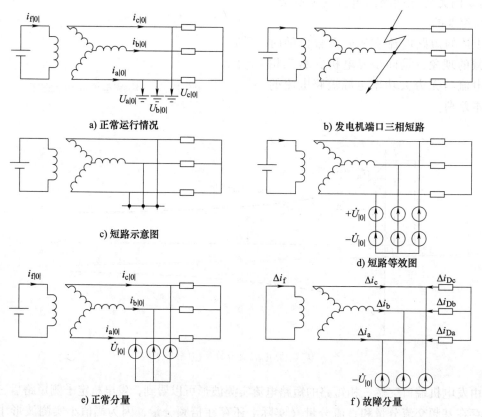

a) 正常运行情况　　　　b) 发电机端口三相短路

c) 短路示意图　　　　d) 短路等效图

e) 正常分量　　　　f) 故障分量

图 9-21　突然短路时叠加原理的应用

　　对图 9-21c 所描述的三相电路，其短路电流的计算就是对式（9-15）和式（9-16）进行求解。对式（9-15）和式（9-16）进行拉普拉斯变换，由于三相短路系统仍是三相对称的，零轴方程不存在，则同步发电机共有 10 个代数方程，对这 10 个方程进行求解，则可得到

$dq0$ 坐标系下各绕组电流复频域表达式，进而可得到短路电流的时域表达式。

除此之外，可以采用第 7、8 章中电力系统短路电流计算的分析手段，即叠加定理进行短路电流的计算。可将短路看作在短路点处施加两个幅值完全相反的电压源，电压源的数值为短路前的端电压值 $\dot{U}_{|0|}$，如图 9-21d 所示，则应用叠加原理将该网络分解为一个正常分量网络和故障分量网络，正常分量网络描述的是短路发生前系统的正常运行，如图 9-21e 所示。故障分量网络如图 9-21f 所示，它是发电机在无励磁电源情况（即零初始状态）下突然在端口加上电压源 $-\dot{U}_{|0|}$。

发电机各绕组的短路电流可以分解为正常分量网络中各绕组电流与故障分量网络中各绕组电流的叠加。而正常分量网络中发电机各绕组电流可以通过潮流计算结果得到，只需求得故障分量网络中各绕组电流，即可得到原网络中发电机各绕组的短路电流。

设短路电流 i_a、i_b、i_c 为正常电流 $i_{a|0|}$、$i_{b|0|}$、$i_{c|0|}$ 和故障分量 Δi_a、Δi_b、Δi_c 的叠加，前者是已知的，故仅需分析故障分量。

前面已说明，故障分量为发电机在零初始状态下突然在端口加上电压源，故可应用基本方程在已知 u_d、u_q 的情况下求电流 Δi_d、Δi_q。显然，电压源的 d、q 轴分量为

$$\begin{cases} u_q = -u_{q|0|} \\ u_d = -u_{d|0|} \end{cases} \tag{9-54}$$

式（9-54）中，$u_{d|0|}$ 和 $u_{q|0|}$ 可由短路前的端电压 $u_{a|0|}$、$u_{b|0|}$、$u_{c|0|}$ 经派克变换而得，它们也就是短路前相量图中电压相量 $\dot{U}_{|0|}$ 在 d 轴和 q 轴上的分量，均为常数。故电压源的象函数分别为 $-u_{d|0|}/p$ 和 $-u_{q|0|}/p$。

9.5.1 不计阻尼绕组时的短路电流

以下以不计阻尼绕组时的同步发电机方程为对象，介绍采用拉普拉斯变换求解各绕组电流的表达式，其基本原理也可扩展到计及阻尼的同步发电机短路电流计算中，只不过计算过程更为复杂而已。

假设发电机转速恒为同步转速，即转差率 s 为零。不计阻尼绕组时同步发电机方程可简化为式（9-21）。若不考虑采用叠加定理，可直接采用式（9-21）求解短路电流。采用拉普拉斯运算，式（9-21）可变为

$$\begin{cases} U_d(p) = -rI_d(p) + [p\Psi_d(p) - \psi_{d0}] - \Psi_q(p) \\ U_q(p) = -rI_q(p) + [p\Psi_q(p) - \psi_{q0}] + \Psi_d(p) \\ U_f(p) = r_f I_f(p) + [p\Psi_f(p) - \psi_{f0}] \\ \Psi_d(p) = -x_d I_d(p) + x_{ad} I_f(p) \\ \Psi_q(p) = -x_q I_q(p) \\ \Psi_f(p) = -x_{ad} I_d(p) + x_f I_f(p) \end{cases} \tag{9-55}$$

式中，$U_d(p)$、$I_d(p)$、$\Psi_d(p)$ 为 u_d、i_d、ψ_d 的象函数；ψ_{d0}、ψ_{q0}、ψ_{f0} 为相应变量的起始值。

一般待分析的是定子的变量，在转子回路各量中已知的往往是励磁电压，故可在式（9-55）中消去变量 I_f 和 Ψ_f，即可消去励磁回路的电压和磁链两个方程。先由 U_f 和 Ψ_f 方程消去 Ψ_f，可得 I_f 为 U_f 和 I_d 的函数，有

$$I_f(p) = \frac{U_f(p) + \psi_{f0} + px_{ad}I_d(p)}{r_f + px_f} \tag{9-56}$$

将 I_f 代入 ψ_d 方程即可得仅包含定子变量和励磁电压的象函数代数方程为

$$\begin{cases} U_d(p) = -rI_d(p) + [p\Psi_d(p) - \psi_{d0}] - \Psi_q(p) \\ U_q(p) = -rI_q(p) + [p\Psi_q(p) - \psi_{q0}] + \Psi_d(p) \\ \Psi_d(p) = G(p)[U_f(p) + \psi_{f0}] - X_d(p)I_d(p) \\ \Psi_q(p) = -x_q I_q(p) \end{cases} \tag{9-57}$$

其中

$$\begin{cases} G(p) = \dfrac{x_{ad}}{r_f + px_f} \\ X_d(p) = x_d - \dfrac{px_{ad}^2}{r_f + px_f} \end{cases} \tag{9-58}$$

$X_d(p)$ 称为直轴运算电抗，它是 Ψ_d 中除了励磁电压源和 ψ_{f0} 外与 I_d 成比例的系数，相当于 d 轴等效电抗，它包含了励磁回路对定子电抗的影响。显然，若励磁回路为超导体，$X_d(p)$ 应为直轴暂态电抗，即

$$X_d(p) = x_d - \frac{x_{ad}^2}{x_f} = x_d'$$

另一方面，在 $t=0$ 时，$X_d(p)$ 的值也应为 x_d'，即

$$X_d(p) \mid_{p \to \infty} = x_d - \frac{x_{ad}^2}{x_f} = x_d' \tag{9-59}$$

当过程进入稳态时（$t = \infty$，$p \to 0$），直轴运算电抗为

$$X_d(p) \mid_{p \to 0} = x_d \tag{9-60}$$

即为直轴同步电抗。

由式（9-57）可知，定子交轴运算电抗恒为交轴同步电抗。

当发生三相短路时，$u_d(p) = u_q(p) = 0$，且 $u_f(p)$ 已知。可对式（9-56）、式（9-57）进行求解，可以得到各绕组电流的表达式。

若采用叠加定理进行短路电流计算，则由图 9-21f 可以建立故障分量网络中同步发电机的拉普拉斯运算方程如下：

$$\begin{cases} -u_{d|0|}/p = -r\Delta I_d(p) + p\Delta\Psi_d(p) - \Delta\Psi_q(p) \\ -u_{q|0|}/p = -r\Delta I_q(p) + p\Delta\Psi_q(p) + \Delta\Psi_d(p) \\ \Delta\Psi_d(p) = -X_d(p)\Delta I_d(p) \\ \Delta\Psi_q(p) = -x_q\Delta I_q(p) \end{cases} \tag{9-61}$$

消去式中磁链 $\Delta\Psi_d$ 和 $\Delta\Psi_q$，得电流故障分量象函数为

$$\begin{cases} \Delta I_d(p) = \dfrac{(r + px_q)u_{d|0|} + x_q u_{q|0|}}{[pX_d(p) + r](px_q + r) + X_d(p)x_q} \cdot \dfrac{1}{p} \\ \Delta I_q(p) = \dfrac{-X_d(p)u_{d|0|} + [r + pX_d(p)]u_{q|0|}}{[pX_d(p) + r](px_q + r) + X_d(p)x_q} \cdot \dfrac{1}{p} \end{cases} \tag{9-62}$$

要求得故障分量网络同步发电机定子电流的原函数 $\Delta i_d(t)$ 和 $\Delta i_q(t)$，必须首先求得式（9-62）表达式分母为零时的根，然后应用展开定理。现在分母为 p 的三阶多项式（不计因子 p），无法得到 p 的解析解。以下将逐步由简到繁、近似地分析 $\Delta i_d(t)$ 和 $\Delta i_q(t)$，并由此得到短路全电流的近似解析式。

1. 忽略所有绕组的电阻以分析 Δi_d、Δi_q 各电流分量的初始值

忽略绕组的电阻，即近似认为各绕组为超导体，即 $r=0$，$r_f=0$，故求得的为各电流分量的初始值，并认为绕组的电流不衰减。

式（9-62）可转化为

$$\begin{cases} \Delta I_d(p) = \dfrac{pu_{d|0|} + u_{q|0|}}{(p^2+1)x'_d} \cdot \dfrac{1}{p} \\[3mm] \Delta I_q(p) = \dfrac{-u_{d|0|} + pu_{q|0|}}{(p^2+1)x_q} \cdot \dfrac{1}{p} \end{cases} \tag{9-63}$$

可以方便地求得其对应的原函数为

$$\begin{cases} \Delta i_d = \dfrac{u_{q|0|}}{x'_d} - \dfrac{u_{q|0|}}{x'_d}\cos t + \dfrac{u_{d|0|}}{x'_d}\sin t \\[3mm] \Delta i_q = \dfrac{u_{q|0|}}{x_q}\sin t - \dfrac{u_{d|0|}}{x_q} + \dfrac{u_{d|0|}}{x_q}\cos t \end{cases} \tag{9-64}$$

Δi_d、Δi_q 中含有直流和基频交流分量，可采用派克反变换将它们转换为 Δi_a、Δi_b、Δi_c。Δi_a 的表达式为

$$\Delta i_a = \frac{u_{q|0|}}{x'_d}\cos(t+\theta_0) + \frac{u_{d|0|}}{x_q}\sin(t+\theta_0) - \frac{u_{q|0|}}{2}\left(\frac{1}{x'_d} + \frac{1}{x_q}\right)\cos\theta_0 - \frac{u_{d|0|}}{2}\left(\frac{1}{x'_d} + \frac{1}{x_q}\right)\sin\theta_0 -$$

$$\frac{u_{q|0|}}{2}\left(\frac{1}{x'_d} - \frac{1}{x_q}\right)\cos(2t+\theta_0) + \frac{u_{d|0|}}{2}\left(\frac{1}{x'_d} - \frac{1}{x_q}\right)\sin(2t+\theta_0) \tag{9-65}$$

由于 $u_{q|0|} = U_{|0|}\cos\delta_0$，$u_{d|0|} = U_{|0|}\sin\delta_0$，$\delta_0$ 为短路前相量图中空载电动势和端电压相量间的夹角，式（9-65）还可简写为

$$\Delta i_a = \frac{U_{|0|}}{x'_d}\cos\delta_0\cos(t+\theta_0) + \frac{U_{|0|}}{x_q}\sin\delta_0\sin(t+\theta_0) -$$

$$\frac{U_{|0|}}{2}\left(\frac{1}{x'_d} + \frac{1}{x_q}\right)\cos(\delta_0-\theta_0) - \frac{U_{|0|}}{2}\left(\frac{1}{x'_d} - \frac{1}{x_q}\right)\cos(2t+\delta_0+\theta_0) \tag{9-66}$$

Δi_b、Δi_c 的表达式仅需将式（9-66）的 θ_0 分别换为 $\theta_0-120°$、$\theta_0+120°$ 即可。

由式（9-56）与式（9-64）得

$$\Delta i_f = \frac{x_{ad}}{x_f}\Delta i_d = \frac{x_d - x'_d}{x_{ad}}\left(\frac{u_{q|0|}}{x'_d} - \frac{u_{q|0|}}{x'_d}\cos t + \frac{u_{d|0|}}{x'_d}\sin t\right) \tag{9-67}$$

Δi_f 中的分量与 Δi_d 的完全对应。

以上结果可归纳如下：

1）Δi_{abc}（Δi_a、Δi_b、Δi_c 的统称）中的基频交流分量由 Δi_{dq}（Δi_d、Δi_q 的统称）直流分量转换而来，即与 Δi_f 中的直流分量对应，它的初始值在 d 轴方向取决于暂态电抗 x'_d，q 轴方向则取决于 x_q。

2）Δi_{abc} 中的直流和倍频交流分量同时由 Δi_{dq} 中基频交流分量转换而得，即与 Δi_f 中的基频交流分量相对应。若 d、q 轴暂态磁阻相等，即 $x'_d = x_q$，则倍频交流分量为零。

2. 计及电阻后 Δi_d、Δi_q 各分量的衰减

严格地讲，所有上述分量的衰减过程必须通过式（9-62）进行拉普拉斯反变换求得。近似理论分析和实际现象表明，Δi_d 的直流分量、Δi_f 的直流分量和对应的 Δi_{abc} 中基频交流分量的衰减主要取决于励磁绕组的电阻，Δi_{dq} 的基频交流分量、Δi_f 的基频交流分量以及相应的 Δi_{abc} 中的直流和倍频交流分量的衰减主要取决于定子绕组的电阻。简而言之，自由直流分量在哪个绕组内流过，则衰减就主要（而非完全）受哪个绕组电阻的影响。下面就用此近似原则分析各分量的衰减时间常数。

（1）Δi_d 直流分量的衰减时间常数

当忽略定子电阻时，$\Delta i_d(p)$ 的表达式见式（9-62）的第一式，直流分量的时间常数显然由 $X_d(p) = 0$ 的实根决定。

对 $X_d(p)$ 进行如下演化

$$X_d(p) = x_d - \frac{p x_{ad}^2}{r_f + p x_f} = \frac{x_d \left[r_f + p \left(x_f - \frac{x_{ad}^2}{x_d} \right) \right]}{r_f + p x_f} \tag{9-68}$$

$$= \frac{x_d \left(r_f + p x_f \frac{x'_d}{x_d} \right)}{r_f + p x_f} = \frac{x_d (1 + p T'_d)}{(1 + p T_f)}$$

其中

$$T_f = x_f / r_f \tag{9-69}$$

$$T'_d = T_f x'_d / x_d \tag{9-70}$$

式中，T_f 为励磁绕组自身的时间常数，或者说是励磁绕组在定子开路情况下的时间常数（故有的文献用 T'_{d0} 表示），其数量级为几秒；T'_d 是励磁绕组在定子短路情况下的时间常数。

当励磁绕组旁有一短路的等效绕组 dd 时，其等效电路如图 9-22 所示，由图可得

$$T'_d = \frac{1}{r_f} \left(x_{\sigma f} + \frac{x_\sigma x_{ad}}{x_\sigma + x_{ad}} \right) = T_f x'_d / x_d$$

当定子开路，即图中 x_σ 支路断开，时间常数即为 T_f。

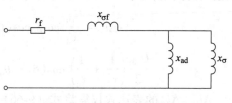

图 9-22　求取 T'_d 的等效电路

将式（9-68）代入 $\Delta I_d(p)$ 得

$$\Delta I_d(p) = \frac{(p u_{d|0|} + u_{q|0|})(1 + p T_f)}{(p^2 + 1)(1 + p T'_d) x_d} \cdot \frac{1}{p} \tag{9-71}$$

显然，分母中 $p = -\frac{1}{T'_d}$ 的根对应 Δi_d 直流分量的衰减系数，即 T'_d 是 Δi_d 直流分量衰减时间常数，也就是 Δi_{abc} 基频交流分量的衰减时间常数。这说明了定子交流分量的衰减取决于励磁回路自由直流分量的衰减。

（2）Δi_{d}、Δi_{q}中基频交流分量的衰减时间常数

仅忽略励磁绕组电阻，$\Delta I_{\text{d}}(p)$ 和 $\Delta I_{\text{q}}(p)$ 的表达式为

$$\begin{cases} \Delta I_{\text{d}}(p) = \dfrac{(r + px_{\text{q}})u_{\text{d}|0|} + x_{\text{q}}u_{\text{q}|0|}}{(r + px'_{\text{d}})(r + px_{\text{q}}) + x'_{\text{d}}x_{\text{q}}} \cdot \dfrac{1}{p} \\[3mm] \Delta I_{\text{q}}(p) = \dfrac{-x'_{\text{d}}u_{\text{d}|0|} + (r + px'_{\text{d}})u_{\text{q}|0|}}{(r + px'_{\text{d}})(r + px_{\text{q}}) + x'_{\text{d}}x_{\text{q}}} \cdot \dfrac{1}{p} \end{cases} \tag{9-72}$$

Δi_{d}、Δi_{q} 中的交流分量显然对应于式（9-72）中分母的共轭复根，即

$$p_{1,2} = -\frac{r}{2}\left(\frac{1}{x'_{\text{d}}} + \frac{1}{x_{\text{q}}}\right) \pm j\sqrt{1 - \frac{r^2}{4}\left(\frac{1}{x'_{\text{d}}} - \frac{1}{x_{\text{q}}}\right)^2} \tag{9-73}$$

根的虚部对应交流分量的频率，略小于工频；实部绝对值的倒数为衰减时间常数，即

$$T_{\text{a}} = \frac{2x'_{\text{d}}x_{\text{q}}}{r(x'_{\text{d}} + x_{\text{q}})} \tag{9-74}$$

将此交流分量转换到定子三相坐标系统，则对应一个很低频率的电流（不是绝对的直流）和一个接近倍频的交流电流，实际上仍可近似认为是直流和倍频交流分量，它们的衰减时间常数为 T_{a}。式（9-74）说明，定子直流分量的衰减主要取决于定子电阻 r 和其等效电感。由于直流磁场在空间不动，转子相对它旋转，当 d 轴与某相绕组轴线一致时，磁通只能经暂态磁路，对应暂态磁阻，定子等效电抗为 x'_{d}。当 q 轴与某相绕组轴线一致时，定子等效电抗为 x_{q}。因此，确定 T_{a} 的电抗应为 x'_{d} 和 x_{q} 的某一平均值 $\dfrac{2x'_{\text{d}}x_{\text{q}}}{x'_{\text{d}}+x_{\text{q}}}$。

3. Δi_{dq}的稳态直流

暂态过程达到稳态时，定子中只有直流分量。若忽略定子电阻，则由式（9-62）得

$$\begin{cases} \Delta I_{\text{d}}(p) = \dfrac{pu_{\text{d}|0|} + u_{\text{q}|0|}}{(p^2 + 1)X_{\text{d}}(p)} \cdot \dfrac{1}{p} \\[3mm] \Delta I_{\text{q}}(p) = \dfrac{-u_{\text{d}|0|} + pu_{\text{q}|0|}}{(p^2 + 1)x_{\text{q}}} \cdot \dfrac{1}{p} \end{cases} \tag{9-75}$$

Δi_{dq}中的稳态直流是式（9-75）中分母的零根所对应的原函数，即

$$\begin{cases} \Delta i_{\text{d}\infty} = \dfrac{u_{\text{q}|0|}}{x_{\text{d}}} \\[3mm] \Delta i_{\text{q}\infty} = \dfrac{-u_{\text{d}|0|}}{x_{\text{q}}} \end{cases} \tag{9-76}$$

即稳态时电流的 d 轴分量取决于直轴同步电抗 x_{d}，而 q 轴分量取决于交轴同步电抗 x_{q}。

对比式（9-64）和式（9-76）可知，计及电阻后，Δi_{d} 中直流分量将由 $\dfrac{u_{\text{q}|0|}}{x'_{\text{d}}}$ 衰减至 $\dfrac{u_{\text{q}|0|}}{x_{\text{d}}}$，$\Delta i_{\text{dq}}$ 中的基频交流分量均将衰减至零。

4. Δi_{dq}、Δi_{abc}及同步发电机各绕组短路电流的表达式

引入上列时间常数后，Δi_{d}、Δi_{q} 为

$$
\begin{cases}
\Delta i_{\mathrm{d}} = \left(\dfrac{u_{\mathrm{q|0|}}}{x_{\mathrm{d}}'} - \dfrac{u_{\mathrm{q|0|}}}{x_{\mathrm{d}}} \right) \mathrm{e}^{-t/T_{\mathrm{d}}'} + \dfrac{u_{\mathrm{q|0|}}}{x_{\mathrm{d}}} + \left(-\dfrac{u_{\mathrm{q|0|}}}{x_{\mathrm{d}}'}\cos t + \dfrac{u_{\mathrm{q|0|}}}{x_{\mathrm{d}}'}\sin t \right)\mathrm{e}^{-t/T_{\mathrm{a}}} \\[4mm]
\Delta i_{\mathrm{q}} = -\dfrac{u_{\mathrm{d|0|}}}{x_{\mathrm{q}}} + \left(\dfrac{u_{\mathrm{q|0|}}}{x_{\mathrm{q}}}\sin t + \dfrac{u_{\mathrm{d|0|}}}{x_{\mathrm{q}}}\cos t \right)\mathrm{e}^{-t/T_{\mathrm{a}}}
\end{cases}
\tag{9-77}
$$

对于正常分量网络，其发电机定子电流由 $E_{\mathrm{q|0|}} = u_{\mathrm{q|0|}} + i_{\mathrm{d|0|}}x_{\mathrm{d}}$ 和 $u_{\mathrm{d|0|}} = i_{\mathrm{q|0|}}x_{\mathrm{q}}$ 求得。根据叠加定理，原网络发电机定子短路电流 i_{dq} 为

$$
\begin{cases}
i_{\mathrm{d}} = \Delta i_{\mathrm{d}} + i_{\mathrm{d|0|}} = \left(\dfrac{u_{\mathrm{q|0|}}}{x_{\mathrm{d}}'} - \dfrac{u_{\mathrm{q|0|}}}{x_{\mathrm{d}}} \right)\mathrm{e}^{-t/T_{\mathrm{d}}'} + \dfrac{E_{\mathrm{q|0|}}}{x_{\mathrm{d}}} + \left(-\dfrac{u_{\mathrm{q|0|}}}{x_{\mathrm{d}}'}\cos t + \dfrac{u_{\mathrm{d|0|}}}{x_{\mathrm{d}}'}\sin t \right)\mathrm{e}^{-t/T_{\mathrm{a}}} \\[4mm]
i_{\mathrm{q}} = \Delta i_{\mathrm{q}} + i_{\mathrm{q|0|}} = \left(\dfrac{u_{\mathrm{q|0|}}}{x_{\mathrm{q}}}\sin t + \dfrac{u_{\mathrm{d|0|}}}{x_{\mathrm{q}}}\cos t \right)\mathrm{e}^{-t/T_{\mathrm{a}}}
\end{cases}
\tag{9-78}
$$

将 i_{dq} 转换为定子三相短路电流 i_{abc}，其中 a 相电流为

$$
\begin{aligned}
i_{\mathrm{a}} = {}& \left[\left(\dfrac{U_{\mathrm{|0|}}}{x_{\mathrm{d}}'} - \dfrac{U_{\mathrm{|0|}}}{x_{\mathrm{d}}} \right)\mathrm{e}^{-t/T_{\mathrm{d}}'}\cos\delta_0 + \dfrac{E_{\mathrm{q|0|}}}{x_{\mathrm{d}}} \right]\cos(t + \theta_0) - \\[2mm]
& \dfrac{U_{\mathrm{|0|}}}{2}\left(\dfrac{1}{x_{\mathrm{d}}'} + \dfrac{1}{x_{\mathrm{q}}} \right)\mathrm{e}^{-t/T_{\mathrm{a}}}\cos(\delta_0 - \theta_0) - \\[2mm]
& \dfrac{U_{\mathrm{|0|}}}{2}\left(\dfrac{1}{x_{\mathrm{d}}'} - \dfrac{1}{x_{\mathrm{q}}} \right)\mathrm{e}^{-t/T_{\mathrm{a}}}\cos(2t + \delta_0 + \theta_0)
\end{aligned}
\tag{9-79}
$$

由于 $E'_{\mathrm{q|0|}} = u_{\mathrm{q|0|}} + i_{\mathrm{d|0|}}x_{\mathrm{d}}'$，式 (9-79) 还可以改写为

$$
\begin{aligned}
i_{\mathrm{a}} = {}& \left[\left(\dfrac{E'_{\mathrm{q|0|}}}{x_{\mathrm{d}}'} - \dfrac{E_{\mathrm{q|0|}}}{x_{\mathrm{d}}} \right)\mathrm{e}^{-t/T_{\mathrm{d}}'} + \dfrac{E_{\mathrm{q|0|}}}{x_{\mathrm{d}}} \right]\cos(t + \theta_0) - \\[2mm]
& \dfrac{U_{\mathrm{|0|}}}{2}\left(\dfrac{1}{x_{\mathrm{d}}'} + \dfrac{1}{x_{\mathrm{q}}} \right)\mathrm{e}^{-t/T_{\mathrm{a}}}\cos(\delta_0 - \theta_0) - \\[2mm]
& \dfrac{U_{\mathrm{|0|}}}{2}\left(\dfrac{1}{x_{\mathrm{d}}'} - \dfrac{1}{x_{\mathrm{q}}} \right)\mathrm{e}^{-t/T_{\mathrm{a}}}\cos(2t + \delta_0 + \theta_0)
\end{aligned}
\tag{9-80}
$$

同理可得

$$
\begin{aligned}
i_{\mathrm{b}} = {}& \left[\left(\dfrac{E'_{\mathrm{q|0|}}}{x_{\mathrm{d}}'} - \dfrac{E_{\mathrm{q|0|}}}{x_{\mathrm{d}}} \right)\mathrm{e}^{-t/T_{\mathrm{d}}'} + \dfrac{E_{\mathrm{q|0|}}}{x_{\mathrm{d}}} \right]\cos(t + \theta_0 - 120°) - \\[2mm]
& \dfrac{U_{\mathrm{|0|}}}{2}\left(\dfrac{1}{x_{\mathrm{d}}'} + \dfrac{1}{x_{\mathrm{q}}} \right)\mathrm{e}^{-t/T_{\mathrm{a}}}\cos(\delta_0 - \theta_0 + 120°) - \\[2mm]
& \dfrac{U_{\mathrm{|0|}}}{2}\left(\dfrac{1}{x_{\mathrm{d}}'} - \dfrac{1}{x_{\mathrm{q}}} \right)\mathrm{e}^{-t/T_{\mathrm{a}}}\cos(2t + \delta_0 + \theta_0 - 120°)
\end{aligned}
\tag{9-81}
$$

$$
\begin{aligned}
i_{\mathrm{c}} = {}& \left[\left(\dfrac{E'_{\mathrm{q|0|}}}{x_{\mathrm{d}}'} - \dfrac{E_{\mathrm{q|0|}}}{x_{\mathrm{d}}} \right)\mathrm{e}^{-t/T_{\mathrm{d}}'} + \dfrac{E_{\mathrm{q|0|}}}{x_{\mathrm{d}}} \right]\cos(t + \theta_0 + 120°) - \\[2mm]
& \dfrac{U_{\mathrm{|0|}}}{2}\left(\dfrac{1}{x_{\mathrm{d}}'} + \dfrac{1}{x_{\mathrm{q}}} \right)\mathrm{e}^{-t/T_{\mathrm{a}}}\cos(\delta_0 - \theta_0 - 120°) - \\[2mm]
& \dfrac{U_{\mathrm{|0|}}}{2}\left(\dfrac{1}{x_{\mathrm{d}}'} - \dfrac{1}{x_{\mathrm{q}}} \right)\mathrm{e}^{-t/T_{\mathrm{a}}}\cos(2t + \delta_0 + \theta_0 + 120°)
\end{aligned}
\tag{9-82}
$$

由式（9-80）可知，短路电流基频分量的初始值为 $E'_{q|0|}/x'_d$，稳态值为 $E_{q|0|}/x_d$，当 $x'_d = x_q$ 时没有倍频交流分量。

将 $t=0$ 代入式（9-80）～式（9-82）可得短路后瞬时电流 i_{a0}、i_{b0}、i_{c0}，以 i_{a0} 为例，则

$$i_{a0} = \frac{E'_{q|0|}}{x'_d}\cos\theta_0 - \frac{U_{|0|}}{x'_d}\cos\delta_0\cos\theta_0 - \frac{U_{|0|}}{x_q}\sin\delta_0\sin\theta_0$$

$$= \frac{E'_{q|0|} - U_{q|0|}}{x'_d}\cos\theta_0 - \frac{U_{d|0|}}{x_q}\sin\theta_0 = i_{d|0|}\cos\theta_0 - i_{q|0|}\sin\theta_0 = i_{a|0|} \tag{9-83}$$

即短路前后瞬间电流不变。

如果短路前空载，则 $E'_{q|0|} = u_{q|0|} + i_{d|0|}x'_d = E_{q|0|}$，式（9-80）变为

$$i_a = \left[\left(\frac{E_{q|0|}}{x'_d} - \frac{E_{q|0|}}{x_d}\right)e^{-t/T'_d} + \frac{E_{q|0|}}{x_d}\right]\cos(t+\theta_0) - \frac{E_{q|0|}}{2}\left(\frac{1}{x'_d} + \frac{1}{x_q}\right)e^{-t/T_a}\cos\theta_0 -$$

$$\frac{E_{q|0|}}{2}\left(\frac{1}{x'_d} - \frac{1}{x_q}\right)e^{-t/T_a}\cos(2t+\theta_0) \tag{9-84}$$

此时相应的励磁回路电流可由式（9-67）改写成

$$i_f = i_{f|0|} + \frac{x_d - x'_d}{x_{ad}}\left(\frac{E_{q|0|}}{x'_d}e^{-t/T'_d} - \frac{E_{q|0|}}{x'_d}e^{-t/T_a}\cos t\right)$$

$$= \frac{E_{q|0|}}{x_{ad}} + \frac{x_d - x'_d}{x_{ad}} \cdot \frac{E_{q|0|}}{x'_d}(e^{-t/T'_d} - e^{-t/T_a}\cos t) \tag{9-85}$$

图 9-23 示出式（9-84）和式（9-85）各电流分量波形，其中 $\theta_0 = 180°$。图中，i_ω 和 Δi_{fa} 按 T'_d 衰减，i_α、$i_{2\omega}$ 和 $\Delta i_{f\omega}$ 按 T_a 衰减，T'_d 比 T_a 大。

9.5.2 计及阻尼绕组时同步发电机突然三相短路电流表达式

计及阻尼绕组时，利用拉普拉斯变换计算同步发电机各绕组电流的方法与不计阻尼时是一样的，只不过计算过程更为复杂一些，具体过程可见附录 C。其 $dq0$ 坐标系下的定子绕组短路电流 i_{dq} 的表达式为

$$\begin{cases} i_d = \Delta i_d + i_{d|0|} = \left[\left(\frac{u_{q|0|}}{x''_d} - \frac{u_{q|0|}}{x'_d}\right)e^{-t/T''_d} + \left(\frac{u_{q|0|}}{x'_d} - \frac{u_{q|0|}}{x_d}\right)e^{-t/T'_d} + \frac{E_{q|0|}}{x_d}\right] + \\ \qquad \left(-\frac{u_{q|0|}}{x''_d}\cos t + \frac{u_{q|0|}}{x''_d}\sin t\right)e^{-t/T_a} \\ i_q = \Delta i_q + i_{q|0|} = \left(-\frac{u_{d|0|}}{x''_q} - \frac{u_{d|0|}}{x_q}\right)e^{-t/T''_q} + \left(\frac{u_{q|0|}}{x''_q}\sin t + \frac{u_{d|0|}}{x''_q}\cos t\right)e^{-t/T_a} \end{cases} \tag{9-86}$$

经转换得定子短路电流 i_a 为

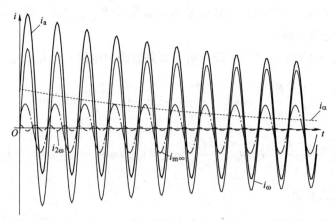

a) 定子绕组电流及各电流分量波形

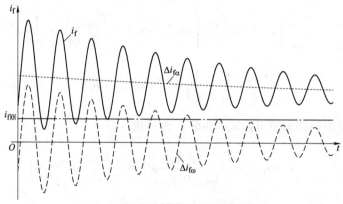

b) 励磁绕组电流及各电流分量波形

图 9-23 各电流分量波形

$$i_a = \left[U_{|0|}\cos\delta_0 \left(\frac{1}{x_d''} - \frac{1}{x_d'} \right) e^{-t/T_d''} + U_{|0|}\cos\delta_0 \left(\frac{1}{x_d'} - \frac{1}{x_d} \right) e^{-t/T_d'} + \frac{E_{q|0|}}{x_d} \right] \cos(t + \theta_0) +$$
$$U_{|0|} \left(\frac{1}{x_q''} - \frac{1}{x_q'} \right) e^{-t/T_q''}\sin\delta_0\sin(t + \theta_0) - \frac{U_{|0|}}{2} \left(\frac{1}{x_d''} + \frac{1}{x_q''} \right) e^{-t/T_a}\cos(\delta_0 - \theta_0) -$$
$$\frac{U_{|0|}}{2} \left(\frac{1}{x_d''} - \frac{1}{x_q''} \right) e^{-t/T_a}\cos(2t + \delta_0 + \theta_0)$$

$$(9\text{-}87)$$

还可改写为

$$i_a = \left[\left(\frac{E_{q|0|}''}{x_d''} - \frac{E_{q|0|}'}{x_d'} \right) e^{-t/T_d''} + \left(\frac{E_{q|0|}'}{x_d'} - \frac{E_{q|0|}}{x_d} \right) e^{-t/T_d'} + \frac{E_{q|0|}}{x_d} \right] \cos(t + \theta_0) +$$
$$\left(\frac{E_{d|0|}''}{x_q''} \right) e^{-t/T_q''}\sin(t + \theta_0) - \frac{U_{|0|}}{2} \left(\frac{1}{x_d''} + \frac{1}{x_q''} \right) e^{-t/T_a}\cos(\delta_0 - \theta_0) -$$
$$\frac{U_{|0|}}{2} \left(\frac{1}{x_d''} - \frac{1}{x_q''} \right) e^{-t/T_a}\cos(2t + \delta_0 + \theta_0)$$

$$(9\text{-}88)$$

其中

$$\begin{cases} E''_{q|0|} = u_{q|0|} + i_{d|0|} x''_d \\ E''_{d|0|} = u_{d|0|} - i_{q|0|} x''_q \end{cases} \tag{9-89}$$

在本节中，运用拉普拉斯变换对发电机基本方程进行求解，给出了同步发电机机端突然三相短路后各绕组方程的表达式。在分析过程中对于绕组的电阻做了某些近似的处理，结论如下：

1）同步发电机在三相突然短路后，定子短路电流中除了基频交流分量外，还有直流分量（严格地说是一个频率很低的分量）和两倍基频交流分量（严格地说近似两倍基频）。由于实际的电机总有阻尼绕组，故两倍基频交流分量很小，可以忽略不计。

2）定子绕组中短路电流基频交流分量初始幅值很大，经过衰减而到稳态值。基频交流分量的初始值是由次暂态电动势和次暂态电抗或暂态电动势和暂态电抗决定的。次暂态电动势或暂态电动势正比于转子绕组的磁链，在突然短路前后保持不变，因而可以用它在正常运行时的值来计算短路后瞬时的基频交流电流。

短路电流稳态值总是由空载电动势稳态值和 x_d 决定的。

3）定子绕组中直流分量（包括两倍基频交流分量）的衰减规律主要取决于定子电阻和定子的等效电抗（介于 x''_d 和 x''_q 或 x'_d 和 x_q 间的某平均值），基频交流分量的衰减规律和转子绕组中直流分量的衰减规律是一致的，后者取决于转子绕组的等效回路。对于无阻尼绕组电机，只有励磁绕组中有直流自由分量，它的衰减主要取决于 r_f 和定子绕组短路情况下励磁绕组的等效电抗。对于有阻尼绕组的电机，在 d 轴方向有 f 和 D 绕组，它们中的直流自由分量衰减规律由这两个耦合绕组的等效电路决定，都含有一个衰减快的分量和一个衰减慢的分量。在 q 轴方向只有 Q 绕组，其中直流自由分量只有一个时间常数，其值取决于 r_Q 和定子绕组短路时 Q 绕组的等效电抗。在确定 i_d 中直流自由分量两个衰减分量的大小时，采取了这样的假定，即当衰减快的分量快衰减至零时，有阻尼绕组电机相当于无阻尼绕组电机。

4）根据前面对冲击电流和最大有效值电流的定义，对于发电机的短路电流，若忽略 2 倍基频交流分量，并假设在空载下短路，其冲击电流和最大有效值电流的公式为

$$i_M = (1 + e^{-0.01/T_a}) I''_m = K_M I''_m \tag{9-90}$$

$$I_M = \frac{I''_m}{\sqrt{2}} \sqrt{1 + 2(K_M - 1)^2} \tag{9-91}$$

其中

$$I''_m = \sqrt{2} E''_{q|0|} / x''_d$$

式中，I''_m 为次暂态电流幅值。

9.6 同步发电机机端突然三相短路时短路电流周期分量初始值的计算

前面应用了同步发电机基本方程的拉普拉斯运算形式来分析同步发电机突然三相短路后的电流，但较为烦琐，实际工程中主要关心的是定子短路电流中的基频交流分量的初始值，由其可以计算出最大瞬时电流。

1. 同步发电机空载时三相短路交流电流初始值计算

（1）忽略阻尼绕组时的基频交流分量初始值 I'（或 I'_d）

在发电机端部突然短路且忽略电阻时，此时电压平衡方程应与式（9-38）第一式一致，只是 $u_q=0$，如果写成相量形式，并令定子电流相量为 $\dot{I}'_d$，则有

$$\dot{E}'_q = jx'_d\dot{I}'_d \tag{9-92}$$

由于励磁绕组短路前后磁链保持不变，因此暂态电动势具有短路前后保持不变的性质，发电机空载时，$E'_q = E'_{q|0|} = u_{q|0|}$，从而得到短路电流初始值为

$$\dot{I}' = \dot{I}'_d = \frac{\dot{E}_{q|0|}}{jx'_d}$$

$$I' = I'_d = \frac{E_{q|0|}}{x'_d} \tag{9-93}$$

由于 $x'_d < x_d$，因而 $I' > I_\infty$，I' 即为暂态电流的初始值。

（2）计及阻尼绕组作用的初始值 I''（或 I''_d）

计及阻尼绕组作用后，此时电压平衡方程应与式（9-49）第二式一致，只是 $\dot{U}_q = 0$，令定子电流相量为 $\dot{I}''_d$，有

$$\dot{E}''_{q|0|} = j\dot{I}''_d x''_d$$

由式（9-49）第二式知，发电机空载时 $E''_{q|0|} = E'_{q|0|} = u_{q|0|}$，从而得到初始短路电流为

$$\dot{I}'' = \dot{I}''_d = \frac{\dot{E}_{q|0|}}{jx''_d} \tag{9-94}$$

I'' 即为次暂态电流。它显然大于暂态电流，即 $I'' > I'$。

电抗 x_d、x'_d 和 x''_d 的数值均可由同步发电机的相关实验实际测得。由前面的内容可知，同步发电机的相关电抗和时间常数影响着短路电流的大小和变化过程。

最后归纳发电机空载短路电流交流分量有效值（或最大值）变化的物理过程。短路瞬间、转子上阻尼绕组 D 和励磁绕组 f 分别感应定子直轴电枢反应磁通传入的自由直流电流 Δi_{Da} 和 Δi_{fa}，迫使电枢反应磁通 φ''_{ad} 走 D、f 绕组的漏磁路径，磁阻大、磁导小，对应的定子回路等效电抗 x''_d 小，电流 I'' 大，此状态称为次暂态状态。由于 D、f 绕组均有电阻，Δi_{Da} 和 Δi_{fa} 均要衰减，而其中 Δi_{Da} 很快衰减到很小，直轴电枢反应磁通便可以穿入 D 绕组，而电枢反应磁通仅受 f 绕组的抵制仍走 f 绕组的漏磁路径，此时磁导有所增加，定子等效电抗为 x'_d，x'_d 比 x''_d 大，定子电流 I' 比 I'' 小，即所谓的暂态状态。此后随着 Δi_{fa} 逐渐衰减至零，电枢反应磁通最终全部穿入直轴，此时磁导最大，对应的定子电抗为 x_d，对应的定子电流为 I_∞，即为短路稳态状态。

【例 9-1】 一台额定功率为 300MW 的汽轮发电机，额定电压为 18kV，额定功率因数为 0.85，其有关电抗标幺值为 $x_d = x_q = 2.24$，$x'_d = 0.247$，$x''_d = x''_q = 0.149$。试计算发电机在额定电压空载运行时，机端突然三相短路后短路电流分量初始幅值 I''_m 及 I'_m。

解 已知 $E_{q|0|*} = U_{N*} = 1$，I'' 和 I' 的标幺值为

$$I'' = \frac{1}{x''_d} = \frac{1}{0.149} = 6.71$$

$$I' = \frac{1}{x_d'} = \frac{1}{0.247} = 4.05$$

电流基准值及发电机的额定电流为

$$I_B = \frac{300}{\sqrt{3} \times 18 \times 0.85}kA = 11.32kA$$

因此 I_m'' 和 I_m' 的有名值为

$$I_m'' = \sqrt{2} \times 6.71 \times 11.32kA = 107.4kA$$

$$I_m' = \sqrt{2} \times 4.05 \times 11.32kA = 64.8kA$$

由例9-1可见，短路电流交流分量初始值接近额定电流的6.71倍。

2. 同步发电机带负载时三相短路交流电流初始值计算

（1）忽略阻尼绕组时暂态短路电流的初始值 I'

由前可知，在短路前的负荷状态，发电机中有直轴和交轴电枢反应磁通。假设短路后瞬间交流电流 I' 的直轴和交轴分量为 $\dot{I}_d'$、$\dot{I}_q'$，现讨论短路后暂态短路电流的初始值 I'。分析时仍忽略定子电阻。

1）交轴方向。由式（9-39）第二式知，短路前发电机的 q 轴暂态电动势为

$$u_{q|0|} = E_{q|0|}' - i_{d|0|}x_d'$$

写成相量形式为

$$\dot{U}_{q|0|} = \dot{E}_{q|0|}' - j\dot{I}_{d|0|}x_d' \tag{9-95}$$

短路时 $\dot{U}_{q|0|} = 0$，则有

$$\dot{E}_{q|0|}' = j\dot{I}_d'x_d' \tag{9-96}$$

可得到初始短路电流

$$\dot{I}_d' = \frac{\dot{E}_{q|0|}'}{jx_d'} \tag{9-97}$$

$$I_d' = \frac{\dot{E}_{q|0|}'}{x_d'} \tag{9-98}$$

2）直轴方向。短路前由式（9-39）第一式可知

$$\dot{U}_{d|0|} = -j\dot{I}_{q|0|}x_q$$

则短路后定子 q 轴电流相量为 $\dot{I}_{q|0|}' = 0$。

因此暂态电流只有直轴分量 $I' = I_d'$。

由于 $x_d' < x_d$，因而，$I' > I_\infty$，I' 即为暂态电流的初始值。

为了计算 $\dot{E}_{q|0|}'$，必须先求 $\dot{U}_0$ 和 $\dot{I}_0$ 在 q 轴、d 轴上的分量，为了方便计算，一般在工程实用计算中用同步发电机暂态电动势 $\dot{E}_{|0|}'$ 代替 q 轴暂态电动势 $\dot{E}_{q|0|}'$，由式（9-42）得

$$\dot{E}_{|0|}' = \dot{U}_{|0|} + j\dot{I}_{|0|}x_d' \tag{9-99}$$

图9-24示出了空载电动势 $\dot{E}_{q|0|}$、暂态电动势 $\dot{E}_{q|0|}'$ 及 x_d' 的暂态电动势 $\dot{E}_{|0|}'$ 的相量位置。

由图9-24可见，$\dot{E}_{|0|}'$ 在交轴上的分量即为 $\dot{E}_{q|0|}'$，二者在数值上差别不大，故可以用

$\dot{E}'_{|0|}$ 代替 $\dot{E}'_{q|0|}$，但 $\dot{E}'_{|0|}$ 并不具有短路前后瞬间不变的特性。
用 $\dot{E}'_{|0|}$ 代替 $\dot{E}'_{q|0|}$ 后，暂态电流近似表达式为

$$I' = \frac{\dot{E}'_{|0|}}{x'_d} \qquad (9\text{-}100)$$

（2）计及阻尼绕组时的次暂态短路电流的初始值 I''

同样，假设短路后瞬间 I'' 的分量为 I''_d 和 I''_q，分别讨论交轴和
直轴的电压平衡关系。计及阻尼绕组作用后，此时发电机 q 轴次
暂态电动势应如式（9-49）第二式所示，只是短路时 $\dot{U}_{q|0|}=0$，
令定子 d 轴电流相量为 $\dot{I}''_d$，有

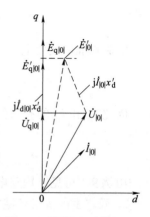

图 9-24　暂态电动势相量图

$$\dot{E}''_{q0} = \dot{E}''_{q|0|} = j\dot{I}''_d x''_d$$

从而得到短路时 d 轴电流分量为

$$\dot{I}''_d = \dot{E}''_{q|0|}/jx''_d \qquad (9\text{-}101)$$

$$I''_d = E''_{q|0|}/x''_d \qquad (9\text{-}102)$$

发电机 d 轴次暂态电动势如式（9-49）第一式所示，短路时 $\dot{U}_{d|0|}=0$，令定子 q 轴电流
相量为 $\dot{I}''_q$，有

$$\dot{I}''_q = \frac{\dot{E}''_{d|0|}}{jx''_q} \qquad (9\text{-}103)$$

$$I''_q = \frac{E''_{d|0|}}{x''_q} \qquad (9\text{-}104)$$

发电机 q 轴次暂态电动势 $\dot{E}''_{q|0|}$ 正比于励磁绕组磁链 ψ_f 和 d 轴阻尼绕组磁链 ψ_D，短路
瞬间不变；d 轴次暂态电动势 $\dot{E}''_{d|0|}$ 正比于 q 轴阻尼绕组磁链 ψ_Q，短路瞬间不变，均可由短
路前正常运行方式计算其值。

由式（9-101）和式（9-103）可以求得次暂态电流为

$$\dot{I}'' = \dot{I}''_d + \dot{I}''_q$$

$$I'' = \sqrt{I''^2_d + I''^2_q}$$

式中，I'' 为次暂态电流，它显然大于暂态电流，即 $I''>I'$。由式（9-44）和式（9-46）可知，
由于 q 轴、d 轴次暂态电抗对应的磁链都是走漏磁路径，均不穿过转子，所以 $x''_d \approx x''_q$。在近
似计算中一般认为 $x''_d = x''_q$，将式（9-49）合并，则有

$$\dot{E}''_{|0|} = \dot{E}''_{q|0|} + \dot{E}''_{d|0|} = \dot{U}_{|0|} + j(\dot{I}_{d|0|} + \dot{I}_{q|0|})x''_d = \dot{U}_{|0|} + j\dot{I}_{|0|}x''_d \qquad (9\text{-}105)$$

则次暂态电流为

$$\dot{I}'' = \frac{\dot{E}''_{|0|}}{jx''_d} \qquad (9\text{-}106)$$

对于凸极发电机采用式（9-106）简化计算。图 9-25 示出了各电动势的相量位置。由于
x''_d 较小，在工程计算中往往更近似地取 $\dot{E}''_{|0|} \approx U_{|0|} = 1$，则 I'' 为

$$I'' = \frac{1}{x''_d} \qquad (9\text{-}107)$$

【例 9-2】 一台额定功率为 200MW 的水轮发电机，额定电压为 13.8kV，额定功率因数为 0.9，有关电抗标幺值为 $x_d = 0.93$，$x_q = 0.70$，$x'_d = 0.33$，$x''_d \approx x''_q = 0.2$，短路前在额定情况下运行，试计算发电机机端突然三相短路后的次暂态电流 I''、暂态电流 I' 和 I'_d，以及稳态电流 I_∞，并绘出它们的相量关系图。

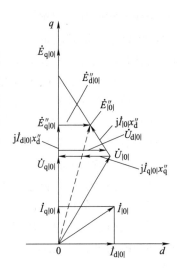

图 9-25　次暂态电动势相量图

解 已知 $\dot{U}_{|0|} = 1\angle 0°$，$\dot{I}_{|0|} = 1\angle -\arccos 0.9 = 1\angle -25.84°$。

1）计算短路前的相关电动势 $E''_{|0|}$、$E'_{|0|}$ 分别为

$$
\begin{aligned}
\dot{E}''_{|0|} &= \dot{U}_{|0|} + jx''_d\dot{I}_{|0|} = 1 + j0.2\angle -25.84° \\
&= 1.09 + j0.18 = 1.10\angle 9.38°
\end{aligned}
$$

$$
\begin{aligned}
\dot{E}'_{|0|} &= \dot{U}_{|0|} + jx'_d\dot{I}_{|0|} = 1 + j0.33\angle -25.84° \\
&= 1.14 + j0.30 = 1.18\angle 14.74°
\end{aligned}
$$

为求 $E'_{q|0|}$ 和 $E_{q|0|}$，先计算 $\dot{E}_{Q|0|}$，可得

$$
\begin{aligned}
\dot{E}_{Q|0|} &= \dot{U}_{|0|} + jx_q\dot{I}_{|0|} = 1 + j0.7\angle -25.84° \\
&= 1.31 + j0.63 = 1.45\angle 25.68°
\end{aligned}
$$

$$I_{d|0|} = 1 \times \sin(25.68° + 25.84°) = 0.783$$

$$U_{q|0|} = 1 \times \cos 25.68° = 0.901$$

$E'_{q|0|}$ 和 $E_{q|0|}$ 的计算公式为

$$E'_{q|0|} = U_{q|0|} + x'_d I_{d|0|} = 0.901 + 0.33 \times 0.783 = 1.16$$

$$E_{q|0|} = U_{q|0|} + x_d I_{d|0|} = 0.901 + 0.93 \times 0.783 = 1.63$$

2）计算相关电流 I''、I'、I'_d、I_∞

$$I'' = E''_{|0|}/x''_d = 1.1/0.2 = 5.5$$

$$I' = E'_{|0|}/x'_d = 1.18/0.33 = 3.58$$

$$I'_d = E'_{q|0|}/x'_d = 1.16/0.33 = 3.52$$

$$I_\infty = E_{q|0|}/x_d = 1.63/0.93 = 1.75$$

上述电流标幺值代表它们对额定电流的倍数，最大的是次暂态电流 I''，它是额定电流的 5.5 倍，图 9-26 是短路前的相量图。

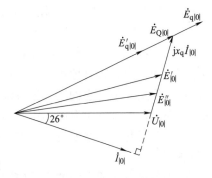

图 9-26　短路前相量图

⭐ **小　结**

同步电机是电力系统中最重要的功率源和电压源，同步发电机的暂态特性也是影响电力系统动态运行特性的重要因素。

在 abc 三相坐标下的同步电机定转子绕组磁链方程是变电感系数方程，导致各绕组电压

方程为变系数微分方程组，难以求解。通过派克变换，将 abc 坐标下定子绕组电压电流变换到 $dq0$ 坐标下，得到的定子 dq 等效绕组与转子 fDQ 各绕组间具有恒定的磁路耦合参数，进而得到常系数磁链方程和常系数的定转子绕组电压微分方程。

根据 $dq0$ 坐标下的电压方程，可以用拉普拉斯变换法得出暂态过程解的时间表达式，亦可通过数值仿真获得暂态过程中各状态变量的时间响应。

派克变换虽是数学变换，但变换后定子 dq 等效绕组及其与转子绕组的耦合关系亦有深刻的物理意义，基于磁链守恒原则可以解释绕组间的电磁作用关系，有助于深入了解暂态过程中复杂现象背后的机理。

派克变换的方法和概念还被应用于电力电子装备联网调制同步控制等广泛的领域，是电力系统暂态分析的重要基础。

同步发电机外电路突然三相短路，主要涉及发电机的电磁暂态过程，即绕组间电磁能量耦合转换的过程。根据同步发电机的参数特点，在电磁暂态分析中可以忽略转子转速的变化。

本章介绍了用拉普拉斯变换求解同步发电机方程的方法，获得了同步发电机突然三相短路电流的时间表达式，分析了短路电流的组成成分及变化特征。同步发电机突然短路时对外呈现的电抗为次暂态电抗，其数值远小于同步电抗，从而导致同步发电机提供的短路初瞬电流具有更大的幅值。

为满足工程应用中对不同时刻短路电流周期分量的计算要求，附录 B 给出了短路电流实用计算方法。

扩展阅读 9.1 分布式电源故障特性

电力工业一直采用大容量、远距离输电和大电网互联为主要特征的集中式供电模式，随着全球几次较大的停电事故的发生，这种模式的弊端已逐渐显现。为了提高供电可靠性，直接安置在用户近旁的分布式发电装置成为一种很好的替代方案。分布式发电（Distributed Generation，DG）是指功率在几十千瓦到几十兆瓦范围内，分布在负荷附近的，清洁环保的，经济、高效、可靠的发电方式。分布式电源由于污染少、能源利用效率高、安装地点灵活等多方面优点，很好地满足了用户的供电需求，并且极大程度上可以起到减缓大电网的升级改造的作用。另外它的接入也有效解决了大型集中电网的许多潜在问题，提高了供电可靠性。分布式能源并网示意图如图 9-27 所示。随着近年来全球一次化石能源的枯竭以及生态环境的不断恶化，一些发达国家如美国、日本，已经将分布式发电技术的研究和应用置于重要位置。

随着各种分布式电源的广泛应用，越来越多的分布式电源接入电网。然而分布式电源具有随机性，经过逆变器接入电网时会产生谐波，同时当线路上有短路故障发生时，分布式电源会向故障位置注入很大的电流，改变原本潮流大小及方向，引起保护的误动、拒动。

与同步发电机相比，逆变型新能源电源在运行机理、控制方式和并网拓扑结构方面均有较大区别，逆变器等电力电子器件的引入，使新能源电源在短路故障发生、切除全过程中的故障特性变得很复杂。在综合考虑逆变电源典型并网控制和低电压穿越控制的基础上，在故障发生或切除后初始阶段，逆变电源所提供故障电流会在短时间内迅速上升或下降，且包含直流、二次和三次谐波量较大。故障下逆变电源（故障期间其输入功率可认为保持不变）

出口电压跌落将使逆变器输出电流不断增加，直至其两侧有功功率平衡后才能稳定。若电压跌落较严重，流过逆变器的电流将会超过其最大允许值，电流限幅环节将会限制该电流，此情况下直流卸荷电路将投入。因而，故障后初始阶段逆变电源仍由并网控制作用，但随着输出电流的增加，一段时间后电源总存在两种运行模式，即并网控制和低电压穿越控制模式。故障切除后，电源出口电压恢复正常，输出电流将减小。

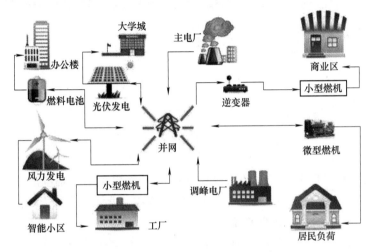

图 9-27　分布式能源并网

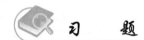 习　　　题

9-1　已知同步发电机的参数为 $x_d = 1.2$，$x_q = 0.8$，$\cos\varphi = 0.85$（滞后），额定运行，试计算额定运行状态下同步发电机的电动势 E_Q 与 E_q，并画出该同步发电机稳态运行时的相量图。

9-2　同步发电机的参数为 $x_d = 1.1$，$x_q = 1.06$，带负荷运行，$\dot{U} = 1.0 \angle 30°$，$\dot{I} = 0.8 \angle -15°$，试计算 E_q 的值。

9-3　同步电机定子三相通入直流，$i_A = 1$，$i_B = i_C = -0.5$，求转换到 $dq0$ 坐标系的 i_d、i_q 和 i_0。

9-4　一台有阻尼绕组的同步发电机，其参数为：$P_N = 150\text{MW}$，$\cos\varphi_N = 0.8$（滞后），$U_N = 15.75\text{kV}$，$x_d = 1.04$，$x_q = 0.69$，$x'_d = 0.31$，发电机满载额定运行，试计算电动势 E_q、E'_q 和 E'，并画出相量图。

9-5　习题 9-4 的同步发电机，已知 $T'_{d0} = 7.3\text{s}$，在额定满载运行时机端发生三相短路，试求：起始暂态电流，基频分量电流随时间变化的表达式，0.2s 基频分量的有效值。

第 9 章自测题

第 10 章

电力系统稳定性问题概述和各元件的机电动态模型

【引例】

2020 年 5 月 5 日，广东虎门大桥（见图 10-1）桥面出现了大幅度的振动，导致大桥双向禁行多日。导致大桥振动的原因众说纷纭，相对多数专家认为是风力与大桥作用产生的涡振，与桥面施工导致大桥气动外形变化有关。无论原因如何，大桥是一个动力学结构，任何原因激发共振都会有灾难性的后果。

电力系统也是一个复杂的动力学系统，在特定的系统结构变化、运行条件改变和外界扰动激励作用下，也可能发生与大桥类似的振荡现象。电力系统中可能发生的振荡有多种，基本表现为发电机输出功率或输电线路功率发生持续波动。振荡是对电力系统安全稳定的严重威胁。

图 10-1　虎门大桥

图 10-2 给出的是某 660MW 发电机组发生 1.22Hz 低频振荡的功率录波图。

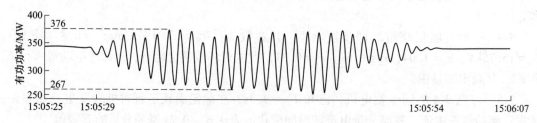

图 10-2　某发电机发生低频振荡时的有功功率曲线

从图 10-2 可见，振荡时最低值为 267MW，最高值为 376MW，功率振荡幅度达到 109MW，整个振荡过程持续近 25s。由于振荡及时消除，未造成严重后果。

上述事例表明，不论是力学结构还是电力系统，均可能在某些条件下发生振动或振荡，影响结构或系统的运行，带来结构或设备失效的潜在风险。两种看似完全不同的对象发生振动或振荡现象,有什么关联吗?一般而论,它们都是由微分方程描述的动力学系统在特定工况和外扰下的行为,属于稳定性分析的范畴。

电力系统也是这样的以微分方程组刻画状态变量关系的动力学系统,由于系统时刻处于不断变化的运行状态,也要经受各种不同形式和强度的扰动,因此,如何有效防范包括振荡在内的稳定性破坏事故发生,是电力系统运行部门的重要职责。

由于电力系统本身的复杂性,电力系统稳定性问题也有多种类型、多种表现形式,本章将介绍最基本的电力系统稳定性分类及各类稳定性问题的主要特征。

为了分析电力系统的稳定性,必须建立描述电力系统动态特性的微分方程组。首先要在了解电力系统主要元件动态特性的基础上建立数学模型。本章将介绍发电机、励磁系统、负荷等元件的机电暂态数学模型,并构建电力系统的机电暂态模型,进而为分析系统运行的稳定性奠定基础。

10.1 电力系统运行状态稳定性概述

电力系统结构复杂、转换传输能量巨大、覆盖地域广,电力系统运行必须时刻保持发电与用电功率的平衡,而负荷功率并无严格的稳态,为确保供用实时平衡,发电机必须配有多种控制系统,在电力系统层面也有多种调度控制手段,以实施对运行方式的调整或系统状态的紧急控制。

由于电力系统中包含大量含闭环控制的元件,运行状态随时间变化,可能经受大小不等的故障扰动,电力系统的运行问题是非常复杂的。按照所关注问题的不同,前面已经介绍了电力系统的稳态分析(功率分布与功率平衡分析)、电力系统的电磁暂态分析(短路电流分析),下面介绍另一类暂态过程——电力系统机电暂态过程,对应的工程问题是电力系统运行的功角稳定性。

10.1.1 电力系统暂态过程的特点

为了便于对电力系统运行问题开展有针对性的研究,通常将电力系统的运行状态划分为稳态和暂态两大类。

考虑到正常运行(非故障扰动)时,电力系统的运行状态几乎是连续变化的,考察的时间段越短,运行变量变化幅度越小,可以用某一较小时段上运行变量的平均值来替代这一时段变化的运行变量,于是这一时段上的运行变量就变成了常数,这就是电力系统稳态的由来。也就是由"微变的过程"到"点"的抽象。

在电力系统的故障阶段,由于故障的冲击和网络的切换,造成运行变量的大幅度甚至不连续变化,不能采用平均化的方式表达电力系统的运行特征。

电力系统运行的暂态过程是指由于故障冲击和网络切换带来的电力系统运行状态大幅度变化的过程。电力系统的暂态分析重在"过程"的特征。

电力系统的暂态过程大致可分三类——波过程、电磁暂态过程、机电暂态过程。

波过程主要与运行操作或雷击时的过电压有关,涉及电流、电压波的传播,这类过程的典型时间尺度是 μs 级。分析这类过程主要是防范瞬时过电压造成设备的损坏。

电力系统的电磁暂态过程主要涉及短路故障引起的同步发电机定转子电磁场相互作用的次暂态过程,基于磁链守恒原则的同步发电机绕组间电磁耦合决定了短路电流中不同分量的幅值及衰减规律，电磁暂态过程分析主要关注电压电流的变化过程。直流输电和可再生能源的发展带来大量电力电子装备接入电力系统，这类新元件的暂态特性也会影响电力系统的电磁暂态过程。电磁暂态过程的典型时间尺度是 ms 级。由于电磁暂态过程的时间尺度远小于同步发电机组转子的惯性时间常数，通常在电磁暂态过程分析中不考虑发电机转子角和转速的变化，即忽略机电暂态的影响。

电力系统的机电暂态过程主要涉及系统受到短路故障等严重冲击后，由于功率平衡被打破而引起发电机转速变化而带来的暂态过程。

短路故障和后续的网络操作（切除输电元件、重合闸等）会改变输电路径上的传输功率，破坏发电机的转矩平衡，引起发电机组转子角的变化，使转子转速偏离同步转速。发电机功率随着转子角的改变而变化，形成功率→转速→功角→功率的动态变化过程。

机电暂态过程的最终结果可以有两类：一类是电力系统经历暂态过程后恢复到故障前运行状态，或进入一个新的满足运行约束的运行状态，称之为系统稳定；另一类是发电机间的功角持续增大，发电机之间失去同步，称之为系统不稳定。系统失去稳定后，所有负荷失去供电，造成灾难性的后果。

10.1.2 一般动力学系统的稳定性概念和基本分析方法

对于由如下微分方程组描述的一般动力学系统

$$\begin{cases} \dfrac{\mathrm{d}\boldsymbol{x}(t)}{\mathrm{d}t} = \boldsymbol{f}(\boldsymbol{x}(t),\ t) \\ \boldsymbol{x}(t_0) = \boldsymbol{x}_0 \end{cases} \qquad \boldsymbol{f} \in \mathbf{R}^n \qquad (10\text{-}1)$$

解的稳定性是一个共性的问题。

李雅普诺夫（Lyapunov）于 1892 年发表了《关于运动稳定性的一般问题》的博士论文，提出了两种无需求解微分方程组来判断解的稳定性的方法，成为研究稳定性问题的经典文献。

1. 李雅普诺夫第一法：又称间接法

对于任何一个自治的非线性系统：

$$\begin{cases} \dfrac{\mathrm{d}\boldsymbol{x}(t)}{\mathrm{d}t} = \boldsymbol{f}(\boldsymbol{x}(t)) \\ \boldsymbol{x}(t_0) = \boldsymbol{x}_0 \end{cases} \qquad \boldsymbol{f} \in \mathbf{R}^n \qquad (10\text{-}2)$$

其中，$\boldsymbol{f}(\boldsymbol{x})$ 为 n 维非线性向量函数，$\boldsymbol{f}(\,\cdot\,)$ 对各状态变量 $\boldsymbol{x}$ 连续可微；$\boldsymbol{x}_e$ 是系统的一个平衡点，使得 $\dot{\boldsymbol{x}}_e = 0$。将 $\boldsymbol{f}(\boldsymbol{x})$ 在平衡点 $\boldsymbol{x}_e$ 的邻域展开成泰勒级数，得线性化微分方程

$$\Delta\dot{\boldsymbol{x}} = \boldsymbol{A}\cdot\Delta\boldsymbol{x} \qquad (10\text{-}3)$$

式中，$\boldsymbol{A}$ 为 $\boldsymbol{f}$ 在 $\boldsymbol{x}_e$ 点的雅可比矩阵，$\boldsymbol{A} = \dfrac{\partial \boldsymbol{f}}{\partial \boldsymbol{x}^{\mathrm{T}}}\bigg|_{\boldsymbol{x}=\boldsymbol{x}_e}$。

记 $\boldsymbol{A}$ 矩阵的特征值为 $\{\lambda_1,\ \lambda_2,\ \cdots,\ \lambda_n\}$，$\boldsymbol{A}$ 矩阵特征值的最大实部为 $\max\{\mathrm{Re}(\lambda_i(\boldsymbol{A}))\}$。

李雅普诺夫第一法给出了 $\boldsymbol{A}$ 矩阵特征值分布与平衡点稳定性之间的关系：

1）若 $\max\{\mathrm{Re}(\lambda_i(\boldsymbol{A}))\} < 0$，即 $\boldsymbol{A}$ 的所有特征值具有负实部，则非线性系统的平衡点 $\boldsymbol{x}_e$ 是渐近稳定的。

2）若 $\max\{\mathrm{Re}(\lambda_i(\boldsymbol{A}))\} > 0$，即 $\boldsymbol{A}$ 至少有一个正实部的特征值，则非线性系统的平衡点 $\boldsymbol{x}_e$ 是不稳定的。

3）若 $\max\{\mathrm{Re}(\lambda_i(\boldsymbol{A}))\} = 0$，即 $\boldsymbol{A}$ 的特征值最大实部为 0，则不能判定非线性系统平衡点 $\boldsymbol{x}_e$ 的稳定性。

值得注意的是，李雅普诺夫第一法是对非线性自治动力系统的平衡点做出的稳定性判断，其结论所刻画的仅仅是平衡点邻域的性质，这与式（10-3）线性化微分方程组的大范围稳定/不稳定性质有所不同。稳定的平衡态与不稳定的平衡态如图 10-3 所示。

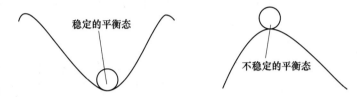

图 10-3　稳定的平衡态与不稳定的平衡态

李雅普诺夫第一法判断平衡点的稳定性，属于平衡点在其邻域内的固有属性，与扰动大小无关。但非线性系统的稳定性不仅取决于平衡点的固有属性，还与扰动的具体形态有关。李雅普诺夫第二法可以解决非线性系统的稳定分析问题。

2. 李雅普诺夫第二法

又称直接法，通过构造定号函数的性质判断非线性动力学系统的稳定性。

（1）定号函数

设 $V(\boldsymbol{x})$ 是向量 $\boldsymbol{x}$ 的标量函数，$V(\boldsymbol{x})$ 对所有 $\boldsymbol{x}$ 具有一阶连续偏导数，且在 $\boldsymbol{x} = 0$ 处 $V(\boldsymbol{0}) = 0$，对所有在定义域中的任何非零向量 $\boldsymbol{x}$，如果成立：

$V(\boldsymbol{x}) > 0$，则称 $V(\boldsymbol{x})$ 是正定的；

$V(\boldsymbol{x}) \geqslant 0$，则称 $V(\boldsymbol{x})$ 是半正定（非负定）的；

$V(\boldsymbol{x}) < 0$，则称 $V(\boldsymbol{x})$ 是负定的；

$V(\boldsymbol{x}) \leqslant 0$，则称 $V(\boldsymbol{x})$ 是半负定（非正定）的。

（2）$V(\boldsymbol{x})$ 的全导数 $\dot{V}(\boldsymbol{x}(t))$

标量函数 $V(\boldsymbol{x})$ 沿微分方程解轨线的全导数为

$$\dot{V}(\boldsymbol{x}(t)) = \frac{\mathrm{d}V(\boldsymbol{x}(t))}{\mathrm{d}t}$$

$$= \frac{\partial V}{\partial \boldsymbol{x}_1}\frac{\mathrm{d}\boldsymbol{x}_1}{\mathrm{d}t} + \frac{\partial V}{\partial \boldsymbol{x}_2}\frac{\mathrm{d}\boldsymbol{x}_2}{\mathrm{d}t} + \cdots + \frac{\partial V}{\partial \boldsymbol{x}_n}\frac{\mathrm{d}\boldsymbol{x}_n}{\mathrm{d}t}$$

$$= \sum_{k=1}^{n} \frac{\partial V(\boldsymbol{x})}{\partial \boldsymbol{x}_k}f_k(\boldsymbol{x})$$

标量函数 $V(\boldsymbol{x})$ 的全导数 $\dot{V}(\boldsymbol{x}(t))$ 反映了 $V(\boldsymbol{x})$ 沿着微分的方程解轨线 $\boldsymbol{x}(t)$ 是如何变化的。若 $\dot{V}(\boldsymbol{x}(t))$ 是负定的，表明 $V(\boldsymbol{x})$ 的值沿着解轨线 $\boldsymbol{x}(t)$ 是持续降低的。

对于如式（10-2）的自治非线性动力学系统，平衡状态 $\boldsymbol{x}_e$ 满足 $f(\boldsymbol{x}_e) = 0$。

1）若标量函数 $V(\boldsymbol{x})$ 满足：$V(\boldsymbol{x})$ 为正定，$\dot{V}(\boldsymbol{x})$ 为负定，则系统的平衡状态 $\boldsymbol{x}_e$ 是渐进稳

定的。

2）如果 $V(x)$ 满足：$V(x)$ 为正定，$\dot{V}(x)$ 为正定，则系统的平衡状态 x_e 是不稳定的。

3）如果 $V(x)$ 满足：$V(x)$ 为正定，$\dot{V}(x)$ 为半负定，且沿着式（10-2）的轨迹 $x(t)$ 有 $\dot{V}(x)$ 不恒为零，系统的平衡状态 x_e 是渐进稳定的。

讨论：当函数 $V(x)$ 正定时，$V(x)=c$ 是包围平衡点的闭曲线族，且随 c 的减小而缩向平衡点。当全导数 $\dot{V}(x)$ 半负定时，在 $t=t_0$ 时过 x_0 的轨迹 $x(t)$ 上，$V(x(t))$ 的值不会增加，微分方程的轨迹只能停留在闭曲面 $V(x) = V(x_0)$ 内，所以 x_e 是稳定的。若满足条件 3，则 x_e 是渐进稳定的。

（3）稳定域

直接法除了判定平衡点的稳定性，还可以给出平衡点的稳定域，即式（10-2）的初值在偏离 x_e 多大范围内平衡点仍是稳定的，这一点对非线性系统的稳定分析至关重要。

在平衡点 x_e 的周边，当 x_0 偏离 x_e 越远，对应于 $V(x)=c$ 闭曲面族中 c 值更大的闭曲面，而当 x_0 达到最近的不稳定平衡点 x_{uep} 时，$\dot{V}(x)$ 的负定条件被破坏。因此，由闭曲面 $V(x) = V(x_{uep})$ 围成的区域就是 x_e 的稳定域，将 $V(x_{uep})$ 记为 V 的临界值 V_{cr}，则稳定域可表示为所有满足 $V(x_0) < V_{cr}$ 的 x_0 构成的区域。

李雅普诺夫第二法不仅给出了平衡点稳定性的判据，还可以给出平衡点周围的稳定域。说明对于非线性动力学系统，在平衡点上施加扰动后的系统是否稳定，既与平衡点的稳定性有关，又与扰动大小有关。

10.1.3　电力系统稳定性分类

由于电力系统运行的复杂性，电力系统稳定性是一类很广泛的问题。对稳定问题进行分类，既是一个历史的过程，也要根据电力系统的发展变化不断更新和完善。

有多种对电力系统稳定问题分类的方法，有的基于数学模型的特征（线性系统、非线性系统），有的基于工程问题中关注的变量（功角稳定、频率稳定、电压稳定），有的基于不同的时间尺度（第一摆稳定、多摆稳定、中长期稳定），有的基于失稳现象（低频振荡、次同步谐振、次同步振荡）。更具体的稳定问题可能是上述不同类型的组合。

在电力系统运行实践中，如何考核电力系统的稳定性？按什么标准来考核？关系到电力系统的规划、建设、运行多个方面，也是各方责任划分，甚至事故追责的依据。电力系统关于稳定性的规范性技术文件是《电力系统安全稳定导则》（以下简称《导则》），最初版本的《导则》制定于 20 世纪 80 年代，那时我国电网还很薄弱，失去稳定的事故多发，影响了对用户的可靠供电。初版《导则》的制定和实施，从规划建设到运行管理多方施策，为改善电力系统的运行稳定性发挥了十分重要的作用。

新修订的《电力系统安全稳定导则》（GB 38755—2019）已于 2020 年颁布实施。《导则》中的稳定性分类如图 10-4 所示，基本划分为功角稳定、频率稳定和电压稳定 3 大类以及若干子类。

本书主要介绍功角稳定性的问题和分析方法。功角稳定性即同步互联电力系统中的所有同步发电机在经受大/小扰动后是否具有将发电机间功角差维持在有限范围，即保持同步运行能力的问题。

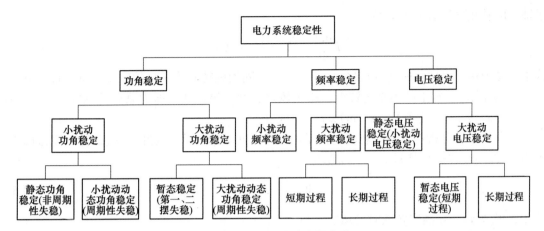

图 10-4　电力系统稳定性分类

根据考虑的扰动大小，功角稳定性又可以大致分为静态稳定、动态稳定、暂态稳定。

1）电力系统运行状态的静态稳定性：是指电力系统的某一运行点 x_0 在受到小扰动后，最终恢复到 x_0 运行的能力。这类稳定问题采用李雅普诺夫第一法来分析，主要关注在 x_0 点线性化的 A 矩阵的特征根分布。运行点 x_0 的稳定性只与电力系统运行状态和结构参数有关，与扰动的大小无关。

2）电力系统运行状态的动态稳定性：是指电力系统的某一运行点 x_0 受到小扰动或大扰动后，在自动调节和控制装置的作用下，保持长过程运行稳定性的能力。

3）电力系统运行状态经历大扰动后的暂态稳定性：是指电力系统的某个运行点 x_0 突然经受大的扰动经历机电暂态过程后，系统能否回到原始运行点 x_0（当故障后系统拓扑结构恢复至故障前结构时），或达到一个新的满足运行约束的运行状态（故障后系统拓扑结构有别于故障前结构时）。在大扰动情形下，发电机的功角在大范围变化，功角特性的非线性不可忽略；考虑到短路故障的发生、切除、重合闸等切换操作，在忽略电磁暂态过程的假设下，网络方程经历切换，因此在暂态稳定分析中，电力系统模型是多段切换的非线性代数-微分方程组。对于最后一次切换后的故障后系统，在一定的简化条件下可以转化为自治的微分方程组，并采用李雅普诺夫第二法来分析。暂态稳定性是关于运行点和故障扰动两因素共同作用结果的判断。换言之，暂态稳定性首先是与运行点有关的，并且是与故障相关的，既与故障位置、故障类型、故障持续时间有关，也与故障过程中的网络操作有关。

10.2　同步发电机组的机电特性

由上述分析可知，电力系统功角稳定性关注的重点在于同步发电机间能否维持同步运行，而影响同步发电机间能否同步运行的关键则在于各同步发电机组转子的转速能否恢复同步转速。因此，为了实现对电力系统功角稳定性的计算和分析，需建立用于描述同步发电机组机械转动特性的数学模型。

10.2.1　同步发电机组转子运动方程

根据动力学原理，略去风阻、摩擦等损耗，同步发电机组转子的机械角速度与作用在转子轴上的转矩之间有如下关系：

$$J \frac{\mathrm{d}\Omega}{\mathrm{d}t} = M_{\mathrm{T}} - M_{\mathrm{E}} = \Delta M \tag{10-4}$$

式中，Ω 为转子机械角速度（rad/s）；J 为与转子同轴旋转的质量块的转动惯量（kg·m²）；ΔM 为作用在转子轴上的不平衡转矩（略去风阻、摩擦等损耗，即为原动机机械转矩 M_{T} 和发电机电磁转矩 M_{E} 之差）（N·m）；t 为时间（s）。

在电力系统分析中，通常将转动惯量用惯性时间常数表示。为此，注意当转子以额定转速 Ω_0（即同步转速）旋转时，其动能为

$$W_{\mathrm{K}} = \frac{1}{2} J \Omega_0^2 \tag{10-5}$$

式中，W_{K} 为转子在额定转速时的动能（J）。

因而可得 $J = 2W_{\mathrm{K}}/\Omega_0^2$，代入式（10-4）得

$$\frac{2W_{\mathrm{K}}}{\Omega_0^2} \frac{\mathrm{d}\Omega}{\mathrm{d}t} = \Delta M \tag{10-6}$$

如果转矩采用标幺值，将式（10-6）两端同除以转矩基准值 M_{B}（即功率基准值除以同步转速 S_{B}/Ω_0），则得

$$\frac{\dfrac{2W_{\mathrm{K}}}{\Omega_0^2}}{\dfrac{S_{\mathrm{B}}}{\Omega_0}} \cdot \frac{\mathrm{d}\Omega}{\mathrm{d}t} = \frac{2W_{\mathrm{K}}}{S_{\mathrm{B}}\Omega_0} \cdot \frac{\mathrm{d}\Omega}{\mathrm{d}t} = \Delta M_* \tag{10-7}$$

式中，S_{B} 为功率基准（VA，即 N·m/s）。

由于电角速度和机械角速度存在下列关系：

$$\Omega = \frac{\omega}{p}; \quad \Omega_0 = \frac{\omega_0}{p}$$

式中，p 为同步发电机转子绕组的极对数。当 ω_0 为同步电角速度时，式（10-7）可改写为

$$\frac{2W_{\mathrm{K}}}{S_{\mathrm{B}}\omega_0} \cdot \frac{\mathrm{d}\omega}{\mathrm{d}t} = \frac{T_{\mathrm{J}}}{\omega_0} \cdot \frac{\mathrm{d}\omega}{\mathrm{d}t} = \Delta M_* \tag{10-8}$$

其中

$$T_{\mathrm{J}} = \frac{2W_{\mathrm{K}}}{S_{\mathrm{B}}}$$

式中，T_{J} 为发电机组的惯性时间常数（s）。注意：此时间常数的大小与基准容量有关，当无特殊说明时，均以发电机本身的额定容量为功率基准值。

在标幺制下，由于系统基准容量唯一，因此，发电机的惯性时间常数必须进行容量折算。顺便指出，在英美的书籍中多采用 $H = T_{\mathrm{J}}/2$，则相应地，式（10-8）中惯性时间常数 T_{J} 也用 $2H$ 替代。

发电机组的惯性时间常数的物理意义可解释如下：

式（10-8）可改写为

$$T_{\mathrm{J}} \cdot \frac{\mathrm{d}\Omega_*}{\mathrm{d}t} = \Delta M_*$$

其中 $\Omega_* = \Omega / \Omega_0$。由此式可得

$$dt = T_J \frac{d\Omega_*}{\Delta M_*}$$

令 $\Delta M_* = 1$，并将上式从 $\Omega_* = 0$ 到 $\Omega_* = 1$ 进行积分，则

$$t = \int_0^1 \frac{T_J}{\Delta M_*} d\Omega_* = T_J \int_0^1 d\Omega_* = T_J \tag{10-9}$$

式（10-9）说明，T_J 为在发电机组转子上加额定净转矩后，转子从静止状态（$\Omega_* = 0$）匀加速到额定转速（$\Omega_* = 1$）所经过的时间。

顺便指出，通常电机制造厂提供的发电机组的数据是飞轮矩（或称回转力矩），它和惯性时间常数之间的关系为

$$T_J = \frac{J\Omega_0^2}{S_B} = \frac{GD^2}{4} \frac{\Omega_0^2}{S_B} = \frac{GD^2}{4 S_B} \left(\frac{2\pi n}{60}\right)^2 = \frac{2.74 GD^2}{1000 S_B} n^2 \tag{10-10}$$

式中，GD^2 为发电机组的飞轮矩（$t \cdot m^2$）；S_B 为发电机的额定容量（kVA）；n 为发电机组的额定机械转速（r/min）。

式（10-8）是转子运动方程式（10-7）的变形，它还可以用电角度来表示，在图 10-5 中，发电机的 q 轴以 ω 电角度旋转（即发电机的电动势相量以 ω 旋转），参考相量 $\dot{U}$ 以同步电角速度 ω_0 旋转，它们之间的夹角为 δ。当 $\omega \neq \omega_0$ 时，δ 不断变化，是时间的函数，有

$$\begin{cases} \dfrac{d\delta}{dt} = \omega - \omega_0 \\[2mm] \dfrac{d^2\delta}{dt^2} = \dfrac{d\omega}{dt} \end{cases} \tag{10-11}$$

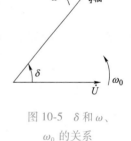

图 10-5 δ 和 ω、ω_0 的关系

将式（10-11）代入式（10-8）可得

$$\frac{T_J}{\omega_0} \cdot \frac{d^2\delta}{dt^2} = \Delta M_* \tag{10-12}$$

如果考虑到发电机组的惯性较大，一般机械角速度 Ω 的变化不是太大，故可以近似地认为转矩的标幺值等于功率的标幺值，即

$$\Delta M_* = \frac{\Delta M}{S_B / \Omega_0} = \frac{\Delta M \Omega_0}{S_B} \approx \frac{\Delta M \Omega}{S_B} = \frac{\Delta P}{S_B} = P_{T*} - P_{E*}$$

式中，P_{T*} 和 P_{E*} 分别为发电机的机械功率和电磁功率的标幺值。

为了书写简便，以后略去标幺制下标 " $*$ "，则式（10-12）可以演变为

$$\frac{T_J}{\omega_0} \cdot \frac{d^2\delta}{dt^2} = P_T - P_E \tag{10-13}$$

式（10-13）还可以写为状态方程式

$$\begin{cases} \dfrac{d\delta}{dt} = \omega - \omega_0 \\[2mm] \dfrac{d\omega}{dt} = \dfrac{\omega_0}{T_J}(P_T - P_E) \end{cases} \tag{10-14}$$

若将 ω 表示为标幺值，即用 $\omega_* = \omega/\omega_0$，式（10-14）还可以改写为

$$\begin{cases} \dfrac{d\delta}{dt} = (\omega_* - 1)\omega_0 \\ \dfrac{d\omega_*}{dt} = \dfrac{1}{T_J}(P_T - P_E) \end{cases}$$

再略去下标"$*$"，可得

$$\begin{cases} \dfrac{d\delta}{dt} = (\omega - 1)\omega_0 \\ \dfrac{d\omega}{dt} = \dfrac{1}{T_J}(P_T - P_E) \end{cases} \tag{10-15}$$

式中，t、T_J 单位为 s，δ 单位为 rad，ω_0 单位为 rad/s，其余均为标幺值。

转子运动方程表明了发电机转子的角速度、角位移与转子上不平衡转矩或功率的关系。在稳态运行时，机械转矩或功率与发电机的电磁转矩或输出的电磁功率相等；在暂态过程中，机械转矩或功率受调速器的控制而变化，电磁功率也随时间变化。

在近似分析较短时间内的暂态过程时，可以假设调速器不起作用，汽轮机的汽门或水轮机的导向叶片的开度不变，即机械转矩或功率不变。

10.2.2 同步发电机的电磁转矩和电磁功率

在建立了同步发电机组转子运动方程之后，仍需给出同步发电机电磁转矩或电磁功率的计算公式才能进行计算。而对发电机转子运动方程右侧函数中的电磁功率的描述和计算，是电力系统分析计算中最为复杂和困难的任务。为了便于对主要问题进行分析，本节将对同步发电机做一定假设并对其电磁暂态过程做近似简化，然后根据不同情况，对同步发电机的电磁功率由简到繁逐步加以讨论。

同步发电机假设前提如下：略去发电机定子绕组电阻；设机组转速接近同步转速，$\omega \approx 1$；不计定子绕组中的电磁暂态过程；发电机的某个电动势恒定，例如空载电动势或暂态电动势为恒定。

1. 同步发电机的电磁暂态过程近似简化

同样，在分析稳定问题时，对发电机的电磁暂态过程做某些近似简化。这种简化主要包含下列两个方面：

1）只计及发电机定子电流中正序基频交流分量产生的电磁转矩。

发电机的定子电流中含有直流分量和倍频分量，这些分量产生的转矩是交变的，对于转子运动没有净贡献。在机电暂态过程的分析中，忽略电磁暂态，即同步发电机基本方程中定子回路的两个方程中，$p\psi_d = p\psi_q = 0$。因此，可用发电机的等效电动势和阻抗计算定子的正序基频的电流，以决定其电磁功率（或称同步功率）。

2）对发电机励磁系统暂态过程做不同简化，发电机等效电动势取值不同。

发电机转子上的励磁绕组是一个实体绕组，而阻尼绕组是对阻尼条或涡流效应的等效阻尼绕组。根据对分析结果准确度的影响和要求，发电机的数学模型可以采用忽略或计及阻尼绕组的模型。励磁绕组中的电源电压通过励磁调节器控制，从而可以调节励磁电流，进而调节发电机的空载电动势、暂态电动势和次暂态电动势。

若假设励磁电流为常数，则发电机空载电动势为常数。若不计阻尼绕组，则暂态电动势在干扰瞬间是不变的。若认为自动调节励磁装置能补偿暂态电动势的衰减，则可用恒定暂态电动势作为发电机的等效电动势。

以下为在上述机电暂态分析的近似条件下建立发电机在不同转子绕组模型下的电磁功率表达式。

发电机转子运动方程右侧函数涉及发电机的机械功率和电磁功率。机械功率 P_T 由原动机及其调速系统决定，为简化分析，忽略调速系统的作用而认为机械功率为稳态值。这里介绍发电机电磁功率 P_E。

发电机定子绕组的三相瞬时输出功率为

$$P_0 = u_a i_a + u_b i_b + u_c i_c$$

这个功率既与发电机的运行状态有关，也与发电机的外电路（负荷或者说与电力网络）有关。对上式采用派克变换，即用 $dq0$ 坐标系的物理量表示，则为

$$P_0 = u_d i_d + u_q i_q + 2u_0 i_0$$

由发电机定子绕组电压方程式（9-16）可知，消去电压变量，得

$$P_0 = (-i_d r + \dot{\psi}_d - \omega \psi_q) i_d + (-i_q r + \dot{\psi}_q + \omega \psi_d) i_q + 2(-i_0 r + \dot{\psi}_0) i_0$$

整理可得

$$\omega(\psi_d i_q - \psi_q i_d) = P_0 + r(i_d^2 + i_q^2 + 2 i_0^2) - (\dot{\psi}_d i_d + \dot{\psi}_q i_q + 2 \dot{\psi}_0 i_0)$$

注意，上式左边与发电机转子的转速成正比。

$$P_E = \omega(\psi_d i_q - \psi_q i_d) = P_0 + r(i_d^2 + i_q^2 + 2 i_0^2) - (\dot{\psi}_d i_d + \dot{\psi}_q i_q + 2 \dot{\psi}_0 i_0)$$

因为不计定子绕组的暂态过程，且略去发电机定子绕组电阻，所以，发电机的电磁转矩为

$$M_E = i_q \psi_d - i_d \psi_q \tag{10-16}$$

2. 简单系统中发电机的电磁功率表达式

在稳态条件下，由于不计定子回路的电阻，发电机的电磁功率等于发电机的输出功率，即

$$P_E = U_d I_d + U_q I_q \tag{10-17}$$

现以一个同步发电机通过一台升压变压器、一条输电线路接入无穷大系统的简单系统（忽略各元件的电阻及线路导纳）为例，分析发电机的电磁功率。为简化分析，忽略定子绕组回路的电阻。

（1）隐极同步发电机的功角特性

1）以空载电动势和同步电抗表示的发电机功角特性。在暂态过程中，进一步忽略转子回路的电磁暂态过程，则励磁电流为常数，因而空载电动势也为常数。这时只有发电机的功角是随时间变化的。其他电气量相当于稳态运行。由隐极同步发电机的相量图（见图 10-6）可以导出发电机以空载电动势和同步电抗表示的功率方程。

由图 10-6 可得

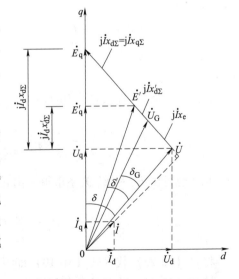

图 10-6　隐极同步发电机相量图

$$\begin{cases} E_q = U_q + I_d\, x_{d\Sigma} \\ 0 = U_d - I_q\, x_{d\Sigma} \end{cases} \tag{10-18}$$

式中，$x_{d\Sigma}$ 为从发电机机端到无穷大节点的等效电抗，$x_{d\Sigma} = x_d + x_e$，$x_e = x_T + x_L$。将式（10-18）代入有功功率的表达式，可得以 E_q 为电动势的功率表达式为

$$P_{E_q} = \left(\frac{E_q - U_q}{x_{d\Sigma}}\right) U_d + \frac{U_d}{x_{d\Sigma}} U_q = \frac{E_q U_d}{x_{d\Sigma}} = \frac{E_q U}{x_{d\Sigma}} \sin\delta \tag{10-19}$$

在式（10-19）中，无穷大容量系统的母线电压 U 为常数。由于忽略转子回路的暂态过程，E_q 也为常数。这样，发电机发出的电磁功率仅是 δ 的函数。δ 是空载电动势 $\dot{E}_q$（即 q 轴）对于无穷大节点电压 $\dot{U}$ 的相对角，即功角。在采用这种模型进行机电暂态分析时，$\dot{U}$ 是恒以同步角速度 ω_0 旋转的相量，而 q 轴的旋转速度是转子旋转的速度 ω。这样，由转子运动方程［式（10-15）］和电磁功率表达式［式（10-19）］即构成了系统的机电暂态过程数学模型，不难理解，在暂态过程中，δ 和 ω 都是时间的函数，因此，发电机的电磁功率也是随时间变化的。

图 10-7 所示为简单系统中的隐极发电机有功功率和功角的关系曲线，可知 P_{E_q} 与功角之间的关系是非线性的，因此转子运动方程是一组非线性微分方程。该曲线为一正弦曲线，其最大值出现在功角为 $90°$ 处，$E_q U / x_{d\Sigma}$ 是发电机电磁功率极限。注意：极限值与发电机空载电动势、无穷大节点电压 U 和定子回路等效电抗有关。

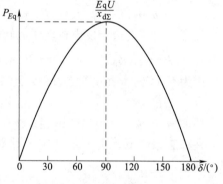

图 10-7 E_q 为常数时隐极机的有功功率的功角特性

2）以暂态电动势和暂态电抗表示的发电机电磁功率。由图 10-6 可见，此时电动势、电压和电流的关系为

$$\begin{cases} E'_q = U_q + I_d\, x'_{d\Sigma} \\ 0 = U_d - I_q\, x_{d\Sigma} \end{cases} \tag{10-20}$$

式中，$x'_{d\Sigma} = x'_d + x_e$。

将式（10-20）代入式（10-17），可得

$$P_{E'_q} = \left(\frac{E'_q - U_q}{x'_{d\Sigma}}\right) U_d + \frac{U_d}{x_{d\Sigma}} U_q = \frac{E'_q U}{x'_{d\Sigma}} \sin\delta - \frac{U^2}{2} \frac{x_{d\Sigma} - x'_{d\Sigma}}{x_{d\Sigma}\, x'_{d\Sigma}} \sin2\delta \tag{10-21}$$

此式也可由 E_q 和 E'_q 关系求得。由式（10-18）和式（10-20）中第一式消去 I_d 得

$$E_q = \frac{x_{d\Sigma}}{x'_{d\Sigma}} E'_q - \frac{x_{d\Sigma} - x'_{d\Sigma}}{x'_{d\Sigma}} U\cos\delta \tag{10-22}$$

将式（10-22）代入式（10-19）即得式（10-21）。

按式（10-21）绘制的功角特性如图 10-8 所示。由于暂态电抗和同步电抗不相等，出现

了一个按两倍功角正弦变化的功率分量，称为暂态磁阻功率。由于它的存在，与用空载电动势表示的功角特性曲线相比，特性曲线发生了畸变，使功率极限有所增加，并且极限值出现在功角大于90°处。

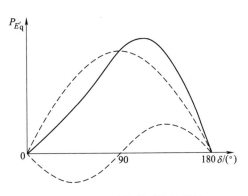

图 10-8　E'_q 为常数时隐极机的有功功率的功角特性

由式（10-20）可见，计算暂态电动势 E'_q 必须将机端电压和定子电流投影到 q、d 轴上，比较烦琐。在近似工程计算中，还可采取进一步简化，即用 x'_d 后的电动势 E' 代替 E'_q，这时可推得

$$P_{E'} = \frac{UE'}{x'_{d\Sigma}}\sin\delta' \qquad (10\text{-}23)$$

式中，δ' 为 E' 和 U 之间的夹角。由图 10-6 可得

$$\delta' = \delta - \arcsin\frac{I_q(x_{d\Sigma} - x'_{d\Sigma})}{E'} = \delta - \arcsin\left[\frac{U}{E'}\left(1 - \frac{x'_{d\Sigma}}{x_{d\Sigma}}\right)\sin\delta\right] \qquad (10\text{-}24)$$

在近似计算中，往往以 δ' 代替 δ。

3）以发电机端电压 U_G 表示的发电机电磁功率。由图 10-6 可直接写出发电机的功率为

$$P_{U_G} = \frac{U_G U}{x_e}\sin\delta_G \qquad (10\text{-}25)$$

类似地，可得

$$\delta_G = \delta - \arcsin\left[\frac{U}{U_G}\left(1 - \frac{x_e}{x_{d\Sigma}}\right)\sin\delta\right] \qquad (10\text{-}26)$$

（2）凸极式发电机的功角特性

图 10-9 所示为一凸极发电机的相量图，由此图可导出以不同电动势和电抗表示的凸极发电机的功角关系式。

1）以空载电动势和同步电抗表示发电机。由图 10-9 可见

$$\begin{cases} E_q = U_q + I_d x_{d\Sigma} \\ 0 = U_d - I_q x_{q\Sigma} \end{cases} \qquad (10\text{-}27)$$

式中，$x_{q\Sigma} = x_q + x_e$，代入式（10-17）得

$$P_{E_q} = \left(\frac{E_q - U_q}{x_{d\Sigma}}\right)U_d + \frac{U_d}{x_{q\Sigma}}U_q = \frac{E_q U}{x_{d\Sigma}}\sin\delta + \frac{U^2}{2}\frac{x_{d\Sigma} - x_{q\Sigma}}{x_{d\Sigma}\,x_{q\Sigma}}\sin2\delta \qquad (10\text{-}28)$$

按式（10-28）绘制的功角特性曲线如图 10-10 所示。由于凸极发电机直轴和交轴的磁阻不等，即直轴和交轴同步电抗不相等，功率中出现了一个按两倍功角的正弦变化的分量，即磁阻功率。它使功角特性曲线畸变，功率极限略有增加，并且极限值出现在功角小于90°处。

2）以暂态电动势和暂态电抗表示发电机。由图 10-9 得

$$\begin{cases} E'_q = U_q + I_d x'_{d\Sigma} \\ 0 = U_d - I_q x_{q\Sigma} \end{cases} \qquad (10\text{-}29)$$

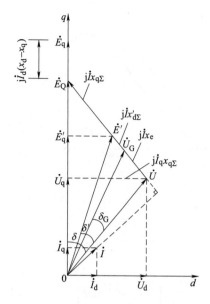

图 10-9 凸极发电机的相量图

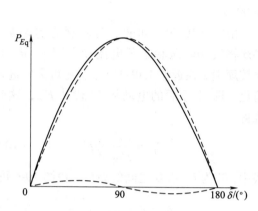

图 10-10 E_q 为常数时凸极机的
有功功率的功角特性

可参照式（10-21），以 $x_{q\Sigma}$ 代替 $x_{d\Sigma}$ ，得

$$P_{E_q'} = \frac{E_q'U}{x_{d\Sigma}'}\sin\delta - \frac{U^2}{2}\frac{x_{q\Sigma} - x_{d\Sigma}'}{x_{q\Sigma} \, x_{d\Sigma}'}\sin2\delta \qquad (10\text{-}30)$$

式（10-30）同样可由式（10-22）代入式（10-28）而得。式（10-30）的功角特性曲线
与图 10-8 类似。由于凸极机的 x_q 往往小于隐极机的 x_d ，故其暂态磁阻功率往往小于隐极机
的相应分量。

同样，用暂态电动势 E_q' 表示凸极机也是不方便的，进一步简化可以用 E' 代替 E_q' ，则
有功功率的表达式与式（10-23）相同。

3）发电机端电压为常数的功率表达式与式（10-25）相同，只是计算 δ_G 的式（10-26）
中的 $x_{d\Sigma}$ 应换成 $x_{q\Sigma}$ 。

【例 10-1】 图 10-11a 所示的简单系统中各元件参数如下：

发电机 G：$P_N = 300\text{MW}$，$U_N = 18\text{kV}$，$\cos\varphi_N = 0.85$，$x_d = x_q = 2.42$，$x_d' = 0.34$；

变压器 T1：$S_N = 360\text{MVA}$，18/242，$U_k\% = 14$；

变压器 T2：$S_N = 360\text{MVA}$，220/121，$U_k\% = 14$；

输电线路 L：$U_N = 220\text{kV}$，$l = 200\text{km}$，$x_1 = 0.41\Omega/\text{km}$；

运行情况：无穷大系统母线吸收功率为 $P_0 = 250\text{MW}$，$\cos\varphi_0 = 0.98$（滞后）；无穷大系
统母线电压 $U = 115\text{kV}$。

试计算当发电机分别保持 E_q、E_q'、E' 以及 U_G 为常数时的功角特性。

解 （1）各元件电抗标幺值。取 $S_B = 250\text{MVA}$，$U_{B(110)} = 115\text{kV}$，则

$$U_{B(220)} = 115\text{kV} \times \frac{220}{121} = 209\text{kV}$$

$$x_d = 2.42 \times \frac{250 \times 0.85}{300} \times \left(\frac{242}{209}\right)^2 = 2.298$$

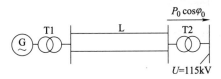
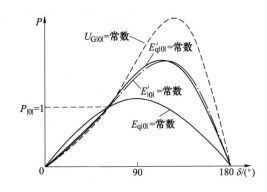

a) 系统图　　　　　　　　　　　　　　　　　b) 功角特性曲线

图 10-11　例 10-1 系统图和功角特性曲线

$$x'_d = 0.34 \times \frac{250 \times 0.85}{300} \times \left(\frac{242}{209}\right)^2 = 0.323$$

$$x_{T1} = 0.14 \times \frac{250}{360} \times \left(\frac{242}{209}\right)^2 = 0.130$$

$$x_{T2} = 0.14 \times \frac{250}{360} \times \left(\frac{220}{209}\right)^2 = 0.108$$

$$x_L = 0.5 \times 200 \times 0.41 \times \frac{250}{209^2} = 0.235$$

系统综合阻抗为

$$x_e = x_{T1} + x_{T2} + x_L = 0.130 + 0.108 + 0.235 = 0.473$$

$$x_{d\Sigma} = x_{q\Sigma} = 2.298 + 0.473 = 2.771$$

$$x'_{d\Sigma} = x'_d + x_e = 0.323 + 0.473 = 0.796$$

（2）正常运行时的机端电压 $U_{G|0|}$、近似暂态电动势 $E'_{|0|}$、空载电动势 $E_{q|0|}$、暂态电动势 $E'_{q|0|}$ 为

$$P_0 = \frac{250}{250} = 1,\ Q_0 = P_0 \frac{\sqrt{1 - \cos\varphi_0^2}}{\cos\varphi_0} = 1 \times \frac{\sqrt{1 - 0.98^2}}{0.98} = 0.2,\ U = \frac{115}{115} = 1$$

$$U_{G|0|} = \sqrt{\left(U + \frac{Q_0 x_e}{U}\right)^2 + \left(\frac{P_0 x_e}{U}\right)^2} = \sqrt{(1 + 0.2 \times 0.473)^2 + 0.473^2} = 1.192$$

$$E'_{|0|} = \sqrt{(1 + 0.2 \times 0.796)^2 + 0.796^2} = 1.406$$

$$E_{q|0|} = \sqrt{(1 + 0.2 \times 2.771)^2 + 2.771^2} = 3.177$$

$$\delta_{|0|} = \arctan \frac{2.771}{1 + 0.2 \times 2.771} = 60.71°$$

$$E'_{q|0|} = U_{q|0|} + I_{d|0|}x'_{d\Sigma} = U_{q|0|} + \frac{E_{q|0|} - U_{q|0|}}{x_{d\Sigma}}x'_{d\Sigma}$$

$$= 1 \times \cos 60.71° + \frac{3.177 - \cos 60.71°}{2.771} \times 0.796 = 1.26$$

（3）各电动势、电压分别保持常数时发电机电磁功率特性，有

$$P_{E_q} = \frac{E_{q|0|}U}{x_{d\Sigma}}\sin\delta = \frac{3.177}{2.771}\sin\delta = 1.15\sin\delta$$

$$P'_{E_q} = \frac{E'_{q|0|}U}{x'_{d\Sigma}}\sin\delta - \frac{U^2 x_{d\Sigma} - x'_{d\Sigma}}{2x_{d\Sigma}x'_{d\Sigma}}\sin2\delta$$

$$= 1.58\sin\delta - 0.448\sin2\delta$$

$$P_{E'} = \frac{E'_{|0|}U}{x'_{d\Sigma}}\sin\delta' = 1.77\sin\delta'$$

$$= 1.77\sin\left\{\delta - \arcsin\left[\frac{1}{1.406}\left(1 - \frac{0.796}{2.771}\right)\sin\delta\right]\right\}$$

$$= 1.77\sin[\delta - \arcsin(0.507\sin\delta)]$$

$$P_{U_G} = \frac{U_{G|0|}U}{x_e}\sin\delta_G = 2.52\sin\delta_G$$

$$= 2.52\sin\left\{\delta - \arcsin\left[\frac{1}{1.192}\left(1 - \frac{0.473}{2.771}\right)\sin\delta\right]\right\}$$

$$= 2.52\sin[\delta - \arcsin(0.696\sin\delta)]$$

（4）各功率特性的最大值及其对应的功角。

1）$E_{q|0|}$ 保持不变。当 $\delta = 90°$ 时功率最大，即

$$P_{E_qM} = 1.15$$

2）$E'_{q|0|}$ 保持不变。最大功率时

$$\frac{dP'_{E_q}}{d\delta} = 1.58\cos\delta - 2 \times 0.448\cos2\delta = 0$$

$$\delta = 113.11°$$

$$P_{E'_qM} = 1.58\sin113.11° - 0.448\sin(2 \times 113.11°) = 1.7767$$

3）$E'_{|0|}$ 保持不变。最大功率时 $\delta' = 90°$，则有

$$90° = \delta - \arcsin(0.507\sin\delta)$$

$$\delta = 116.89°$$

$$P_{E'_qM} = 1.77$$

由此可见，$E'_{|0|}$ 保持不变与 $E'_{q|0|}$ 保持不变的功角特性很接近。

4）$U_{G|0|}$ 保持不变。最大功率时 $\delta_G = 90°$，则有

$$90° = \delta - \arcsin(0.696\sin\delta)$$

$$\delta = 124.84°$$

$$P_{U_GM} = 2.52$$

图 10-11b 画出了以上四条功角特性曲线，其中 $E'_{q|0|}$ 为常数时的功率极限值大于 $E_{q|0|}$ 为常数时的功率极限值，$U_{G|0|}$ 为常数时的功率极限值又大于 $E'_{q|0|}$ 为常数时的值。必须注意，这一现象并非此例题特有。观察图 10-6 可知，若 E_q 为常数，当 δ 增大时，E'、E'_q 以及 U_G 等均会减小。或者由式（10-22）可得

$$dE'_q/d\delta = -\left(\frac{x_{d\Sigma} - x'_{d\Sigma}}{x_{d\Sigma}}\right)U\sin\delta$$

说明当 E_q 为常数，δ 在 $[0, 90°]$ 时，E'_q 随着 δ 的增加而减小。因而，δ 增大时要维持 E'_q 或 U_G 不变，只能增大 E_q 即增加励磁。图 10-12 所示为 E'_q 为常数的功角特性曲线，其中 a 为正常运行点，功角为 δ_a，空载电动势为 $E_{q|0|}$，暂态电动势为 $E'_{q|0|}$。当 δ_a 增加至 δ_b 时，为保持 $E'_{q|0|}$ 不变，空载电动势必须由 $E_{q|0|}$ 增加至 E_{q1}，则在 $E_q = E_{q1}$ 的功角特性曲线上对应 δ_b 的点 b 就是 E'_q 为常数的功角特性曲线上的又一点。不难看出，E'_q 为常数的功角特性曲线高于 E_q 为常数的功角特性曲线，而且其功率极限对应的角度大于 $90°$。由此不难推论，U_G 为常数的功角特性曲线又高于 E'_q 为常数的功角特性曲线。实际上，由 E_q、E' 和 U_G 与系统间的联系电抗满足 $x_{d\Sigma} > x'_{d\Sigma} > x_e$，也可以解释它们对应的功率极限由小到大。

3. 多机系统中的发电机电磁功率表达式

电力系统中通常有多台发电机通过电力网络连接而并列运行。电力网络中的功率分布取决于各发电机的功角。这里只介绍将发电机以一等效电抗和该电抗后的电动势（例如 x'_d 和 $\dot{E}'$）描述时发电机电磁功率的表达式。

（1）多机系统的发电机电磁功率

设电力网络有 N 个节点，其中 G 个节点上接有发电机，则在 G 个节点上应接入各发电机的等效电抗和电动势。

对于系统正常运行时，节点 D 的有功负荷、无功负荷和电压幅值分别为 P_D、Q_D 和 U_D，则节点上的恒定导纳即为

$$y_D = \frac{1}{U_D^2}(P_D - jQ_D) \tag{10-31}$$

接入发电机和负荷等效电路后的网络模型如图 10-13 所示。

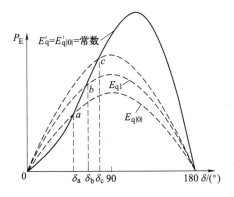

图 10-12　暂态电动势等于常数时
的功角特性曲线

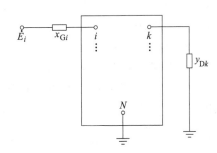

图 10-13　接入发电机和负荷等效
电路后的网络模型

经过扩展后的网络较计算潮流时的网络多了 G 个发电机电动势节点，而且仅在这些节点上含有电压源，即发电机等效电动势。

经网络变换消去除发电机电动势节点外的 N 个节点（也称中间节点），可以得到 $G \times G$ 阶的导纳矩阵 Y，称此导纳矩阵为系统的收缩网络导纳矩阵，则任一发电机的功率即为

$$P_{E_i} = \sum_{j=1}^{G} E_i E_j (G_{ij}\cos\delta_{ij} + B_{ij}\sin\delta_{ij}) \quad i,j = 1,2,\cdots \tag{10-32}$$

导纳矩阵的元素 Y_{ij} 为发电机电动势节点 i 和 j 之间的互导纳（$G_{ij} + B_{ij}$）；δ_{ij} 为 $\dot{E}_i$ 和 $\dot{E}_j$ 相量

间的夹角，即 $\delta_i - \delta_j$，δ_i 和 δ_j 分别为电动势 $\dot{E}_i$ 和 $\dot{E}_j$ 的相位，其参考相位为系统潮流计算时的平衡节点相位。

如果负荷是恒功率负荷、恒电流负荷或者综合负荷，则负荷不能用恒定导纳描述，因此如果要求得任一发电机的功率，需要先对网络进行潮流计算，得到节点 i 的电压、电流、功率之后，才能通过潮流计算得出任一发电机的功率。

式（10-32）表明，任一发电机的电磁功率是该发电机电动势相对于其他发电机电动势相量相位差的函数。

注意：正是这些相位差表征着各发电机转子之间的相对空间位置。显然，如果这些相位差是随时间变化的，那么发电机的电磁功率也是随时间变化的，因而系统中所有节点的电压幅值也是随时间变化的。

由式（10-32）可见，在系统含有三台及以上发电机的情况下，发电机电磁功率是功角差的多元函数，因而一般不再用曲线作出发电机的功角特性。

但是，对于两机系统，本质上两台发电机的功角差是一个变量，因而仍然可以作出发电机的功角特性曲线。

（2）两机系统的功率特性

由式（10-32），两台发电机的功率表达式为

$$\begin{cases} P_{E1} = E_1^2 G_{11} + E_1 E_2 (G_{12}\cos\delta_{12} + B_{12}\sin\delta_{12}) = E_1^2 G_{11} + E_1 E_2 |Y_{12}|\sin(\delta_{12} + \beta_{12}) \\ P_{E2} = E_2^2 G_{22} + E_1 E_2 (G_{12}\cos\delta_{21} + B_{12}\sin\delta_{21}) = E_2^2 G_{22} - E_1 E_2 |Y_{12}|\sin(\delta_{12} - \beta_{12}) \end{cases}$$

$$(10\text{-}33)$$

式中，$|Y_{12}|$ 为互导纳 Y_{12} 的模值；$\beta_{12} = \arctan G_{12}/B_{12}$。

根据式（10-33）作出的 P_{E1} 和 P_{E2} 与 δ_{12} 的关系曲线如图 10-14 所示。如果将 P_{E1} 和 P_{E2} 表示成 δ_{21}（$\delta_{21} = \delta_2 - \delta_1$）的函数关系，则在 $P_E - \delta_{21}$ 平面上两条功率曲线的形状将互换。

单机与无穷大系统相连是两机系统的特殊情况，当然可以用式（10-33）推得其发电机功率特性。如果发电机经 $x'_{d\Sigma}$ 与无穷大系统母线相连，则 $G_{11} = G_{12} = 0$，$B_{12} = \dfrac{1}{x'_{d\Sigma}}$，$E_1 = E'$，发电机功率表达式即为

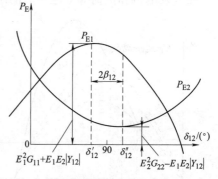

图 10-14 两机系统的功角特性
（$\delta'_{21} = 90° - \beta_{12}$；$\delta''_{21} = 90° + \beta_{12}$）

$$P_E = P_{E'} = \frac{E'U}{x'_{d\Sigma}}\sin\delta \qquad (10\text{-}34)$$

与式（10-23）形式一致。

若计及回路中的电阻，如图 10-15a 所示，则

$$Y_{11} = Y_{22} = -Y_{12} = \frac{1}{r + jx_{\Sigma}} = \frac{r - jx_{\Sigma}}{r^2 + x_{\Sigma}^2}$$

$$G_{11} = G_{22} = \frac{r}{r^2 + x_{\Sigma}^2}$$

$$|Y_{12}| = \frac{1}{\sqrt{r^2 + x_{\Sigma}^2}}$$

$$\beta_{12} = -\arctan\frac{r}{x_{\Sigma}}$$

发电机电动势处功率为

$$P_{\mathrm{E}} = \mathrm{Re}(\dot{E}\dot{I}^*) = E^2\frac{r}{r^2 + x_{\Sigma}^2} + \frac{EU}{\sqrt{r^2 + x_{\Sigma}^2}}\sin(\delta - \arctan r/x_{\Sigma}) \quad (10\text{-}35)$$

发电机向无穷大系统输送的有功功率为

$$P_{\mathrm{U}} = \mathrm{Re}(\dot{U}\dot{I}^*) = -U^2\frac{r}{r^2 + x_{\Sigma}^2} + \frac{EU}{\sqrt{r^2 + x_{\Sigma}^2}}\sin(\delta + \arctan r/x_{\Sigma}) \quad (10\text{-}36)$$

P_{E} 和 P_{U} 的曲线如图 10-15b 所示，二者之差即为电阻 r 消耗的功率。

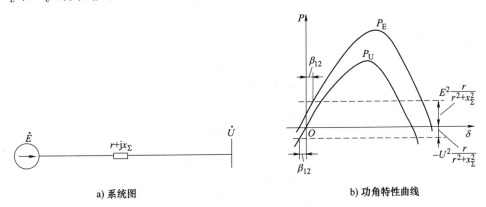

a) 系统图　　　　　　　　　　b) 功角特性曲线

图 10-15　计及电阻时简单系统图和功角特性曲线

【例 10-2】　试计算图 10-16a 所示系统在发电机暂态电动势 E' 为常数的情况下的功角特性。图中的所有参数均以发电机 1 的额定功率为基准值。

解　（1）根据正常运行方式计算 $\dot{E}'_1$ 和 $\dot{E}'_2$。由图 10-16b 得

$$\dot{E}'_1 = \dot{U}_{|0|} + \mathrm{j}\,x'_{\mathrm{d1}\Sigma}\,\dot{I}_1 = 1 + \mathrm{j}0.7 \times \frac{0.9 - \mathrm{j}0.4}{1} = 1.28 + \mathrm{j}0.63 = 1.43\angle 26.2°$$

$$\dot{E}'_2 = \dot{U}_{|0|} + \mathrm{j}\,x'_{\mathrm{d2}\Sigma}\,\dot{I}_2 = 1 + \mathrm{j}0.1 \times \frac{1.8 - \mathrm{j}0.9}{1} = 1.09 + \mathrm{j}0.18 = 1.10\angle 9.38°$$

$$\delta_{12|0|} = 26.2° - 9.38° = 16.8°$$

（2）网络化简，计算 Y_{11}、Y_{22}、Y_{12}。首先计算负荷等效导纳为

$$y_{\mathrm{D}} = \frac{P_{\mathrm{D}} - \mathrm{j}Q_{\mathrm{D}}}{U_{|0|}^2} = 2.7 - \mathrm{j}1.3$$

系统的等效星形网络如图 10-16b 所示，将其变换为三角形网络如图 10-16c 所示，其中三个支路的导纳为

$$y_{12} = \frac{y_1 y_2}{\sum y} = \frac{(-\mathrm{j}1.43) \times (-\mathrm{j}10)}{-\mathrm{j}1.43 - \mathrm{j}10 + 2.7 - \mathrm{j}1.3} = \frac{-14.3}{2.7 - \mathrm{j}12.73} = -1.1\angle 78° = -0.23 - \mathrm{j}1.07$$

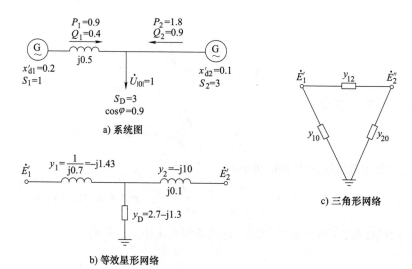

图 10-16 例 10-2 图

$$y_{10} = \frac{(-j1.43) \times (2.7 - j1.3)}{2.7 - j12.73} = 0.33 \angle -37.7° = 0.26 - j0.2$$

$$y_{20} = \frac{(-j10) \times (2.7 - j1.3)}{2.7 - j12.73} = 2.31 \angle -37.7° = 1.82 - j1.4$$

$$Y_{11} = y_{10} + y_{12} = 0.03 - j1.27$$

$$Y_{12} = -y_{12} = 0.23 + j1.07 = 1.1 \angle 78°$$

$$Y_{22} = y_{20} + y_{12} = 1.59 - j2.47$$

（3）求功角特性。将上述计算结果代入式（10-33）中得

$$\begin{aligned}
P_{E1} &= E_1^2 G_{11} + E_1 E_2 |Y_{12}| \sin(\delta_{12} + \beta_{12}) \\
&= 1.43^2 \times 0.03 + 1.43 \times 1.1 \times 1.1\sin(\delta_{12} + 12°) \\
&= 0.061 + 1.73\sin(\delta_{12} + 12°)
\end{aligned}$$

$$\begin{aligned}
P_{E2} &= E_2^2 G_{22} - E_1 E_2 |Y_{12}| \sin(\delta_{12} - \beta_{12}) \\
&= 1.1^2 \times 1.59 - 1.43 \times 1.1 \times 1.1\sin(\delta_{12} - 12°) \\
&= 1.92 - 1.73\sin(\delta_{12} - 12°)
\end{aligned}$$

10.2.3 电动势变化过程的方程式

单机无穷大系统中，认为 E_q、E_q'、E' 和 U_G 在暂态过程中可以保持不变的发电机电磁功率表达式，其中粗略地计及了转子绕组的电磁暂态过程。但是实际的发电机励磁调节器并没有如此强大的能力。

由于定子和转子绕组电磁暂态过程的影响，励磁调节器的控制规律不能使 E_q、E_q'、E' 在暂态过程中严格保持常数。

因此，当对分析准确度有较高要求时，就必须考虑转子绕组的暂态过程。

由式（9-16）可知，发电机励磁回路的方程式为

$$u_f = r_f i_f + \dot{\psi}_f$$

将上式两侧均乘以 x_{ad}/r_f，得

$$\frac{x_{ad}}{r_f} u_f = x_{ad} \dot{i}_f + \frac{x_f}{r_f} \frac{x_{ad}}{x_f} \dot{\psi}_f$$

其中，等号左侧 $\frac{x_{ad}}{r_f} u_f$ 对应于在励磁电压 u_f 作用下的励磁电流强制分量 u_f/r_f 的空载电动势，一般称为强制空载电动势 E_{qe}。等号右侧第一项，对应于实际励磁电流 i_f 的空载电动势 E_q；第二项的乘数 x_f/r_f，就是励磁绕组本身的时间常数（定子绕组开路的情况下）T_f，或表示为 T'_{d0}，第二项中的 $\frac{x_{ad}}{x_f} \dot{\psi}_f$ 就是交轴暂态电动势 E'_q，励磁回路方程即为

$$E_{qe} = E_q + T'_{d0} \frac{dE'_q}{dt} \tag{10-37}$$

如果再计及

$$E_q = E'_q + I_d(x_d - x'_d)$$

将上式代入式（10-37），消去空载电动势 E_q，得

$$T'_{d0} \frac{dE'_q}{dt} = E_{qe} - \left[E'_q + I_d(x_d - x'_d) \right] \tag{10-38}$$

式（10-37）和式（10-38）就是描述暂态电动势变化过程的方程。其中强制空载电动势 E_{qe} 与励磁电压 u_f 成正比。因此，如果忽略励磁调节器的作用，则励磁电压 u_f 为常数，那么 E_{qe} 也为常数。

式（10-38）中还含有发电机直轴电流 I_d，在多机系统中，I_d 需通过网络方程才能获取。以隐极机为例，由式（10-20）得

$$I_d = \frac{E'_q - U_q}{x'_{d\Sigma}} = \frac{E'_q - U\cos\delta}{x'_{d\Sigma}}$$

代入式（10-38），得

$$T'_{d0} \frac{dE'_q}{dt} = E_{qe} - \frac{x_d - x'_d}{x'_{d\Sigma}} E'_q + \frac{x_d - x'_d}{x'_{d\Sigma}} U\cos\delta \tag{10-39}$$

这样，由转子运动方程［式（10-15）］、电磁功率表达式［式（10-21）］和式（10-39）共同构成了考虑励磁绕组暂态过程的、单机（隐极机）无穷大系统机电暂态过程的数学模型。

10.3　自动调节励磁系统的数学模型

现代电力系统中的发电机都装设有灵敏的自动励磁调节器，发电机的励磁调节系统可以在运行情况变化时，增加或者减少发电机的励磁电流，起着调节电压、保持发电机端电压或电枢绕组电压恒定的作用，并可控制并列运行发电机的无功功率分配，它对发电机的电磁功率和电力系统的稳定性有很大影响。

由 10.2 节可知，发电机励磁绕组电压 u_f 是控制发电机运行状态的重要控制变量。例如，在式（10-38）中，若考虑发电机励磁调节器的作用，强制空载电动势 E_{qe}（与 u_f 成正比）不为常数。显然，u_f 的变化规律将影响 δ、ω 和 E'_q 的变化过程。

本节简要介绍 u_f 的产生和自动调节方法。前者即是主励磁系统的工作原理，后者即是

自动调节励磁装置及其框图。

　　同步发电机的励磁调节系统由主励磁系统和励磁调节器两部分组成。主励磁系统为发电机的励磁绕组提供励磁电流，励磁调节器用于对励磁电流进行调节控制。主励磁系统有直流励磁系统、交流励磁系统和静止励磁系统三类。典型的励磁调节系统结构如图 10-17 所示，发电机端电压 U_G 经测量环节后与给定的参考电压 U_{ref} 相比较，得到的电压偏差信号经电压调节器放大后，输出电压 U_R 作为励磁机的励磁电压，以控制励磁机的输出电压，即发电机的励磁电压 U_f，从而达到调节机端电压的目的。为了提高励磁调节系统稳定性及改善其动态品质，引入励磁电压软负反馈环节。U_s 为附加励磁控制信号，一般是电力系统稳定器（Power System Stabilizer，PSS）的输出，实际的励磁调节系统种类繁多，下面仅介绍直流励磁系统和比例式励磁调节器的数学模型。

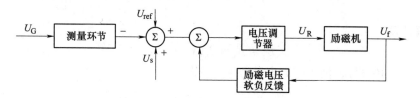

图 10-17　典型的励磁调节系统结构图

　　如果不计励磁机的饱和等非线性因素，他励式直流励磁机可视为一阶惯性环节，时间常数为 T_e，其传递函数为

$$\frac{U_f}{U_R} = \frac{1}{1 + T_e p} \tag{10-40}$$

　　比例式励磁调节器一般是指稳态调节量比例于简单的实际运行参数（电压、电流）与其给定（整定）值之间的偏差值的调节器，有时又称为偏移调节器。属于这类调节器的有单参数调节器和多参数调节器。单参数调节器是按电压、电流等参数中的某一个参数的偏差调节的，如电子型电压调节器；多参数调节器则按几个运行参数偏差量的线性组合进行调节，如相复励、带有电压校正器的复式励磁调节器等。下面以按电压偏差调节的比例式励磁调节器为例建立励磁调节系统的数学模型。

　　图 10-17 中，测量环节为惯性环节，其时间常数很小，通常可以忽略。电压调节器可近似地表示为惯性放大环节，若忽略其时间常数，则为比例环节，放大系数为 K_A。励磁电压软负反馈环节为惯性微分环节，若忽略其时间常数，则可表示为微分环节 $K_F p$。如果不计附加励磁控制信号，则可得到如图 10-18 所示的励磁调节系统简化框图。

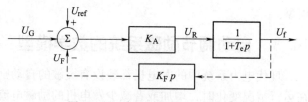

图 10-18　励磁调节系统简化框图

　　不引入软负反馈环节，根据图 10-18 可以写出励磁系统的方程为

$$\begin{cases} U_R = K_A (U_{ref} - U_G) \\ U_f + T_e \dfrac{dU_f}{dt} = U_R \end{cases} \tag{10-41}$$

即

$$K_A(U_{ref} - U_G) = U_f + T_e \frac{dU_f}{dt} \tag{10-42}$$

令 $U_f = U_{f0} + \Delta U_f$，$U_G = U_{G0} + \Delta U_G$，计及 $U_{R0} = K_A(U_{ref} - U_{G0}) = U_{f0}$，将这些关系代入式（10-42）后可得到以偏差量表示的微分方程为

$$-K_A \Delta U_G = \Delta U_f + T_e \frac{d\Delta U_f}{dt} \tag{10-43}$$

为了研究自动励磁调节器对稳定的影响，必须把式（10-43）变换一下，使之与发电机定子的运行参数联系起来。为此，全式乘以 x_{ad}/r_f，得

$$-\frac{x_{ad}}{r_f} K_A \Delta U_G = \frac{x_{ad}}{r_f} \Delta U_f + \frac{x_{ad}}{r_f} T_e \frac{d\Delta U_f}{dt} = x_{ad} \Delta i_{fe} + T_e \frac{dx_{ad} \Delta i_{fe}}{dt} \tag{10-44}$$

式中，Δi_{fe} 为励磁电流强制分量的增量，$\Delta i_{fe} = \dfrac{\Delta U_f}{r_f}$。

令 $\Delta E_{qe} = x_{ad} \Delta i_{fe}$ 为发电机空载电动势强制分量的增量，则得到励磁调节系统的微分方程为

$$-K_e \Delta U_G = \Delta E_{qe} + T_e \frac{d\Delta E_{qe}}{dt} \tag{10-45}$$

式中，K_e 为调节器的综合放大系数，$K_e = x_{ad} K_A / r_f$。

10.4　用于机电暂态过程分析的负荷动态模型

在电力系统的暂态过程中，电力网络的节点电压和系统频率都是变化的。因此，连接于节点的电力负荷从系统中实际吸收的功率也是变化的。

同时，负荷功率的变化又反过来影响节点电压和系统频率。

建立每一个用电设备的数学模型并不困难，例如一盏白炽灯或是一台异步电动机。但是，在电力系统运行过程中，某一母线所接的负荷包含的用电设备数量众多且种类各异，准确描述负荷群体行为是困难的，因此建立起整体负荷的数学模型是一项极具挑战性的工作。

在负荷组成中，有两类负荷占比较大，一类是与节点电压和系统频率密切相关的负荷，这类负荷模型可以采用负荷静态特性来描述，在第 2 章中已做了详细介绍，这里不再赘述；另一类就是感应电动机负荷。目前的电力系统功角稳定性分析中通常采用这两类负荷组成的综合负荷模型。本节只对电动机负荷建模做简要介绍，由此使读者掌握负荷对电力系统暂态过程产生影响的机理和分析方法。

感应电动机转子的运动方程状态变量为转差率。感应电动机的转子上的转矩平衡由机械负荷转矩与电磁转矩大小决定。感应电动机转子的运动方程可以写为

$$T_J \frac{ds}{dt} = M_m - M_e \tag{10-46}$$

$$s = \frac{\omega_0 - \omega}{\omega_0} \tag{10-47}$$

以上两式中，s 为感应电动机的转差率；ω_0 为系统频率；T_J 为感应电动机组的惯性时间常数（电动机联轴器连接的机械旋转系统的惯性）；M_m 为感应电动机拖动的机械负荷转

矩（如电动机驱动的水泵、风机、起重机等机械的转矩）；M_e 为感应电动机的电磁转矩。

机械负荷转矩的大小主要取决于电动机驱动的机械负荷的运行状况（如起重机提起重物与空载运行等），对于某特定机械情况下，还进一步与电动机的转差率有关。通常转速较高时，机械负荷转矩呈现增加的趋势。因此，转矩特性的近似计算式为

$$M_{m,s} = M_{m,rated}\left[\alpha + (1 - \alpha)(1 - s)^{\beta}\right] \tag{10-48}$$

式中，α 为机械负荷转矩中与转速无关部分所占的比例；β 为机械负荷转矩中与转速有关部分的指数；$M_{m,rated}$ 为额定转差率下的转矩；$M_{m,s}$ 为实际转差率下的转矩。

由电机学可知，若不计感应电动机的电磁暂态过程，并忽略励磁阻抗和定子绕组电阻，根据感应电动机的等效电路（见图 10-19），$r_s + jx_{s\sigma}$、$r_s/s +$
$jx_{r\sigma}$、$r_{\mu} + jx_{\mu}$ 为感应电动机定子阻抗、转子阻抗、励磁阻抗，可得感应电动机的电磁转矩为

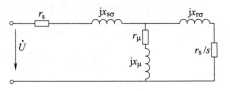

图 10-19　感应电动机的 T 形等效电路

$$M_e = \frac{2M_{emax}}{\dfrac{s}{s_{cr}} + \dfrac{s_{cr}}{s}} \tag{10-49}$$

$$M_{emax} = \frac{U^2}{2(x_{s\sigma} + x_{r\sigma})}; \quad s_{cr} = \frac{r_r}{x_{s\sigma} + x_{r\sigma}} \tag{10-50}$$

式中，M_{emax} 为感应电动机的最大转矩；s_{cr} 为与最大转矩对应的转差率，称为临界转差率。

✿ 小　结

对于绝大多数动力学系统而言，维持系统的稳定性是实现系统功能的必要条件。动力学系统稳定分析有很多方法，李雅普诺夫第一法和第二法在稳定性分析中具有重要地位和作用。

电力系统包含诸多动态元件及控制系统，是典型的复杂动力学系统。从理论方法上研究电力系统的稳定性，在工程实践中确保电力系统运行的稳定性具有重要意义。

电力系统的稳定性一般是指主要运行变量在经受扰动后是否会发生持续的显著变化的问题，主要包括功角稳定性、电压稳定性和频率稳定性。稳定问题也可以按扰动大小、时程长短、分析采用的模型等属性来划分。

电力系统的功角稳定性属于机电暂态过程的范畴，进一步可划分为小扰动功角稳定性、大扰动功角稳定性、中长期功角稳定性等范畴。

在传统的电力系统机电暂态过程研究中，考虑到同步发电机组转子具有较大的惯性，通常可以忽略发电机及网络中电磁暂态的影响。在此假设下，电力系统的动态过程由代数-微分方程组来描述。微分方程组描述所有动态元件的特性，代数方程组描述不计电磁暂态过程的网络特性，故障过程中的网络操作（切除故障线路、重合闸等）将带来系统模型的切换。

研究电力系统稳定性问题，首先要掌握电力系统中与机电暂态过程有关的主要元件的动态特性和数学模型，基于元件模型，可以构建反映电力系统机电暂态过程的微分方程组。

反映同步发电机机电暂态过程的是转子运动方程。该方程反映了发电机转子功角与电磁功率之间的运动耦合关系。复杂电力系统中，发电机之间相对稳定的功角意味着各发电机平稳的功率输出。

控制系统的结构和参数对稳定性有重要影响，本章介绍了发电机自动励磁调节系统的数学模型。

负荷的动态特性也影响电力系统的稳定性，本章介绍了主导负荷动态特性的元件——感应电动机的动态模型。

扩展阅读 10.1 《电力系统安全稳定导则》简介

20 世纪 80 年代，我国电网还很薄弱，失稳事故多发，针对当时电网稳定破坏事故频发的局面，我国于 1981 年首次颁布《电力系统安全稳定导则》（以下简称《导则》），2001 年第一次修订，并上升为强制性行业标准（DL 755—2001）。自《导则》颁布以来，稳定破坏事故大幅减少，电网的安全稳定水平提高，《导则》的颁布、实施为满足国民经济发展和人民生活用电需求做出了巨大贡献。近年来，随着特高压电网的发展和新能源大规模持续并网，特高压交直流混联电网逐步形成，系统容量持续扩大，新能源装机不断增加，电网格局与电源结构发生重大改变，电网特性也发生深刻变化，给电力系统安全稳定运行带来全新挑战。

为进一步适应新形势下电力系统规划、设计、发展、运行，提高电力系统建设标准化水平，更好服务经济社会高质量发展，全国电网运行与控制标准化技术委员会组织电网企业、发电企业、电力用户、电力规划和勘测设计，科研等单位，于 2019 年对《导则》进行了修编。

最新修订的《电力系统安全稳定导则》（GB 38755—2019）于 2020 年实施，该导则适用于电压等级为 220kV 及以上的电力系统。《导则》包括保证电力系统安全稳定运行的基本要求、电力系统的安全稳定标准、电力系统安全稳定计算分析三个方面的内容。

1. 保证电力系统安全稳定运行的基本要求

1）为保证电力系统运行的稳定性，维持电网频率、电压的正常水平，系统应有足够的静态稳定储备和有功功率、无功功率备用容量。备用容量应分配合理，并有必要的调节手段。在正常负荷及电源波动和调整有功、无功潮流时，均不应发生自发振荡。

2）合理的电网结构和电源结构是电力系统安全稳定运行的基础。

3）在正常运行方式（含计划检修方式，下同）下，所有设备均应不过负荷、电压与频率不越限，系统中任一元件发生单一故障时，应能保持系统安全稳定运行。

4）在故障后经调整的运行方式下，电力系统仍应有规定的静态稳定储备，并满足再次发生单一元件故障后的稳定和其他元件不超过规定事故过负荷能力的要求。

5）电力系统发生稳定破坏时，必须有预定的措施，以防止事故范围扩大，减少事故损失。

6）低一级电网中的任何元件（如发电机、交流线路、变压器、母线、直流单极线路、直流换流器等）发生各种类型的单一故障，均不得影响高一级电压电网的稳定运行。

7）电力系统的二次设备（包括继电保护装置、安全自动装置、自动化设备、通信设备等）的参数设定及耐受能力应与一次设备相适应。

8）送受端系统的直流短路比、多馈入直流短路比以及新能源场站短路比应达到合理的水平。

2. 电力系统的安全稳定标准

电力系统的安全稳定标准包括电力系统的静态稳定储备标准、电力系统承受大扰动能力的安全稳定标准、特殊情况要求三个方面的内容。

(1) 电力系统的静态稳定储备标准

在正常运行方式下，电力系统按功角判据计算的静态稳定储备系数（K_p）应满足 15%~20%，按无功电压判据计算的静态稳定储备系数（K_v）应满足 10%~15%。在故障后运行方式和特殊运行方式下，K_p 不得低于 10%，K_v 不得低于 8%。

(2) 电力系统承受大扰动能力的安全稳定标准

电力系统承受大扰动能力的安全稳定标准分为三级：①第一级标准：保持稳定运行和电网的正常供电；②第二级标准：保持稳定运行，但允许损失部分负荷；③第三级标准：当系统不能保持稳定运行时，必须防止系统崩溃并尽量减少负荷损失。

(3) 特殊情况要求

1) 向特别重要受端系统送电的双回及以上线路中的任意两回线同时无故障或故障断开，导致两条线路退出运行，应采取措施保证电力系统稳定运行和对重要负荷的正常供电，其他线路不发生联锁跳闸。

2) 在电力系统中出现高一级电压等级的初期，发生线路（变压器）单相永久故障，允许采取切机措施；当发生线路（变压器）三相短路故障时，允许采取切机和切负荷措施，保证电力系统的稳定运行。

3) 任一线路、母线主保护停运时，发生单相永久接地故障，应采取措施保证电力系统的稳定运行。

4) 直流自身故障或异常引起直流连续换相失败或直流功率速降，且冲击超过系统承受能力时，运行中允许采取切机、闭锁直流等稳定控制措施。

3. 电力系统安全稳定计算分析

1) 电力系统安全稳定计算分析应根据系统的具体情况和要求，对系统安全性分析，包括静态安全、静态稳定、暂态功角稳定、动态功角稳定、电压稳定、频率稳定、短路电流的计算与分析，并关注次同步振荡或超同步振荡问题。研究系统的基本稳定特性，检验电力系统的安全稳定水平和过负荷能力，优化电力系统规划方案，提出保证系统安全稳定运行的控制策略和提高系统稳定水平的措施。

2) 电力系统安全稳定计算分析应针对具体校验对象，选择下列三种运行方式中对安全稳定最不利的情况进行安全稳定校验。

① 正常运行方式：包括计划检修方式和按照负荷曲线以及季节变化出现的水电大发、火电大发、最大或最小负荷、最小开机和抽水蓄能运行工况、新能源发电最大或最小等可能出现的运行方式。

② 故障后运行方式：电力系统故障消除后，在恢复到正常运行方式前所出现的短期稳态运行方式。

③ 特殊运行方式：主干线路、重要联络变压器等设备检修及其他对系统安全稳定运行影响较为严重的方式。

3) 应研究、实测和建立电力系统计算中的各种元件、装置及负荷的详细模型和参数。计算分析中应使用合理的模型和参数，以保证满足所要求的精度。计算数据中已投运部分的数据应采用详细模型和实测参数，未投运部分的数据采用详细模型和典型参数。

4）在互联电力系统稳定分析中，对所研究的系统应予保留并详细模拟，对外部系统进行必要的等效简化，应保证等效简化前后的系统潮流一致，动态特性基本一致。

习　　题

10-1　一水轮发电机组额定功率为 300MW，额定功率因数为 0.85，飞轮矩 GD^2 为 70000t·m^2，转速为 130r/min，试计算 T_J。

10-2　简单电力系统如图 10-20 所示。初始运行状态为 $U_0 = 115$kV，$P_0 = 220$MW，$\cos\varphi = 0.98$，发电机无励磁调节，$E_q = E_{q0} = $ 常数，试求功率特性 $P_{Eq}(\delta)$ 和功率极限 P_{EqM}。

各元件参数如下：

发电机 G：250MW，$U_N = 10.5$kV，$\cos\varphi_N = 0.85$，$x_d = x_q = 1.7$，$x_d' = 0.25$；

变压器 T1：300MVA，$U_k\% = 15$，$k_{T1} = 10.5/242$；

变压器 T2：300MVA，$U_k\% = 15$，$k_{T2} = 220/121$。

线路 L：250km；$x = 0.42\Omega/km$。

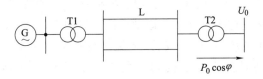

图 10-20　习题 10-2 图

10-3　若在简单电力系统的输电线路始端接一并联电抗器，试写出发电机的功率表达式（发电机用 E'、x_d' 等效），并分析若无穷大系统吸收的功率不变，接入电抗器使发电机的功率极限增大还是减小。

第 10 章自测题

第 **11** 章

电力系统运行状态的静态稳定性

【引例】

电力系统的任何稳态只是将一个在均值附近波动的过程近似看成恒稳状态。实际运行中并不存在绝对的稳态，电力系统的运行状态永远处于波动中，只是在"稳态"中这一波动较小而已。

由第 10 章介绍的同步发电机功角特性正弦曲线可知，对于任一初始运行功率 P_0（$P_0 < P_{max}$），对应于正弦曲线上两个交点（平衡点）：δ_0 和 $\pi - \delta_0$，其中 $\delta_0 = \arcsin(P_0/P_{max})$。通过仿真可得这两个平衡点在任意小扰动下的运动特征，如图 11-1 所示。

由图 11-1b 可见，在平衡点（P_0，δ_0）上施加任何小扰动后，δ 角经过摇摆后会回到 δ_0（曲线 1、曲线 2 分别对应正向小扰动和负向小扰动），功率亦恢复为 P_0。因此平衡点（P_0，δ_0）是一个稳定平衡点。而对于平衡点（P_0，$\pi - \delta_0$），δ 的正向小扰动都将使 δ 持续增长（曲线 3），δ 的负向小扰动将使运行点转移到稳定平衡点（P_0，δ_0）上（曲线 4）。因此，平衡点（P_0，$\pi - \delta_0$）是一个不稳定平衡点（鞍点）。图 11-1c 给出的势能曲面清晰地展示了功率 P_0 对应的稳定平衡点与不稳定平衡点的几何特征。

这个例子表明，如果系统运行状态包含持续的微小扰动，则系统只能在稳定平衡点持续运行；不稳定平衡点只在数学意义上是平衡的，但实际电力系统不可能在这个点上持续运行。

什么条件下电力系统的运行状态是可以持续运行（稳定）的？什么条件下运行点是不能持续运行（不稳定的）？物理上如何认知？数学上如何判断？就是本章将要介绍的内容。

本章将从机电暂态运动的物理角度和线性化系统稳定分析的数学角度分别介绍静态稳定性的分析方法和一般结论；分析发电机自动励磁调节系统对静态稳定性的影响，并讨论提高静态稳定性的措施。

11.1 简单电力系统运行状态的静态稳定性

电力系统在正常运行时，几乎时时刻刻都受到各式各样的小干扰，例如汽轮机蒸汽压力的波动、电动机的接入和切除、加负荷和减负荷等。另外，发电机转子的转速也会有微小变化，即功角也会有微小变化。

大小扰动界定是相对于一个运行点来说的。扰动大小是通过产生的影响来判断的。如果扰动不导致系统非线性特性的显著表现，则是小扰动，小扰动可以用线性方法分析；如果扰动导致系统的非线性特征不能忽略，则是大扰动，大扰动不能用线性方法分析。

电力系统的某个运行状态是否满足静态稳定与其负荷水平及其分布、网络拓扑、发电机

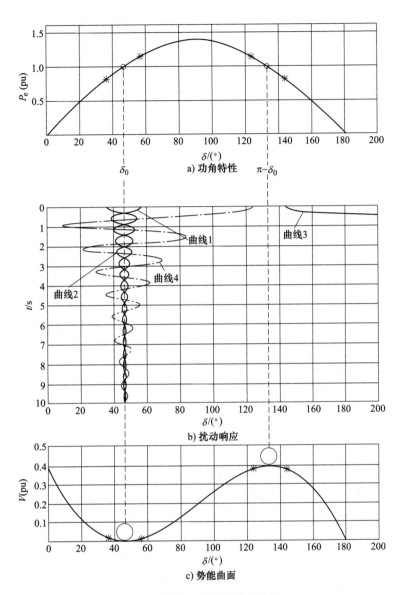

图 11-1　两个平衡点上的受扰运动分析

组的动态特性、各种控制器的控制策略等诸多因素有关。

分析电力系统静态稳定，一方面用于指导系统的规划设计，对所有相关因素进行设计与选择，尽量提高系统的输送能力、提高系统的小扰动稳定性；另一方面可指导系统的运行调度，使经过对系统拟采用的运行方式进行静态分析，当稳定程度降低时，调整运行方式，使之满足要求。

下面以简单电力系统为例，分析系统运行状态的静态稳定性。

11.1.1　静态稳定性的物理分析

一台发电机经变压器、线路与无穷大容量系统并联运行的简单系统中，假设发电机是隐极机，忽略发电机励磁调节器作用，即认为发电机的空载电动势恒定，则在某稳态运行状态下发电机的相量图如图 11-2 所示。图中，$x_{d\Sigma}$ 为发电机内电动势到系统间的电抗。忽略原动机调速器的作用，则原动机的机械功率 P_T 不变，此时发电机输出的电磁功率为

$$P_E = UI\cos\varphi = \frac{E_q U}{x_{d\Sigma}}\sin\delta \tag{11-1}$$

发电机的功角特性曲线为如图 11-3 所示的正弦曲线。

假定在某一正常运行情况下，发电机向无穷大系统输送的功率为 P_0。由于忽略了电阻以及机组的摩擦、风阻等功率损耗，P_0 即等于原动机输出的机械功率 P_T。由图 11-3 可见，当输送 P_0 时，系统有 a 点和 b 点两个平衡点，即有两个 δ 值可使 $P_E = P_0 = P_T$。

下面分析这两个功率平衡点的特性。

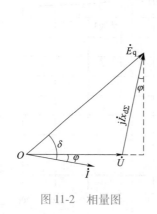

图 11-2　相量图

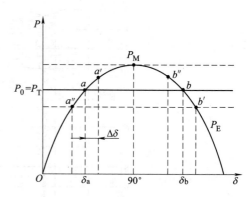

图 11-3　简单系统的功角特性曲线

1. a 点的运行情况

在 a 点，如果系统中出现了某种瞬时的微小扰动，使功角 δ 增加了一个微小增量 $\Delta\delta$，则发电机输出的电磁功率达到与图中 a' 点相对应的值。由于原动机的机械功率 P_T 保持不变，仍为 P_0，因此，发电机输出的电磁功率大于原动机的机械功率，即转子过剩转矩为负值。

由转子运动方程可知，发电机转子将减速，因此 δ 将减小，由于转子在运动过程中存在的阻尼作用，经过一系列减幅振荡后运行点重新回到 a 点。

同样，如果小扰动使 δ 减小了 $\Delta\delta$，则发电机输出的电磁功率为 a'' 点的对应值，这时输出的电磁功率小于输入的机械功率，转子过剩转矩为正，转子将加速，δ 将增加。同样经过一系列振荡后又回到运行点 a。由上可见，在运行点 a，系统受到小扰动后能够恢复到原先的平衡状态，因此是静态稳定的，a 点被称为稳定平衡点。

2. b 点的运行情况

在 b 点，如果小扰动使 δ_b 有个增量 $\Delta\delta$，则发电机输出的电磁功率将减小到与 b' 点对应的值，小于机械功率。过剩的转矩为正，转子即加速，功角 δ 将进一步增大。而功角增大时，与之相应的电磁功率又将进一步减小。这样继续下去，功角不断增大，运行点再也回不到 b 点。

δ 的不断增大标志着发电机与无穷大系统非周期性地失去同步。系统中，电流、电压和功率大幅度地波动，系统无法正常运行，最终将导致系统瓦解，无法对负荷供电。

如果小扰动使 δ_b 减小了 $\Delta\delta$，这时电磁功率将增加到与 b'' 点相对应的值，大于机械功率。因而转子减速，δ 将减小；δ 的减小将使电磁功率进一步增大，使 δ 一直减小到小于 δ_a，转子又获得加速，然后又经过一系列振荡，在 a 点抵达新的平衡，运行点也不再回到 b 点。因此，对于 b 点而言，在受到小扰动后，不是转移到运行点 a，就是与系统失去同步，故 b 点是不稳定的，即系统本身没有能力维持在 b 点运行。因此 b 点被称为不稳定平衡点。

根据以上物理分析可知，对于简单电力系统，若使系统运行状态是静态稳定的，必须使系统运行在功率特性曲线的上升部分，而不能运行在功率特性曲线的下降部分。

11.1.2　静态稳定判据

观察 a、b 两个运行点的异同，发现 a 点对应的功角 δ_a 小于 $90°$，在 a 点运行时，随着功角 δ 的增大，电磁功率也增大；随着功角 δ 的减小，电磁功率也减小。而 b 点对应的功角 δ_b 大于 $90°$，在 b 点运行时，随着功角 δ 的增大，电磁功率反而减小；随着功角 δ 的减小，电磁功率反而增大。

在 a 点，两个变量 ΔP_E 和 $\Delta\delta$ 的符号相同，即 $\Delta P_E / \Delta\delta > 0$，用微分形式可表示为 $dP_E / d\delta > 0$（可简写为 $dP / d\delta > 0$）；在 b 点，两个变量 ΔP_E 和 $\Delta\delta$ 的符号相反，即 $\Delta P_E / \Delta\delta < 0$ 或 $dP_E / d\delta < 0$。

综上分析，可以得出结论：对于所讨论的简单系统，其静态稳定判据为

$$\left.\frac{dP_E}{d\delta}\right|_{P_E = P_0} > 0 \tag{11-2}$$

导数 $dP_E / d\delta$ 称为整步功率系数，其大小可以说明发电机维持同步运行的能力，即说明静态稳定的程度。因此通过式（11-2）判断系统的运行状态是否是静态稳定，即简单系统的静态稳定判据。

由式（11-1）可以求得

$$\frac{dP_E}{d\delta} = \frac{E_q U}{x_{d\Sigma}}\cos\delta \tag{11-3}$$

11.1.3　静态稳定极限和储备系数

图 11-4 画出了 $dP_E / d\delta$ 和 P_E 的特性曲线。

当 $\delta < 90°$ 时，$dP_E / d\delta$ 为正值，在这个范围内，发电机的运行是稳定的。发电机出力越大，δ 越接近 $90°$，其值越小，稳定的程度越低。当 $\delta = 90°$ 时，是稳定与不稳定的分界点，称为静态稳定极限。在简单系统情况下，静态稳定极限所对应的功角与最大功率对应的功角一致。

在电力系统运行中，为了应对各种不可预知的不确定因素，系统一般不在接近稳定极限的状态下运行，而是保留一定的稳定裕度。小干扰稳定储备系数（或者称为静态稳定储备系数）为

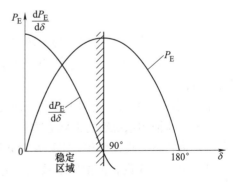

图 11-4　$dP_E / d\delta$ 和 P_E 的变化特性

$$K_p = \frac{P_M - P_0}{P_0} \times 100\% \qquad (11\text{-}4)$$

式中，P_M 为电磁功率极限；P_0 为某一运行情况下的输送功率。我国现行的《电力系统安全稳定导则》（GB 38755—2019）规定：系统在正常运行方式下，K_p 应满足 15%~20%；在故障后运行方式和特殊运行方式下，K_p 不得低于 10%。所谓故障后的运行方式，是指故障后系统尚未恢复到正常运行状态的情况。例如，故障使双回路中的一回路被切除，有待重新投入，这时系统的电气联系被削弱了，即 $x_{d\Sigma}$ 增大，P_M 减小，可以暂时降低对稳定储备的要求。

如果发电机是凸极机，其功角特性曲线如图 10-10 所示。与前类似，只有在曲线的上升部分运行时，系统是静态稳定的，则 $dP_E/d\delta = 0$ 处是静态稳定极限，此时 δ 略小于 90°。显然，静态稳定极限与功率极限一致。

11.2　简单电力系统运行状态静态稳定性的数学分析

第 10 章中介绍了运动系统稳定性分析的通用方法，下面介绍李雅普诺夫第一法用于简单电力系统运行状态的静态稳定性分析，从数学上得出简单电力系统的稳定判据（小干扰法）。

对于由式（10-2）描述的 n 维自治非线性动力学系统，若要分析该系统的某个运行点（平衡点）是否稳定，可将其在平衡点 x_e 展为台劳级数，并略去二次及以上高次项（称为线性化），得到

$$\frac{d\Delta x}{dt} = \frac{dF(x)}{dt}\bigg|_{x_0} \Delta x = A \Delta x \qquad (11\text{-}5)$$

式中，$\Delta x = [\Delta x_1 \cdots \Delta x_n]^T$ 为 n 维状态变量与平衡点的偏差。

雅可比矩阵 A 也称为线性化后线性系统的系统矩阵。

$$A = \frac{dF(x)}{dx}\bigg|_{x_e} = \begin{bmatrix} \dfrac{\partial f_1}{\partial x_1} & \cdots & \dfrac{\partial f_1}{\partial x_n} \\ \vdots & & \vdots \\ \dfrac{\partial f_n}{\partial x_1} & \cdots & \dfrac{\partial f_n}{\partial x_n} \end{bmatrix} \qquad (11\text{-}6)$$

李雅普诺夫第一法指出：当矩阵 A 的特征根实部均小于 0 时，原系统小干扰稳定；若有特征根实部大于 0 时，原系统小干扰不稳定；当特征根有 0 实部时，原系统小干扰稳定性不能判断。

由上述介绍可知，应用小扰动法研究简单系统静态稳定性的步骤如下：

1）列写描述系统特性的状态方程。

2）将状态方程线性化，得到系统矩阵 A。

3）由矩阵 A 的特征根判断系统稳定性。

11.2.1　应用小干扰法分析简单系统运行状态的静态稳定性

应用小干扰法可以对简单电力系统的静态稳定性进行分析。

1. 列出系统状态方程

首先建立数学模型。在简单系统中只有一个发电机元件需要列出其状态方程，即发电机组的转子运动方程。

由于原动机时间常数较大，在比较短的时间内可认为原动机输出功率 P_T 为常数，不计原动机的动态特性。假设励磁调节系统可使发电机空载电动势 E_q 为常数，将式（10-19）代入转子运动方程，得

$$\begin{cases} \dfrac{\mathrm{d}\delta}{\mathrm{d}t} = (\omega - 1)\omega_0 \\[2mm] \dfrac{\mathrm{d}\omega}{\mathrm{d}t} = \dfrac{1}{T_J}\left(P_T - \dfrac{E_q U}{x_{d\Sigma}}\sin\delta\right) \end{cases} \tag{11-7}$$

式（11-7）的状态方程中含有两个状态变量——发电机功角 δ 和转速 ω，且含有非线性函数 $\sin\delta$，因此是非线性微分方程。

求系统的稳态平衡点，即由代数方程

$$\begin{cases} \dfrac{\mathrm{d}\delta}{\mathrm{d}t} = (\omega - 1)\omega_0 = 0 \\[2mm] \dfrac{\mathrm{d}\omega}{\mathrm{d}t} = \dfrac{1}{T_J}\left(P_T - \dfrac{E_q U}{x_{d\Sigma}}\sin\delta\right) = 0 \end{cases}$$

当 $P_T < E_q U/x_{d\Sigma}$ 时，由上式可解得两个平衡点。设系统的其中一个平衡点为

$$\begin{cases} \omega_0 = 1 \\[2mm] \delta_0 = \arcsin\dfrac{P_T X_{d\Sigma}}{E_q U} < \dfrac{\pi}{2} \end{cases} \tag{11-8}$$

现在考察该平衡点的小干扰稳定性。

2. 将系统状态方程在平衡点线性化

求得系统在此平衡点的雅可比矩阵 $\boldsymbol{A}$，可得线性化系统为

$$\begin{bmatrix} \dfrac{\mathrm{d}\Delta\delta}{\mathrm{d}t} \\[3mm] \dfrac{\mathrm{d}\Delta\omega}{\mathrm{d}t} \end{bmatrix} = \begin{bmatrix} 0 & \omega_0 \\[1mm] -S_{Eq}(\delta_0)/T_J & 0 \end{bmatrix} \begin{bmatrix} \Delta\delta \\[1mm] \Delta\omega \end{bmatrix} \tag{11-9}$$

$$S_{Eq}(\delta) = \dfrac{\mathrm{d}P_{Eq}}{\mathrm{d}\delta} = \dfrac{E_q U}{x_{d\Sigma}}\cos\delta \tag{11-10}$$

由前已知，$S_{Eq}(\delta)$ 为发电机的整步功率系数。图 11-5 为上述线性系统的框图。

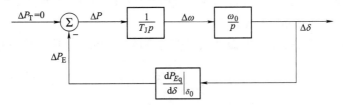

图 11-5　简单系统线性化模型框图

3. 根据线性化系统系数矩阵的特征值判断系统运行点的稳定性

可列出矩阵 $\boldsymbol{A}$ 的特征方程式

$$|\rho \boldsymbol{I} - \boldsymbol{A}| = \begin{vmatrix} \rho & -\omega_0 \\ S_{Eq}(\delta_0)/T_J & \rho \end{vmatrix} = \rho^2 + \frac{\omega_0}{T_J}S_{Eq}(\delta_0) = 0$$

由此可解得特征值为

$$\rho_{1,2} = \pm\sqrt{-\frac{\omega_0}{T_J}S_{Eq}(\delta_0)} \tag{11-11}$$

由式（11-9）和式（11-11）可知，对于式（11-8）平衡点，由于 $\delta_0 < \dfrac{\pi}{2}$，所以 $S_{Eq}(\delta_0) >$ 0，矩阵 $\boldsymbol{A}$ 的特征值为一对实部为零的共轭复根。如前所述，平衡点的稳定性处于临界状态。但是，对于简单系统而言，可以认为该平衡点是稳定的。之所以如此，是因为在建立系统模型时忽略了发电机的电气阻尼、机械摩擦及风阻的影响。

对于系统的另一个平衡点，有

$$\begin{cases} \omega_0 = 1 \\ \delta_0 = \pi - \arcsin\dfrac{P_T X_{d\Sigma}}{E_q U} \end{cases} \tag{11-12}$$

由式（11-10）可知，$S_{Eq}(\delta_0) < 0$。由式（11-12）可知，该平衡点的系统矩阵具有一正一负两个实数特征值。因此，这个平衡点是不稳定平衡点，系统不能在此状态下稳定运行。

进一步考虑将发电机的原动机出力逐步增大，当 P_T 逐步增大时，由式（11-8）和式（11-12）可见，稳定平衡点与不稳定平衡点逐步靠近，最终当 P_T 与发电机电磁功率极限相等时，两个平衡点重合为一个平衡点。此时 $S_{Eq}(\pi/2) = 0$。由式（11-11）可知，系统矩阵 $\boldsymbol{A}$ 具有两个零特征值，从而得知这个平衡点是临界平衡点。

上述结论与式（11-2）的判据是一致的：发电机必须运行在 $S_{Eq} > 0$ 的状况下。这时，由式（11-9）可见，施加在转子上的转矩与功角偏差 $\Delta\delta$ 反号，起着抑制功角偏离平衡点的作用。即当 $\Delta\delta$ 为正时，这个转矩为负，是阻力矩，其效应是使转子减速，从而使 $\Delta\delta$ 减小；而当 $\Delta\delta$ 为负时，这个转矩为正，是动力矩，其效应是使转子加速，从而使 $\Delta\delta$ 增大。反之，若 $S_{Eq} < 0$，则这个转矩与功角偏差同号，起着促使功角偏离平衡点的作用，因此，系统将单调地失去稳定。顺便指出，区别于振荡失稳，也称这种单调失稳为爬坡失稳。S_{Eq} 的大小标志着同步发电机维持同步运行的能力，故称其为发电机的整步功率系数。另外，即便发电机保持同步转速，只要功角有偏离平衡点的倾向，即 $\Delta\delta \neq 0$，该转矩就不为零，因此，也称与 $\Delta\delta$ 成正比的这个转矩为同步转矩。

由线性系统理论可知，一对共轭复特征值描述系统的一个振荡模式。特征值的实部反映振荡模式的阻尼特性，虚部反映振荡频率。

单机无穷大系统在运行点 δ_0 的振荡频率称为该运行点的自然振荡频率 f_n，记为

$$f_n = \frac{1}{2\pi}\sqrt{\frac{\omega_0}{T_J}S_{Eq}(\delta_0)} \tag{11-13}$$

式（11-13）表明，对于所有满足 $dP_E/d\delta > 0$ 的运行点 P_0，它们的稳定程度有很大的差异，间接表现为运行点自然振荡频率的不同。

图 11-6 直接展示了当初始运行条件恶化（δ_0 增大）时，稳定裕度 K_P 和自然振荡频率 f_n 都呈下降的变化趋势。稳定裕度不小于 15% 的条件对应于 $\delta_0 < 60°$，这一条件等价于自然振

荡频率 f_n 不低于 0.69Hz。

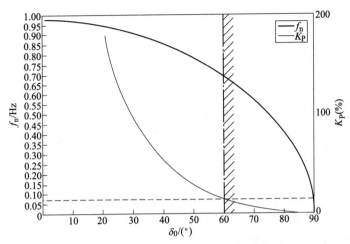

图 11-6　稳定裕度 K_P 和自然振荡频率 f_n 随 δ_0 的变化

由此可见，可以根据系统的自然振荡频率 f_n 来间接判断系统的静态稳定性。

现代电力系统广泛运用的同步相量测量单元（Phasor Measurement Unit，PMU），可以检测到系统运行中在小幅随机激励下的功率响应信号，对这类信号进行处理，可以提取系统在小扰动下的自然振荡频率，从而可以在不计算稳定极限的条件下，直接监测系统运行点变化时静态稳定性的变化趋势。

以上在转子运动方程中，电磁功率 P_E 均采用式（10-19）的形式，同理也可以分析 P_E 为其他形式的情况，例如，当凸极机 E_q 为常数时的式（10-28），当 E'_q 为常数时的式（10-21）、式（10-30）等。

【例 11-1】　图 11-7a 所示为一简单电力系统。发电机为隐极机，惯性时间常数和各元件参数的标幺值功率已统一为发电机额定功率。已知无穷大系统母线电压为 $1\angle0°$，发电机端电压为 1.05 时，向系统输送的功率为 0.8。设 E_q 为常数，试计算此运行方式下系统的静态稳定储备系数以及振荡频率。

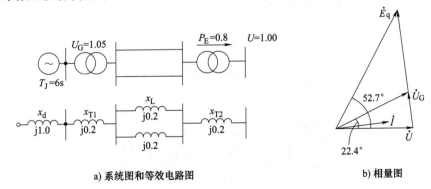

a) 系统图和等效电路图　　　　b) 相量图

图 11-7　简单电力系统

解　（1）计算静态稳定储备系数。因为 E_q 为常数，故此系统的静态稳定极限对应 $\delta=$

90°时的电磁功率 $E_q U/x_{d\Sigma}$。为此，可按下列步骤计算空载电动势 E_q。

计算相量 $\dot{U}_G$ 的相位 δ_G。应用式（10-25），电磁功率表达式为

$$P_E = \frac{U U_G}{x_{T1} + x_L + x_{T2}} \sin\delta_G = \frac{1 \times 1.05}{0.5} \sin\delta_G = 0.8$$

求得 $\delta_G = 22.4°$。

计算定子电流 $\dot{I}$，则

$$\dot{I} = \frac{\dot{U}_G - \dot{U}}{j(x_{T1} + x_L + x_{T2})} = \frac{1.05\angle 22.4° - 1\angle 0°}{j0.5} = 0.80\angle 4.18°$$

计算 $\dot{E}_q$，则

$$\dot{E}_q = \dot{U} + j\dot{I}x_{d\Sigma} = 1\angle 0° + j0.80\angle 4.18 \times 1.5 = 1.51\angle 52.7°$$

以上计算结果图示于图 11-7b。

功率极限及静态稳定储备系数为

$$P_M = P_{EqM} = \frac{E_q U}{x_{d\Sigma}} = \frac{1.51 \times 1}{1.5} \approx 1$$

$$K_P = \frac{1 - 0.8}{0.8} = 25\%$$

（2）计算振荡频率 f。可计算为

$$\left.\frac{dP_{Eq}}{d\delta}\right|_{\delta = \delta_0} = \frac{E_q U}{x_{d\Sigma}} \cos\delta_0 = 1 \times \cos 52.7° = 0.606$$

$$f = \frac{1}{2\pi}\sqrt{\frac{2\pi \times 50}{6} \times 0.606}\,\text{Hz} \approx 0.9\,\text{Hz}$$

11.2.2 阻尼对静态稳定性的影响

实际上，考虑转子在转动过程中所受到的机械阻尼作用，以及发电机转子上闭合回路所产生的电气阻尼作用，可近似地将这些阻尼作用形成的阻尼转矩用阻尼转矩系数 K_D 与转速的乘积表示，此时发电机转子运动方程变为

$$\begin{cases} \dfrac{d\delta}{dt} = (\omega - 1)\omega_0 \\ \dfrac{d\omega}{dt} = \dfrac{1}{T_J}[P_T - P_E - K_D(\omega - 1)] \end{cases} \tag{11-14}$$

线性化可得

$$\begin{bmatrix} \dfrac{d\Delta\delta}{dt} \\ \dfrac{d\Delta\omega}{dt} \end{bmatrix} = \begin{bmatrix} 0 & \omega_0 \\ -\dfrac{S_{Eq}(\delta_0)}{T_J} & -\dfrac{K_D}{T_J} \end{bmatrix} \begin{bmatrix} \Delta\delta \\ \Delta\omega \end{bmatrix} \tag{11-15}$$

对于发电机组本身而言，由于转子转动时摩擦和风阻的存在，阻尼系数总大于零，即 $K_D > 0$。而在实际工程中，可能由于其他一些因素的影响，例如，重负荷状况和励磁系统中放大器的放大倍数过高，使得等效阻尼系数小于零，即 $K_D < 0$。

对于 $K_D > 0$ 的情况，当转子角速度大于同步角速度时，$K_D\Delta\omega > 0$，由式（11-15）可知，阻尼的存在将使得 $d\Delta\omega/dt$ 减小，从而可以减缓发电机的加速甚至导致减速；当转子角速度小于同步角速度时，$K_D\Delta\omega < 0$，由式（11-15）可知，阻尼的存在将使得 $d\Delta\omega/dt$ 增大，从而助长发电机的加速。

在此情况下，线性化系统的特征值为

$$\rho_{1,2} = -\frac{K_D}{2T_J} \pm \frac{1}{2T_J}\sqrt{K_D^2 - 4\omega_0 T_J S_{Eq}(\delta_0)} \tag{11-16}$$

可以看出，有阻尼情况下的稳定判据如下：

1）当 $S_{Eq}(\delta_0) < 0$，即 $\delta_0 > 90°$时，由于 $\sqrt{K_D^2 - 4\omega_0 T_J S_{Eq}(\delta_0)} > |K_D|$，因而特征值中总存在一个正实数和一个负实数，说明平衡点是小干扰不稳定的，这一结果与不考虑阻尼的情况相同。

2）当 $S_{Eq}(\delta_0) > 0$，即 $\delta_0 < 90°$时，$K_D > 0$ 又可以分为两种情况：一种是 $4\omega_0 T_J S_{Eq}(\delta_0) < K_D^2$，特征值为两个负实根；另一种是 $4\omega_0 T_J S_{Eq}(\delta_0) > K_D^2$，相应的特征值为一对共轭复数 $\sigma_d \pm j\omega_d$，其中

$$\sigma_d = -\frac{K_D}{2T_J}; \omega_d = \frac{1}{2T_J}\sqrt{4\omega_0 T_J S_{Eq}(\delta_0) - K_D^2} \tag{11-17}$$

对应的振荡频率为

$$f_d = \frac{\omega_d}{2\pi} = \frac{1}{2\pi}\sqrt{\frac{\omega_0 S_{Eq}(\delta_0)}{T_J} - \left(\frac{K_D}{2T_J}\right)^2} \tag{11-18}$$

3）当 $S_{Eq}(\delta_0) > 0$，即 $\delta_0 < 90°$，且 $K_D < 0$ 时，如果 $4\omega_0 T_J S_{Eq}(\delta_0) < K_D^2$，则特征值存在一个正实根，说明平衡点是小干扰不稳定的，受到扰动后单调发散。

如果 $4\omega_0 T_J S_{Eq}(\delta_0) > K_D^2$，则特征值存在实部为正的一对共轭复数，说明平衡点是小干扰不稳定的，受到扰动后振荡发散。

由上述分析可知，只有 $S_{Eq}(\delta_0) > 0$，$K_D > 0$，平衡点才是稳定的。受到扰动后或单调收敛到平衡点，或振荡衰减恢复到平衡点。

【例 11-2】 一个单机无穷大系统，各元件的参数和系统的运行方式如下：

元件参数　发电机 $T_J = 8s$，$x_d' = 0.3$；变压器 $x_T = 0.15$；线路 $x_L = 0.4$；

系统运行方式　$f_0 = 50Hz$，$U_{1B} = 1.0$，$P + jQ = 1.0 + j0.2$。

计算当 K_D 分别取 0、−6.0、6.0 时系统的小干扰稳定性。

解　$\dot{E}' = U_{IB} + j\dfrac{P_{(0)} - jQ_{(0)}}{U_{IB}} x_\Sigma = 1.0 + j0.85(1.0 - j0.2) = 1.17 + j0.85 = 1.4462\angle 35.9982°$

$P_M = \dfrac{1.4462 \times 1.0}{0.85} = 1.7014, S_{Eq}(\delta_0) = 1.7014\cos\angle 35.9982° = 1.3765$

按式（11-16）可得

$$\rho_{1,2} = -\frac{K_D}{2T_J} \pm \frac{1}{2T_J}\sqrt{K_D^2 - 4\omega_0 T_J S_{Eq}(\delta_0)}$$

$$= -0.0625K_D \pm j0.0625\sqrt{13837.79164 - K_D^2}$$

当 $K_D = 0$ 时

$$\rho_{1,2} = \pm j7.3521$$

当 $K_D = 6.0$ 时

$$\rho_{1,2} = -0.375 \pm j7.3426$$

当 $K_D = -6.0$ 时

$$\rho_{1,2} = 0.375 \pm j7.3426$$

即在 $K_D = 0$（无阻尼）情况下，$\Delta\delta$ 和 $\Delta\omega$ 进行等幅振荡；在 $K_D = 6.0$（正阻尼）情况下，$\Delta\delta$ 和 $\Delta\omega$ 进行衰减振荡，系统小干扰稳定；在 $K_D = -6.0$（负阻尼）情况下，$\Delta\delta$ 和 $\Delta\omega$ 进行增幅振荡，系统小干扰不稳定。

11.3 自动励磁调节系统对静态稳定性影响的分析

第 10 章介绍了空载电动势 E_q、暂态电动势 E'_q 和发电机端电压 U_G 分别为常数时的发电机功角特性及其对应的发电机出力极限。由前面的分析已知，当计及自动励磁调节系统作用后，同步发电机的内电动势可由 E_q 为常数变成 E'_q 为常数乃至发电机端电压 U_G 为常数，其输出的电磁功率极限也相应大幅度增加。可见，自动励磁调节系统对提高电力系统静态稳定性或者说提高发电机出力极限具有积极作用。

本节将从自动励磁调节系统的模型入手，采用小干扰法，从机理上分析自动励磁调节系统对同步发电机内电动势乃至电磁功率极限的影响，并分析获得 E'_q 为常数乃至机端电压 U_G 为常数的自动励磁调节系统的运行条件。前已述及，励磁调节系统的种类很多，本节以按电压偏差调节的比例式调节器为例，研究其对凸极发电机静态稳定性的影响，其分析方法对其他自动励磁调节器也具有适用性。

1. 按电压偏差比例调节励磁

（1）列出系统的状态方程

考虑励磁调节器作用时，表述发电机电磁功率的式（10-30）中，q 轴暂态电动势 E'_q 则不能再看作常数，而是由励磁调节器控制的变量。式（10-37）给出了 E'_q 与强制空载电动势 E_{qe} 之间的关系，而式（10-45）则描述了 ΔE_{qe} 与 ΔU_G 之间的关系，将这两式与同步发电机组转子运动方程联立，采用小干扰法原理，对上述微分-代数系统在平衡点即稳态运行点线性化，建立其增量方程如下：

$$\begin{cases} \dfrac{d\Delta\delta}{dt} = \Delta\omega\omega_0 \\[2mm] \dfrac{d\Delta\omega}{dt} = \dfrac{1}{T_J}(\Delta P_T - \Delta P_{E'_q}) \\[2mm] T'_{d0}\dfrac{d\Delta E'_q}{dt} = \Delta E_{qe} - \Delta E_q \\[2mm] T_e\dfrac{d\Delta E_{qe}}{dt} = -\Delta E_{qe} - K_e\Delta U_G \end{cases} \tag{11-19}$$

式（11-19）中状态变量为 $\Delta x = [\Delta\delta, \Delta\omega, \Delta E'_q, \Delta E_{qe}]^T$，需将其他变量转换成状态变量的线性表示，才能生成式（11-19）的状态方程。

为了建立基本概念和易于分析，忽略同步发电机机械功率的变化，即 $\Delta P_T = 0$。同时忽略励磁调节器的暂态过程，即认为励磁调节器的响应速度很快，取式（10-45）中的时间常数 $T_e = 0$。不忽略 T_e 的情况将在后面介绍。从而，式（10-45）由微分方程退化为代数方程为

$$\Delta E_{qe} = -K_e\Delta U_G \tag{11-20}$$

ΔE_{qe} 也退化为代数变量而不再是状态变量。

电磁功率 P_E 方程式（10-30）线性化后为

$$\Delta P_E = K_1 \Delta \delta + K_2 \Delta E'_q \tag{11-21}$$

式中

$$\begin{cases} K_1 = S_{E'_q} = \left(\dfrac{\partial P_{E'_q}}{\partial \delta}\right)_0 = \dfrac{E'_q U}{x'_{d\Sigma}}\cos\delta_0 + U^2 \dfrac{x'_{d\Sigma} - x_{q\Sigma}}{x'_{d\Sigma} x_{q\Sigma}}\cos 2\delta_0 \\[4mm] K_2 = \left(\dfrac{\partial P_{E'_q}}{\partial E'_q}\right)_0 = \dfrac{U}{x'_{d\Sigma}}\sin\delta_0 \end{cases} \tag{11-22}$$

空载电动势 E_q 方程式（10-22）线性化后为

$$\Delta E_q = \frac{1}{K_3}\Delta E'_q + K_4 \Delta \delta \tag{11-23}$$

式中

$$\begin{cases} K_3 = x'_{d\Sigma}/x_{d\Sigma} \\[2mm] K_4 = \dfrac{x_{d\Sigma} - x'_{d\Sigma}}{x'_{d\Sigma}}U\sin\delta_0 \end{cases} \tag{11-24}$$

图 11-8 示出发电机端电压相量图，由图得

$$\begin{cases} U_{Gd} = I_q x_q = U_d \dfrac{x_q}{x_{q\Sigma}} = \dfrac{x_q}{x_{q\Sigma}}U\sin\delta \\[3mm] U_{Gq} = U_q + I_d(x_{d\Sigma} - x_d) \end{cases} \tag{11-25}$$

式中，$I_d = (E'_q - U_q)/x'_{d\Sigma}$ ，代入式（11-25）后得

$$U_{Gq} = \frac{x_e}{x'_{d\Sigma}}E'_q + \frac{x'_d}{x'_{d\Sigma}}U\cos\delta \tag{11-26}$$

式中，x_e 为发电机机端到无穷大母线的电抗，显然，$x_e = x_{d\Sigma} - x_d = x'_{d\Sigma} - x'_d$ 。从而可得

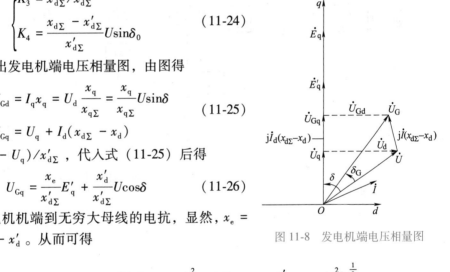

图 11-8　发电机端电压相量图

$$U_G = \sqrt{U_{Gd}^2 + U_{Gq}^2} = \left[\left(\frac{x_q}{x_{q\Sigma}}U\sin\delta\right)^2 + \left(\frac{x_e}{x'_{d\Sigma}}E'_q + \frac{x'_d}{x'_{d\Sigma}}U\cos\delta\right)^2\right]^{\frac{1}{2}} \tag{11-27}$$

从而机端电压 U_G 方程式线性化后可表示为

$$\Delta U_G = K_5 \Delta \delta + K_6 \Delta E'_q \tag{11-28}$$

式中

$$\begin{cases} K_5 = \left(\dfrac{\partial U_G}{\partial \delta}\right)_0 = \dfrac{U_{Gd|0}U x_q\cos\delta_0}{U_{G|0}x_{q\Sigma}} - \dfrac{U_{Gq|0}U x'_d\sin\delta_0}{U_{G|0}x'_{d\Sigma}} \\[4mm] K_6 = \left(\dfrac{\partial U_G}{\partial E'_q}\right)_0 = \dfrac{U_{Gq|0}}{U_{G|0}}\left(\dfrac{x_{d\Sigma}-x_d}{x'_{d\Sigma}}\right) \end{cases} \tag{11-29}$$

将以上所有线性化方程写成矩阵表示的状态方程形式为

$$
\begin{bmatrix} \Delta\dot\delta \\ \Delta\dot\omega \\ \Delta\dot E_q \\ 0 \\ 0 \\ 0 \end{bmatrix} = \begin{bmatrix} 0 & \omega_0 & 0 & 0 & 0 & 0 \\ 0 & 0 & 0 & 0 & 0 & -1/T_J \\ 0 & 0 & 0 & -1/T'_{d0} & -K_e/T'_{d0} & 0 \\ K_4 & 0 & 1/K_3 & -1 & 0 & 0 \\ K_5 & 0 & K_6 & 0 & -1 & 0 \\ K_1 & 0 & K_2 & 0 & 0 & -1 \end{bmatrix} \begin{bmatrix} \Delta\delta \\ \Delta\omega \\ \Delta E'_q \\ \Delta E_q \\ \Delta U_G \\ \Delta P_E \end{bmatrix} \qquad (11\text{-}30)
$$

对应式（11-30），可构建该系统的传递函数如图11-9所示。图中，Δu_s为辅助励磁信号，目前取为零；测量环节的惯性时间常数T_e目前也取为零。

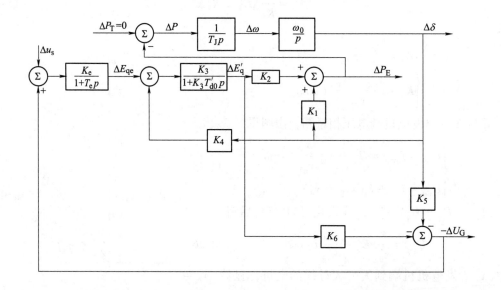

图 11-9　具有比例型励磁调节器的单机无穷大系统框图

消去代数变量 Δy 可得系统矩阵为

$$
\boldsymbol A = \begin{bmatrix} 0 & \omega_0 & 0 \\ 0 & 0 & 0 \\ 0 & 0 & 0 \end{bmatrix} - \begin{bmatrix} 0 & 0 & 0 \\ 0 & 0 & -1/T_J \\ -1/T'_{d0} & -K_e/T'_{d0} & 0 \end{bmatrix} \begin{bmatrix} -1 & 0 & 0 \\ 0 & -1 & 0 \\ 0 & 0 & -1 \end{bmatrix}^{-1} \begin{bmatrix} K_4 & 0 & 1/K_3 \\ K_5 & 0 & K_6 \\ K_1 & 0 & K_2 \end{bmatrix}
$$

$$
= \begin{bmatrix} 0 & \omega_0 & 0 \\ -K_1/T_J & 0 & -K_2/T_J \\ -(K_4+K_eK_5)/T'_{d0} & 0 & -(1+K_eK_3K_6)/(T'_{d0}K_3) \end{bmatrix}
$$

$$(11\text{-}31)$$

系统的线性化方程即为

$$\begin{bmatrix} \Delta\dot{\delta} \\ \Delta\dot{\omega} \\ \Delta\dot{E}'_q \end{bmatrix} = \begin{bmatrix} 0 & \omega_0 & 0 \\ -K_1/T_J & 0 & -K_2/T_J \\ -(K_4 + K_eK_5)/T'_{d0} & 0 & -(1 + K_eK_3K_6)/(T'_{d0}K_3) \end{bmatrix} \begin{bmatrix} \Delta\delta \\ \Delta\omega \\ \Delta E'_q \end{bmatrix} \quad (11\text{-}32)$$

从状态方程可以看出该系统是三阶系统。系数矩阵的特征方程为

$$|\rho\boldsymbol{I} - \boldsymbol{A}| = \begin{vmatrix} \rho & -\omega_0 & 0 \\ K_1/T_J & \rho & K_2/T_J \\ (K_4 + K_eK_5)/T'_{d0} & 0 & \rho + (1 + K_eK_3K_6)/(T'_{d0}K_3) \end{vmatrix} = 0$$

展开后得

$$\rho^3 + \frac{1 + K_eK_3K_6}{T'_{d0}K_3}\rho^2 + \frac{\omega_0K_1}{T_J}\rho + \frac{\omega_0}{T'_{d0}T_J}\left[\left(\frac{K_1}{K_3} - K_2K_4\right) + K_e(K_1K_6 - K_2K_5)\right] = 0 \quad (11\text{-}33)$$

（2）稳定判据的分析

式（11-33）是一元三次代数方程，其中各次幂的系数可由前边相关的表达式计算得出，然后按特征根与系数的关系可得三个特征值，通过特征值分析该系统的稳定性。本节采用劳斯判据分析系统小干扰稳定的条件，进而分析自动励磁调节系统对静态稳定性的影响。

对于任意实系数代数方程

$$a_0\rho^n + a_1\rho^{n-1} + a_2\rho^{n-2} + \cdots + a_{n-1}\rho + a_n = 0 \quad (11\text{-}34)$$

可由各次幂的系数构造以下劳斯阵列。

据此，构造方程式（11-34）的劳斯阵列为

a_0　a_2　a_4　a_6　$\cdots$

a_1　a_3　a_5　a_7　$\cdots$

b_1　b_2　b_3　b_4　$\cdots$

c_1　c_2　c_3　c_4　$\cdots$

$\cdots$　$\cdots$　$\cdots$　$\cdots$

e_1　e_2

f_1

g_1

阵列元素 b_1、b_2、$\cdots$，c_1、c_2、$\cdots$根据下列公式计算，即

$$b_1 = \frac{a_1a_2 - a_0a_3}{a_1}; \quad b_2 = \frac{a_1a_4 - a_0a_5}{a_1}; \quad b_3 = \frac{a_1a_6 - a_0a_7}{a_1}; \quad \cdots$$

$$c_1 = \frac{b_1a_3 - a_1b_2}{b_1}; \quad c_2 = \frac{b_1a_5 - a_1b_3}{b_1}; \quad c_3 = \frac{b_1a_7 - a_1b_4}{b_1}; \quad \cdots$$

劳斯判据为：式（11-34）的所有根具有负实部的充分必要条件是方程的所有系数和劳斯阵列第一列的各项均为正值。方程中实部为正值的根的个数等于劳斯阵列的第一列中各项的正、负号改变的次数。

由于电力系统对小干扰稳定程度的要求，对于劳斯阵列的第一列中出现零元素的特殊情况在此不予讨论。

据此，构造式（11-33）的劳斯阵列为

$$1 \qquad\qquad \frac{\omega_0 K_1}{T_J} \qquad\qquad 0$$

$$\frac{1 + K_e K_3 K_6}{T'_{d0} K_3} \qquad \frac{\omega_0}{T'_{d0} T_J}\left[\left(\frac{K_1}{K_3} - K_2 K_4\right) + K_e(K_1 K_6 - K_2 K_5)\right] \qquad 0$$

$$\frac{\omega_0}{T_J}\left(\frac{K_2 K_3 K_4 + K_e K_2 K_3 K_5}{1 + K_e K_3 K_6}\right) \qquad\qquad 0$$

$$\frac{\omega_0}{T'_{d0} T_J}\left[\left(\frac{K_1}{K_3} - K_2 K_4\right) + K_e(K_1 K_6 - K_2 K_5)\right] \qquad\qquad 0$$

由劳斯判据，系统小干扰稳定的条件为以下各式同时成立，即

$$\begin{cases} \dfrac{\omega_0 K_1}{T_J} > 0; \dfrac{1 + K_e K_3 K_6}{T'_{d0} K_3} > 0; \dfrac{\omega_0}{T_J}\left(\dfrac{K_2 K_3 K_4 + K_e K_2 K_3 K_5}{1 + K_e K_3 K_6}\right) > 0 \\ \dfrac{\omega_0}{T'_{d0} T_J}\left[\left(\dfrac{K_1}{K_3} - K_2 K_4\right) + K_e(K_1 K_6 - K_2 K_5)\right] > 0 \end{cases} \tag{11-35}$$

注意到在前文推导的系数 $K_1 \sim K_6$ 的定义，除 K_1 的正负与运行状态有关外，只有 K_5 一般小于零（随着同步发电机输出电磁功率增加，其初始运行功角 δ 增大，U_G 下降），其他 K 系数都大于零。这样，上述判据等价于以下三式同时成立，即

$$K_1 > 0 \tag{11-36}$$

$$K_4 + K_e K_5 > 0 \tag{11-37}$$

$$\frac{K_1}{K_3} - K_2 K_4 + K_e(K_1 K_6 - K_2 K_5) > 0 \tag{11-38}$$

以下说明这三个条件的物理意义。

1）判据一：$K_1 > 0$。K_1 代表的是同步发电机的整步功率系数，前已证明，不计自动励磁调节时，E_q 恒定，稳定极限功角 δ_{sl} 为 $90°$。加装励磁调节器后稳定极限角 δ_{sl} 可扩展到大于 $90°$，若对应于 E'_q 保持常数的功率特性最大值的角度（$K_1 = 0$），δ_{sl} 一般能达到 $110°$ 左右，因此扩大了稳定运行的范围。

2）判据二：$K_4 + K_e K_5 > 0$。由于 K_4 总大于零，K_5 一般小于零，因此若 K_e 设置过大，有可能造成该条件不能满足，导致系统的失稳。为保证系统的稳定性，可令 K_e 的最大值满足 $K_4 + K_{emax} K_5 = 0$。此时

$$K_{emax} \approx \frac{x_d - x'_d}{x'_d}$$

$$-K_e(K_5 \Delta\delta + K_6 \Delta E'_q) = \frac{1}{K_3}\Delta E'_q + K_4 \Delta\delta + T'_{d0}\frac{d\Delta E'_q}{dt}$$

由于 $\qquad -K_e K_6 - \dfrac{1}{K_3} \approx -\dfrac{x_d - x'_d}{x'_d}\left(\dfrac{x_{d\Sigma} - x_d}{x'_{d\Sigma}}\right) - \dfrac{x_{d\Sigma}}{x'_{d\Sigma}} = -\dfrac{x_d}{x'_d}$

因此电动势方程转化为

$$T'_{d0}\frac{d\Delta E'_q}{dt} + \frac{x_d}{x'_d}\Delta E'_q = 0$$

即 $\qquad\qquad\qquad\qquad \Delta E'_q = 0$

这表明在 $K_e = K_{emax}$ 的情况下，暂态电动势 $E'_q =$ 常数，则发电机的功率特性为 $E'_q =$ 常数的功率特性。结合判据一（$K_1 > 0$），说明系统的稳定极限即为 $E'_q =$ 常数时的功率极限，高于 $E_q =$ 常数时的功率极限。

图 11-10 示出了这种比例式励磁调节器（$T_e = 0$）使静态稳定极限由 $S_{Eq} = 0(\delta = 90°)$、$P_M = P_{EqM}$ 增加到 $S'_{Eq} = 0$、$P_M = P_{E'qM}$ 的情形。但是，由于 K_{emax} 值不大，仅能维持 E'_q 约等于常数，而不能保持发电机端电压 U_G 约等于常数，没有完全达到调整电压的目的。

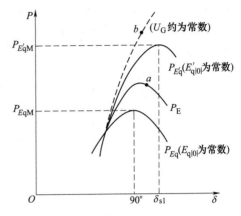

图 11-10　按电压偏差调节的比例式
励磁调节器的静态稳定极限

如果 $K_e > K_{emax}$，将使劳斯阵列第一列的倒数第二项为负，系统将周期性地振荡失去稳定。

以下说明 $K_e > K_{emax}$ 时发电机电磁功率中会出现负的阻尼功率。

由图 11-9 可见，电磁功率增量 ΔP_E 由两部分组成。其中，一部分是 $K_1 \Delta\delta$，由角度偏移产生，称为整步功率；另一部分是比例环节 K_2 的输出量，可表示为

$$\Delta P_{e2} = -\frac{K_2 K_3 (K_4 + K_5 K_e)}{1 + K_3 T'_{d0} p + K_3 K_6 K_e} \Delta\delta \tag{11-39}$$

以下将说明 ΔP_{e2} 中包括与 $\Delta\delta$ 成比例的整步功率以及与 $\Delta\omega$ 成比例的阻尼功率。假设 $\Delta\delta$ 进行小振幅的低频振荡，即

$$\Delta\delta = \Delta\delta_m \sin ht \tag{11-40}$$

式中，$\Delta\delta_m$ 为振荡振幅；h 为振荡角频率。

由于是等幅振荡，可以用复数分析法，即有

$$\begin{cases} \Delta\delta = \Delta\delta_m e^{jht} \\ \Delta\omega = p\Delta\delta = jh\Delta\delta_m e^{jht} = jh\Delta\delta \end{cases} \tag{11-41}$$

将 $p = jh$ 代入式（11-39）后，则 ΔP_{e2} 中与 $\Delta\delta$ 成比例的功率（实部）为整步功率，与 $jh\Delta\delta$ 成比例的功率（虚部）为阻尼功率，即

$$\begin{aligned} \Delta P_{e2} &= \frac{-K_2 K_3 (K_4 + K_5 K_e)}{(1 + K_3 K_6 K_e) + jh K_3 T'_{d0}} \Delta\delta \\ &= \frac{-K_2 K_3 (K_4 + K_5 K_e)}{(1 + K_3 K_6 K_e)^2 + (h K_3 T'_{d0})^2} [(1 + K_3 K_6 K_e) - jh K_3 T'_{d0}] \Delta\delta \\ &= \Delta S \Delta\delta + j\Delta D \Delta\delta \end{aligned} \tag{11-42}$$

式中，ΔS 和 ΔD 分别为附加的整步功率系数和阻尼系数，它们的表达式为

$$\begin{cases} \Delta S = \dfrac{-K_2 K_3 (K_4 + K_5 K_e)(1 + K_3 K_6 K_e)}{(1 + K_3 K_6 K_e)^2 + (h K_3 T'_{d0})^2} \\ \Delta D = \dfrac{K_2 K_3 (K_4 + K_5 K_e) h K_3 T'_{d0}}{(1 + K_3 K_6 K_e)^2 + (h K_3 T'_{d0})^2} \end{cases} \tag{11-43}$$

式中除 K_5 小于零外，其余量均为正数，因而 K_e 的大小决定 ΔS 和 ΔD 是正数还是负数。当 $K_e = K_{emax} = \dfrac{-K_4}{K_5}$ 时，$\Delta S = 0$，$\Delta D = 0$，即总的整步功率系数为 K_1，没有阻尼，系统稳定极限为 $K_1 = 0$，即 E_q' 为常数的功率极限。如果 $K_e > K_{emax}$，一般 $\Delta S > 0$，而 $\Delta D < 0$，则总的整步功率系数可以提高，相应于功率特性比 E_q' 为常数的还要高，但出现了负阻尼功率，将引起系统振荡，失去稳定。

3）判据三：$\dfrac{K_1}{K_3} - K_2 K_4 + K_e(K_1 K_6 - K_2 K_5) > 0$

不难推得

$$K_1 - K_2 K_3 K_4 = S_{Eq} \tag{11-44}$$

代入判据三后得

$$\frac{S_{Eq}}{K_3} + K_e(K_1 K_6 - K_2 K_5) > 0$$

由于第二项一般大于零，而 S_{Eq} 可能小于零，因此判据三限定了 K_e 的最小值，即

$$K_e \geqslant \frac{-S_{Eq}}{K_3(K_1 K_6 - K_2 K_5)} = K_{emin} \tag{11-45}$$

K_e 若小于 K_{emin}，劳斯阵列第一列最后一项为负，系统将非周期地失去稳定。图 11-10 中示出 $K_e < K_{emin}$ 时的功率特性 P_E，它低于 $E_{q|0|}'$ 为常数的功率特性，当 $90° < \delta < \delta_{sl}$ 时，运行点就可能落在 P_E 曲线的下降部分，例如图中的 a 点，导致系统非周期失稳。

若计及自动励磁调节系统的时间常数 T_e，其分析方法没有改变，这里不再赘述。

可见，比例式励磁调节器可以提高静态稳定，即扩大了稳定范围（$\delta_{sl} > 90°$）以及增大了功率极限，但调节器放大倍数 K_e 的设置对静态稳定性的影响不容忽视。

2. 励磁调节器的改进

（1）电力系统稳定器（PSS）及强力式调节器

前已述及，当励磁调节器放大倍数 K_e 大于 K_{emax} 时会引起系统在某些低频段发生振荡失稳，可采用电力系统稳定器作为附加控制，抑制振荡产生。电力系统稳定器将 $\Delta \omega$ 作为励磁调节器的输入信号，生成一个与 $\Delta \omega$ 同相位的附加阻尼功率，抵消由 K_e 过大引起的负的阻尼功率。其框图如图 11-11 所示，图中只画出了图 11-9 的一部分。

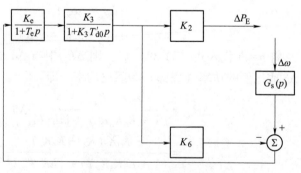

图 11-11 PSS 部分框图

为了使引入 $\Delta \omega$ 后产生的附加电磁功率能与 $\Delta \omega$ 同相位，即为正阻尼功率，$\Delta \omega$ 引入时经一相位补偿环节 $G_s(p)$，以补偿由于 K_6、$\dfrac{K_e}{1 + T_e p}$ 及 $\dfrac{K_3}{1 + K_3 T_{d0}' p}$ 等环节引起的相位差。

加装了 PSS 后，可以提高励磁调节器的放大倍数极限值而不致系统失稳，以致有可能

保持发电机端电压恒定，稳定极限达到 P_{U_G}，电磁功率的最大值进一步提高。

强力式调节器是按某些运行参数如电压、功角、角速度、功率等的一阶甚至二阶导数调节励磁的，即调节器的输入信号为 $P\Delta U_G$、$P^2\Delta U_G$ 等的统称。这类调节器也有可能保持发电机端电压为常数。

（2）调节励磁对静态稳定影响的讨论

1）无励磁调节时，系统静态稳定极限由 $S_{Eq}=0$ 确定，它与 P_{Eq} 的功率极限一致，为图 11-12 中的 a 点。

2）当发电机装有按某运行参数偏移量调节的比例式调节器时，如果放大倍数选择合适，可以大致保持 $E'_q = E'_{q|0} = $ 常数。静态稳定极限由 $S'_{Eq}=0$ 确定，它与 P'_{Eq} 的功率极限一致，即图 11-12 中的 b 点。

3）当发电机装有按两个运行参数偏移量调节的比例式调节器，例如带电压校正器的复式励磁装置时，如电流放大倍数合适，其稳定极限同样可与 $S_{Eq'}=0$ 对应，同时电压校正器也可使发电机端电压大致保持恒定，则稳定极限运行点为图 11-12 中的 c 点。

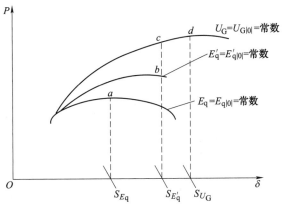

图 11-12 不同励磁调节方式的稳定极限

4）在装有 PSS 或强力式调节器情况下，系统稳定极限运行点可达图 11-12 中的 d 点，即 P_{U_G} 的最大功率，对应 $S_{U_G}=0$。

11.4 多机电力系统静态稳定性的基本分析方法

对于多机电力系统运行状态的静态稳定性分析，同样需要建立相应的数学模型，多机系统中的同步发电机转子运动方程需要采用微分方程描述，计及负荷动态特性时也需要采用相应的微分方程描述，而发电机输出的电磁功率与网络及连接到网络中的负荷及发电机有关，因此需要建立系统的网络方程。虽然网络中输电元件因含有电感和电纳也是动态元件，但其暂态与转子动态过程相比非常短，可忽略网络方程的动态特性，因此可用代数方程描述网络中的功率平衡，建立式（11-46）所示多机系统的数学模型。

$$\begin{cases} \dot{x}=f(x,y) \\ 0=g(x,y) \end{cases} \tag{11-46}$$

式中，$x \in \mathbf{R}^n$ 为 n 维状态变量，包含各发电机功角、角速度等状态变量；$y \in \mathbf{R}^m$ 为 m 维运行变量，如各节点电压幅值、相位、各支路功率等；微分方程 $\dot{x}=f(x,y)$ 描述了系统中各元件的动态特性，例如发电机转子的运动方程等；代数方程 $0=g(x,y)$，用于描述忽略暂态的网络特性，如节点注入功率方程等。

根据小扰动分析方法，需要在运行点线性化，得到状态矩阵，根据对状态矩阵的特征值分析，进而判断复杂系统的静态稳定性。

通常将描述电力系统动态特性的微分-代数方程组在稳态运行点线性化，可得

$$\begin{bmatrix} \mathrm{d}\Delta\boldsymbol{x}/\mathrm{d}t \\ \boldsymbol{0} \end{bmatrix} = \begin{bmatrix} \boldsymbol{A} & \boldsymbol{B} \\ \boldsymbol{C} & \boldsymbol{D} \end{bmatrix} \begin{bmatrix} \Delta\boldsymbol{x} \\ \Delta\boldsymbol{y} \end{bmatrix} \tag{11-47}$$

式中

$$\boldsymbol{A} = \begin{bmatrix} \dfrac{\partial f_1}{\partial x_1} & \cdots & \dfrac{\partial f_1}{\partial x_n} \\ \vdots & & \vdots \\ \dfrac{\partial f_n}{\partial x_1} & \cdots & \dfrac{\partial f_n}{\partial x_n} \end{bmatrix}_{\substack{x=x_0 \\ y=y_0}} \quad \boldsymbol{B} = \begin{bmatrix} \dfrac{\partial f_1}{\partial y_1} & \cdots & \dfrac{\partial f_1}{\partial y_n} \\ \vdots & & \vdots \\ \dfrac{\partial f_n}{\partial y_1} & \cdots & \dfrac{\partial f_n}{\partial y_n} \end{bmatrix}_{\substack{x=x_0 \\ y=y_0}}$$

$$\boldsymbol{C} = \begin{bmatrix} \dfrac{\partial g_1}{\partial x_1} & \cdots & \dfrac{\partial g_1}{\partial x_n} \\ \vdots & & \vdots \\ \dfrac{\partial g_n}{\partial x_1} & \cdots & \dfrac{\partial g_n}{\partial x_n} \end{bmatrix}_{\substack{x=x_0 \\ y=y_0}} \quad \boldsymbol{D} = \begin{bmatrix} \dfrac{\partial g_1}{\partial y_1} & \cdots & \dfrac{\partial g_1}{\partial y_n} \\ \vdots & & \vdots \\ \dfrac{\partial g_n}{\partial y_1} & \cdots & \dfrac{\partial g_n}{\partial y_n} \end{bmatrix}_{\substack{x=x_0 \\ y=y_0}}$$

在式（11-47）中，消去运行向量 $\Delta\boldsymbol{y}$，得到

$$\frac{\mathrm{d}\Delta\boldsymbol{x}}{\mathrm{d}t} = \tilde{\boldsymbol{A}}\Delta\boldsymbol{x} \tag{11-48}$$

$$\tilde{\boldsymbol{A}} = \boldsymbol{A} - \boldsymbol{B}\boldsymbol{D}^{-1}\boldsymbol{C}$$

$\tilde{\boldsymbol{A}} \in \boldsymbol{R}^{n\times n}$ 称为状态矩阵或系数矩阵。

通过求得 $\tilde{\boldsymbol{A}}$ 的特征值判断系统运行状态的稳定性。对于含有 n 维状态变量的多机系统，特征值计算比较复杂。1962 年 J. G. F. Francis 提出的 QR 法可计算一般矩阵的全部特征值。在实际应用中，往往不需要计算全部特征值，而只需求出模值最大的特征值，该特征值通常称为主特征值，采用幂法是计算矩阵主特征值和相应特征向量的一种非常有效的迭代方法。而反幂法可以用于计算非奇异矩阵模数最小的特征值及相应的特征向量。

11.5　提高静态稳定性的措施

一个正常稳态运行的电力系统中时刻会发生各种随机性的小干扰，例如小负荷的投入或切除、系统接线方式的变换、气温或气压等因素引起的系统参数变化等。如果系统是静态稳定的，电力系统能在受到小干扰时维持同步运行的状态。如果系统不能维持或者恢复同步运行，会影响负荷供电，甚至使得用户供电中断。因此，提高系统的静态稳定性，有利于持续稳定供电。

电力系统静态稳定性的基本性质说明，发电机可能输送的功率极限越高，则静态稳定性越高。从单机无穷大系统来看，减少发电机与系统间的联系电抗可以增加发电机的功率极限。从物理意义上讲，这是加强发电机与无穷大系统的电气联系。联系紧密的系统显然是不容易失去静态稳定的，当然，这种系统的短路电流较大。

加强电气联系，即缩短电气距离，也就是减小各元件的阻抗，主要是电抗。以下介绍几种提高静态稳定性的措施，都是直接或间接地减小电抗的措施。

11.5.1 采用自动励磁调节器

在分析单机对无穷大系统的静态稳定时曾经指出，当发电机装设比例型励磁调节器时。发电机可看作具有 E'_q（或 E'）为常数的功率特性，这也就相当于将发电机的电抗从同步电抗 x_d 减小为暂态电抗 x'_d 了。如果采用按运行参数的变化率调节励磁，则其至可以维持发电机端电压为常数，这就相当于将发电机的电抗减小为零。因此，发电机装设先进的调节器就相当于缩短了发电机与系统间的电气距离，从而提高了静态稳定性。因为调节器在总投资中所占的比例很小，所以在各种提高静态稳定性的措施中，总是优先考虑安装自动励磁调节器。

11.5.2 减小元件的电抗

发电机之间的联系电抗总是由发电机、变压器和线路的电抗所组成。这里有实际意义的是减少线路电抗，具体做法有下列几种。

1. 采用分裂导线

高压输电线路采用分裂导线的主要目的是为了避免电晕，同时，分裂导线可以减小线路电抗。

例如，对于 500kV 的线路，采用单根导线时电抗约为 $0.42\Omega/km$；采用两根分裂导线时约为 $0.32\Omega/km$；采用三根分裂导线时约为 $0.30\Omega/km$；采用四根分裂导线时约为 $0.29\Omega/km$。

2. 提高线路额定电压等级

功率极限和电压的二次方成正比，因而提高线路额定电压等级可以提高功率极限。提高线路额定电压等级也可以等效地看作是减小线路电抗。当用统一的基准值计算各元件电抗的标幺值时，发电机的电抗为

$$x_{G*(B)} = x_{G*(N)} \frac{S_B}{S_{NG}}$$

变压器电抗为

$$x_{T*(B)} = \frac{U_k\%}{100} \frac{S_B}{S_{NT}}$$

线路电抗为

$$x_{L*(B)} = xl \frac{S_B}{U_{NL}^2}$$

式中，U_{NL} 为线路的额定电压。由此可见，线路电抗标幺值与其电压二次方成反比。

当然，提高线路额定电压须加强线路的绝缘、加大杆塔的尺寸并增加变电所的投资。因此，一定的输送功率和输送距离对应一个经济上合理的线路额定电压等级。

3. 采用串联电容补偿

在较高电压等级的输电线路上装设串联电容以补偿线路电抗，可以提高该线路传输功率的能力以及系统的稳定性。特别是若采用晶闸管控制的串联电容器（TCSC），串联电容的等效电抗是可变的，则进一步提升了串联电容补偿的效果。此外，TCSC 控制系统中的阻尼控制环节可以阻尼系统的低频振荡。

11.5.3　改善系统的结构和采用中间补偿设备

1. 改善系统的结构

有多种方法可以改善系统的结构，加强系统的联系，如增加输电线路的回路数。另外，当输电线路通过的地区本身就有电力系统时，把这些中间电力系统与输电线路连接起来也是有利的。这样可以使长距离的输电线路中间点的电压得到维持，即相当于将输电线路分成两段，缩小了电气距离。而且，中间系统还可与输电线路交换有功功率，起到互为备用的作用。

2. 采用中间补偿设备

如果在输电线路中间的降压变电所内装设 SVC，则可以维持 SVC 端点电压甚至高压母线电压恒定。如此，输电线路也就被等效地分为两段，功率极限得到提高。

以上提高静态稳定的措施均是从减小电抗的方面考虑，在正常运行中提高发电机的电动势和电网的运行电压亦可以提高功率极限。为使电网具有较高的电压水平，必须在系统中设置足够的无功功率电源。

✿ 小　结

电力系统运行状态的静态稳定性是指某运行点承受任意小扰动后恢复到原运行点运行的能力，如能恢复，则此运行点是稳定的。

静态稳定性属于李雅普诺夫第一法的范畴，即由运行点上线性化方程系数矩阵的特征值分布来判断运行点的静态稳定性。

电力系统实际运行中必须确保所有运行状态均具有静态稳定性。

小扰动激励下发电机功角变化及由此引起的功率变化是产生机电暂态过程的主因。功角变化时，电磁功率变化的趋势决定了运行点是否稳定。对于运行点 P_0，当受扰后电磁功率增量与功角增量同方向时，该运行点是稳定的，即运行点 P_0 的静态稳定判据为

$$\left.\frac{dP_E}{d\delta}\right|_{P_E=P_0} > 0$$

以上判据不仅具有定号性质，也有定量性质，物理意义对应于运行点的自然振荡频率 f_n。对于同一系统的多个运行点，具有较低自然振荡频率 f_n 的运行点静态稳定性差。

同步机的自动励磁调节器参数对电力系统运行点的静态稳定性有重要影响。维持稳定的发电机调节器参数上下限随发电机运行点而变化。发电机轻载时，宜采用较小的励磁放大倍数以防止发生非周期失步；发电机重载时，宜采用较大的励磁放大倍数以尽量降低非周期失步的风险。励磁调节器的放大倍数应该随运行方式变化进行适当调整。

本章介绍了提高电力系统暂态稳定性的措施，如采用自动调节励磁装置、减小元件的电抗、改善系统的结构和采用中间补偿设备等。

🏔 扩展阅读11.1　大规模互联电力系统低频振荡

随着电力系统联网进程的加快和电力市场的引入，电力系统的规模越来越大，运行越来越接近于临界点。大规模电力系统中，尤其在远距离（长条形结构）的弱交流电网中低频振荡问题尤为突出（电力系统机电模式的振荡频率一般较低，在 0.1~2.5Hz 之间，称为低

频振荡），已经成为威胁电力系统安全稳定的重要因素。国内外发生了多起低频振荡现象。低频振荡导致传输功率振荡，易导致继电保护动作，甚至发电机轴系破坏，出现大范围的停电等问题。

目前国内外学者对低频振荡机制研究主要集中在负阻尼机制理论和强迫振荡机制理论（共振机制）。另外，还有少量文献提出了参数谐振机制、分歧理论、混沌振荡机制等解释。

自 1969 年 F. Demello 提出负阻尼机制后，负阻尼解释便成为低频振荡领域具有主导性地位的基础理论，并且也是具有完整体系的振荡机制描述，在工程中得到了实际应用。

1. 低频振荡的原因

由于励磁系统存在惯性，随着励磁调节器放大倍数的增加，与转子机械振荡相对应的特征根的实部数值将由负值逐渐上升，甚至实部将由负变正，从而产生增幅振荡。因此，低频振荡的原因是由于励磁系统放大倍数的增加，产生了负阻尼作用，抵消了系统固有的正阻尼，使得系统的总阻尼很小或为负。这样一旦出现扰动，就会引起转子增幅振荡，或振荡不收敛。

这一方法是基于线性系统理论，通过分析励磁放大倍数和阻尼之间的关系来解释产生低频振荡的原因。该方法可进一步扩大到多机系统，通过线性系统的特征根来判断系统是否会发生低频振荡。

2. 低频振荡的抑制措施

（1）优化电网结构

1）增强网架结构。低频振荡或功率振荡常出现在长距离、重负荷输电线上，因此要减少输电线传输的功率，采用串联补偿电容，减少送、受端的电气距离，从而可以减少送、受端的转子角差。此外，应研究增强电网互联的方式，采取增加系统间联网通道、扩大联网点的方式去抑制低频振荡。

2）采用直流输电方案。将两个区域电网通过直流输电联网，可以利用直流对低频振荡的隔离作用，消除交流联网时量测系统间的区域振荡模式。

（2）附加控制

1）电力系统稳定器。在发电机励磁控制系统中配置电力系统稳定器（PSS）是抑制低频振荡最基本的措施，并且 PSS 已被证明是目前阻尼低频振荡的最有效、最经济的装置。

2）灵活交流输电系统。SVC 是一种可以快速调节的无功电源，利用可变导纳输出来提供阻尼力矩。其主要功能是保证动态无功功率的快速调节，并兼有故障时的电压支持作用，维持电压水平，平息系统振荡。

3）直流调制。直流调制是指采用整流侧的直流功率调制和逆变侧的熄弧角调制来阻尼并行交流线路上的区间低频振荡，该技术的应用对提高"区域间振荡模式"阻尼的效果尤为明显，美国西部联合电力系统的交直流输电系统就采用了这一控制技术。

（3）调度运行方式调整

在广域测量系统（WAMS）提供的实时数据的基础上，研究并采取通过调整调度运行方式提高系统阻尼的措施，保证在紧急时刻，借助于预警和在线监测系统，能够及时避免或平息振荡。

（4）协调综合控制

根据不同情况，同时采用以上某两种或几种方法去抑制低频振荡。

扩展阅读 11.2 串联电容补偿

线路的输送能力主要取决于线路的热容量极限和输电系统的稳定极限，一般而言，减小输电线路的电抗有助于减小输电线路始末两端的相位差，提高线路的输电能力。

伴随着高电压、长距离输电技术的发展，对于同一条交流输电线路，线路越长，则其输电能力越低。串联电容器补偿技术的基本原理是：利用串联电容器的容性阻抗补偿掉输电线路的部分感性阻抗，使得发电机组间电气距离缩短，同步力矩增加，从而达到改善系统的稳定性、提高输电系统输送能力的目的。因此交流输电线路串联补偿是现代电力电子技术在高电压、大功率领域应用的典范。如500kV超高压输电线路工程中，当两端电源相位差相同，且电源内电抗相比线路电抗可以忽略的时候，假如通过安装补偿度为40%的串联电容器，结果将会使安装后输电功率达到安装前输电功率的1.67倍。

串联补偿分为固定式和可控式两类，由于固定串联补偿的有效容抗值是不能变化的，即只能在补偿和不补偿这两种状态下选择，因此不能随时按照要求调整补偿的程度。这样一来，在系统发生故障的瞬间，固定串联补偿不能够迅速提高补偿度，也就不能进一步提高系统的暂态稳定性。与此同时，固定串联补偿还会引起发电机轴系扭振，即次同步谐振。串联电容电压和线路电感电流之间存在着电气振荡模式，该振荡频率为次同步频率。在一定条件下，会导致汽轮发电机组转子轴系发生扭转振荡，影响转子的机械性能和寿命，严重时可能导致轴系的断裂，破坏电力系统的安全运行。

为改善谐振问题，提出了可控串补装置，可控串联补偿通过对晶闸管触发延迟角的控制，自适应地改变自身电容值，可以实现4种工作模式：闭锁模式、容抗调节模式、旁路模式、感抗调节模式，实现快速适应系统变化，进而增加了系统稳定性。至1991年，世界上首个晶闸管投切的可控串联电容补偿装置在美国 KanawhaRiver 变电站的345kV线路上安装，提高了线路输电能力的同时还实现了潮流控制。

根据以上分析可知，固定串联补偿和可控串联补偿各有优缺点：前者结构比较简单，成本也较低，但其灵活性较差；后者可以根据线路运行情况自动调整工作方式，灵活性高，但伴随而来的是结构更加复杂，对技术和成本要求更高。因此，在实际工程中，往往是两者相互配合，共同构建一整套串联补偿系统。

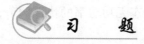

习 题

11-1 单机无穷大系统及其参数如图 11-13 所示，末端 $P_0 = 1$，$\cos\varphi = 0.85$（滞后），求系统静态稳定极限和静态稳定储备系数。

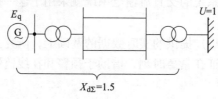

图 11-13 习题 11-1 图

11-2 简单电力系统如图 11-14 所示，已知各元件参数的标幺值，发电机 G：$x_d = x_q =$ 1.62，$x'_d = 0.24$，$T_J = 10s$，$T'_{d0} = 6s$，变压器电抗：$x_{T1} = 0.14$，$x_{T2} = 0.11$。线路 L：双回 $x_L =$ 0.293。初始运行状态为 $U_0 = 1.0$，$S_0 = 1.0 + j0.2$。发电机无励磁调节器。试求：

（1）运行初态下发电机受小扰动后的自由振荡频率；

（2）若增加原动机功率，使运行角增加到 80°时的自由振荡频率。

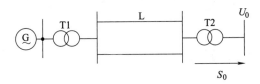

图 11-14 习题 11-2 图

11-3 习题 11-2 的电力系统中，若发电机的综合阻尼系数为 $K_{D\Sigma} = 0.09$，试确定：

（1）运行初态下的自由振荡频率；

（2）在什么运行角度下，系统受小扰动后将不产生振荡（即非周期的恢复到原来的运行状态）？

11-4 一单机无穷大系统如图 11-15 所示，正常运行时：发电机出力：$P_0 = 1.0$；发电机惯性时间常数：$T_J = 11.28s$；发电机电抗：$x'_d = 0.19$；变压器电抗 1：$x_{T1} = 0.13$；线路电抗：$x_L = 0.586$；变压器电抗 2：$x_{T2} = 0.108$；阻尼系数：$K_D = 8$；无穷大母线电压：$U_s = 1.0$；频率 $f_s = 50Hz$。试编写程序（建议使用 MATLAB 软件），观察：

（1）不同阻尼系数情况下，系统矩阵的特征值变化情况；系统功角 δ 随时间变化的曲线；转子角频率 ω 随时间变化的曲线，试分析特征值变化与功角和转子角频率的关系；

（2）不同发电机惯性时间常数下，系统矩阵的特征值变化情况；系统功角 δ 随时间变化的曲线；转子角频率 ω 随时间变化的曲线；

（3）发电机不同出力情况下，系统矩阵的特征值变化情况；系统功角 δ 随时间变化的曲线；转子角频率 ω 随时间变化的曲线。

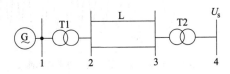

图 11-15 习题 11-4 图

第 11 章自测题

第 12 章

电力系统运行状态经受大扰动后的暂态稳定性

【引例】

前已述及，电力系统运行中可能会经受各种短路故障的冲击。由短路电流计算知识可知，短路除造成电流增大的危害外，输电线路上的短路还会造成输电路径转移阻抗的增大，改变传输功率，打破故障前的功率平衡状态，导致电力系统进入转子角摇摆的动态过程。

短路对电力系统的冲击与故障类型和故障持续时间有关。

下面给出一个单机无穷大系统中三相短路的算例，故障切除时间分别为 0.35s 和 0.44s。算例仿真图如图 12-1 所示。

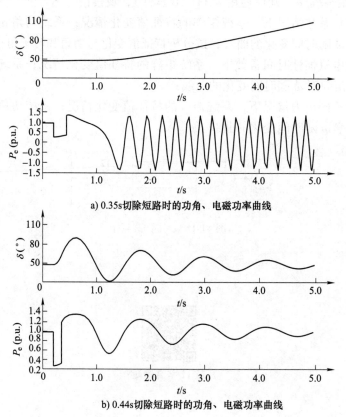

a) 0.35s切除短路时的功角、电磁功率曲线

b) 0.44s切除短路时的功角、电磁功率曲线

图 12-1　某单机无穷大系统不同故障切除时对应的功角变化曲线

短路故障带来的功率传输阻滞会导致发电机转子加速，发电机转子角增大。对 0.2s 发生故障，0.35s 切除故障的情形，转子角在 0.6s 达最大值 84°，随后开始减小，发电机电磁功率在（0.2pu，1.4pu）范围内波动。对于 0.44s 切除故障的情形，转子角持续上升，发电机电磁功率在（0.2pu，1.4pu）范围内振荡，呈现出失去稳定的特征，即发电机不能持续有效地给无穷大系统输送电能。

对于一个有限容量的电力系统，任何一台发电机因失去稳定而退出，将导致系统出现功率缺额和潮流再分配，继而可能引发其他发输电元件过载而联锁退出，造成全网大停电的后果。近年来发生的如美加 814 大停电、印度 730 大停电等重大停电事故，都说明系统失去稳定的严重后果。

电力系统经受短路故障冲击后的暂态过程，与故障前系统的运行方式（初始功率分布）有关，与扰动的大小（故障位置、故障类型、故障清除时间）有关，也与故障后系统的拓扑结构有关。

本章将从一个简单电力系统入手，分析故障扰动如何产生不平衡功率驱动发电机转子角偏离平衡点，研究发电机受扰运动的计算方法和稳定判据，简要介绍复杂电力系统稳定分析方法，并讨论提高电力系统暂态稳定性的措施。

12.1 暂态稳定性概述

大干扰（大扰动）是相对于静态稳定中所提到的小干扰而言的，一般指短路故障、突然断开线路等。

如果系统受到大扰动后仍能达到稳态运行状态，则系统在这种运行情况下是暂态稳定的。反之，如果系统受到大扰动后不能再建立稳态运行状态，而是各发电机组转子间一直有相对运动，相对角不断变化，因而系统的功率、电流和电压都不断振荡，以致整个系统不能再继续运行下去，则称系统在这种运行情况下不能保持暂态稳定。

1. 暂态过程时间阶段分类

在某些情况下为判断系统能否保持稳定，只要分析扰动后 1s 左右的暂态过程就可以，而在另一些情况下则必须分析更长的时间。由于在扰动后的不同时间里对系统各部分的影响不同，在分析大扰动后的暂态过程时，一般按下面 3 种不同的时间阶段分类：

1）起始阶段：指故障后约 1s 内的时间段。在这期间，系统中的保护和自动装置有一系列的动作，例如切除故障线路和重新合闸、切除发电机等。但是在这个时间段中，发电机的调节系统还来不及起到明显的作用。

2）中间阶段：在起始阶段后，持续 5s 左右的时间段。在此期间，发电机组的调节系统已发挥作用。

3）后期阶段：中间阶段以后的时间。这时动力设备（如锅炉等）中的过程将影响到电力系统的暂态过程。另外，由于频率和电压的下降，系统会发生自动装置切除部分负荷等操作。

本章介绍的电力系统暂态稳定性只涉及起始阶段和中间阶段中电力系统的动态行为。

当电力系统受到大扰动时，发电机的电磁功率与原动机的机械功率之间失去了平衡，便产生了不平衡转矩。在不平衡转矩作用下，发电机开始改变转速，使各发电机转子间的相对位置发生变化（机械运动）。发电机转子相对位置，即相对角的变化，反过来又将影响到电力系统中电流、电压和发电机电磁功率的变化。

所以，由大扰动引起的电力系统暂态过程，是一个电磁暂态过程和发电机转子间机械运动暂态过程交织在一起的复杂过程。如果计及原动机调速器、发电机励磁调节器等调节设备的暂态过程，则过程将更加复杂。

通常，暂态稳定分析计算的目的在于确定系统在给定的大扰动下发电机能否继续保持同步运行。因此，只需研究表征发电机是否同步的转子运动特性，即功角 δ 随时间变化的特性便可以了。

据此，我们找出暂态过程中对转子机械运动起主要影响的因素，在分析计算中加以考虑，而对于次要因素，则予以忽略或做近似考虑。这样就可以将复杂的暂态过程大大简化，且对分析结果影响不大。

2. 在进行稳定分析计算之前的基本假设

1）由于同步发电机组惯性较大，在所研究的暂态时间段内各机组的电角速度相对于同步角速度的偏离较小。所以，可以假定在暂态稳定研究中电网的频率仍为50Hz。

2）忽略突然发生故障后网络中的非周期分量电流。一方面是由于它衰减较快；另一方面，非周期分量电流产生不动磁场，它和转子绕组电流产生的磁场相互作用将产生以同步频率交变、平均值接近于零的制动转矩。此转矩对发电机的机电暂态过程影响不大，可以略去不计。

根据以上两个假定，网络中的电流、电压只有频率为50Hz的分量，也就是说，描述网络的方程仍可以用代数方程。

3）当故障为不对称故障时，发电机定子回路中将流过负序电流。负序电流产生的磁场和转子绕组电流的磁场形成的转矩，主要是以两倍同步频率交变的，平均值接近于零的制动转矩，对发电机即对电力系统的机电暂态过程也没有明显影响，可略去不计。如果有零序电流流过发电机，由于零序电流在转子空间的合成磁场为零，它不产生转矩，完全可以略去。这样，以前讨论过的只计及正序分量的电磁功率公式都可以继续应用。

3. 系统主要元件近似简化

除了以上的基本假设之外，根据对稳定问题分析计算的不同精度要求，对于系统主要元件还有近似简化。以下列出最简化的发电机、原动机以及负荷的模型。

1）发电机的等效电动势和电抗为 $\dot{E}'$ 和 x'_d。由于发电机阻尼绕组中自由直流电流衰减很快，可以不计阻尼绕组的作用。根据励磁回路磁链守恒原理，在故障瞬间，暂态电动势 E'_q 是不变的，故障瞬间以后 E'_q 逐渐衰减，但考虑到励磁调节器的作用，可以近似地认为 E'_q 在暂态过程中一直保持常数。实际上，E' 与 E'_q 在数值上差别不大，因而在实用计算中，往往更进一步近似地假定 E' 在暂态过程中保持常数，即发电机的简化模型为 $\dot{E}'$ 和 x'_d。值得注意的是，δ' 是 E' 的相位，而不是 E'_q 的相位。不过在一般情况下，δ' 和 δ 的变化规律相似。当系统处于稳定的边界时，必须注意这种近似模型的可靠性。

2）不计原动机调速器的动态。一般在短过程的暂态稳定计算中，考虑到调速系统惯性较大，假定原动机输出机械功率不变。

3）负荷为恒定阻抗。本章主要以短路故障作为扰动，介绍扰动后的暂态过程以及分析方法，对于其他扰动，分析方法基本类似。

12. 2　简单系统运行状态经受大扰动后的暂态稳定性计算方法

本节首先分析简单电力系统受到大扰动后的暂态过程特点，进而介绍其暂态稳定性的分析方法，该方法能够揭示电力系统暂态稳定性的物理本质及各因素对暂态稳定的影响机理，对复杂电力系统暂态稳定分析及控制具有重要的指导意义。

12. 2. 1　故障扰动物理过程

一简单电力系统如图 12-2a 所示，此时电力系统正常运行，称为故障前系统（$t<0$）。当 $t=0$ 时，系统输电线路发生短路故障，由于继电保护的动作需要一定的时间才能将短路元件切除，因而将故障发生时刻到故障切除时刻这段时间称为系统故障期间，在 t_c 时刻，故障被切除，此时的系统称为故障后系统。

1. 故障扰动不同阶段的功率表达式

由图 12-2a 所示故障前系统的等效电路图可知，如果发电机用电动势 $\dot{E}'$ 作为其等效电动势，则电动势 $\dot{E}'$ 与无穷大系统间的电抗为

$$x_{\mathrm{I}} = x_{\mathrm{d}}' + x_{\mathrm{T1}} + \frac{x_{\mathrm{L}}}{2} + x_{\mathrm{T2}} \tag{12-1}$$

故障前系统的发电机发出电磁功率可表达为

$$P_{\mathrm{I}} = \frac{E'U}{x_{\mathrm{I}}}\sin\delta = P_{\mathrm{IM}}\sin\delta \tag{12-2}$$

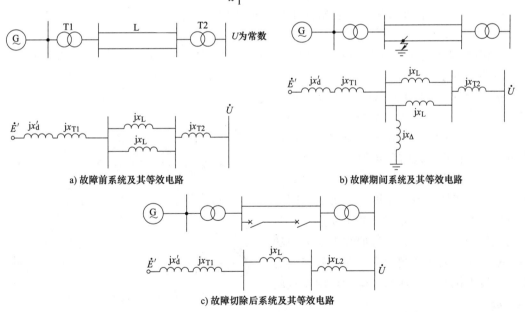

a) 故障前系统及其等效电路　　　　　　b) 故障期间系统及其等效电路

c) 故障切除后系统及其等效电路

图 12-2　简单电力系统及其等效电路

假设在一回输电线路始端突然发生短路故障，则在故障切除前其接线图与等效电路如图 12-2b 所示。

根据第 8 章不对称短路计算分析可知，故障期间的正序网络相当于在短路点上接一附加

电抗 x_Δ，根据正序等效定则可知，附加电抗表达式依赖于故障类型。由电路知识可知，此时发电机内电势至无穷大系统之间的转移电抗为

$$x_{\mathrm{II}} = (x_{\mathrm{d}}' + x_{\mathrm{T1}}) + \left(\frac{x_{\mathrm{L}}}{2} + x_{\mathrm{T2}}\right) + \frac{(x_{\mathrm{d}}' + x_{\mathrm{T1}})\left(\frac{x_{\mathrm{L}}}{2} + x_{\mathrm{T2}}\right)}{x_\Delta} \tag{12-3}$$

故障期间发电机输出的电磁功率为

$$P_{\mathrm{II}} = \frac{E'U}{x_{\mathrm{II}}}\sin\delta = P_{\mathrm{IIM}}\sin\delta \tag{12-4}$$

如果线路始端发生的是三相短路，则 x_Δ 为零，x_{II} 为无穷大，即三相短路完全阻断了发电机和系统间的联系，使发电机电磁功率为零。

随着线路继电保护装置断开故障线路两端的断路器，系统进入了故障后阶段。故障后系统接线图与等效电路如图 12-2c 所示。其发电机电动势与无穷大系统间的联系电抗为

$$x_{\mathrm{III}} = x_{\mathrm{d}}' + x_{\mathrm{T1}} + x_{\mathrm{L}} + x_{\mathrm{T2}} \tag{12-5}$$

此时发电机输出的电磁功率为

$$P_{\mathrm{III}} = \frac{E'U}{x_{\mathrm{III}}}\sin\delta = P_{\mathrm{IIIM}}\sin\delta \tag{12-6}$$

由式（12-1）、式（12-3）、式（12-5）可见

$$x_{\mathrm{I}} < x_{\mathrm{III}} < x_{\mathrm{II}}$$

因此

$$P_{\mathrm{IM}} > P_{\mathrm{IIIM}} > P_{\mathrm{IIM}}$$

以上 3 个阶段同步发电机的功角特性曲线如图 12-3 所示。

2. 故障扰动过程分析概述

根据图 12-3 刻画的同步发电机功角特性曲线，可以对简单系统受扰后的物理过程进行进一步的分析。

1）故障前：此时发电机向无穷大系统输送的功率为 P_0，则原动机输出的机械功率 P_{T} 等于 P_0，图 12-3 中的 a 点即为正常运行发电机的运行点，此时功角为 δ_0。

2）故障期间：功率特性立即降为 P_{II}，由于转子的惯性，转子角度不会突变，因此发电机的运行点由 a 点突然变至 b 点，此时原动机机械功率 P_{T} 大于 P_{II} 曲线上的电磁功率，故产生较大的过剩功率，在过剩转矩的作用下发电机转子将加速，运行点由 b 点向 c 点移动。

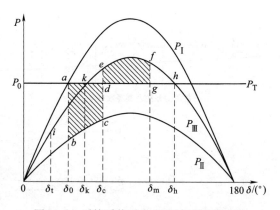

图 12-3 系统受扰后发电机转子暂态过程

3）故障后：假设在 c 点时将故障切除，则发电机的功率特性变为 P_{III}，发电机的运行点从 c 点突然变至 e 点（同样由于 δ 不能突变）。这时 P_{III} 曲线上的电磁功率大于机械功率，转子开始减速。

假设 f 点时转子转速才回落到同步转速，此时机械功率仍小于电磁功率，转子将继续减速，运行点沿功率特性 P_{III} 由 f 点向 e、k 点转移。在 k 点，机械功率与电磁功率平衡，但转

速低于同步转速，δ 继续减小。越过 k 点后，机械功率开始大于电磁功率，转子又加速，因而 δ 一直减小到转速恢复同步转速后又开始增大。此后运行点以 k 点为中心沿着 P_{III} 开始第二次摇摆。

实际上，总存在着阻尼作用，因而摇摆幅度逐渐衰减，最后停在 k 点上稳定运行。

综上所述，当线路发生短路故障后，若及时将故障线路切除，由于阻尼作用的存在，发电机转子经过衰减的摇摆过程之后将停在一个新的运行点上持续运行，系统能够保持暂态稳定。

图 12-4 中画出了上述暂态过程中负的过剩功率、转子角速度 ω 和功角 δ 随时间变化的情形，图中是计及了阻尼作用的。

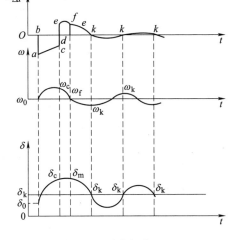

图 12-4　受扰暂态过程

如果故障线路切除较晚，将导致在到达与图 12-3 中相应的 f 点时转子转速仍大于同步转速。甚至在到达 h 点时转速还未降至同步转速，δ 就将越过 h 点对应的角度 δ_{h}。

而当运行点越过 h 点后，转子又立即承受加速转矩，转速又开始升高，而且加速度越来越大，δ 将不断增大，发电机和无穷大系统之间最终失去同步，导致不能保证对负荷的供电，如图 12-5 所示。

图 12-6 给出了这种情况下暂态过程中负的过剩功率、转子角速度 ω 和功角 δ 随时间变化的情形。

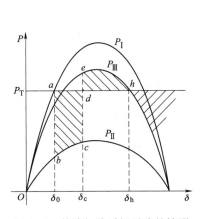

图 12-5　故障切除时间过晚的情形

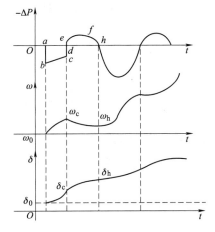

图 12-6　失步过程

以上分析了稳定和失稳两种情况下的简单电力系统暂态过程，为定量评估其暂态稳定性提供基础。

12.2.2　等面积定则

1. 等面积定则的证明

从故障发生到故障切除的这一段时间，即从起始角 δ_0 到故障切除瞬间所对应的角 δ_{c} 这一段时间里，发电机转子受到过剩转矩的作用而加速。可以证明，过剩转矩（转速变化不大时近似等于过剩功率）对相对角位移所做的功等于转子在相对运动中动能的增加。现证明如下：

故障期间转子运动方程为

$$\frac{T_J}{\omega_0} \cdot \frac{d^2\delta}{dt^2} = P_T - P_{II}$$

由于

$$\frac{d^2\delta}{dt^2} = \frac{d}{dt}\left(\frac{d\delta}{dt}\right) = \frac{d\delta}{dt} \cdot \frac{d\dot\delta}{d\delta} = \dot\delta \frac{d\dot\delta}{d\delta}$$

代入上列转子运动方程，得

$$\frac{T_J}{\omega_0}\dot\delta d\dot\delta = (P_T - P_{II})d\delta$$

将上式两边积分

$$\int_{\dot\delta_0}^{\dot\delta_c} \frac{T_J}{\omega_0}\dot\delta d\dot\delta = \int_{\delta_0}^{\delta_c} (P_T - P_{II})d\delta$$

得

$$\frac{1}{2} \cdot \frac{T_J}{\omega_0}(\dot\delta_c^2 - \dot\delta_0^2) = \frac{1}{2} \cdot \frac{T_J}{\omega_0}\dot\delta_c^2 = \int_{\delta_0}^{\delta_c} (P_T - P_{II})d\delta \tag{12-7}$$

式中，$\dot\delta_c$ 是角度为 δ_c 时转子的相对角速度；$\dot\delta_0$ 是角度为 δ_0 时转子的相对角速度，总是零。

式（12-7）第一个等号左端表示转子在相对运动中增加的动能，第二个等号右端对应于过剩转矩对相对角位移所做的功。而且第二个等号右端项即为图 12-3 中 *abcd* 所包围的面积，故称之为加速面积。

类似地，可以推得故障切除后，转子在制动过程中减少的动能就等于制动转矩所做的功，即有

$$\frac{1}{2} \cdot \frac{T_J}{\omega_0}(\dot\delta^2 - \dot\delta_c^2) = \int_{\delta_c}^{\delta} (P_T - P_{III})d\delta \tag{12-8}$$

式中，δ 为减速过程中任意的角度；$\dot\delta$ 为对应于 δ 角的相对角速度。

由图 12-3 可见，当 $\delta = \delta_m$ 时，角速度又恢复到同步角速度，即 $\dot\delta_m = 0$。式（12-8）变为

$$\frac{1}{2} \cdot \frac{T_J}{\omega_0}(-\dot\delta_c^2) = \int_{\delta_c}^{\delta_m} (P_T - P_{III})d\delta$$

或为

$$\frac{1}{2} \cdot \frac{T_J}{\omega_0}\dot\delta_c^2 = \int_{\delta_c}^{\delta_m} (P_{III} - P_T)d\delta \tag{12-9}$$

式（12-9）等号左端表示转子减速到 δ_m 时减少的动能，右端表示制动转矩所做的功，它对应于图 12-3 中 *defg* 所包围的面积，称之为减速面积。比较式（12-7）和式（12-9）可以看出，转子在减速过程中减少的动能正好等于加速时增加的动能，并可推得

$$\int_{\delta_0}^{\delta_c} (P_T - P_{II})d\delta = \int_{\delta_c}^{\delta_m} (P_{III} - P_T)d\delta \tag{12-10}$$

式（12-10）即为等面积定则，即当减速面积等于加速面积时，转子角速度恢复到同步速度，δ 达到 δ_{m} 并开始减小。

2. 利用等面积定则确定极限切除角

根据前面的分析可知，为了保持系统的稳定，必须在到达 h 点以前使转子恢复同步速度。极限的情况是正好达到 h 点时转子恢复同步速度，这时的切除角度称为极限切除角 δ_{cm}，与该切除角相对应的故障切除时刻称为极限切除时间 t_{cm}。根据等面积定则有以下关系：

$$\int_{\delta_0}^{\delta_{\mathrm{cm}}}(P_{\mathrm{T}} - P_{\mathrm{II}})\,\mathrm{d}\delta = \int_{\delta_{\mathrm{cm}}}^{\delta_{\mathrm{h}}}(P_{\mathrm{III}} - P_{\mathrm{T}})\,\mathrm{d}\delta$$

即

$$\int_{\delta_0}^{\delta_{\mathrm{cm}}}(P_{\mathrm{T}} - P_{\mathrm{IIM}}\sin\delta)\,\mathrm{d}\delta = \int_{\delta_{\mathrm{cm}}}^{\delta_{\mathrm{h}}}(P_{\mathrm{IIIM}}\sin\delta - P_{\mathrm{T}})\,\mathrm{d}\delta$$

可推得极限切除角为

$$\cos\delta_{\mathrm{cm}} = \frac{P_{\mathrm{T}}(\delta_{\mathrm{h}} - \delta_0) + P_{\mathrm{IIIM}}\cos\delta_{\mathrm{h}} - P_{\mathrm{IIM}}\cos\delta_0}{P_{\mathrm{IIIM}} - P_{\mathrm{IIM}}} \tag{12-11}$$

$$\delta_{\mathrm{h}} = \pi - \arcsin\frac{P_0}{P_{\mathrm{IIIM}}}$$

式中的角度用弧度表示。

在极限切除角时切除故障线路，已利用了最大可能的减速面积。如果切除角大于极限切除角，就会造成加速面积大于减速面积，暂态过程中运行点就会越过 h 点而使系统失去同步。由此可以得到简单系统暂态稳定的另一个判据为 $\delta_{\mathrm{c}} \leqslant \delta_{\mathrm{cm}}$ 或故障切除时间 $t_{\mathrm{c}} < t_{\mathrm{cm}}$。

当一个简单系统在某一运行点受到特定的故障扰动，只要能在由此运行点和故障确定的极限切除角内切除故障，系统将保持暂态稳定。

如果线路上装有重合闸装置，则断路器断开故障线路后经过一定时间会重新合闸。重新合闸后有两种情况：一种是短路故障消除，系统恢复正常运行；另一种是短路故障依旧存在，断路器再次断开。

图 12-7 示出这两种情况下的加速面积和减速面积，图中，δ_{R} 对应于重合闸时的角度，δ_{RC} 为断路器第二次断开时的角度。由图可见：第一种情况可以显著地增加最大减速面积；第二种情况减少了减速面积，系统能否稳定，取决于再次切除故障的快慢。

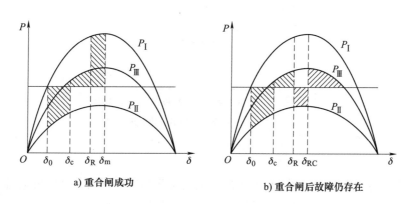

a) 重合闸成功　　　　　　b) 重合闸后故障仍存在

图 12-7　简单系统有重合闸装置时的面积图形

【**例 12-1**】　图 12-8 是本例的系统图，其中标明了有关参数。若输电线路一回线路的始端发生两相短路接地，试计算能保持系统暂态稳定的极限切除角。

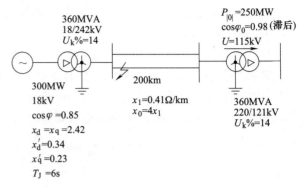

图 12-8　例 12-1 系统接线图

解　（1）计算正常运行时的暂态电动势 E' 和功角 δ_0（即 δ'_0）。正常运行的等效电路如图 12-9a 所示。在例 10-1 中已算得各元件电抗 $x'_{d\Sigma} = 0.796$，则

$$E' = \sqrt{(1 + 0.2 \times 0.796)^2 + 0.796^2} = 1.406$$

$$\delta'_0 = \arctan \frac{0.796}{1 + 0.2 \times 0.796} = 34.28°$$

a) 正常运行等效电路

b) 负序和零序等效网络

c) 故障时等效电路

d) 故障切除后等效电路

图 12-9　例 12-1 各阶段等效电路图

（2）故障后的功率特性。图 12-9b 示出系统的负序和零序网络，其中发电机负序电抗为

$$x_{(2)} = 0.23 \times \frac{250 \times 0.85}{300} \times \left(\frac{242}{209}\right)^2 = 0.218$$

线路零序电抗为

$$x_{L(0)} = 4 \times 0.235 = 0.94$$

故障点的负序和零序等效电抗为

$$x_{(0)\Sigma} = \frac{0.130 \times (0.94 + 0.108)}{0.130 + (0.94 + 0.108)} = 0.116$$

$$x_{(2)\Sigma} = \frac{(0.218 + 0.130) \times (0.235 + 0.108)}{(0.218 + 0.130) + (0.235 + 0.108)} = 0.173$$

所以，加在正序网络故障点上的附加电抗为

$$x_\Delta = \frac{0.173 \times 0.116}{0.173 + 0.116} = 0.069$$

于是故障时等效电路如图 12-9c 所示，故

$$x_{\text{II}} = 0.453 + 0.343 + \frac{0.453 \times 0.343}{0.069} = 3.05$$

故障时发电机的最大功率为

$$P_{\text{II M}} = \frac{E'U}{x_{\text{II}}} = \frac{1.406}{3.05} = 0.46$$

（3）故障切除后的功率特性。故障切除后的等效电路如图 12-9d 所示，故

$$x_{\text{III}} = 0.323 + 0.130 + 2 \times 0.235 + 0.108 = 1.031$$

此时最大功率为

$$P_{\text{III M}} = \frac{E'U}{x_{\text{III}}} = \frac{1.406}{1.031} = 1.36$$

$$\delta_h = 180° - \arcsin \frac{1}{1.36} = 132.7°$$

（4）计算极限切除角。由于

$$\cos\delta_{cm} = \frac{P_T(\delta_h - \delta_0) + P_{\text{III M}}\cos\delta_h - P_{\text{II M}}\cos\delta_0}{P_{\text{III M}} - P_{\text{II M}}}$$

$$= \frac{1 \times \frac{\pi}{180} \times (132.7° - 34.28°) + 1.36\cos132.7° - 0.46\cos34.28°}{1.36 - 0.46} = 0.462$$

得

$$\delta_{cm} = 62.5$$

等面积定则不仅可以用来分析短路故障引起的扰动，也可以分析简单系统受到其他扰动的稳定问题。例如，发电机（或线路）断路器因故障突然断开，使发电机失去负荷，导致转子加速，随后断路器又重新合上，系统能否保持暂态稳定恢复到原来的运行状态？图 12-10示出此种状况下等面积定则的应用，图中 δ_{Rm} 表示极限重合角，此时加速面积 $A_a(abcd)$ 等于最大可能减速面积 $A_d(deh)$。

如果重合角度小于 δ_{Rm}，发电机的运行点将沿着 P_E 曲线，δ 经过衰减振荡后回到初始运行点 a。否则 δ 将越过 δ_h，转子不断加速而导致失去同步，即暂态不稳定。

【例 12-2】 已知一单机无穷大系统，发电机的功率特性为 $P_E = 1.2\sin\delta$，$P_0 = 0.5$，发电机组惯性时间常数 $T_J = 10s$。若发电机断路器因故障突然断开又很快重合，试计算为保持暂

态稳定断路器重合的极限时间。

解 （1）极限重合角。先计算初始功角

$$\delta_0 = \arcsin\frac{0.5}{1.2} = 24.62° = 0.430\text{rad}$$

应用等面积定则，如图 12-10 所示，在 A_a 和 A_d 上均加一相等的面积，即 dh 和横坐标之间的长方形，则有

$$A_a + \Delta A = 0.5(\pi - \delta_0 - \delta_0) = 1.141$$

$$= A_d + \Delta A = \int_{\delta_{Rm}}^{\pi - \delta_0} 1.2\sin\delta\,\mathrm{d}\delta$$

$$= 1.2(\cos\delta_{Rm} + 0.923)$$

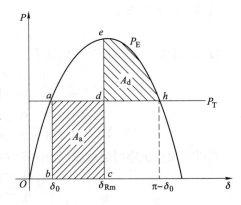

图 12-10　发电机断路器突然断开后再重合

解得

$$\delta_{Rm} = 88.41° = 1.543\text{rad}$$

（2）极限重合时间。在转子加速期间转子运动方程为

$$\frac{T_J}{\omega_0} \cdot \frac{\mathrm{d}^2\delta}{\mathrm{d}t^2} = P_T - 0$$

即

$$\frac{\mathrm{d}^2\delta}{\mathrm{d}t^2} = 5\pi$$

表明 δ 做加速运动，可直接求得 $\delta(t)$ 的解析解，而不需要用数值积分法计算。

$$\delta(t) = \frac{1}{2} \times 5\pi t^2 + \delta_0$$

$$1.543 = \frac{5\pi}{2}t^2 + 0.430$$

$$t_{Rm} = 0.38\text{s}$$

12.2.3　简单系统暂态稳定分析的数值积分法

在简单系统中，等面积定则的应用可以容易地确定出系统的极限切除角，但工程实际中，往往更关心极限切除角所对应的极限切除时间。因此，需要求出从故障开始到故障切除这段时间内的转子角随时间变化曲线，曲线上对应于极限切除角的时间即为极限切除时间。为此，需要对发电机的转子运动方程进行求解，得到发电机的 δ-t 曲线和 ω-t 曲线，其中 δ-t 曲线一般又称为发电机的摇摆曲线。

1. 描述发电机暂态的微分方程组

以上述简单系统发生短路故障后切除故障线路为例说明。

发生短路故障后的初始条件为：

由于系统故障发生的瞬间，系统状态变量不能发生突变，所以

$$t_0^+ = t_0^- = 0, \ \omega_0^+ = \omega_0^- = 1, \ \delta_0^+ = \delta_0^- = \arcsin\frac{P_T}{P_{IM}} \tag{12-12}$$

故障期间转子的运动方程为

$$\begin{cases} \dfrac{\mathrm{d}\delta}{\mathrm{d}t} = (\omega - 1)\,\omega_0 \\[2mm] \dfrac{\mathrm{d}\omega}{\mathrm{d}t} = \dfrac{1}{T_{\mathrm{J}}}\left(P_{\mathrm{T}} - \dfrac{E'U}{x_{\mathrm{II}}}\sin\delta\right) \end{cases} \qquad (12\text{-}13)$$

对该非线性微分方程组求得解析解是十分困难的，但可以通过适当的数值积分方法求出其状态量的动态过程，即δ-t曲线和ω-t曲线。当应用数值积分方法计算得到故障期间的δ-t曲线后，就可以由曲线找到与极限切除角相应的极限切除时间。下面将介绍一种简单的常微分方程数值解法——改进欧拉法。

2. 改进欧拉法

常微分方程初值问题的数值解法，就是对于微分方程式差分化求解。

如下为一阶微分方程：

$$\dot{x} = \frac{\mathrm{d}x}{\mathrm{d}t} = f(x) \qquad (12\text{-}14)$$

从已知的初值（$t=0$，$x=x_0$）开始，离散地逐点求出对应于时间t_0、t_1、$\cdots$、t_n的函数x的近似值x_0、x_1、$\cdots$、x_n。

一般t_0、t_1、$\cdots$、t_n取成等步长的，即$t_1-t_0=h$，$t_2-t_1=h$，$\cdots$。当h选择得足够小时，计算结果有足够的准确度。

如果采用的计算方法是由x_0算x_1，然后由x_1算x_2，如此递推地算出各个时间的函数值，称为单步法，改进欧拉法就是一种单步法，由已知的x_n求x_{n+1}。

1）计算t_n时x的变化率，即

$$\dot{x}_n = f(x_n) \qquad (12\text{-}15)$$

2）假定在$t_n \sim t_{n-1}$区间内x以变化率$\dot{x}_n$增长，则t_n+1时x的初步估计值为

$$x_{n+1}^{(0)} = x_n + \dot{x}_n h \qquad (12\text{-}16)$$

3）根据初步估计值$x_{n+1}^{(0)}$算出t_{n+1}时x的初始变化率，即

$$\dot{x}_{n+1}^{(0)} = f(x_{n+1}^{(0)}) \qquad (12\text{-}17)$$

4）用$\dot{x}_n$和$\dot{x}_{n+1}^{(0)}$的平均值作为$t_n \sim t_{n+1}$期间x的平均变化率，进而计算t_{n+1}时的x值，即

$$x_{n+1} = x_n + \frac{1}{2}(\dot{x}_n + \dot{x}_{n+1}^{(0)})\,h \qquad (12\text{-}18)$$

图12-11给出了用改进欧拉法计算简单系统摇摆曲线的原理框图。按照这个框图计算一次，即可得到简单系统在某个运行状态下，受到某种扰动后，角度δ和角速度ω随时间变化的曲线。

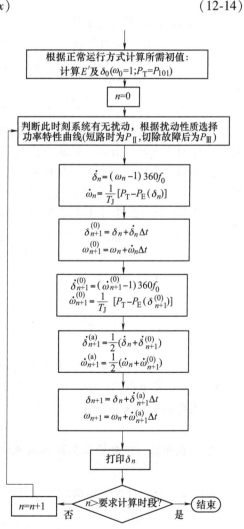

图12-11　用改进欧拉法计算简单电力系统摇摆曲线的原理框图

如前所述，在某个故障切除时间下可能是稳定的，如果延长切除时间再算一次，系统可能不稳定。为了求得极限切除时间（如果不求极限切除角）就必须进行多次计算。

12.3　复杂电力系统暂态稳定性的数值仿真计算方法

等面积定则虽然在判断简单系统暂态稳定性方面具有一定的优势，然而该方法是在诸多假设和简化条件下才能成立的。在实际复杂电力系统运行中，这些条件往往并不能完全成立。因此，需要研究复杂电力系统暂态稳定性分析的其他方法。

数值积分法是求解连续微分方程的常用方法，通过求解动态系统受扰后的状态变量轨迹，进而判断系统的稳定性。因此，可采用数值积分法求解复杂电力系统各发电机转子运动方程，然后根据各发电机组间相对功角随时间变化的情况来判断系统的暂态稳定性。这里介绍利用数值积分法进行复杂电力系统暂态稳定分析的基本原理。

1. 假设发电机暂态电动势 E' 和机械功率 P_T 均为常数，负荷为恒定阻抗的近似计算法

对于联系比较紧密的系统，在受扰动后 1s 左右即可判断系统的暂态稳定性，在这种情况下，假定 E' 和 P_T 均为常数，负荷用恒定阻抗模拟，在工程的近似计算中是可行的。在复杂系统中，各发电机的电磁功率计算较为复杂，下面将介绍两种计算电磁功率的方法及其计算流程。

2. 发电机作为电压源（E'_i = 常数）时的计算步骤

可以应用式（10-32）来计算各发电机的电磁功率，但必须先消去系统中除发电机电动势节点外的所有其他节点，以求得式（10-32）中的导纳元素。

图 12-12 示出了发电机作为电压源时多机系统暂态稳定计算流程框图，图中，K 用来判断是计算 δ_i 和 ω_i 的估计值还是校正值，T_m 为要求计算的时间。

以下介绍图 12-12 几个主要框的计算任务。

第（1）框：根据正常运行方式的潮流计算结果，计算解微分方程所需的初值（各机组的 δ_{i0} 和 ω_{i0}）以及发电机电动势和机械功率。

各发电机的电动势为

$$\dot{E}'_i = E'_i \angle \delta_{i0} = \dot{U}_{i|0|} + j \frac{P_{i|0|} - jQ_{i|0|}}{\dot{U}^*_{i|0|}} x'_{di} \tag{12-19}$$

式中，$\dot{U}_{i|0|}$、$P_{i|0|}$ 和 $Q_{i|0|}$ 分别为正常运行时 i 节点发电机的端电压、有功功率和无功功率；δ_{i0} 即为 i 节点发电机的初始功角；x'_{di} 为发电机 i 的 d 轴暂态电抗。

各发电机的机械功率为

$$P_{Ti} = P_{i|0|} \tag{12-20}$$

发电机角速度的初值均为同步角速度，即

$$\omega_{i0} = 1$$

第（2）框：计算各负荷的等效导纳为

$$y_{Dj} = \frac{P_{Dj|0|} - jQ_{Dj|0|}}{U^2_{j|0|}} \tag{12-21}$$

式中，$U_{j|0|}$、$P_{Dj|0|}$ 和 $Q_{Dj|0|}$ 分别为正常运行时 j 节点负荷的端电压、有功功率和无功功率。在

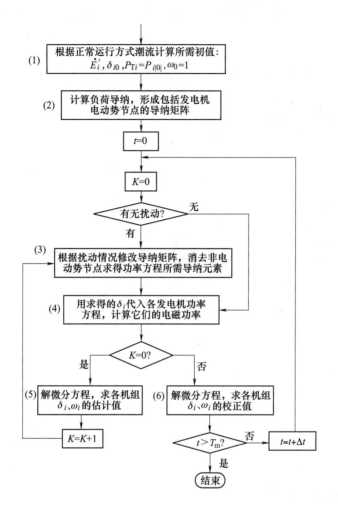

图 12-12　发电机作为电压源时多机系统暂态稳定计算流程框图

原潮流计算用网络导纳矩阵的基础上形成一个包含负荷等效导纳以及增加发电机电动势节点的导纳矩阵，如图 12-13 所示。新增加的发电机电动势节点的自导纳为 $1/\mathrm{j}x'_\mathrm{d}$，它们只和相应的发电机端电压中点之间有互导纳 $-1/\mathrm{j}x'_\mathrm{d}$，而发电机端电压节点的自导纳也要相应的增加 $1/\mathrm{j}x'_\mathrm{d}$。

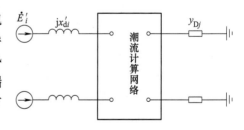

图 12-13　增加发电机电动势节点及负荷
导纳的网络模型

第（3）框：根据计算时刻和预先给定的扰动信息判断此时刻有扰动后，根据扰动性质修改第（2）框中已形成的导纳矩阵。如果是短路故障，则在故障点加自导纳 $1/\mathrm{j}x_\Delta$；如果是切除故障线路，则改变线路两端节点的互导纳和自导纳等。然后消去发电机电动势节点外的其他节点，这个新的导纳矩阵的元素即可用来按式（10-32）计算各发电机的电磁功率。

第（4）框：应用第（3）框求得的导纳矩阵元素以及由微分方程算得的各发电机角度 δ_i 的估计值或校正值（$t=0$ 时刻的 δ_{i0} 已知），按式（10-32）计算各发电机电磁功率。

第（5）框和第（6）框：分别为应用改进欧拉法计算各发电机的 δ_i 和 ω_i 在 $t+\Delta t$ 时刻的估计值和校正值。

3. 发电机作为电流源时的计算步骤

上述方法为了计算发电机电磁功率，要形成包括发电机电动势节点的导纳矩阵，而且每次发生扰动时都要在修改导纳矩阵之后做消去非发电机电动势节点的计算。此外，这种方法只适用于负荷用恒定阻抗模拟的情况，因为若负荷不是恒定阻抗，负荷节点是不能被消去的。

现在的这种方法是将发电机作为电流源，网络模型如图 12-14 所示。负荷模型是任意的，可以将阻抗接入负荷点，图 12-14 所示发电机作为电流源时，阻抗可以是每时刻变化的；也可用注入电流源表示负荷，这里不做详细介绍。

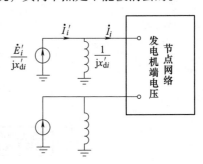

图 12-14　发电机作电流源时的网络模型

在图 12-14 所示网络中，如果将各发电机节点上的导纳 $1/jx'_d$ 计入发电机端电压节点的自导纳中，则由于每时刻均已知各发电机节点电流 $\dot{I}'_i = E'_i \angle \delta_i / jx'_{di}$，其他节点电流均为零（设负荷已作为等效导纳接入网络），即可利用网络方程

$$I_n = Y_n U_n \tag{12-22}$$

算得网络各节点电压，则各发电机的电磁功率为

$$P_{Ei} = \mathrm{Re}(\dot{E}'_i \dot{I}^*) = \mathrm{Re}\left(\dot{E}'_i \frac{\dot{E}_i^* - \dot{U}_i^*}{-jx'_{di}} \right) \tag{12-23}$$

式中，$\dot{I}$ 为发电机定子电流，不应与 $\dot{I}'_i$ 混淆。

这种电磁功率的计算方法与前面方法的不同之处在于，后者是将电磁功率直接表示成角度 δ_{ij} 的函数，而现在的方法是在已知电动势 $\dot{E}'_i$ 的角度后通过网络计算才求得电磁功率。图 12-15 为本方法的计算流程框图，其总的计算流程与图 12-12 类似，只是第（2）~（4）框不同，特别是第（4）框反映了两种方法计算电磁功率的主要差别。

4. 假设发电机交轴暂态电动势 E'_q 和机械功率 P_T 为常数

发电机用电动势 E'_q 代表，并假设 E'_q 为常数，因为 $\dot{E}'_q$ 的角度是实际的功角。如果要计及强行励磁的作用，需计算得到每时刻的 E'_q 值。当然，比起 E' 为常数的情况，现在为求得发电机电磁功率的网络方程计算就要复杂得多。

（1）坐标转换

现在 E'_q 与发电机定子电流的关系只能按 d、q 轴分别建立电压平衡关系，即

$$\left.\begin{array}{l} E'_{qi} = U_{qi} + r_i I_{qi} + x'_{di} I_{di} \\ 0 = U_{di} - x_{qi} I_{qi} + r_i I_{di} \end{array}\right\} \tag{12-24}$$

式中，U_{qi}、U_{di} 和 I_{qi}、I_{di} 分别为 i 节点发电机端电压和电流的 q、d 轴分量。

将式（12-24）写成矩阵形式为

$$\begin{bmatrix} E'_q \\ 0 \end{bmatrix} = \begin{bmatrix} U_{qi} \\ U_{di} \end{bmatrix} + \begin{bmatrix} r_i & x'_{di} \\ -x_{qi} & r_i \end{bmatrix} \begin{bmatrix} I_{qi} \\ I_{di} \end{bmatrix} \tag{12-25}$$

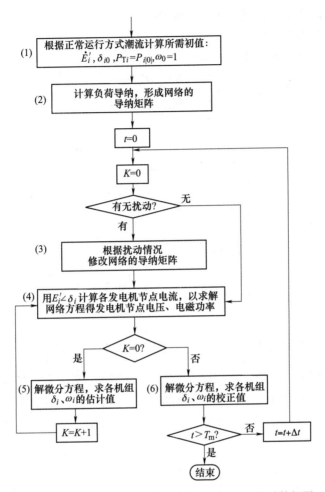

图 12-15　发电机作为电流源时多机系统暂态稳定计算框图

在正常运行的潮流计算以及暂态过程的网络计算中，所有的电压、电流相量均以某一同步旋转的相量作为参考坐标（即 x 轴）。发电机转子 q 轴与 x 轴的夹角即为 δ_i。图 12-16 示出 i 节点机组 d、q 坐标和同步旋转的 x、y 坐标的关系。由图可知，任一相量 $\dot{F}$ 的 d、q 轴分量和 x、y 轴分量有如下关系，即

$$\begin{bmatrix} F_{qi} \\ F_{di} \end{bmatrix} = \begin{bmatrix} \cos\delta_i & \sin\delta_i \\ \sin\delta_i & -\cos\delta_i \end{bmatrix} \begin{bmatrix} F_x \\ F_y \end{bmatrix} \tag{12-26}$$

因此，只要将式（12-25）中 U_{qi}、U_{di} 和 I_{qi}、I_{di} 用式（12-26）形式转换为 U_{xi}、U_{yi} 和 I_{xi}、I_{yi}，即得到 E'_{qi} 与用网络 x、y 坐标表示的端电压 $\dot{U}_i$ 和电流 $\dot{I}_i$ 分量的关系为

图 12-16　d、q 与 x、y 坐标的关系

$$\begin{bmatrix} E'_{qi} \\ 0 \end{bmatrix} = \begin{bmatrix} \cos\delta_i & \sin\delta_i \\ \sin\delta_i & -\cos\delta_i \end{bmatrix} \begin{bmatrix} U_{xi} \\ U_{yi} \end{bmatrix} + \begin{bmatrix} r_i & x'_{di} \\ -x_{qi} & r_i \end{bmatrix} \begin{bmatrix} \cos\delta_i & \sin\delta_i \\ \sin\delta_i & -\cos\delta_i \end{bmatrix} \begin{bmatrix} I_{xi} \\ I_{yi} \end{bmatrix} \tag{12-27}$$

315

这就是对式（12-25）进行坐标转换的结果。

（2）发电机电流源与网络方程求解

将式（12-27）改写为电流形式，则

$$\begin{bmatrix} I_{xi} \\ I_{yi} \end{bmatrix} = \begin{bmatrix} G_{xi} & B_{xi} \\ B_{yi} & G_{yi} \end{bmatrix} \begin{bmatrix} E'_{qi}\cos\delta_i - U_{xi} \\ E'_{qi}\sin\delta_i - U_{yi} \end{bmatrix} \tag{12-28}$$

其中

$$\begin{cases} G_{xi} = \dfrac{r_i + (x_{qi} - x'_{di})\sin\delta_i\cos\delta_i}{r_i^2 + x'_{di}x_{qi}} \\[3mm] B_{xi} = \dfrac{x_{qi}\sin^2\delta_i + x'_{di}\cos^2\delta_i}{r_i^2 + x'_{di}x_{qi}} \\[3mm] B_{yi} = -\dfrac{x'_{di}\sin^2\delta_i + x_{qi}\cos^2\delta_i}{r_i^2 + x'_{di}x_{qi}} \\[3mm] G_{yi} = \dfrac{r_i + (x'_{di} - x_{qi})\sin\delta_i\cos\delta_i}{r_i^2 + x'_{di}x_{qi}} \end{cases} \tag{12-29}$$

式（12-28）表明现在发电机电流方程不能用一个复数方程 $\left(\dot{I}_i = \dfrac{\dot{E}'_i - \dot{U}_i}{jx'_{di}} \right)$ 描述，而必须用两个实数方程来描述。相应地，将网络方程也改写为实数方程，即为

$$\begin{bmatrix} \begin{bmatrix} I_{x1} \\ I_{y1} \end{bmatrix} \\ \vdots \\ \begin{bmatrix} I_{xi} \\ I_{yi} \end{bmatrix} \\ \vdots \\ \begin{bmatrix} I_{xn} \\ I_{yn} \end{bmatrix} \end{bmatrix} = \begin{bmatrix} \begin{bmatrix} G_{11} & -B_{11} \\ B_{11} & G_{11} \end{bmatrix} & \cdots & \begin{bmatrix} G_{1i} & -B_{1i} \\ B_{1i} & G_{1i} \end{bmatrix} & \cdots & \begin{bmatrix} G_{1n} & -B_{1n} \\ B_{1n} & G_{1n} \end{bmatrix} \\ \vdots & & \vdots & & \vdots \\ \begin{bmatrix} G_{i1} & -B_{i1} \\ B_{i1} & G_{i1} \end{bmatrix} & \cdots & \begin{bmatrix} G_{ii} & -B_{ii} \\ B_{ii} & G_{ii} \end{bmatrix} & \cdots & \begin{bmatrix} G_{in} & -B_{in} \\ B_{in} & G_{in} \end{bmatrix} \\ \vdots & & \vdots & & \vdots \\ \begin{bmatrix} G_{n1} & -B_{n1} \\ B_{n1} & G_{n1} \end{bmatrix} & \cdots & \begin{bmatrix} G_{ni} & -B_{ni} \\ B_{ni} & G_{ni} \end{bmatrix} & \cdots & \begin{bmatrix} G_{nn} & -B_{nn} \\ B_{nn} & G_{nn} \end{bmatrix} \end{bmatrix} \begin{bmatrix} \begin{bmatrix} U_{x1} \\ U_{y1} \end{bmatrix} \\ \vdots \\ \begin{bmatrix} U_{xi} \\ U_{yi} \end{bmatrix} \\ \vdots \\ \begin{bmatrix} U_{xn} \\ U_{yn} \end{bmatrix} \end{bmatrix} \tag{12-30}$$

假设 i 节点为发电机，将式（12-28）代入式（12-30）左侧，并将式（12-28）中与端电压有关的项移到式（12-30）右侧，则网络方程中仅两个二阶矩阵变化，一是左侧的 i 点电流，一是右侧的第 i 个对角方阵，即

$$\begin{cases} \begin{bmatrix} I_{xi} \\ I_{yi} \end{bmatrix} \Rightarrow \begin{bmatrix} G_{xi} & B_{xi} \\ B_{yi} & G_{yi} \end{bmatrix} \begin{bmatrix} E'_{qi}\cos\delta_i \\ E'_{qi}\sin\delta_i \end{bmatrix} \\[4mm] \begin{bmatrix} G_{ii} & -B_{ii} \\ B_{ii} & G_{ii} \end{bmatrix} \Rightarrow \begin{bmatrix} G_{ii} + G_{xi} & -B_{ii} + B_{xi} \\ B_{ii} + B_{yi} & G_{ii} + G_{yi} \end{bmatrix} \end{cases} \tag{12-31}$$

这样，只要已知发电机每时刻的 δ_i（E'_{qi} 已知且为常数），即可求解按式（12-31）改变过的网络方程，求得各点电压的实部和虚部，则发电机的电磁功率为

$$P_{Ei} = U_{xi}I_{xi} + U_{yi}I_{yi} + (I_{xi}^2 + I_{yi}^2)r_i \tag{12-32}$$

显然，计算流程框图与图 12-15 是类似的。只是在第（2）框中网络内不包含发电机电

抗 x'_d；第（4）框网络方程为上述的实数方程。

如果电力系统的暂态稳定要经几秒钟或更长的时间才能判断，则在分析计算中必须计及调节系统的影响。计及自动调节励磁系统，即通过增加的微分方程求得 E'_q 的变化，而 E'_q 又影响到各发电机的电磁功率。计及自动调速系统，也是通过补充的微分方程来计算 P_T 即机械功率的变化。

5. 等效发电机

复杂系统中发电机台数过多会增加计算工作量。为了简化计算，对于那些在暂态过程中，相对角度变化较小（或者说它们的绝对角度变化规律相似）的发电机，称为同调机群，可以将它们合并成一台等效发电机参加计算。例如在一条母线上并联运行的发电机，当故障离母线较远时，可以认为这些发电机在暂态过程中的相对角度几乎不变。

图 12-17a 表示若干台发电机接在同一节点 k 上，其等效电路如图 12-17b 所示，z_Σ、$\dot{E}_\Sigma$ 和 S_Σ 分别为等效发电机的阻抗、电动势和额定容量，其中 S_Σ 也是各台发电机额定容量之和。等效发电机的惯性时间常数是各台发电机归算到统一基准功率的惯性时间常数之和，即

$$T_{J\Sigma} = T_{J1}\frac{S_1}{S_B} + T_{J2}\frac{S_2}{S_B} + \cdots + T_{Jn}\frac{S_n}{S_B}$$

（12-33）

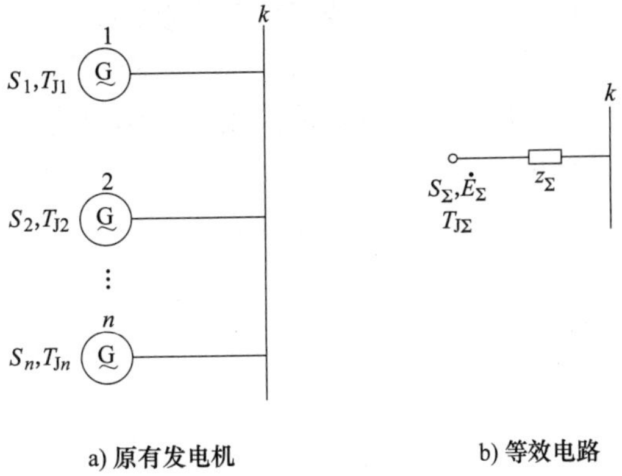

a) 原有发电机　　　　b) 等效电路

图 12-17　等效发电机

式中，T_{J1}，T_{J2}，$\cdots$，T_{Jn} 分别为各台发电机的惯性时间常数；S_1，S_2，$\cdots$，S_n 为各台发电机的额定功率；S_B 为功率基准值。

关于如何识别同调机群并将其合并等问题属于动态等效专门问题，这里不再介绍。

对于一个含 N 个同步发电机的复杂电力系统，即便是同步发电机采用最简化的数学模型，其暂态稳定计算中也至少有 $2N$ 个微分方程。如果再加上发电机的调节系统，负荷的动态模型，甚至还有柔性输电装置的动态模型等，微分方程阶数将更高。而多机系统已无法应用等面积定则，只能是预定扰动时刻，然后做 $\delta\text{-}t$ 计算，一般需要计算到 $t = 1\text{s}$ 左右才能判断系统是否稳定，还不能判断系统稳定程度。若要确定系统的稳定程度，往往需要改变运行方式或扰动情况，做多次计算直到系统失稳。由此可见，这种一步一步的数值积分算法是相当耗时的，这也是数值积分方法暂态稳定分析的一个缺陷。

12.4　提高暂态稳定性的措施和失稳后的控制

暂态稳定是电力系统运行安全性的重要特征，因此需要采取有效措施提高电力系统暂态稳定性，进而提高系统运行的安全性。

从前面的暂态稳定分析可知，系统的稳定与系统的初始运行方式（P_0）、故障的类型和故障持续时间、故障后网络结构均有关系，因此可以从这几个方面着手提高系统暂态稳定性。

12.4.1 提高暂态稳定性的措施

由简单系统暂态稳定性的等面积定则可知，提高暂态稳定性措施的核心就是最大限度地减小加速面积，最大限度地增大减速面积。

1. 故障的快速切除

快速切除故障对于提高系统的暂态稳定性有决定性的作用，因为快速切除故障减小了加速面积，增大了减速面积，提高了发电机之间并列运行的稳定性。

另一方面，快速切除故障也可使负荷中的电动机端电压迅速回升，降低了电动机失速的危险。切除故障时间是继电保护装置动作时间和断路器动作时间的总和。目前已可做到短路后 0.06s 切除故障线路，其中 0.02s 为保护装置动作时间，0.04s 为断路器动作时间。

2. 自动重合闸装置的应用

电力系统的故障特别是高压输电线路的故障大多数是短路故障，而这些短路故障大多数又是暂时性的。采用自动重合闸装置，在发生故障的线路上，先切除线路，经过一定时间再合上断路器，如果故障消失则重合闸成功。重合闸的成功率是很高的，可达 90% 以上。这个措施可以提高供电的可靠性，对于提高系统的暂态稳定性也有十分明显的作用。图 12-18a 所示为简单系统重合闸等效电路。

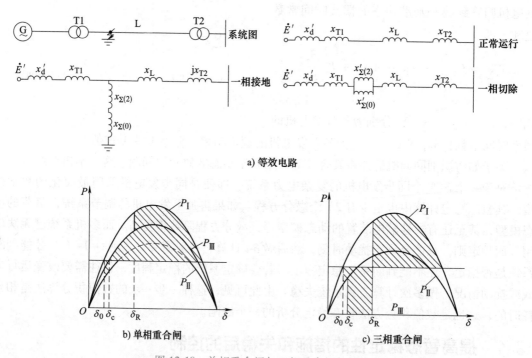

图 12-18　单相重合闸与三相重合闸的比较

图 12-18b 所示为在简单系统中重合闸成功使减速面积增大的情形。重合闸动作越快，对稳定越有利，但是重合闸的时间受到短路处去游离时间的限制。如果在原来短路处产生电弧的地方，气体还处在游离的状态下而过早地重合线路断路器，将引起再度燃弧，使重合闸不成功甚至扩大故障。去游离的时间主要取决于线路的电压等级和故障电流的大小，电压越

高，故障电流越大，则去游离时间越长。

超高压输电线路的短路故障大多数是单相接地故障，因此在这些线路上往往采用单相重合闸，这种装置在切除故障相后经过一段时间再将该相重合。由于切除的只是故障相而不是三相，从切除故障相后到重合闸前的一段时间里，即使是单回路输电的场合，送电端的发电厂和受端系统也没有完全失去联系，故可以提高系统的暂态稳定。图 12-18 所示为单回路输电系统采用单相重合闸和三相重合闸两种情况的对比。图 12-18a 为等效电路，其中示出了单相切除时的等效电路，表明发电机仍能向系统送电（$P_{\text{II}} \neq 0$）。由图 12-18b、c 可知，采用单相重合闸时，加速面积大大减小。

必须指出，采用单相重合闸时，去游离的时间比采用三相重合闸时有所加长，因为切除一相后其余两相仍处在带电状态，尽管故障电流被切断了，但由于带电的两相仍将通过导线之间的电容和电感耦合向故障点继续供给电流（称为潜供电流），维持了电弧的燃烧，对去游离不利。

3. 发电机快速强行励磁

当系统中发生短路故障时，发电机输出的电磁功率骤然降低，而原动机的机械输出功率来不及变化，两者失去平衡，发电机转子将加速。采用快速强行励磁，可提高发电机的电动势，增加发电机的输出电磁功率，从而提高了系统的暂态稳定性。现代同步发电机的励磁系统中都备有强行励磁装置，当系统发生故障而使发电机的端电压低于 85%～90% 额定电压时，就将迅速而大幅度地增加励磁。强行励磁的效果与强励倍数（强励倍数指的是最大可能的励磁电压与发电机额定运行时的励磁电压之比）和强励速度有关，强励倍数越大、强行励磁的速度越快，效果就越好。

4. 切发电机

如果系统备用容量充足，在切除故障线路的同时，可以联锁切除部分发电机，减少原动机输出的机械功率可以减少转轴上的不平衡功率，相当于图 12-19 中的 P_0 向下移动，减少

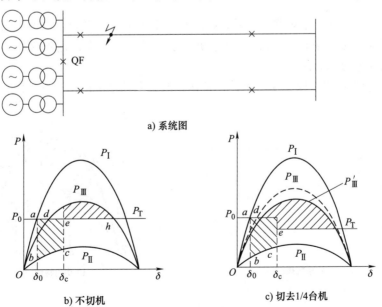

图 12-19 切机对暂态稳定的影响

了加速面积,是一种提高暂态稳定的行之有效的措施。

图 12-19 表示了切除部分发电机对暂态稳定的影响。当线路送端发生三相短路时,如不切除发电机,则由于加速面积大于最大可能的减速面积,系统是不稳定的。如果在切除故障的同时,从送端发电厂的四台机中切除一台发电机,则相当于等效发电机组的原动机输入功率减少了 1/4。虽然这时等效发电机的电抗也增大了,使功率特性略有下降,但总体说来,切除一台发电机后大大地增大了可能的减速面积,提高了系统的暂态稳定性。

5. 快速关闭汽门

电力系统受到大扰动后,发电机输出的电磁功率会突然变化,而原动机的功率几乎不变,因而在发电机轴上出现不平衡功率,甚至使系统的稳定性受到破坏。如果原动机的调节十分灵敏、快速和准确,使原动机的功率变化能跟上电磁功率的变化,那么轴上的不平衡功率便可大大减小,从而提高暂态稳定性。快速动作汽门装置能在系统故障时,根据故障情况快速关闭汽门,以增大可能的减速面积,保持系统的暂态稳定性。快速调节汽门的作用如图 12-20 所示,图中,P_T 表示了原动机机械功率的变化。

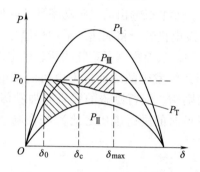

图 12-20 快速调节气门的作用

6. 发电机电气制动

电气制动是当系统发生短路故障后,在送端发电机上投入电阻,以消耗发电机发出的有功功率(即增大电磁功率),从而减小发电机转子上的过剩功率,达到提高系统暂态稳定性的目的。投入的电阻称为制动电阻。

电气制动的接线如图 12-21a 所示,正常运行时,断路器 QF 处于断开状态。当短路故障

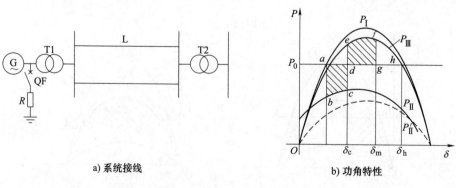

a) 系统接线   b) 功角特性

图 12-21 电气制动

发生后,立即闭合 QF 而投入制动电阻 R,以消耗发电机组中过剩的有功功率。电气制动的

作用也可用等面积定则解释，如图 12-21b 所示。假设故障发生后投入制动电阻，则故障后的功率特性将由原来的 P'_{II} 上升为 P_{II}，在故障切除角 δ_c 不变时，由于有了电气制动，减小了加速面积 bb_1c_1cb，使原来不能保持稳定的系统变为暂态稳定。

采用电气制动提高系统的暂态稳定性时，制动电阻的大小及其投切时间要选择得恰当，以防欠制动或过制动。所谓欠制动，即制动作用过小（制动电阻过小或制动时间过短），发电机可能在第一个摇摆周期失步；所谓过制动，即制动作用过大，发电机虽然在第一次振荡中没有失步，却会在切除故障和制动电阻后的第二次摇摆中失步。

7. 设置中间开关站

当输电线路很长，且经过的地区又没有变电所时，可以考虑设置中间开关站，如图 12-22 所示。这样可以在故障时只切除发生故障的一段线路，发电机与无穷大系统之间的电抗在切除故障后比正常运行时增加不大，使故障后的功率特性

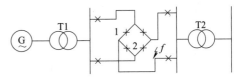

图 12-22　设置中间开关站的接线

曲线升高，从而增加减速面积，提高暂态稳定性和故障后的静态稳定性。

12.4.2　电力系统失去暂态稳定后的控制措施

电力系统的设计和运行中尽管都采取了一系列提高稳定性的措施，但是系统还是不可避免地会遇到没有估计到的故障情况以致使系统失去稳定。因此，必须了解系统失去稳定后的现象并采取措施以减轻失去稳定所带来的危害，迅速地使系统恢复同步运行。

系统失去稳定后的措施有以下两种：

（1）设置解列点

如果所有其他提高稳定的措施均不能保持系统的稳定，可以有计划地手动或靠解列装置自动断开系统某些断路器，将系统分解成几个独立部分，这些解列点是预先设置的。应该尽量做到解列后的每个独立部分的电源和负荷基本平衡，从而使各部分频率和电压接近正常值，当然，各独立部分相互间不再保持同步。这种把系统分解成几个部分的解列措施是不得已的临时措施，一旦将各部分的运行参数调整好后，就要尽快将各部分重新并列运行。

（2）允许短时间异步运行并采取措施实现再同步

电力系统若失去稳定，一些发电机处于不同步的运行状态，即为异步运行状态。异步运行可能给系统（包含发电机组）带来严重危害，但若发电机和系统能承受短时的异步运行，并有可能再次拉入同步，这样可以缩短系统恢复正常运行所需要的时间。

小 结

若电力系统的某一运行方式在安全运行规程规定的某种短路故障扰动后能恢复到原始运行状态或进入一个新的可以正常运行的稳态，则称电力系统的这个运行方式在此故障扰动下是暂态稳定的。电力系统的暂态稳定性是对特定的运行初态经受特定扰动后最终结果的判断。

电力系统的运行状态经受大扰动后的暂态过程与发电机转子的运动密切相关，转子的运动又会改变发电机功率，转子角与功率的动态耦合关系决定了转子的运动过程，初始状态和扰动强度决定了故障后系统是否稳定。由于同步发电机功率与转子角之间具有非线性关系，

故障过程中还要经历网络切换，因此，暂态稳定性的判定在数学上是一个非线性切换动力学系统的稳定性问题。

短路故障注入电力系统的扰动能量（动能）是否超过故障后系统消化动能的能力（势能增长），决定了系统是否稳定。在单机无穷大系统的情形下，这两个能量的关系表现为等面积定则，根据等面积定则可以由故障切除角快速判断暂态稳定性。在多机电力系统中，可以通过能量函数法（李雅普诺夫第二法）分析暂态过程的能量转换关系来推断电力系统运行状态的稳定性。

数值仿真是直接了解动力学系统动态响应的有效方法，也是工程上最常用的分析电力系统暂态稳定性的有效方法。

传统的电力系统暂态稳定分析通常忽略同步机和网络中的电磁暂态过程。在交直流混联系统和含高比例电力电子装备的电力系统中，需要在暂态稳定分析中考虑电磁暂态的影响。

改善电力系统的暂态稳定性主要从两方面采取措施，一方面尽量减少故障的冲击（减少动能），另一方面尽量增强故障后系统的强壮性（增大势能）。

扩展阅读12.1　提高交直流混联电力系统暂态稳定性措施概述

当前，交流输电由于其巨大的优越性，在我国电力系统中仍占据着主导地位，但随着国民经济的增长，用电需求不断增加，越来越多的直流输电工程投入运营，我国已经形成全国性的大规模交直流互联电力系统。因此，对交直流混联电力系统的暂态稳定性的研究具有重要意义。

1）受端电网交流系统短路故障影响：在各种类型的交流系统故障中，受端电网交流系统短路故障通常对交直流电力系统暂态稳定性的影响最为显著。当受端电网交流系统发生短路故障时，短路点附近直流系统的逆变站会发生换相失败。在逆变站换相失败期间，直流系统的输送功率会大幅下降。这将导致送端电网大量功率过剩、受端电网大量功率不足，继而引发交流系统内部大范围潮流转移，进而威胁送、受端同步联网结构交直流电力系统的暂态功角稳定。

2）直流系统永久性闭锁故障：在各种类型的直流系统故障中，直流系统永久性闭锁故障通常对交直流电力系统暂态稳定性的影响最为显著。直流系统被闭锁后，直流系统的输送功率下降为0。因此与受端电网交流系统短路故障造成直流系统换相失败的后果类似，这将造成送端电网大量功率过剩、受端电网大量功率不足，继而引发交流系统内部大范围潮流转移。

目前对于交直流电力系统暂态稳定改善措施的研究内容非常广泛，根据研究对象的不同主要分为交流系统侧的暂态稳定改善措施和直流系统侧的暂态稳定改善措施。

1. 交流系统侧的暂态稳定改善措施

交流系统侧的暂态稳定改善措施是从交流系统角度出发改善交直流电力系统的暂态稳定性，大致可以细分为三类。第一类措施是通过提高交流系统短路故障切除速度提高暂态稳定性；第二类措施是通过改善电网结构提高暂态稳定性，具体包括调整区域电网间的互联方式、调整局部交流系统的接线方式、增加关键输电断面的交流线路、优化交流系统电源布局、加装动态无功补偿装置等；第三类措施是通过交流系统侧电力设备的紧急控制提高暂态稳定性，具体包括切机、快关气门、强励控制、电气制动、切负荷和解列控制等。

2. 直流系统侧的暂态稳定改善措施

直流系统侧的暂态稳定改善措施是从直流系统角度出发改善交直流电力系统的暂态稳定性，大致可以细分为四类。第一类措施是通过采用新型直流输电技术提高暂态稳定性，如采用电容器换相换流器或电压源换流器代替传统直流输电系统的电网换相换流器；第二类措施是通过优化直流落点的位置、规模和接入方式提高暂态稳定性；第三类措施是通过改进直流系统恢复策略来改善直流系统自身的恢复特性、避免交流系统故障后直流系统发生后续换相失败，从而达到提高暂态稳定性的目的；第四类措施是通过直流系统的调制控制和紧急功率提升控制对交流系统进行功率支援、改善交直流系统故障后交流系统的恢复特性，从而达到提高暂态稳定性的目的。

扩展阅读 12.2　电力系统暂态仿真简介

电力系统是一个蕴含巨大能量、运行复杂的人造系统，对其动态行为特征的认识是保证电力系统安全经济运行的前提。对于这一巨型复杂系统，通常不允许对其进行实验，因此，基于计算机的数值仿真就成为了解电力系统动态行为的重要手段。

电力系统数值仿真包含建模、算法、编程实现等内容。针对不同的研究目标，电力系统的数学模型并不相同，其相应的算法也存在差异。

传统电力系统的数字仿真可分为机电暂态仿真和电磁暂态仿真。机电暂态仿真适用于开关切换不频繁、仿真步长较大的工频器件，可实现大规模系统仿真，计算速度快；但对快速反应的新型电力电子器件难以做出准确响应。而电磁暂态仿真建模详细，适用于开关频繁切换、小步长仿真的电力电子器件，可实现对小系统的详细建模仿真；但算例搭建复杂，计算量大，规模受限。

新一代电力系统中以可再生电源、高压直流输电系统为代表的电力电子装备的广泛使用，使得电力系统的动态行为特征发生了新的变化，电磁暂态和机电暂态互相影响加剧。以低频振荡、次/超同步振荡为代表的振荡事故频发，电力系统电压稳定和频率问题凸显。因此对电力系统数值仿真带来了新的挑战。

在仿真技术方面，计及电磁暂态、机电暂态乃至中长期动态的电力系统全过程仿真研究已成为热点。它不仅可以精确模拟大型电力电子器件的局部网络，还可以考虑相连交流电网的暂态特性，成为认知大电网运行机理特性的强有力工具。其中的关键技术包括不同仿真功能模块之间的接口、兼顾仿真规模和仿真精度的仿真方法等。

在仿真建模方面，可再生电源、新型直流输电、负荷模型是影响数值仿真精度的重要因素，也是一直以来的研究热点。多次故障后仿真复现和大扰动实验结果均表明，现有的仿真模型不能够准确模拟电力系统的动态特性，导致仿真结果与实测存在明显差异。特别是最近频繁发生的次/超同步振荡问题，缺乏有效的仿真模型进行分析。仿真结果的不准确影响了对电力系统动态特性提取的准确性。

在仿真工具的开发方面，现有的全过程仿真软件和平台主要有电磁暂态与机电暂态混合仿真程序 PSD-PSModel（Power System Department-Power System Model）、实时数字仿真仪 RTDS（Real Time Digital Simulator）、实时仿真器 RT-LAB（Real Time Laboratory）、电力系统全数字实时仿真系统 ADPSS（Advanced Digital Power System Simulator）等。PSD-PSModel 的使用过程需要常规的潮流、暂态稳定计算和电磁暂态、机电-电磁暂态计算同时参与，过程相对复杂；RTDS 的仿真节点有限，最多为 100 个，未考虑机电侧故障，在非对称工况的准确性上存在一定不足；RT-LAB 可达到 10000 个仿真节点，能够处理正序和不平衡网络。中国电力科学研究院研发的基于高性能服务器机群的全数字仿真系统 ADPSS，仿真最大规模为 3000 台机、30000 个电气节点；在非对称故障的处理能力和机电侧的故障情况考虑等方面，一定程度上弥补了其他混合仿真软件的不足。

此外，电力系统数值仿真目前的研究热点还包括实时仿真技术、数字-物理混合仿真技术和对仿真结果的知识挖掘等方面。

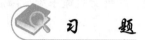

习　题

12-1　试用等面积定则说明，在简单系统中若慢慢地逐渐开大汽门增加发电机的输出功率是安全的，但若突然开大汽门则可能导致系统失去稳定。

12-2　在例 12-1 中，若扰动是突然断开一回线路，试判断系统能否保持暂态稳定。

12-3　在例 12-1 中，已知 $x'_d = 0.3$，假设发电机 E' 为常数，若在一回线路始端发生突然三相短路，试计算线路的极限切除角和时间。

12-4　在习题 11-4 中，距 2 号母线 $x\%$ 线路长度处，输电线路发生短路故障，故障持续一段时间后被切除，试编写程序（建议使用 MATLAB 软件），求得：

（1）故障前后系统功角 δ 随时间变化的曲线；

（2）故障前后系统转子角频率 ω 随时间变化的曲线；

（3）不同的短路故障类型（单相接地、两相短路、两相接地、三相短路）下，（1）（2）曲线变化；

（4）不同短路故障持续时间下，（1）（2）曲线变化。

第 12 章自测题

附录

附录 A 直角坐标系下的牛顿法潮流计算

尽管大多商业化的电力系统仿真分析工具在计算潮流时都使用极坐标形式的潮流方程和修正方程，但直角坐标系下的功率方程和迭代求解过程也出现于部分教材或程序中。下面进行简单介绍。

式（4-23）~式（4-24）已给出了直角坐标系下的功率方程表达式。依然假设网络中有 n 个节点，其中 m 个是 PQ 节点，$n-m-1$ 个 PV 节点，那么直角坐标下潮流计算方程组共包含 $2n-2$ 个方程。其中，包含 PQ 节点的有功功率修正方程 m 个，PQ 节点的无功功率修正方程 m 个，PV 节点的有功功率修正方程 $n-m-1$ 个，PV 节点的电压修正方程 $n-m-1$ 个（额外补充的电压修正方程）。修正方程式的形式为

$$
\begin{array}{c}
\text{PQ} \\ \text{节} \\ \text{点}
\end{array}
\begin{bmatrix}
\Delta P_1 \\ \Delta Q_1 \\ \vdots \\ \Delta P_m \\ \Delta Q_m \\ \hline
\Delta P_{m+1} \\ \Delta U_{m+1}^2 \\ \vdots \\ \Delta P_{n-1} \\ \Delta U_{n-1}^2
\end{bmatrix}
=
\begin{bmatrix}
H_{1,1} & N_{1,1} & \cdots & H_{1,m} & N_{1,m} & H_{1,m+1} & N_{1,m+1} & \cdots & H_{1,n-1} & N_{1,n-1} \\
J_{1,1} & L_{1,1} & \cdots & J_{1,m} & L_{1,m} & J_{1,m+1} & L_{1,m+1} & \cdots & J_{1,n-1} & L_{1,n-1} \\
\vdots & \vdots & & \vdots & \vdots & \vdots & \vdots & & \vdots & \vdots \\
H_{m,1} & N_{m,1} & \cdots & H_{m,m} & N_{m,m} & H_{m,m+1} & N_{m,m+1} & \cdots & H_{m,n-1} & N_{m,n-1} \\
J_{m,1} & L_{m,1} & \cdots & J_{m,m} & L_{m,m} & J_{m,m+1} & L_{m,m+1} & \cdots & J_{m,n-1} & L_{m,n-1} \\
\hline
H_{m+1,1} & N_{m+1,1} & \cdots & H_{m+1,m} & N_{m+1,m} & H_{m+1,m+1} & N_{m+1,m+1} & \cdots & H_{m+1,n-1} & N_{m+1,n-1} \\
R_{m+1,1} & S_{m+1,1} & \cdots & R_{m+1,m} & S_{m+1,m} & R_{m+1,m+1} & S_{m+1,m+1} & \cdots & R_{m+1,n-1} & S_{m+1,n-1} \\
\vdots & \vdots & & \vdots & \vdots & \vdots & \vdots & & \vdots & \vdots \\
H_{n-1,1} & N_{n-1,1} & \cdots & H_{n-1,m} & N_{n-1,m} & H_{n-1,m+1} & N_{n-1,m+1} & \cdots & H_{n-1,n-1} & N_{n-1,n-1} \\
R_{n-1,1} & S_{n-1,1} & \cdots & R_{n-1,m} & S_{n-1,m} & R_{n-1,m+1} & S_{n-1,m+1} & \cdots & R_{n-1,n-1} & S_{n-1,n-1}
\end{bmatrix}
\begin{bmatrix}
\Delta f_1 \\ \Delta e_1 \\ \vdots \\ \Delta f_m \\ \Delta e_m \\ \hline
\Delta f_{m+1} \\ \Delta e_{m+1} \\ \vdots \\ \Delta f_{n-1} \\ \Delta e_{n-1}
\end{bmatrix}
$$

（A-1）

对于第 i 个节点，ΔP_i、ΔQ_i、ΔU_i^2 分别表示注入功率和节点电压二次方的不平衡量。它们分别为

$$
\begin{cases}
\Delta P_i = P_i - \displaystyle\sum_{j=1}^{n}\left[e_i(G_{ij}e_j - B_{ij}f_j) + f_i(G_{ij}f_j + B_{ij}e_j) \right] \\
\Delta Q_i = Q_i - \displaystyle\sum_{j=1}^{n}\left[f_i(G_{ij}e_j - B_{ij}f_j) - e_i(G_{ij}f_j + B_{ij}e_j) \right] \\
\Delta U_i^2 = U_i^2 - (e_i^2 + f_i^2)
\end{cases}
$$

（A-2）

式中，雅可比矩阵的各个元素与极坐标形式的修正方程类似，功率或电压的不平衡量对电压的虚部或实部的偏导数，可以通过计算得到。

当 $j \neq i$ 时，雅可比矩阵中的元素表达式为

$$\begin{cases} H_{ij} = \dfrac{\partial P_i}{\partial f_j} = -B_{ij}e_i + G_{ij}f_i\,; N_{ij} = \dfrac{\partial P_i}{\partial e_j} = G_{ij}e_i + B_{ij}f_i \\[3mm] J_{ij} = \dfrac{\partial Q_i}{\partial f_j} = -B_{ij}f_i - G_{ij}e_i = -N_{ij}\,; L_{ij} = \dfrac{\partial Q_i}{\partial e_j} = G_{ij}f_i - B_{ij}e_i = H_{ij} \\[3mm] R_{ij} = \dfrac{\partial U_i^2}{\partial f_j} = 0\,; S_{ij} = \dfrac{\partial U_i^2}{\partial e_j} = 0 \end{cases} \tag{A-3}$$

当 $j = i$ 时，为使这些偏导数的表示式更简单，先引入节点注入电流的表示式如下：

$$\dot{I}_i = Y_{ii}\dot{U}_i + \sum_{\substack{j=1 \\ j \neq i}}^{n} Y_{ij}\dot{U}_j$$

$$= \left[(G_{ii}e_i - B_{ii}f_i) + \sum_{\substack{j=1 \\ j \neq i}}^{n} (G_{ij}e_j - B_{ij}f_j) \right] + \mathrm{j}\left[(G_{ii}f_i + B_{ii}e_i) + \sum_{\substack{j=1 \\ j \neq i}}^{n} (G_{ij}f_j + B_{ij}e_j) \right] = a_{ii} + \mathrm{j}b_{ii} \tag{A-4}$$

$$\begin{cases} H_{ii} = \dfrac{\partial P_i}{\partial f_i} = -B_{ii}e_i + 2G_{ii}f_i + B_{ii}e_i + \sum_{\substack{j=1 \\ j \neq i}}^{n} (G_{ij}f_j + B_{ij}e_j) = -B_{ii}e_i + G_{ii}f_i + b_{ii} \\[4mm] N_{ii} = \dfrac{\partial P_i}{\partial e_i} = 2G_{ii}e_i - B_{ii}f_i + B_{ii}f_i + \sum_{\substack{j=1 \\ j \neq i}}^{n} (G_{ij}e_j - B_{ij}f_j) = G_{ii}e_i + B_{ii}f_i + a_{ii} \\[4mm] J_{ii} = \dfrac{\partial Q_i}{\partial f_i} = -2B_{ii}f_i + G_{ii}e_i - G_{ii}e_i + \sum_{\substack{j=1 \\ j \neq i}}^{n} (G_{ij}e_j - B_{ij}f_j) = -G_{ii}e_i - B_{ii}f_i + a_{ii} \\[4mm] L_{ii} = \dfrac{\partial Q_i}{\partial f_i} = G_{ii}f_i - G_{ii}f_i - 2B_{ii}e_i + \sum_{\substack{j=1 \\ j \neq i}}^{n} (G_{ij}f_j + B_{ij}e_j) = -B_{ii}e_i + G_{ii}f_i - b_{ii} \\[4mm] R_{ii} = \dfrac{\partial U_i^2}{\partial f_i} = 2f_i\,; S_{ii} = \dfrac{\partial U_i^2}{\partial e_i} = 2e_i \end{cases} \tag{A-5}$$

由式（A-4）可见，若 $Y_{ij} = G_{ij} + \mathrm{j}B_{ij} = 0$，即节点 i、j 之间无直接联系，则这些元素都等于零。从而，如将雅可比矩阵分块，而将每个 2×2 阶子阵 $\begin{bmatrix} H_{ij} & N_{ij} \\ J_{ij} & L_{ij} \end{bmatrix}$、$\begin{bmatrix} H_{ij} & N_{ij} \\ R_{ij} & S_{ij} \end{bmatrix}$ 分块矩阵作为一个元素时，分块雅可比矩阵和节点导纳矩阵 $\boldsymbol{Y}_\mathrm{B}$ 具有相同的结构。但前者因 $H_{ij} \neq H_{ji}$，$N_{ij} \neq N_{ji}$，$J_{ij} \neq J_{ji}$，$L_{ij} \neq L_{ji}$ 不是对称矩阵。分块雅可比矩阵和节点导纳矩阵的结构相同是一个可以利用的特点。

附录 B 短路后任意时刻短路电流周期分量的计算

在电力系统的工程设计中，为了选择适当的电气设备往往还需要不同时间的短路电流周期分量。依据同步发电机短路电流周期分量计算公式来计算短路电流周期相当复杂，需要明确许多条件参数才可计算：发电机的各种电抗、各种时间常数、各种电动势初值，强行励磁系统参数，短路点距离发电机出口的电气距离，时间等。那么当发电机的参数和运行初态给定后，短路电流周期分量 I_t 将只是短路点到发电机的电气距离和时间的函数：

$$I_t = f(x_{js}, \ t) \tag{B-1}$$

式中，x_{js} 为计算电抗，表明了发电机和短路点距离的关系，等于归算到发电机额定容量的发电机直轴次暂态电抗和发电机端到短路点的外接电抗标幺值之和，即

$$x_{js} = x_d'' + x_T + x_L \tag{B-2}$$

为了计算任意时刻短路电流的周期分量，20 世纪 80 年代我国电力设计部门应用查计算曲线的方法。计算曲线法是一种计算电力系统暂态过程中电流和电压的一种实用计算法。它是利用事先绘制成的多组曲线或由这些曲线制成的数字表格进行计算的。这些曲线用一台同步发电机在三相短路暂态过程中短路电流周期分量的标幺值与计算电抗和时间的函数关系来表示，如图 B-1 所示，可以利用计算曲线查出短路瞬间和短路后任意时刻该电源向短路点提供的短路电流周期分量的大小。

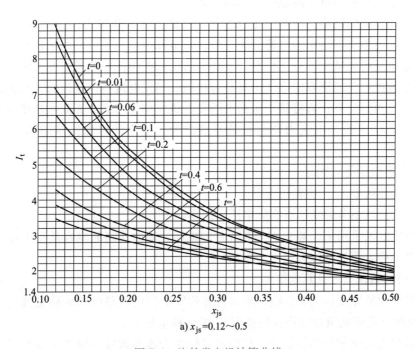

a) $x_{js}=0.12\sim0.5$

图 B-1 汽轮发电机计算曲线

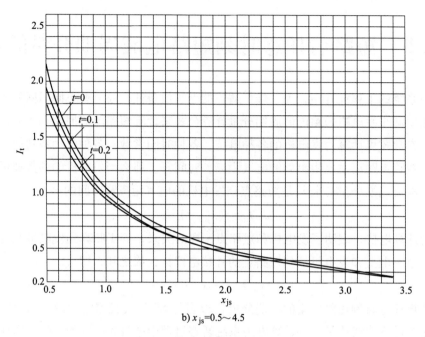

b) $x_{js}=0.5\sim 4.5$

图 B-1　汽轮发电机计算曲线（续）

　　实际的电力系统有众多的发电厂和负荷，接线很复杂，而制定计算曲线所针对的网络，仅包含一台发电机和一组负荷。因此，应用计算曲线计算短路电流，首先要将原网络变换为只含短路点和若干个电源节点的星形联结电路，然后对每一个电源分别应用计算曲线求解短路电流。电源节点与短路点间的电抗，称为转移电抗。

　　但是，针对复杂的网络，按照上述方法逐一运算，计算量很大，因此不适于工程应用。根据具体条件，可以将网络中的电源分为几组，每组都用一个等效发电机代替，既可以保证计算的精确度，又可以减少计算工作量。电源分组的依据为：一是考虑发电机的特性是否相近；二是考虑发电机对短路点的电气距离是否相似。当发电机特性相近时，与短路点电气距离相似的发电机可以合并；直接接于短路点的发电机应单独考虑；无限大功率的电源应单独计算，因为它提供的短路电流周期分量是不衰减的。应用计算曲线求解短路电流的步骤如下：

　　（1）绘制系统的等效网络

　　1）选定基准功率 S_B、基准电压 U_{av}。

　　2）略去负荷且不考虑变压器实际电压比的影响。

　　3）发电机电抗采用 x_d''，略去网络各元件的电阻、输电线路的电容及变压器励磁支路。

　　4）恒电动势电源的电抗为零。

　　（2）进行网络化简，计算电抗 x_{js}

　　1）按照前面的原则将电源分组，求出各等效发电机对短路点的转移电抗 $x_{fi}(i=1,2,\cdots,n)$ 以及恒电动势电源对短路点归算到 S_B 的转移电抗 x_{fs}。

　　2）将转移电抗按相应的等效发电机的容量归算为各等效发电机内电动势点对短路点的计算电抗。

$$x_{\text{js}i} = x_{\text{f}i} \frac{S_{\text{N}i}}{S_{\text{B}}} \quad (i = 1,\ 2,\ \cdots,\ n) \tag{B-3}$$

式中，$S_{\text{N}i}$ 为第 i 台等效发电机的额定容量，即它所包含的发电机的额定容量之和。

（3）t 时刻短路电流周期分量的标幺值 $I_{\text{p}t*}$

根据计算电抗 $x_{\text{js}i}$ 及所指定的时刻 t，查计算曲线（或对应的表格）得出 $I_{\text{p}t*}$。恒电动势电源向短路点提供的短路电流周期分量的标幺值为

$$I_{\text{p}ts} = \frac{1}{x_{\text{fs}}} \tag{B-4}$$

（4）求 t 时刻短路电流周期分量的有名值 $I_{\text{p}t}$

第 i 台等效发电机提供的短路电流为

$$I_{\text{p}t.i} = I_{\text{p}t.i*} I_{\text{N}i} = I_{\text{p}t.i*} \frac{S_{\text{N}i}}{\sqrt{3}\,U_{\text{av}}} \tag{B-5}$$

无限大功率电源提供的短路电流为

$$I_{\text{p}ts} = I_{\text{p}ts*} \times I_{\text{B}} = I_{\text{p}ts*} \frac{S_{\text{B}}}{\sqrt{3}\,U_{\text{av}}} \tag{B-6}$$

式中，U_{av} 为短路处的平均额定电压；$I_{\text{N}i}$ 为归算到短路处电压等级的第 i 台等效发电机的额定电流；I_{B} 为所选基准功率 S_{B} 在短路处电压等级的基准电流。

因此，短路处总的短路电流周期分量的有名值为

$$\begin{aligned}
I_{\text{p}t} &= I_{\text{p}t1} + I_{\text{p}t2} + \cdots + I_{\text{p}tn} + I_{\text{p}ts} \\
&= \sum_{i=1}^{n} I_{\text{p}t.i*} \frac{S_{\text{N}i}}{\sqrt{3}\,U_{\text{av}}} + I_{\text{p}ts*} \frac{S_{\text{B}}}{\sqrt{3}\,U_{\text{av}}}
\end{aligned} \tag{B-7}$$

附录 C　同步电机定转子绕组的电感系数

1. 定子各绕组的自感系数

在定子绕组的空间内有转子在转动。凸极机的转子转动在不同位置时,对于某一定子绕组来说,空间的磁阻是不一样的,因此定子绕组的自感随着转子转动而周期性地变化。

下面以 a 相为例来讨论定子绕组自感系数的变化。在图 C-1a 中画出了转子在 4 个不同位置时,a 相绕组磁通所走的磁路。当 θ 为 0° 和 180° 时自感最大;当 θ 为 90° 和 270° 时自感最小。由此可知,a 相自感的变化规律如图 C-1b 所示。L_{aa} 是 θ 角的周期函数,其变化周期为 π,它还是 θ 角的偶函数,即转子轴在 $\pm\theta$ 的位置时,L_{aa} 的大小相等。

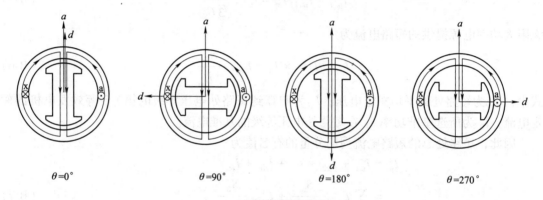

$\theta=0°$　　　　$\theta=90°$　　　　$\theta=180°$　　　　$\theta=270°$

a) 不同位置的磁路图

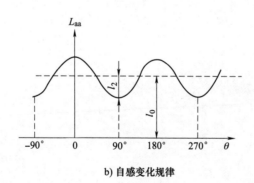

b) 自感变化规律

图 C-1　定子绕组的自感

周期性偶函数在分解为傅里叶级数时只含余弦项,而当函数变化周期为 π 时,只有偶次项,于是

$$L_{aa} = l_0 + l_2\cos2\theta + l_4\cos4\theta + \cdots$$

略去其中 4 次及 4 次以上分量,则

$$L_{aa} = l_0 + l_2\cos2\theta$$

类似地,可得 L_{bb} 和 L_{cc} 的变化规律。定子各相绕组自感系数与 θ 角的函数关系可表示为

$$\begin{cases} L_{aa} = l_0 + l_2\cos2\theta \\ L_{bb} = l_0 + l_2\cos2(\theta - 120°) \\ L_{cc} = l_0 + l_2\cos2(\theta + 120°) \end{cases} \qquad (\text{C-1})$$

式（C-1）是不难理解的，因为 b 相和 c 相绕组与转子 d 轴的夹角分别为 $\theta-120°$ 和 $\theta+120°$。

由于自感总是正的，所以自感的平均值 l_0 总是大于变化部分的幅值 l_2。隐极机的 l_2 为零。

2. 定子各相绕组间的互感系数

和自感系数的情况类似，凸极机的定子绕组互感也是随着转子转动周期性地变化，其周期也是 π。下面以 M_{ab} 为例讨论定子绕组间互感系数的变化。首先应指出，因为 a、b 两个绕组在空间相差 120°，a 相绕组的正磁通交链到 b 相绕组总是负磁通，即定子绕组间的互感系数恒为负值。图 C-2a 示出转子在 4 个不同位置时 a 相交链 b 相的互磁通所走的路径。由图可见，当 $\theta=-30°$ 和 $\theta=150°$（即 a、b 绕组轴线的分角线）时，M_{ab} 的绝对值最大；当 $\theta=60°$ 和 $\theta=240°$ 时，M_{ab} 的绝对值最小，变化周期为 π。此外，由图 C-2a 还可见，若以 $\theta=-30°$ 为一轴线，则当 d 轴超前或滞后此轴线相等角度时，a 相和 b 相绕组间互感磁通路径上的磁导相同，M_{ab} 也相同，也就是说 M_{ab} 是角 $\theta+30°$ 的偶函数。图 C-2b 示出 M_{ab} 随 θ 角的变化规律，与上述 L_{aa} 情况相似，M_{ab} 可表示为

$$M_{ab} = -\left[m_0 + m_2\cos2(\theta + 30°) \right]$$

其中，m_0 总大于 m_2。另外，根据理论分析和实验结果得知，互感变化部分的幅值与自感变化部分的幅值几乎相等，即 $m_2 \approx l_2$。

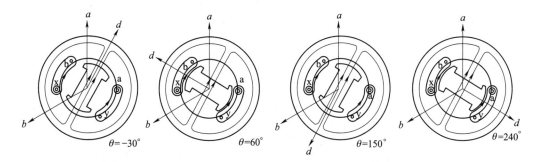

a) 不同位置的磁路图

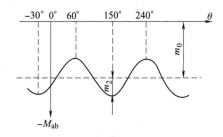

b) 互感变化规律

图 C-2 定子绕组间的互感

类似地，可得 $M_{\rm bc}$ 和 $M_{\rm ca}$ 的变化规律。下面列出定子各相绕组互感的表达式为

$$\begin{cases} M_{\rm ab} = M_{\rm ba} = -\left[m_0 + m_2\cos2(\theta + 30°)\right] \\ M_{\rm bc} = M_{\rm cb} = -\left[m_0 + m_2\cos2(\theta - 90°)\right] \\ M_{\rm ca} = M_{\rm ac} = -\left[m_0 + m_2\cos2(\theta + 150°)\right] \end{cases} \tag{C-2}$$

隐极机的 m_2 为零。

3. 转子各绕组的自感系数

转子上各绕组是随着转子一起转的，无论是凸极机还是隐极机，转子绕组的磁路总是不变的，即转子各绕组的自感系数为常数，将它们表示为

$$L_{\rm ff} = L_{\rm f}\,;\ L_{\rm DD} = L_{\rm D}\,;\ L_{\rm QQ} = L_{\rm Q} \tag{C-3}$$

4. 转子各绕组间的互感系数

与自感系数为常数的原因相同，转子各绕组间的互感系数也都是常数，而且 Q 绕组与 f、D 绕组互相垂直，它们的互感为零，即

$$M_{\rm fD} = M_{\rm Df} = m_{\rm r}\,;\ M_{\rm fQ} = M_{\rm Qf} = 0\,;\ M_{\rm DQ} = M_{\rm QD} = 0 \tag{C-4}$$

5. 定子绕组与转子绕组间的互感系数

无论是凸极机还是隐极机，这些互感系数显然与转子绕组相对于定子绕组的位置有关。以 a 相绕组与励磁绕组的互感系数 $M_{\rm af}$ 为例来讨论。当转子 d 轴与定子 a 相轴线重合时，即 $\theta = 0°$，两绕组间互感磁通路径的磁导最大，互感系数最大。转子旋转 $90°$，$\theta = 90°$，d 轴与 a 相轴线垂直，而两绕组间互感系数为零。转子再转 $90°$，$\theta = 180°$，d 轴负方向与 a 相轴线正方向重合，互感系数为最大负值。$M_{\rm af}$ 随 θ 角的变化如图 C-3 所示，其周期为 2π。

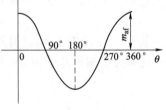

图 C-3　$M_{\rm af}$ 随 θ 角的变化曲线

定子各相绕组与励磁绕组间的互感系数与 θ 角的函数关系可表示为

$$\begin{cases} M_{\rm af} = m_{\rm af}\cos\theta \\ M_{\rm bf} = m_{\rm af}\cos(\theta - 120°) \\ M_{\rm cf} = m_{\rm af}\cos(\theta + 120°) \end{cases} \tag{C-5}$$

定子绕组和直轴阻尼绕组间的互感系数与定子绕组和励磁绕组间的互感系数基本类似，可表示为

$$\begin{cases} M_{\rm aD} = m_{\rm aD}\cos\theta \\ M_{\rm bD} = m_{\rm aD}\cos(\theta - 120°) \\ M_{\rm cD} = m_{\rm aD}\cos(\theta + 120°) \end{cases} \tag{C-6}$$

由于转子 q 轴超前于 d 轴 $90°$，以 $(\theta + 90°)$ 替换式（C-6）中的 θ，即可得定子绕组和交轴阻尼绕组间互感系数的表示式为

$$\begin{cases} M_{\rm aQ} = -m_{\rm aQ}\sin\theta \\ M_{\rm bQ} = -m_{\rm aQ}\sin(\theta - 120°) \\ M_{\rm cQ} = -m_{\rm aQ}\sin(\theta + 120°) \end{cases} \tag{C-7}$$

附录 D 同步电机的标幺制

同步电机派克方程（有名值）为

$$
\begin{cases}
u_d = -ri_d + \dot{\psi}_d - \omega\psi_q \\
u_q = -ri_q + \dot{\psi}_q + \omega\psi_d \\
u_0 = -ri_0 + \dot{\psi}_0 \\
u_f = r_f i_f + \dot{\psi}_f \\
0 = r_D i_D + \dot{\psi}_D \\
0 = r_Q i_Q + \dot{\psi}_Q
\end{cases}
\qquad
\begin{cases}
\psi_d = -L_d i_d + m_{af} i_f + m_{aD} i_D \\
\psi_q = -L_q i_q + m_{aQ} i_Q \\
\psi_0 = -L_0 i_0 \\
\psi_f = -\dfrac{3}{2} m_{af} i_d + L_f i_f + m_r i_D \\
\psi_D = -\dfrac{3}{2} m_{aD} i_d + m_r i_f + L_D i_D \\
\psi_Q = -\dfrac{3}{2} m_{aQ} i_q + L_Q i_Q
\end{cases}
\tag{D-1}
$$

采用标幺制时，对于定子侧的量，首先选定电压基准值 U_B、电流基准值 I_B 和时间基准值 t_B，一般就以同步电机的额定相电压、相电流的幅值为 U_B、I_B，而 $t_B = 1/\omega_s$。定子侧其他量的基准值即可按下列关系求得

$$
\begin{cases}
z_B = U_B/I_B; \ L_B = z_B t_B = \psi_B/I_B \\
\psi_B = U_B t_B; \ \omega_B = 1/t_B
\end{cases}
\tag{D-2}
$$

下面就用已选定的上述基准值，将定子的 3 个电压方程转换为标幺值。在 3 个方程等号两边同除以 U_B（$U_B = z_B I_B = \omega_B \psi_B = \psi_B/t_B$）即得。以式（D-1）第一式为例，即

$$
\frac{u_d}{U_B} = \frac{-ri_d}{z_B I_B} + \frac{\dot{\psi}_d}{\psi_B/t_B} - \frac{\omega\psi_q}{\omega_B \psi_B}
$$

得
$$
u_{d*} = -r_* i_{d*} + \dot{\psi}_{d*} - \omega_* \psi_{q*}
$$

其中
$$
\dot{\psi}_{d*} = \frac{d\psi_{d*}}{dt_*}
$$

同理可得定子电压方程为

$$
\begin{cases}
u_{d*} = -r_* i_{d*} + \dot{\psi}_{d*} - \omega_* \psi_{q*} \\
u_{q*} = -r_* i_{q*} + \dot{\psi}_{q*} + \omega_* \psi_{d*} \\
u_{0*} = -r_* i_{0*} + \dot{\psi}_{0*}
\end{cases}
\tag{D-3}
$$

在转子方面，同样可先选定各回路的电压、电流基准值，若分别为 U_{fB}、U_{DB}、U_{QB} 和 I_{fB}、I_{DB}、I_{QB}，显然，t_{B} 应和前面选的一样。各回路磁链和阻抗的基准值分别为

$$\begin{cases} \psi_{\mathrm{fB}} = U_{\mathrm{fB}}t_{\mathrm{B}};\ z_{\mathrm{fB}} = U_{\mathrm{fB}}/I_{\mathrm{fB}} \\ \psi_{\mathrm{DB}} = U_{\mathrm{DB}}t_{\mathrm{B}};\ z_{\mathrm{DB}} = U_{\mathrm{DB}}/I_{\mathrm{DB}} \\ \psi_{\mathrm{QB}} = U_{\mathrm{QB}}t_{\mathrm{B}};\ z_{\mathrm{QB}} = U_{\mathrm{QB}}/I_{\mathrm{QB}} \end{cases} \tag{D-4}$$

同样，以 U_{fB}、U_{DB}、U_{QB} 分别除以转子回路 3 个电压方程，即可得它们的标幺值方程为

$$\begin{cases} U_{\mathrm{f}*} = r_{\mathrm{f}*}i_{\mathrm{f}*} + \dot{\psi}_{\mathrm{f}*} \\ 0 = r_{\mathrm{D}*}i_{\mathrm{D}*} + \dot{\psi}_{\mathrm{D}*} \\ 0 = r_{\mathrm{Q}*}i_{\mathrm{Q}*} + \dot{\psi}_{\mathrm{Q}*} \end{cases} \tag{D-5}$$

在转换磁链方程以前，令定子和转子电压基准值之比和电流基准值之比分别为

$$\begin{cases} k_{\mathrm{uf}} = \dfrac{U_{\mathrm{B}}}{U_{\mathrm{fB}}};\ k_{\mathrm{if}} = \dfrac{I_{\mathrm{B}}}{I_{\mathrm{fB}}} \\[2mm] k_{\mathrm{uD}} = \dfrac{U_{\mathrm{B}}}{U_{\mathrm{DB}}};\ k_{\mathrm{iD}} = \dfrac{I_{\mathrm{B}}}{I_{\mathrm{DB}}} \\[2mm] k_{\mathrm{uQ}} = \dfrac{U_{\mathrm{B}}}{U_{\mathrm{QB}}};\ k_{\mathrm{iQ}} = \dfrac{I_{\mathrm{B}}}{I_{\mathrm{QB}}} \end{cases} \tag{D-6}$$

下面转换磁链方程，以 ψ_{d} 方程为例，等号两边同除以 ψ_{B}，可得

$$\frac{\psi_{\mathrm{d}}}{\psi_{\mathrm{B}}} = \frac{-L_{\mathrm{d}}i_{\mathrm{d}}}{L_{\mathrm{B}}I_{\mathrm{B}}} + \frac{m_{\mathrm{af}}i_{\mathrm{f}}}{L_{\mathrm{B}}I_{\mathrm{B}}} + \frac{m_{\mathrm{aD}}i_{\mathrm{D}}}{L_{\mathrm{B}}I_{\mathrm{B}}}$$

$$\psi_{\mathrm{d}*} = -L_{\mathrm{d}*}i_{\mathrm{d}*} + \frac{m_{\mathrm{af}}i_{\mathrm{f}}}{L_{\mathrm{B}}k_{\mathrm{if}}I_{\mathrm{fB}}} + \frac{m_{\mathrm{aD}}i_{\mathrm{D}}}{L_{\mathrm{B}}k_{\mathrm{iD}}I_{\mathrm{DB}}}$$

$$= -L_{\mathrm{d}*}i_{\mathrm{d}*} + M_{\mathrm{af}*}i_{\mathrm{f}*} + M_{\mathrm{aD}*}i_{\mathrm{D}*}$$

其中

$$M_{\mathrm{af}*} = \frac{m_{\mathrm{af}}}{L_{\mathrm{B}}k_{\mathrm{if}}};\ M_{\mathrm{aD}*} = \frac{m_{\mathrm{aD}}}{L_{\mathrm{B}}k_{\mathrm{iD}}}$$

经过类似推导可得 6 个磁链方程为

$$\begin{cases} \psi_{\mathrm{d}*} = -L_{\mathrm{d}*}i_{\mathrm{d}*} + M_{\mathrm{af}*}i_{\mathrm{f}*} + M_{\mathrm{aD}*}i_{\mathrm{D}*} \\ \psi_{\mathrm{q}*} = -L_{\mathrm{q}*}i_{\mathrm{q}*} + M_{\mathrm{aQ}*}i_{\mathrm{Q}*} \\ \psi_{0*} = -L_{0*}i_{0*} \\ \psi_{\mathrm{f}*} = -M_{\mathrm{fa}*}i_{\mathrm{d}*} + L_{\mathrm{f}*}i_{\mathrm{f}*} + M_{\mathrm{fD}*}i_{\mathrm{D}*} \\ \psi_{\mathrm{D}*} = -M_{\mathrm{Da}*}i_{\mathrm{d}*} + M_{\mathrm{Df}*}i_{\mathrm{f}*} + L_{\mathrm{D}*}i_{\mathrm{D}*} \\ \psi_{\mathrm{Q}} = -M_{\mathrm{Qa}*}i_{\mathrm{q}*} + L_{\mathrm{Q}*}i_{\mathrm{Q}*} \end{cases} \tag{D-7}$$

式（D-7）中有以下一些关系式：

$$
\begin{cases}
L_{d*} = \dfrac{L_d}{L_B}; \quad L_{f*} = \dfrac{L_f}{L_B}\dfrac{k_{uf}}{k_{if}} \\[3mm]
L_{q*} = \dfrac{L_q}{L_B}; \quad L_{D*} = \dfrac{L_D}{L_B}\dfrac{k_{uD}}{k_{iD}} \\[3mm]
L_{0*} = \dfrac{L_0}{L_B}; \quad L_{Q*} = \dfrac{L_Q}{L_B}\dfrac{k_{uQ}}{k_{iQ}} \\[4mm]
M_{af*} = \dfrac{m_{af}}{L_B k_{if}}; \quad M_{fa*} = \dfrac{\frac{3}{2}m_{af}}{L_B}k_{uf} \\[5mm]
M_{aD*} = \dfrac{m_{aD}}{L_B k_{iD}}; \quad M_{Da*} = \dfrac{\frac{3}{2}m_{aD}}{L_B}k_{uD} \\[5mm]
M_{aQ*} = \dfrac{m_{aQ}}{L_B k_{iQ}}; \quad M_{Qa*} = \dfrac{\frac{3}{2}m_{aQ}}{L_B}k_{uQ} \\[5mm]
M_{fD*} = \dfrac{m_r}{L_B}\dfrac{k_{uf}}{k_{iD}}; \quad M_{Df*} = \dfrac{m_r}{L_B}\dfrac{k_{uD}}{k_{if}}
\end{cases}
\tag{D-8}
$$

由式（D-8）可知，若令

$$
k_{uf}k_{if} = \frac{2}{3}; \quad k_{uD}k_{iD} = \frac{2}{3}; \quad k_{uQ}k_{iQ} = \frac{2}{3}
\tag{D-9}
$$

就可以得 $M_{af*} = M_{fa*}$，$M_{aD*} = M_{Da*}$，$M_{aQ*} = M_{Qa*}$，$M_{fD*} = M_{Df*}$，因此，各互感系数是可逆的。

式（D-9）表示，如果定子电压、电流基准值已选定，则转子各回路的基准值只能在电压和电流中任选一个，然后由式（D-9）计算另一个基准值。一般是先任选转子电流基准值，然后计算电压基准值。虽然转子电流基准值可以任选，但从实际应用情况来看只有几种选择方式，下面介绍一种通常采用的基准值系统，一般称为 x_{ad} 基值系统。

在这种系统中，励磁绕组的电流基准值是这样来决定的：当励磁绕组流过其基准电流值时，产生的交链定子磁链与定子 d 轴电流分量为定子电流基准值时产生的 d 轴电枢反应磁链相等，即

$$
m_{af}I_{fB} = L_{ad}I_B
\tag{D-10}
$$

则

$$
k_{if} = \frac{I_B}{I_{fB}} = \frac{m_{af}}{L_{ad}}
\tag{D-11}
$$

将式（D-11）代入式（D-8），可得

$$
M_{af*} = \frac{m_{af}}{L_B}\frac{I_{fB}}{I_B} = \frac{m_{af}}{L_B}\frac{L_{ad}}{m_{af}} = L_{ad*}
\tag{D-12}
$$

用类似的方法选定直轴和交轴阻尼绕组的电流基准值，则有

$$
k_{iD} = \frac{I_B}{I_{DB}} = \frac{m_{aD}}{L_{ad}}; \quad k_{iQ} = \frac{I_B}{I_{QB}} = \frac{m_{aQ}}{L_{aq}}
\tag{D-13}
$$

同理可得

$$M_{aD*} = L_{ad*}; \quad M_{aQ*} = L_{aq*} \tag{D-14}$$

由此可知，这种基准值系统可以使一些互感系数相等。将式（D-8）中互感系数重新整理为

$$\begin{cases} M_{af*} = M_{fa*} = M_{aD*} = M_{Da*} = L_{ad*} \\ M_{aQ*} = M_{Qa*} = L_{aq*} \\ M_{fD*} = M_{Df*} = \dfrac{2}{3}\dfrac{m_r}{L_B}\left(\dfrac{I_{fB}I_{DB}}{I_B^2}\right) \end{cases} \tag{D-15}$$

下面进一步讨论 M_{fD*} 的值。假设定子绕组和励磁绕组电流为零，而只有 D 绕组中流过 $i_{D*} = 1$，则有

$$\psi_{d*} = L_{ad*}; \quad \psi_{f*} = M_{fD*}$$

故

$$\frac{\psi_d}{\psi_f} = \frac{L_{ad*}\psi_B}{M_{fD*}\psi_{fB}} = \frac{L_{ad*}U_B t_B}{M_{fD*}U_B t_B} = \frac{2}{3}\frac{L_{ad*}}{M_{fD*}}\frac{I_{fB}}{I_B}$$

又由式（D-10）选择 I_{fB} 时，励磁绕组与定子绕组相应的磁动势相等，即

$$N_f I_{fB} = \frac{3}{2} N_a I_B \tag{D-16}$$

式中，N_a、N_f 分别为定子绕组和励磁绕组的匝数，代入式（D-16）得

$$\frac{\psi_d}{\psi_f} = \frac{L_{ad*}}{M_{fD*}}\frac{N_a}{N_f}$$

另一方面，假设 $i_{D*} = 1$ 产生的磁通，除了本身的漏磁通外，主磁通同时交链定子和励磁绕组，即忽略阻尼绕组与励磁绕组间的漏磁通，则

$$\frac{\psi_d}{\psi_f} \approx \frac{N_a}{N_f}$$

因此

$$L_{ad*} \approx M_{fD*} = M_{Df*} \tag{D-17}$$

将式（D-15）的前两式和式（D-17）代入式（D-7），并考虑到电感的标幺值和额定频率时相应的电抗标幺值相等，则得标幺值磁链方程式为

$$\begin{cases} \psi_{d*} = -x_{d*}i_{d*} + x_{ad*}i_{f*} + x_{ad*}i_{D*} \\ \psi_{q*} = -x_{q*}i_{q*} + x_{aq*}i_{Q*} \\ \psi_{0*} = -x_{0*}i_{0*} \\ \psi_{f*} = -x_{ad*}i_{d*} + x_{f*}i_{f*} + x_{ad*}i_{D*} \\ \psi_{D*} = -x_{ad*}i_{d*} + x_{ad*}i_{f*} + x_{D*}i_{D*} \\ \psi_{Q*} = -x_{aq*}i_{q*} + x_{Q*}i_{Q*} \end{cases} \tag{D-18}$$

实际上，由于式（D-10）中的 m_{af} 不易求得，所以要采用下述方法求得 I_{fB}。在同步电机转子同步旋转时，调节励磁电流使定子开路电压为额定值，此时励磁电流 i_f 有如下关系式：

$$\omega_s m_{af} i_f = U_B$$

而此时励磁电流的标幺值为

$$i_{f*} = \frac{i_f}{I_{fB}} = \frac{\omega_s m_{af} i_f}{\omega_s m_{af} I_{fB}} = \frac{U_B}{\omega_s L_{ad} I_B} = \frac{U_B}{x_{ad} I_B} = \frac{1}{x_{ad*}} \tag{D-19}$$

由于 x_{ad*} 往往是已知的，而 i_f 可由上述实验测得，故

$$I_{fB} = x_{ad*} i_f \tag{D-20}$$

根据式（D-19）或式（D-20），这个基值系统［即式（D-10）］可称为 x_{ad} 基值系统。最后，定子和励磁回路的功率基准值为

$$S_B = \frac{3}{2} U_B I_B \tag{D-21}$$

$$S_{fB} = U_{fB} I_{fB} = \frac{U_B}{k_{uf}} \frac{I_B}{k_{if}} = \frac{3}{2} U_B I_B = S_B \tag{D-22}$$

附录 E　计及阻尼绕组作用时同步机突然三相短路电流表达式

计及阻尼绕组后基本方程式（9-17）和式（9-18）的拉普拉斯运算形式为

$$\begin{cases}
U_d(p) = -rI_d(p) + [p\psi_d(p) - \psi_{d0}] - \psi_q(p) \\
U_q(p) = -rI_q(p) + [p\psi_q(p) - \psi_{q0}] + \psi_d(p) \\
U_f(p) = r_fI_f(p) + [p\psi_f(p) - \psi_{f0}] \\
0 = r_DI_D(p) + [p\psi_D(p) - \psi_{D0}] \\
0 = r_QI_Q(p) + [p\psi_Q(p) - \psi_{Q0}] \\
\psi_d(p) = -x_dI_d(p) + x_{ad}I_f(p) + x_{ad}I_D(p) \\
\psi_q(p) = -x_qI_q(p) + x_{aq}I_Q(p) \\
\psi_f(p) = -x_{ad}I_d(p) + x_fI_f(p) + x_{ad}I_D(p) \\
\psi_D(p) = -x_{ad}I_d(p) + x_{ad}I_f(p) + x_DI_D(p) \\
\psi_Q(p) = -x_{aq}I_q(p) + x_QI_Q(p)
\end{cases} \tag{E-1}$$

同样，可消去转子绕组变量 ψ_f、ψ_D、ψ_Q、I_f、I_D、I_Q。先由 f 和 D 绕组的电压和磁链方程消去 ψ_f 和 ψ_D，得

$$\begin{cases}
I_f(p) = \dfrac{(r_D + px_D)[U_f(p) + \psi_{f0}] - px_{ad}\psi_{D0} + [p^2(x_D - x_{ad}) + pr_D]x_{ad}I_d(p)}{A(p)} \\[4mm]
I_D(p) = \dfrac{-px_{ad}[U_f(p) + \psi_{f0}] - (r_f + px_f)\psi_{D0} + [p^2(x_f - x_{ad}) + pr_f]x_{ad}I_d(p)}{A(p)}
\end{cases} \tag{E-2}$$

式中，$A(p) = p^2(x_Dx_f - x_{ad}^2) + p(x_Dr_f + x_fr_D) + r_Dr_f$。

再由 Q 绕组的电压和磁链方程消去 ψ_Q，得

$$I_Q(p) = \frac{\psi_{Q0} + px_{ad}I_q(p)}{r_Q + px_Q} \tag{E-3}$$

将 I_f、I_D、I_Q 代入 ψ_d、ψ_q 方程，可得仅包含定子变量和励磁电压的象函数代数方程为

$$\begin{cases}
U_d(p) = -rI_d(p) + [p\psi_d(p) - \psi_{d0}] - \psi_q(p) \\
U_q(p) = -rI_q(p) + [p\psi_q(p) - \psi_{q0}] + \psi_d(p) \\
\psi_d(p) = G_f(p)[U_f(p) + \psi_{f0}] + G_D(p)\psi_{D0} - X_d(p)I_d(p) \\
\psi_q(p) = G_Q(p)\psi_{Q0} - X_q(p)I_q(p)
\end{cases} \tag{E-4}$$

式中

$$\begin{cases} G_{\mathrm{f}}(p) = \dfrac{\left[p(x_{\mathrm{D}} - x_{\mathrm{ad}}) + r_{\mathrm{D}} \right] x_{\mathrm{ad}}}{A(p)} \\[4mm] G_{\mathrm{D}}(p) = \dfrac{\left[p(x_{\mathrm{f}} - x_{\mathrm{ad}}) + r_{\mathrm{f}} \right] x_{\mathrm{ad}}}{A(p)} \\[4mm] X_{\mathrm{d}}(p) = x_{\mathrm{d}} - \dfrac{\left[p(x_{\mathrm{D}} + x_{\mathrm{f}} - 2x_{\mathrm{ad}}) + (r_{\mathrm{D}} + r_{\mathrm{f}}) \right] p x_{\mathrm{ad}}^2}{A(p)} \\[4mm] G_{\mathrm{Q}}(p) = \dfrac{x_{\mathrm{ad}}}{r_{\mathrm{Q}} + p x_{\mathrm{Q}}} \\[4mm] X_{\mathrm{q}}(p) = x_{\mathrm{q}} - \dfrac{p x_{\mathrm{aq}}^2}{r_{\mathrm{Q}} + p x_{\mathrm{Q}}} \end{cases} \tag{E-5}$$

式中，$X_{\mathrm{d}}(p)$ 和 $X_{\mathrm{q}}(p)$ 分别称为直轴和交轴运算电抗。

故障分量的拉普拉斯运算方程式由式（E-4）改写为

$$\begin{cases} -u_{\mathrm{d|0|}}/p = -r\Delta I_{\mathrm{d}}(p) + p\Delta \psi_{\mathrm{d}}(p) - \Delta \psi_{\mathrm{q}}(p) \\ -u_{\mathrm{q|0|}}/p = -r\Delta I_{\mathrm{q}}(p) + p\Delta \psi_{\mathrm{q}}(p) + \Delta \psi_{\mathrm{d}}(p) \\ \Delta \psi_{\mathrm{d}}(p) = -X_{\mathrm{d}}(p)\Delta I_{\mathrm{d}}(p) \\ \Delta \psi_{\mathrm{q}}(p) = -X_{\mathrm{q}}(p)\Delta I_{\mathrm{q}}(p) \end{cases} \tag{E-6}$$

消去式中磁链 $\Delta \psi_{\mathrm{d}}$ 和 $\Delta \psi_{\mathrm{q}}$，得电流故障分量象函数为

$$\begin{cases} \Delta I_{\mathrm{d}}(p) = \dfrac{\left[r + pX_{\mathrm{q}}(p) \right] u_{\mathrm{d|0|}} + X_{\mathrm{q}}(p) u_{\mathrm{q|0|}}}{\left[pX_{\mathrm{d}}(p) + r \right] \left[pX_{\mathrm{q}}(p) + r \right] + X_{\mathrm{d}}(p)X_{\mathrm{q}}(p)} \cdot \dfrac{1}{p} \\[5mm] \Delta I_{\mathrm{q}}(p) = \dfrac{-X_{\mathrm{d}}(p) u_{\mathrm{d|0|}} + \left[r + pX_{\mathrm{d}}(p) \right] u_{\mathrm{q|0|}}}{\left[pX_{\mathrm{d}}(p) + r \right] \left[pX_{\mathrm{q}}(p) + r \right] + X_{\mathrm{d}}(p)X_{\mathrm{q}}(p)} \cdot \dfrac{1}{p} \end{cases} \tag{E-7}$$

分析方法与前类似。

1. Δi_{d}、Δi_{q} 各分量的初始值

$\Delta I_{\mathrm{d}}(p)$ 和 $\Delta I_{\mathrm{q}}(p)$ 的表达式与式（9-64）相似，只是其中的 x_{d}' 和 x_{q} 应换为 x_{d}'' 和 x_{q}''。各分量初始值表达式为

$$\begin{cases} \Delta i_{\mathrm{d}} = \dfrac{u_{\mathrm{q|0|}}}{x_{\mathrm{d}}''} - \dfrac{u_{\mathrm{q|0|}}}{x_{\mathrm{d}}''}\cos t + \dfrac{u_{\mathrm{d|0|}}}{x_{\mathrm{d}}''}\sin t \\[5mm] \Delta i_{\mathrm{q}} = \dfrac{u_{\mathrm{q|0|}}}{x_{\mathrm{q}}''}\sin t - \dfrac{u_{\mathrm{d|0|}}}{x_{\mathrm{q}}''} + \dfrac{u_{\mathrm{d|0|}}}{x_{\mathrm{q}}''}\cos t \end{cases} \tag{E-8}$$

2. Δi_{d}、Δi_{q} 的稳态直流

与不计阻尼绕组时相同，即

$$\Delta i_{\mathrm{d}\infty} = u_{\mathrm{q|0|}}/x_{\mathrm{d}}$$
$$\Delta i_{\mathrm{q}\infty} = -u_{\mathrm{d|0|}}/x_{\mathrm{q}}$$

3. 计及电阻后 Δi_{d}、Δi_{q} 各分量的衰减

（1）Δi_{d} 直流分量的衰减

1）衰减时间常数。在式（E-7）第 1 式中忽略定子电阻 r，$X_d(p)$ 成为 $\Delta I_d(p)$ 分母的因子。同样，$\Delta X_d(p) = 0$ 的实根决定 Δi_d 直流分量衰减时间常数，但 $X_d(p)$ 比不计阻尼时复杂，见式（E-5）。将式（E-5）中的 $X_d(p)$ 通分后分子分母同除以 $r_f r_D$ 可表达为

$$X_d(p) = \frac{\sigma' T'_f T'_D p^2 + (T'_f + T'_D)p + 1}{\sigma_d T_f T_D p^2 + (T_f + T_D)p + 1} x_d \tag{E-9}$$

其中

$$T_f = x_f / r_f$$

$$T_D = x_D / r_D$$

$$\sigma_d = 1 - \frac{x_{ad}^2}{x_f x_D}$$

$$T'_f = \frac{1}{r_f}\left(x_{f\sigma} + \frac{x_\sigma x_{ad}}{x_\sigma + x_{ad}}\right) = \frac{1}{r_f}(x_{f\sigma} + x'_{ad}) = \frac{x'_f}{r_f} = T_f \frac{x'_f}{x_f} = T_f \frac{x'_d}{x_d}$$

$$T'_D = \frac{1}{r_D}\left(x_{D\sigma} + \frac{x_\sigma x_{ad}}{x_\sigma + x_{ad}}\right) = \frac{1}{r_D}(x_{D\sigma} + x'_{ad}) = \frac{x'_D}{r_D} = T_D \frac{x'_D}{x_D}$$

$$\sigma'_d = 1 \frac{x_{ad}'^2}{x'_f x'_D}$$

式中，T_f 为励磁绕组 f 本身的时间常数；T_D 为 d 轴阻尼绕组 D 本身的时间常数；σ_d 为 f 绕组和 D 绕组之间的漏磁系数；T'_f 为定子绕组短路、D 绕组开路（不起作用）时励磁绕组的时间常数；T'_D 为定子短路、f 绕组开路时 D 绕组的时间常数，其等效电路图与图 9-22 相对应（图中下标 f 换 D）；x_D 为此状态下 D 绕组的等效电抗；σ'_d 为定子短路时绕组 f 和绕组 D 之间的漏磁系数。

定子开路时，有

$$\sigma'_d T'_f T'_D p^2 + (T'_f + T'_D)p + 1 = 0 \tag{E-10}$$

所决定的 Δi_d 直流分量衰减时间常数，与图 E-1 所示的 d 轴 f 绕组和 D 绕组磁耦合等效电路的时间常数是一致的。实际上，在图 9-22 上加一并联的阻尼支路 r_D 和 $x_{D\sigma}$ 即为图 E-1。式（E-10）中各系数均可由图 E-1 理解。

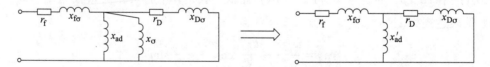

图 E-1　决定 Δi_d 直流分量衰减时间常数的等效电路

式（E-10）的根和相对应的时间常数为 T'_D 和 T''_D。在 σ'_d 较小和 $T'_f > T'_D$ 的近似下，得到

$$\begin{cases} T'_d \approx T'_f = T_f \dfrac{x'_f}{x_f} = T_f \dfrac{x'_d}{x_d} \\ T''_d \approx \sigma'_d T'_D \end{cases} \tag{E-11}$$

实际上，T'_d 和 T''_d 均由制造厂家通过相关电机试验提供。

由式（E-11）可知，T'_d 较大，是衰减慢的分量的时间常数，主要取决于励磁绕组的参数；T''_d 较小，是衰减快的分量的时间常数，基本与阻尼电路有关。

2）$\Delta i_{\rm d}$ 直流分量衰减表达式。严格地说，在求得时间常数后，应该对 $\Delta I_{\rm d}(p)$ 应用展开定理推导出 $\Delta i_{\rm d}(p)$ 的两个直流分量表达式，但一般用近似的方法解决此问题。根据以上 $T'_{\rm d}$ 和 $T''_{\rm d}$ 的近似表达式（E-11），可以近似地认为衰减快的分量反映阻尼绕组的作用，当它衰减完后即与不计阻尼绕组的过程一样，后者的表达式为

$$\left(\frac{u_{\rm q|0|}}{x'_{\rm d}} - \frac{u_{\rm q|0|}}{x_{\rm d}}\right) e^{-t/T'_{\rm d}} + \frac{u_{\rm q|0|}}{x_{\rm d}}$$

在此基础上加上衰减快的分量，则 $\Delta i_{\rm d}$ 直流分量表达式应为

$$\Delta i_{\rm d\alpha} = \left(\frac{u_{\rm q|0|}}{x''_{\rm d}} - \frac{u_{\rm q|0|}}{x'_{\rm d}}\right) e^{-t/T''_{\rm d}} + \left(\frac{u_{\rm q|0|}}{x'_{\rm d}} - \frac{u_{\rm q|0|}}{x'_{\rm d}}\right) e^{-t/T'_{\rm d}} + \frac{u_{\rm q|0|}}{x_{\rm d}} \tag{E-12}$$

（2）$\Delta i_{\rm q}$ 直流分量的衰减

在式（E-7）第二式中忽略定子电阻 r，$X_{\rm q}(p)$ 成为 $I_{\rm q}(p)$ 分母的因子，故 $X_{\rm q}(p)=0$ 的实根决定直流分量衰减时间常数。式（E-5）中，$X_{\rm q}(p)$ 的表达式和不计阻尼绕组时的 $X_{\rm d}(p)$ 类似，因而求取 $\Delta i_{\rm q}$ 直流分量衰减时间常数 $T''_{\rm q}$ 的等效电路如图 E-2 所示。由图可知，Q 绕组的等效电抗与时间常数为

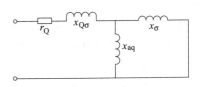

图 E-2 求取 $T''_{\rm q}$ 的等效电路

$$x_{\rm Q\sigma} + \frac{x_\sigma x_{\rm aq}}{x_\sigma + x_{\rm aq}} = x_{\rm Q} - \frac{x_{\rm aq}^2}{x_{\rm q}} = \frac{x_{\rm Q}}{x_{\rm q}}\left(x_{\rm q} - \frac{x_{\rm aq}^2}{x_{\rm Q}}\right) = x_{\rm Q}\frac{x''_{\rm q}}{x_{\rm q}} \tag{E-13}$$

$$T''_{\rm q} = \frac{x_{\rm Q}}{r_{\rm Q}}\frac{x''_{\rm q}}{x_{\rm q}} = T_{\rm Q}\frac{x''_{\rm q}}{x_{\rm q}}$$

式中，$T_{\rm Q}$ 为交轴阻尼绕组本身的时间常数。一般可取 $T''_{\rm d} \approx T''_{\rm q}$，$\Delta i_{\rm q}$ 直流分量可表示为

$$\Delta i_{\rm q\alpha} = \left(-\frac{u_{\rm d|0|}}{x''_{\rm q}} + \frac{u_{\rm d|0|}}{x_{\rm q}}\right) e^{-t/T''_{\rm q}} - \frac{u_{\rm d|0|}}{x_{\rm q}} \tag{E-14}$$

（3）$\Delta i_{\rm d}$、$\Delta i_{\rm q}$ 中基频交流分量的衰减时间常数

忽略转子回路电阻后，$\Delta I_{\rm d}(p)$ 和 $\Delta I_{\rm q}(p)$ 与式（9-72）类似，仅以 $x''_{\rm d}$ 和 $x''_{\rm q}$ 分别替换 $x'_{\rm d}$ 和 $x_{\rm q}$，故计及阻尼绕组后

$$T_{\rm a} = \frac{2x''_{\rm d}x''_{\rm q}}{r(x''_{\rm d} + x''_{\rm q})} \tag{E-15}$$

（4）计及各分量衰减后的 $\Delta i_{\rm d}$、$\Delta i_{\rm q}$

$\Delta i_{\rm d}$、$\Delta i_{\rm q}$ 的表达式为

$$\begin{cases} \Delta i_{\rm d} = \left[\left(\frac{u_{\rm q|0|}}{x''_{\rm d}} - \frac{u_{\rm q|0|}}{x'_{\rm d}}\right) e^{-t/T''_{\rm d}} + \left(\frac{u_{\rm q|0|}}{x'_{\rm d}} - \frac{u_{\rm q|0|}}{x_{\rm d}}\right) e^{-t/T'_{\rm d}} + \frac{u_{\rm q|0|}}{x_{\rm d}}\right] + \left(-\frac{u_{\rm q|0|}}{x''_{\rm d}}\cos t + \frac{u_{\rm d|0|}}{x''_{\rm d}}\sin t\right) e^{-t/T_{\rm a}} \\ \Delta i_{\rm q} = \left[\left(-\frac{u_{\rm d|0|}}{x''_{\rm q}} + \frac{u_{\rm d|0|}}{x_{\rm q}}\right) e^{-t/T''_{\rm q}} - \frac{u_{\rm d|0|}}{x_{\rm q}}\right] + \left(\frac{u_{\rm q|0|}}{x''_{\rm q}}\sin t + \frac{u_{\rm d|0|}}{x''_{\rm q}}\cos t\right) e^{-t/T_{\rm a}} \end{cases}$$

$$\tag{E-16}$$

附录 F "电力系统分析"课程习题用扩展计算平台（EPSCPS）简介

通过本课程的学习，同学们已经了解到，现代电力系统具有处理能量规模巨大、多区域多电压等级电网互联、稳态/暂态运行计算复杂的特点。在本书各部分内容中，结合所分析的问题，介绍了相关的手算方法，主要目的是为了在简单系统条件下讲清问题的基本概念和基本分析方法。但用手算方法很难分析复杂电力系统的运行问题。

为了帮助同学们更好地学习相关知识，更深入地了解复杂电力系统的运行特性，提高分析复杂电力系统运行问题的能力，本书开发了"电力系统分析"课程习题用扩展计算平台（Extended Problem Solver for the Course of Power System Analysis，EPSCPS），并在平台上集成了部分典型算例数据和习题。

EPSCPS 引入了由意大利学者 Federico Milano 开发的基于 MATLAB 的电力系统分析工具箱（Power System Analysis Toolbox，PSAT）的部分计算模块，并自行开发了电力系统短路电流计算和稳定性分析的 MATLAB 模块，基本上可以满足各部分教学内容所涉及的复杂电力系统运行问题的求解需求。

与本书教学内容相对应，EPSCPS 平台包含 4 个部分的计算模块，如图 F-1 所示。

各模块内容简介如下：

1. EPSCPS-A 电力系统潮流计算模块

本模块提供了一个计算复杂电力系统潮流的平台，可以扩展从手算潮流中获取的对潮流计算和潮流调整的认识，将简单系统中"线"的潮流知识扩展到"网"的维度。

平台已给出多个复杂电力系统潮流计算的基本数据，通过设置、修改给定算例系统的运行条件，获得电力系统在不同运行方式下的潮流计算结果。通过对多运行方式计算

图 F-1 EPSCPS 计算平台主要模块

结果的比较和分析，了解如何调整电力系统中的可控变量来解决或缓解系统中存在的特定运行问题。比如，如何调整发电机电压来校正负荷节点电压越限？当系统中出现支路功率越界时，如何校正？分析系统的最大、最小运行方式时应该主要关心哪些容易出问题的运行变量？如何从算例中归纳总结网络中局域的电压功率耦合关系？

（1）潮流模块的基本功能介绍

潮流计算模块支持设置牛顿法、PQ 分解法等共计 6 种方程解算器，支持设置收敛精度、最大迭代次数等求解参数。进行一次潮流计算的基本步骤为：

1）启动 PSAT：由于 PSAT 是一个基于 MATLAB 开发的开源软件，只需将 PSAT 安装至某一目录下，在 MATLAB 中调用 PSAT 功能即可开启其界面。PSAT 工具箱的启动界面和主功能界面如图 F-2 所示。

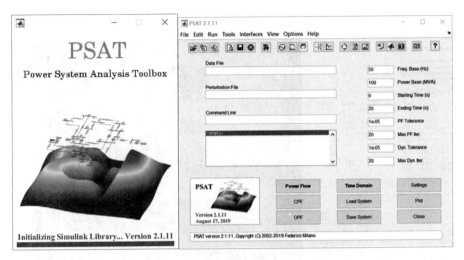

图 F-2　PSAT 工具箱的启动界面和主功能界面

2）输入数据：输入数据格式见 PSAT 说明书，形成 . m 文件或调用 Simulink 而生成的 . mdl 文件。

3）进行潮流计算：单击主界面上的 Power Flow 按钮即可计算潮流，其他部分设置均已提前设好，使用者也可通过学习说明书自行修改设置（如计算方法、迭代次数限制、基准值设置等）。计算结果输出形式也包括文件输出和图形输出两类，具体方法见说明书。

（2）电力系统的潮流计算示例

以软件平台附带的 9 节点系统潮流计算为例，其计算结果展示如下。

1）节点电压和相位，各节点的注入功率等结果展示界面如图 F-3 所示。

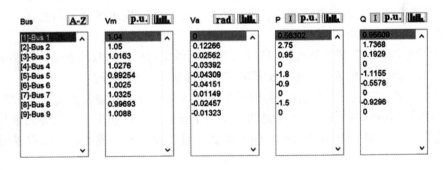

图 F-3　9 节点系统潮流计算结果展示界面

2）支路功率和网络损耗等详细信息。通过生成潮流的报告文件，获取在当前运行方式下，潮流的详细信息，如图 F-4 所示。

想要获取更多算例系统和习题，读者可访问本书的在线平台和公众号。

本模块算例系统包括：A1 某区域 3 机 9 节点系统、A2 某市 27 节点算例系统、A3 IEEE 10 机 39 节点标准算例系统、A4 IEEE 118 节点标准算例系统。

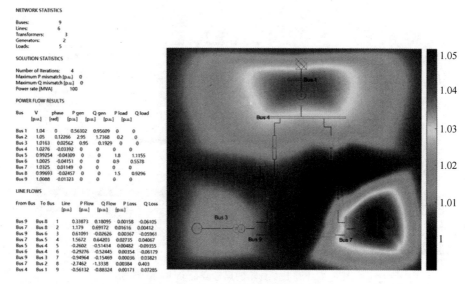

图 F-4 文本和图形化潮流结果展示

2. EPSCPS-B 电力系统优化运行及调压计算模块

本模块提供了电力系统最优化计算以及电力系统电压违限调整平台，可以从给定部分变量，求解其余状态变量的"刚性"潮流计算扩展到如何"松弛"部分变量，以优化电力系统的运行方式，以使电力系统的运行更安全、更经济，同时可提高使用者对电力系统运行优化和消除违限方面的认识。

平台给出多个电力系统优化计算的基本数据，通过改变系统的负荷以及发电机的成本特性，可以获得满足负荷功率需求且最经济的发电机出力组合。通过优化计算，可以分析比较不同目标函数下最优运行方式的差异，以及约束条件改变对优化结果的影响。

电力系统优化运行模块以基于 PSAT 平台中的最优潮流（OPF）功能为基础，默认以内点法作为求解方法，支持设置多种节点和支路约束条件以及发电机和负荷的经济成本特性。实现优化方案计算的基本步骤为：

1）设置电源的运行成本特性：可以在 PSAT 元件库窗口中选取具有经济特性的发电机，或直接在 .m 潮流算例输入文件中，按照固定格式添加运行成本特性。

2）设置 OPF 参数：设置优化求解的目标函数（如以社会效益最大化为目标），在算例输入文件中输入各种约束条件（如考虑机组出力上下限、无功功率、电压等约束），详细的输入格式需参考 PSAT 官方说明文档。OPF 参数设置以及发电机成本特性设置界面如图 F-5 所示。

3）进行优化潮流计算：设置好算例文件和求解参数后，单击 PSAT 主界面上的 OPF 按钮，即可进行优化潮流计算。

电压调整部分是在潮流计算模块上，在给定的算例系统上改变发电机端电压、变压器电压比以及无功补偿容量等，重新计算潮流，模拟电压控制，研究和分析电压的变化规律与每种措施的作用。

本模块算例系统包括：B1 某市 27 节点算例系统（经济运行）、B2 IEEE 24 节点标准算例系统（经济运行）、B3 IEEE 10 机 39 节点标准算例系统（电压调整）、B4 IEEE 118 节点

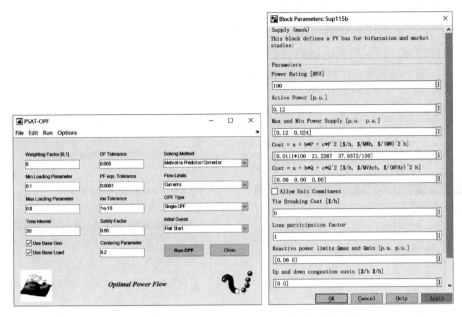

图 F-5　OPF 参数设置以及发电机成本特性设置界面

标准算例系统（电压调整）。

3. EPSCPS-C 电力系统三相短路及不对称短路电流计算模块

为了更好地了解电力系统的短路故障特性，提高分析电力系统短路故障问题的能力，本书研发了电力系统对称故障、不对称故障的故障计算 MATLAB 程序。

三相短路电流计算模块可以用来计算三相短路时的短路电流、各节点电压、各支路电流。在进行故障计算之前，需要先形成系统的节点导纳矩阵或节点阻抗矩阵。

对发电机及负荷进行以下处理：在等效网络中发电机支路用次暂态电动势 E'' 串联次暂态阻抗 $R+X''_d$ 来代表，或者将电动势源转换成等效的电流源并联次暂态阻抗来表示。因此，形成节点导纳矩阵（或阻抗矩阵）应在发电机端点接上一条阻抗为 $R+X''_d$ 的对地支路。在计及负荷电流作用的三相短路电流计算中，负荷用恒定阻抗来代表，其数值由故障前瞬间的负荷功率和节点电压算出，即 $Z_{LD} = \dfrac{U^2_{LD}}{P_{LD} + jQ_{LD}}$，$Z_{LD}$ 作为负荷节点的对地支路计入导纳矩阵（或阻抗矩阵）。计算模块通过支路追加法形成节点阻抗矩阵。输入数据格式详见程序注释中的说明。

不对称短路电流计算模块可以用来计算短路故障和断线故障的短路点各序电流、各节点各序电压、各支路各序电流。在进行故障计算之前，需要先形成系统的节点导纳矩阵或节点阻抗矩阵，对发电机及负荷的模型进行以下处理：发电机的正序电抗用 X''_d，发电机的负序电抗近似等于 X''_d。当计算中不计负荷电流影响时，在正、负序网络中不接入负荷阻抗。如果计及负荷电流影响，负荷的正序阻抗可通过其负荷功率和节点电压计算。负序阻抗取为 $X_{LD(2)} = 0.35$（以负荷额定功率为基准），负荷的中性点一般不接地，零序无通路。程序利用支路追加法形成各序节点阻抗矩阵，程序输入数据格式详见程序注释中的说明。

故障计算模块的基本步骤为：

1）启动 MATLAB，在 MATLAB 中打开参考程序。

2）程序输入数据，如短路点位置、线路参数等。

3）运行程序，得到短路电流以及各节点电压等计算结果。

图 F-6、图 F-7 为对称、不对称故障计算结果。

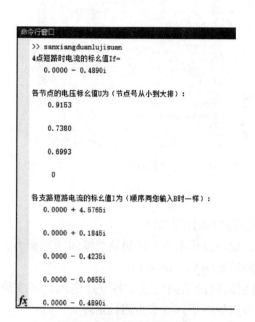

图 F-6 对称故障计算结果

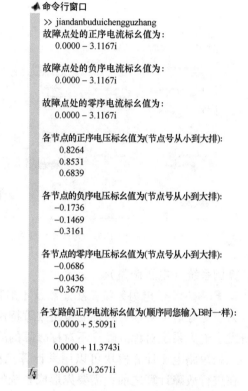

图 F-7 不对称故障计算结果

本模块算例系统包括：C1 2机5节点系统（对称故障计算）、C2 IEEE 3机9节点系统（对称短路计算）、C3 2机5节点系统（不对称短路计算）、C4 IEEE 3机9节点系统（不对称短路计算）。

4. EPSCPS-D 特征值计算及机电暂态过程时域仿真计算模块

为了扩展对复杂电力系统稳定性问题的分析能力，了解复杂电力系统运行点静态稳定性的基本特征，了解复杂电力系统受故障扰动后的动态过程特点，本书基于 MATLAB 研发了多机电力系统的特征根计算程序模块和多机电力系统受扰机电暂态过程时域仿真程序模块。

给定电力系统各元件的参数，如发电机出力、发电机惯性时间常数、各元件电抗、阻尼系数、发电机发出功率及负荷功率等，运用多机电力系统的特征根计算程序模块和多机电力系统受扰机电暂态过程时域仿真程序模块，可以得到线性化系统的特征值和多机系统的故障扰动后时域仿真结果，包括系统功角 δ 随时间变化的曲线和转子角频率 ω 随时间变化的曲线；也可以计算故障情况下系统的时域仿真结果。

（1）特征值算法及计算功能简介

1）数据准备：包括线路和变压器的参数、元件间的连接关系，发电机次暂态电抗、惯性时间常数及阻尼系数，给出发电机出力，负荷功率。按照数据格式要求，形成相应的 .txt

文件。

2）打开 MainValue. m 文件进行计算。主要计算步骤包括：

① 根据给定条件计算系统的潮流分布。

② 根据网络连接关系形成在运行点上线性化系统的 **A** 矩阵。

③ 调用 eig(A) 函数，计算特征值。

3）根据特征值结果，分析系统运行点的静态稳定性，并分析主导模式的振荡频率、阻尼比等特征参数，也可以通过特征值灵敏度深入分析与主导模式关联的主要运行参数；进而比较各种改进静态稳定性措施的效果。

（2）机电暂态过程数值仿真模块计算功能简介

1）数据准备：包括线路和变压器的参数、元件间的连接关系；发电机次暂态电抗、惯性时间常数及阻尼系数，给出发电机出力、负荷功率，设定故障位置、类型及故障切除时间。按照数据格式要求，形成相应的 . txt 文件。

2）打开 MainTrane. m 文件进行计算。主要计算步骤包括：

① 根据给定条件计算系统的潮流分布，得到各状态变量的初始值。

② 形成收缩至发电机内节点的节点导纳矩阵。

③ 读取故障数据，设定故障切除时间，选择积分方式及积分步长。

④ 按指定步长进行数值积分至指定的计算结束时间。

3）根据仿真得到的各发电机功角、角速度及发电机的电磁功率，可研究故障持续时间、网络结构参数、发电机参数、负荷功率改变时对机电暂态过程的影响，得出暂态稳定性直观的判断。并可检验特定改善暂态稳定措施的效果。

本模块算例系统包括：D1　IEEE 3 机 9 节点系统、D2　IEEE 10 机 39 节点系统。

本模块还包含针对简单系统进行静态稳定分析和暂态稳定分析的模块，可以用于完成第 11、12 章的相关习题。

另外，PSAT 中也有可用于静态稳定性分析和机电暂态过程仿真的计算模块，有兴趣的同学可以学习使用。

参 考 文 献

［1］陈珩. 电力系统稳态分析［M］.4 版. 北京：中国电力出版社，2015.

［2］李光琦. 电力系统暂态分析［M］.3 版. 北京：中国电力出版社，2007.

［3］何仰赞，温增银. 电力系统分析：上［M］.4 版. 武汉：华中科技大学出版社，2016.

［4］何仰赞，温增银. 电力系统分析：下［M］.4 版. 武汉：华中科技大学出版社，2016.

［5］闵勇，陈磊，姜齐荣. 电力系统稳定分析［M］. 北京：清华大学出版社，2016.

［6］李庚银. 电力系统分析基础［M］. 北京：机械工业出版社，2011.

［7］格洛弗，萨尔马，奥弗比. 电力系统分析与设计：原书第 4 版［M］. 王庆红，黄伟，颜永红，等译. 北京：机械工业出版社，2009.

［8］BERGEN R，VITTAL V. Power Systems Analysis［M］. 2nd ed. Upper Saddle River：Prentice Hall，1999.

［9］刘万顺，黄少锋，徐玉琴. 电力系统故障分析［M］.3 版. 北京：中国电力出版社，2010.

［10］韩祯祥. 电力系统分析［M］.5 版. 杭州：浙江大学出版社，2013.

［11］方万良，李建华，王建学. 电力系统暂态分析［M］.4 版. 北京：中国电力出版社，2017.

［12］刘天琪，邱晓燕. 电力系统分析理论［M］.3 版. 北京：科学出版社，2017.

［13］陈怡，蒋平，万秋兰，等. 电力系统分析［M］.2 版. 北京：中国电力出版社，2018.

［14］朱一纶. 电力系统分析［M］.2 版. 北京：机械工业出版社，2018.

［15］王锡凡. 现代电力系统分析［M］. 北京：科学出版社，2003.